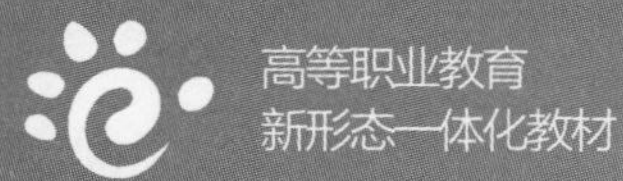

机械设计基础

（第二版）（含工程力学）

陈立德 姜小菁 主编

高等教育出版社·北京

内容提要

本书是根据制造大类中数十个专业的教学标准的要求，并在总结多年来从事教学改革和参与生产实践的经验的基础上编写而成的。 本书突出高等职业教育的特点，结合专业人才培养的目标，注重应用性和工程化的培养，并贯彻最新的国家标准。

本书是将工程力学、机械设计基础两门课程的内容整合为一体的新型的机械设计基础教材。 全书分为两篇，除绪论外共分为19章。 第1篇为工程力学基础，主要介绍工程静力学分析和杆件的各种变形及强度等。第2篇为机械设计基础，主要介绍机械设计概述、润滑与密封概述、平面四杆机构、凸轮机构、间歇运动机构、螺纹连接、齿轮传动、蜗杆传动、轮系和减速器、带传动、链传动、轴和轴毂连接、轴承和其他常用零部件等。 各章均配有一定数量的复习题，供教学时选用。

本书参考学时数为70～80学时，各专业可根据专业需要进行取舍。

本书可作为高等职业技术院校、高等专科学校、成人高校及本科院校举办的二级职业技术学院少学时的机械类、近机类以及非机械类专业的教学用书，也可供有关工程人员参考。

图书在版编目（CIP）数据

机械设计基础：含工程力学 / 陈立德，姜小菁主编. --2版. --北京：高等教育出版社，2017.12（2021.1重印）

ISBN 978-7-04-048878-4

Ⅰ. ①机… Ⅱ. ①陈… ②姜… Ⅲ. ①机械设计-高等职业教育-教材 Ⅳ. ①TH122

中国版本图书馆CIP数据核字（2017）第276365号

机械设计基础
JIXIE SHEJI JICHU

策划编辑 张 璋　　责任编辑 张 璋　　封面设计 张志奇　　版式设计 马 云
插图绘制 于 博　　责任校对 刘丽娴　　责任印制 朱 琦

出版发行	高等教育出版社	网　址	http://www.hep.edu.cn
社　址	北京市西城区德外大街4号		http://www.hep.com.cn
邮政编码	100120	网上订购	http://www.hepmall.com.cn
印　刷	保定市中画美凯印刷有限公司		http://www.hepmall.com
开　本	787mm×1092mm 1/16		http://www.hepmall.cn
印　张	16.25	版　次	2014年8月第1版
字　数	390千字		2017年12月第2版
购书热线	010-58581118	印　次	2021年1月第3次印刷
咨询电话	400-810-0598	定　价	43.00元

本书如有缺页、倒页、脱页等质量问题，请到所购图书销售部门联系调换

物 料 号 48878-00

前言

根据高职教学的要求及专业人才培养的目标,确定本书的编写指导思想为:

(1) 对于工程力学:必须明确为第2篇机械设计基础服务,选取不可缺少的理论知识,不过分强调教材内容的系统性。

(2) 对于机械设计基础:重点论述零、部件的工作原理,结构设计,使用与维护保养等;对于强度计算等应突出在工程实际中的公式应用。

本书的特点如下:

(1) 编写指导思想清晰、正确,符合专业人才培养要求。

(2) 本书适用于由传统工程力学与机械设计基础两门课程整合的机械设计基础课程。

(3) 教材内容取舍恰当。理论以"必需""够用"为度,取消烦琐的理论分析,突出在工程实际中应用。

(4) 在有关章节中设立"实例分析"。为技术人员介绍如何应用理论去解决生产中所遇到的实际问题,使教材内容更贴近生产实践。

(5) 尽量采用最新的国家标准。

本书编写工作安排如下:陈立德、卞咏梅(绪论、第6~8章、第11~13章、第15、18章、全书的复习题及课堂讨论题),陈娟(第2~4章),姜小菁(第5、14、17章),张慧鹏(第9章),王琳(第10章),王琳、罗卫平(第1章),罗卫平(第16、19章)。全书由南京金陵科技学院陈立德教授、姜小菁副教授任主编,罗卫平副教授任副主编,全书由陈立德教授统稿。

原洛阳拖拉机厂、南京金陵科技学院副教授茅军审阅了全书,其仔细、认真地审阅全部文稿和图稿,并对有关章节内容的取舍等工作提出了很多宝贵意见和建议,在此向他表示衷心的感谢。

鉴于编者水平有限,书中难免会有错误、不妥之处,恳请同行和广大读者批评指正。

编者

2017年8月

目　录

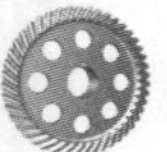

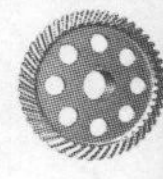

绪　论

0.1　机器的组成及特征

人们在生产和生活中广泛使用着各种机器。在生产活动中,常见的机器有推土机和各种机床等;在日常生活中,常见的机器有汽车、洗衣机等。图 0.1 所示为单缸内燃机,它由气缸体 1、活塞 2、进气阀 3、排气阀 4、连杆 5、曲轴 6、凸轮 7、顶杆 8、齿轮 9 和 10 等组成。通过燃气在气缸内的进气—压缩—做功—排气过程,燃料燃烧的热能转变为曲轴转动的机械能。

图 0.2 所示为颚式破碎机,它由电动机 1、小带轮 2、V 带 3、大带轮 4、偏心轴 5、动颚板 6、肘板 7、定颚板 8 及机架等组成。电动机的转动通过带传动带动偏心轴转动,进而使动颚板产生平面运动,与定颚板一起实现压碎物料的功能。

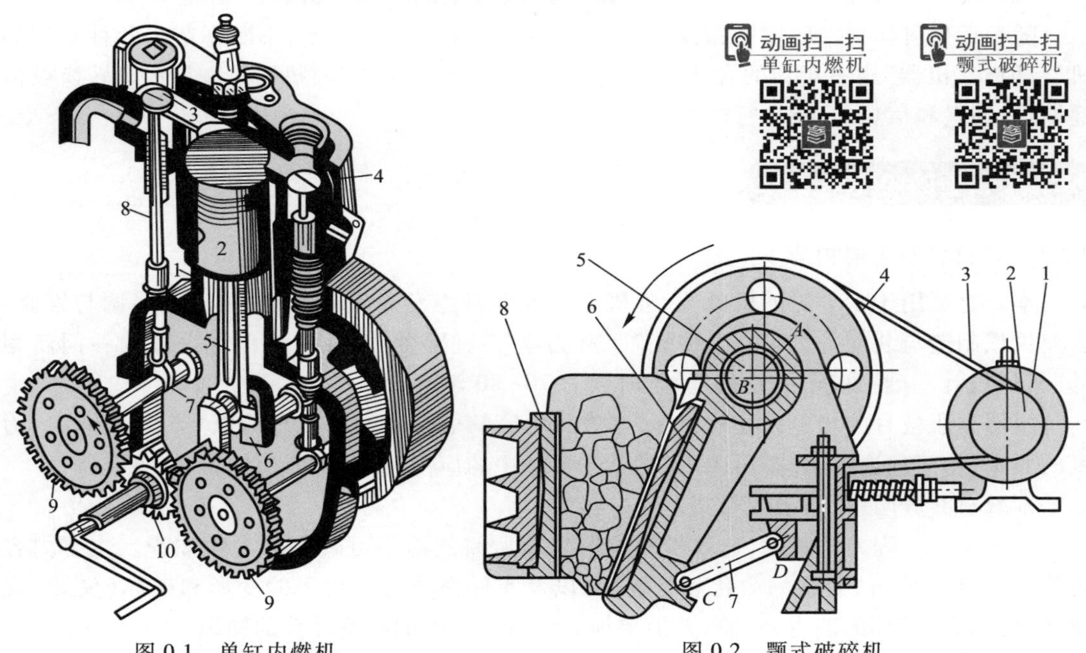

图 0.1　单缸内燃机

图 0.2　颚式破碎机

机器的种类繁多,结构型式和用途也各不相同,但总的来说机器有三个共同的特征:

(1) 都是一种人为的实物组合。

(2) 各部分形成运动单元,各单元之间具有确定的相对运动。

(3) 在工作过程中能实现能量转换或完成有用的机械功。如图 0.2 所示的颚式破碎机

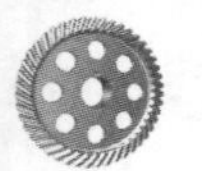

就是把电能转化成压碎物料所需的功,完成压碎物料的机器。

1. 零件

它是组成机器的最基本的结构单元,也是机器中不可拆的制造单元体。

零件分为两类:一类是通用零件,是各种机器中经常使用的零件,如螺栓、螺母等;另一类是专用零件,是仅在特定类型机器中使用的零件,如活塞、曲轴等。

2. 构件

它是组成机器的最基本的运动单元,它可以是单一零件,如内燃机的曲轴(图 0.1);也可以是多个零件组成的刚性组合体,如内燃机的连杆(图0.3)。由此可见,构件是机械中独立的运动的单元体。

图 0.3　内燃机的连杆

3. 机构

它是多个构件的组合,能实现预期的机械运动。

在各种机器中普遍使用的机构称为常用机构,如平面四杆机构、齿轮机构等。

由此可见,由一种机构或多种机构组成,能够实现能量转换或完成有用的机械功,就组成一台机器。从机器的组成单元来分析,机器可由零件(通用零件、专用零件)、构件、机构等组成。具体地说,机器是由零件组成的执行机械运动装置,用来完成有用的机械功或转换机械能。

从运动观点来看机器、机构,两者并无差别,工程上统称为“机械”。

随着近代科学技术的发展,人类综合应用各方面的知识和技术,不断创造出各种新型的机器,因此“机器”也有了新的含义。更广泛意义上的机器定义是:机器是一种用来转换或传递能量、物料和信息的,能执行机械运动的装置。

0.2　本课程的内容与任务

0.2.1　本教材的主要内容

本教材适用于少学时的机械类、近机类以及非机类专业教学,如数控机床装调与维修、农业机械制造与装配等。它是以传统“工程力学”“机械设计基础”两门课合成为一门新型的“机械设计基础”课程的教材。教学时数为 70~80 学时。

根据高职教育的培养人才的目标,本教材内容的取舍贯彻基础理论以“必需”“够用”为度的原则,精简理论知识,突出应用(尤其是实践中的应用),如结构设计、维护、安装等。

本教材共分两篇,共 19 章,其主要内容为:

第 1 篇是工程力学基础,选取本教材第二篇所需的而不可缺少的力学知识。主要内容为构件的静力分析、力系的简化和平衡等,以及零件在外力作用下的变形和破坏(失效)规律、强度(抵抗破坏的能力)计算,并扼要地介绍有关零件的刚度计算的知识。

第 2 篇是机械设计基础,重点内容包括:常用机构,通用零部件的工作原理(包括标准、参数等);设计计算(重点为公式的应用等);结构设计、使用、安装与维护保养等。

0.2.2　本课程的任务及要求

本课程的任务为:

(1) 使学生熟悉常用机构及通用零部件的工作原理、类型、特点及应用等基本知识。

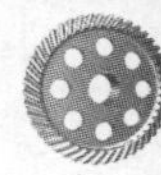

(2) 使学生了解常用机构的基本理论和设计方法,通用零部件的失效形式、设计准则与设计方法。

(3) 使学生了解机械设计实验技能和设计简单机械及传动装置的基本技能。

通过本课程的学习,应达到如下要求:

(1) 初步掌握、分析解决实际工程中的简单力学问题。

(2) 掌握常用机构及通用零部件的基本知识,能正确地进行安装、使用、维护、保养等工作。

(3) 初步掌握强度计算方法,并具备一定的结构设计能力。

总之,本课程理论性和实践性都很强,在教学中具有承上启下的作用,是机械工程师及机械管理工程师的必修课程。

0.3 本课程的学习方法

本课程是从理论性、系统性很强的基础课和专业基础课向实践性较强的专业课过渡的一个重要环节。因此,在学习本课程时必须在学习方法上有所改变与适应,应注意以下几个方面:

(1) 要充分应用先修课程的基本理论和基本方法来解决实际所发生的有关问题。因此,先修课程的掌握程度和应用能力会直接影响到本课程的学习。

(2) 学生一接触本课程就会产生“系统性弱”“逻辑性差”等错觉,同时,本课程在研究不同对象时所涉及的理论基础不相同,且相互之间联系较少,学生在学习时可能会感到无所适从,难以适应。

(3) 本课程与生产实践联系甚为密切,主要用于解决实际问题。由于实际问题极为复杂,很难用纯理论的方法来解决,因此常常采用很多经验公式、数据及简化计算(即条件性计算)等,这样往往会给学生造成“不讲道理”“没有理论”等错觉,这点必须在学习过程中逐步适应。

(4) 设计计算、计算步骤和计算结果往往不像基础课那样具有唯一性。

复习题

0.1 机器的特征有哪三个?

0.2 构件与零件有何区别?

0.3 本课程的内容有哪些?

第 1 篇

工程力学基础

工程力学是范围较大的一门学科，涉及静力学、材料力学等方面的知识。根据高职教育的特点，结合专业培养的目标，本篇只能作一扼要介绍，即仅仅选取为第 2 篇机械设计基础课程服务的不可缺少的知识。本篇的主要内容为静力分析、力系的简化和平衡，以及变形、失效、强度计算等。

第 1 章

1

静力学基础

静力学是研究物体在力系作用下平衡规律的科学。本章主要介绍力的基本性质，约束与约束反力，受力分析与受力图，力的投影，力对点之矩，力偶的性质以及平面力系的简化方法和平衡计算。

1.1 静力学基本概念与物体的受力分析

1.1.1 静力学的基本概念

1. 力的概念

(1) 力的定义　力是物体间相互的机械作用,这种作用有两种效应:使物体的运动状态或形状发生变化。前者称为力的外效应(运动效应),后者称为力的内效应(变形效应)。静力学研究的是力对物体的外效应。

(2) 力的三要素　力对物体的作用效应取决于以下三个要素:力的大小、方向和作用点,简称为力的三要素。力的大小可以用弹簧或测力计来测定。在国际单位制中,力的单位是牛顿(N)或千牛顿(kN),1 kN = 10^3 N。力的方向包括力的作用线方位和指向,它说明了物体间的相互作用具有方向性。力的作用点表示了物体间相互作用的位置。如果力可近似地看成作用在一个点上,这种力称为集中力。

综上所述,力的三要素表明力是矢量,可用一带箭头的有向线段来表示,如图 1.1 所示。线段的长度按一定比例尺表示力的大小,线段的方位和箭头的指向表示力的方向,线段的起点或终点表示力的作用点。与线段重合的直线表示力的作用线。

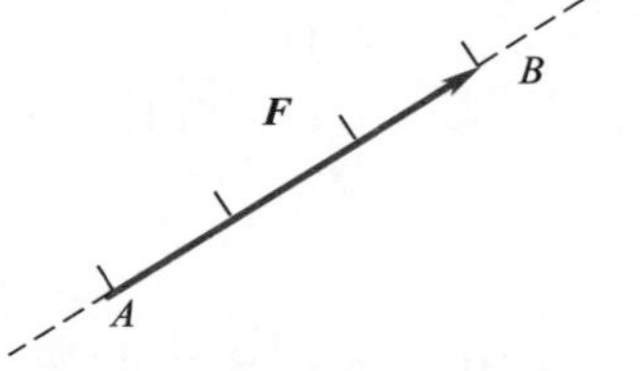

图 1.1　力的表示

(3) 力系　作用在物体上的一个力群,称为力系。若一力系能使物体保持平衡状态,则该力系称为平衡力系。两个不同的力系,如果对同一物体产生相同的外效应,称该两力系互为等效力系。如果一个力与一力系等效,则此力称为该力系的合力。

2. 刚体的概念

刚体是指受力时永远不变形的物体。它是一个理想化的模型。实际上,任何物体受力后都会产生变形,但是当这些微小变形对研究的问题不起主要作用时,可以忽略不计。对于一个具体的物体是否视为刚体,主要取决于所研究问题的性质。同一物体在静力学中被视为刚体,而在材料力学中,无论其变形何等微小,均被视为变形体。

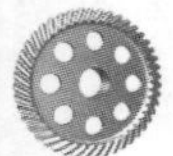

3. 平衡的概念

静力分析中的平衡是指物体相对于地球保持静止或匀速直线运动的状态。若某力系使物体处于平衡状态,这个力系称为平衡力系。平衡力系所满足的条件称为平衡条件。

1.1.2　静力学公理

静力学公理是从实践中总结出来的最基本的力学规律。这些规律的正确性已被人们所公认。它是静力学全部理论的基础。

1. 二力平衡公理

作用于刚体上的两个力,使刚体平衡的必要与充分条件是:这两个力的大小相等、方向相反且作用在同一条直线上。

在两个力作用下处于平衡的物体称为二力构件或二力杆。由公理可知,二力构件无论其形状如何,其上的两个力必沿两个力作用点的连线,且等值、反向。

2. 加减平衡力系公理

在作用于刚体的任意一个力系上,加上或减去任意一个平衡力系,并不改变原力系对刚体的作用效应。

推论　力的可传性原理

作用于刚体某点的力可沿其作用线移至刚体内的任意一点,而不改变它对刚体的作用效应,如图 1.2 所示。

3. 力的平行四边形公理

作用于物体同一点的两个力可以合成为一个力,合力也作用于该点,合力的大小和方向由这两个力为邻边所构成的平行四边形的对角线来表示,如图 1.3 所示。其矢量表达式为:

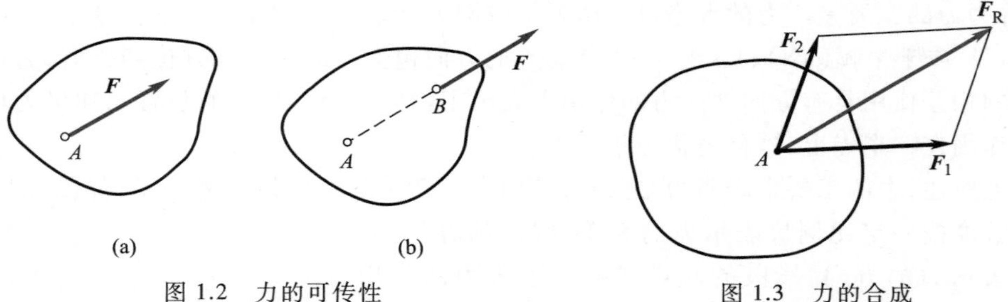

图 1.2　力的可传性　　　图 1.3　力的合成

$$\boldsymbol{F}_R = \boldsymbol{F}_1 + \boldsymbol{F}_2$$

由图 1.4a 和 b 可见,求合力 $\boldsymbol{F}_R$时,实际上只需画出平行四边形的一半,即三角形便可。作图方法如下:自任意点 O 先画出一力矢 $\boldsymbol{F}_1$,然后再由 $\boldsymbol{F}_1$的终端画出力矢 $\boldsymbol{F}_2$,最后由 O 点至力矢 $\boldsymbol{F}_2$的终端作一矢量 $\boldsymbol{F}_R$,即表示 $\boldsymbol{F}_1$、$\boldsymbol{F}_2$的合力矢。合力的作用点仍为 $\boldsymbol{F}_1$、$\boldsymbol{F}_2$的汇交点 A。这种方法被称为力的三角形法则。

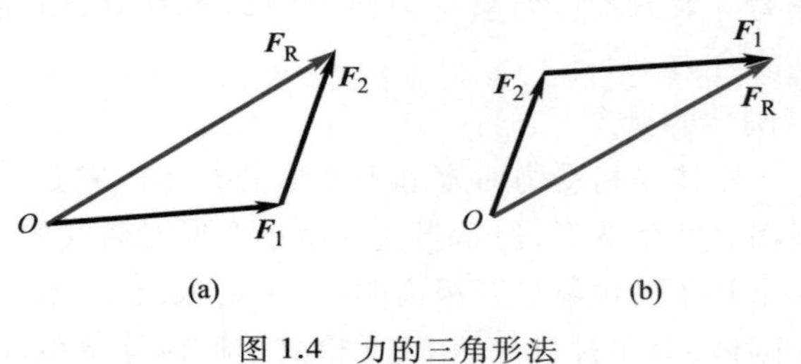

图 1.4　力的三角形法

推论　三力平衡汇交定理

当刚体在三个力作用下平衡时,设其中两个力的作用线相交于某点,则第三个

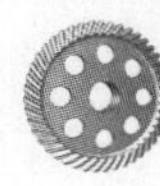

力的作用线在同一平面内汇交于同一点，如图 1.5 所示。

4. 作用与反作用公理

两物体间的作用力与反作用力必定等值、反向、共线，分别同时作用在这两个物体上。作用力与反作用力一般用同一字母表示，如用 **F** 表示作用力，则用 **F**′表示反作用力。

应当指出，平衡的二力作用在同一物体上，组成一个平衡力系，而作用力与反作用力分别作用在两个不同的物体上，因而不能平衡。

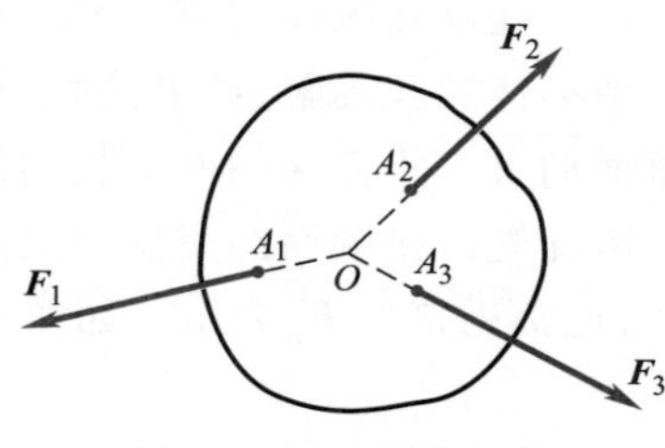

图 1.5　三力平衡汇交

1.1.3　约束与约束反力

1. 约束的概念

（1）约束　在力学分析中，通常把物体分为两类，如下所述：

一类为自由体，即在空间可以自由运动，其位移不受任何限制的物体称为自由体，例如空中飞行的飞机等。

另一类为非自由体，即它们的运动要受其他物体的限制，这样的物体称为非自由体，例如，火车受到钢轨的限制，只能沿轨道行驶等。所以对非自由体某些运动起限制作用的其他物体称为约束。约束是由与非自由体相互接触的周围物体构成的，也称为约束体。例如，书放在光滑的桌面上，桌面就是书的约束；轴承是转轴的约束等。

（2）约束反力　约束阻碍物体某些方向的运动，当物体沿约束所限制的方向有运动趋势时，约束对物体必产生一作用力，以阻碍其运动。约束对被约束物体的作用力称为约束反力或称约束力。

（3）约束反力的方向　由于约束阻碍物体的运动，所以，约束反力的方向总是与非自由体被约束所限制的位移方向相反。物体除受约束反力作用外，还会受到像重力、气体压力等载荷的作用，这些能促使物体运动或有运动趋势的力，称为主动力。

2. 常见约束类型

工程中常见约束有以下几种类型：

（1）柔性体约束

钢丝绳、皮带、链条等柔软的物体构成的约束称为柔性体约束。因柔性体只能承受拉力，不能承受压力，只能限制物体沿绳索或带伸长方向的运动，如图 1.6a 所示。故柔性体的约束反力作用在与物体的连接点上，方向沿着柔性体的轴线，背离物体，即为拉力。通常用 **F** 表示。如图1.6b所示，带对带轮的约束反力沿轮缘的切线向外。

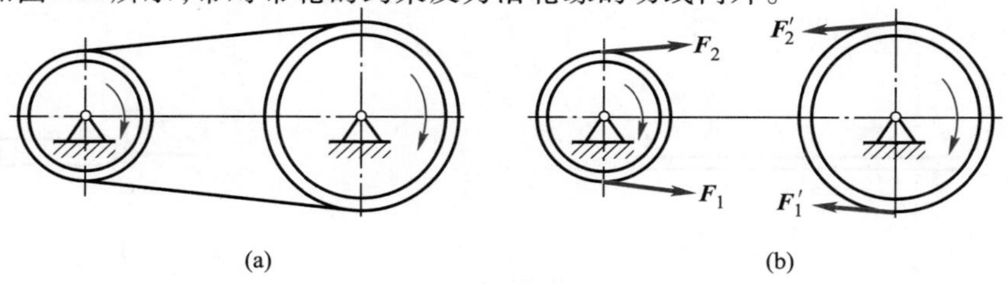

图 1.6　柔性体约束

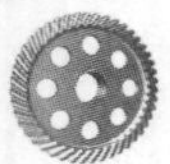

（2）光滑接触面约束

两物体相互接触，如果接触面非常光滑，摩擦力可以忽略不计时，则这种约束称为光滑接触面约束。不论接触面形状如何，只能限制物体沿接触面的公法线方向指向接触面的运动。因此光滑接触面约束反力只能是压力，通过接触点，方向沿该点的公法线，指向被约束物体，通常用符号 $\boldsymbol{F}_{\mathrm{N}}$ 表示。如图 1.7 中的 $\boldsymbol{F}_{\mathrm{N}A}$、$\boldsymbol{F}_{\mathrm{N}B}$、$\boldsymbol{F}_{\mathrm{N}C}$、$\boldsymbol{F}_{\mathrm{N}}$。

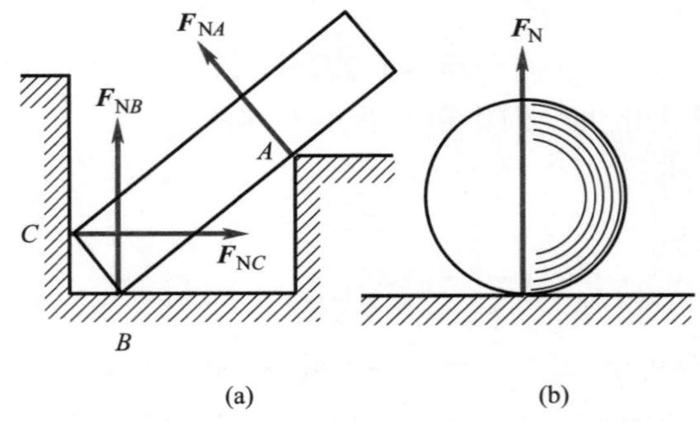

图 1.7　光滑接触面约束

（3）光滑圆柱铰链约束

两个零件被钻上同样大小的孔，并用销钉将它们连接起来，略去摩擦，就构成了光滑圆柱铰链约束。其构成如图 1.8a、b 所示，图 1.8c 是它的简图。这类约束只能限制物体的径向移动，不能限制物体绕圆柱销轴线的转动。

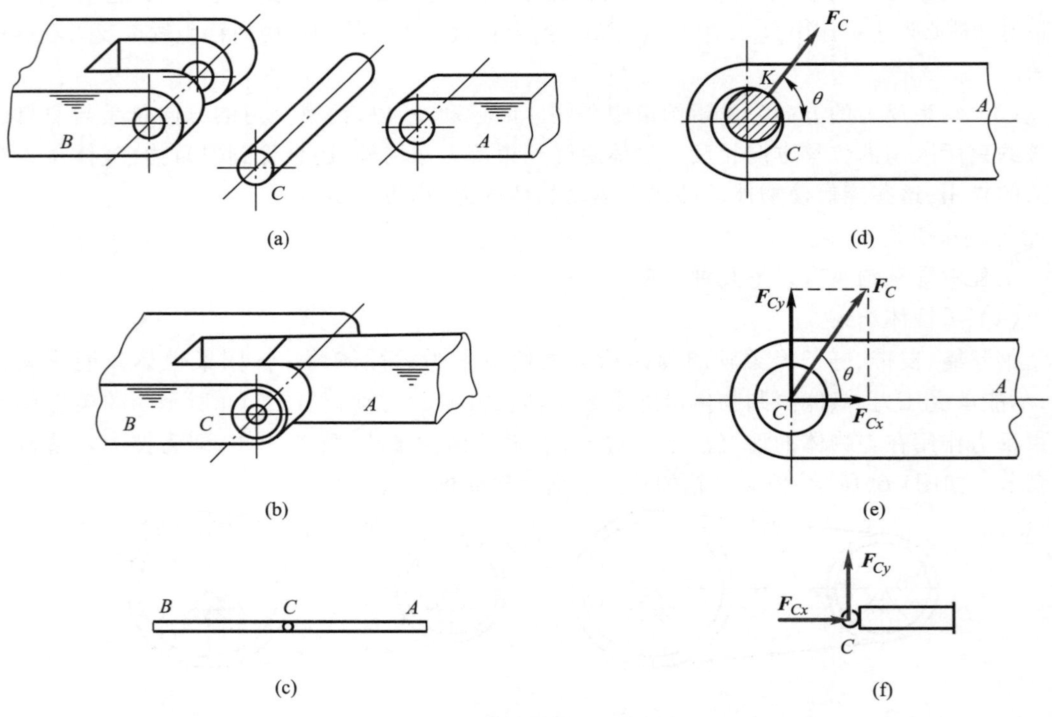

图 1.8　光滑圆柱铰链约束

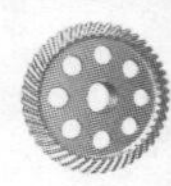

由图可见，由于销钉与圆柱孔是光滑曲面接触，则约束反力应是沿接触线上的一点到圆柱销中心的连线，且垂直于销钉轴线，指向物体，如图 1.8d 中的 $\boldsymbol{F}_C$。由于接触点 K 的位置不能预先确定，因此，约束反力的方向也不能确定。一般情况下，用过圆柱销中心且相互垂直的两个分力 $\boldsymbol{F}_{Cx}$，$\boldsymbol{F}_{Cy}$ 来表示，如图 1.8e、f 所示。

光滑铰链约束有两种不同的结构，即为固定铰链支座和可动铰链支座。

若构成圆柱铰链约束中的一个构件固定在地面或机架上作为支座，则称此铰链为固定铰链支座，如图 1.9a 所示，计算时所用简图如图 1.9b 所示。固定铰支座的约束与圆柱铰链约束完全相同，一般也分解为两个正交分力。

若在由圆柱铰链构成的支座与光滑支承面之间装有辊轴，就构成可动铰链支座，又称辊轴支座。其约束反力应垂直于支撑面，通过圆柱销中心，指向可任意假定，如图 1.10a 所示。图1.10b、c为可动铰链支座的简化画法。

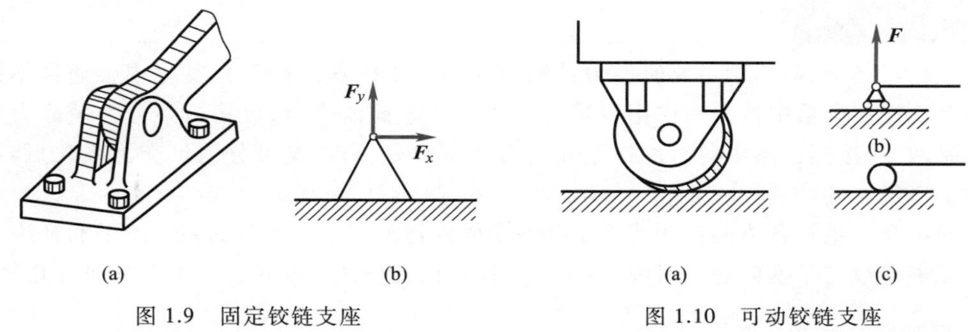

(a)　(b)　(a)　(c)

图 1.9　固定铰链支座　　图 1.10　可动铰链支座

1.1.4　物体的受力分析与受力图

解决静力学平衡问题时，必须首先分析物体的受力情况，即进行受力分析。为了便于分析和计算，需要把被研究物体的约束全部解除，并把它从周围物体中分离出来，画出其简图。这个被解除约束的物体称为分离体。画有分离体及其所受全部主动力和约束反力的简图称为受力图。

通常主动力为已知力，约束反力则要根据相应约束的类型来确定。正确画出受力图，是求解静力学问题的关键。

例 1.1　重量为 $\boldsymbol{G}$ 的梯子 AB，放在光滑的水平地面和铅直墙上。在 D 点用水平绳索与墙相连，如图1.11a所示。试画出梯子的受力图。

解　取梯子为研究对象，画出其分离体图。先画主动力即梯子的重力 $\boldsymbol{G}$，作用于梯子的重心 C，方向铅直向下。再画约束反力。墙面和地面均为光滑接触面约束，A、B 处的约束反力 $\boldsymbol{F}_{NA}$、$\boldsymbol{F}_{NB}$分别与墙面和地面垂直并指向梯子；绳索的约束反力 $\boldsymbol{F}_D$ 沿着绳索的方向，为一拉力。图 1.11b为梯子的受力图。

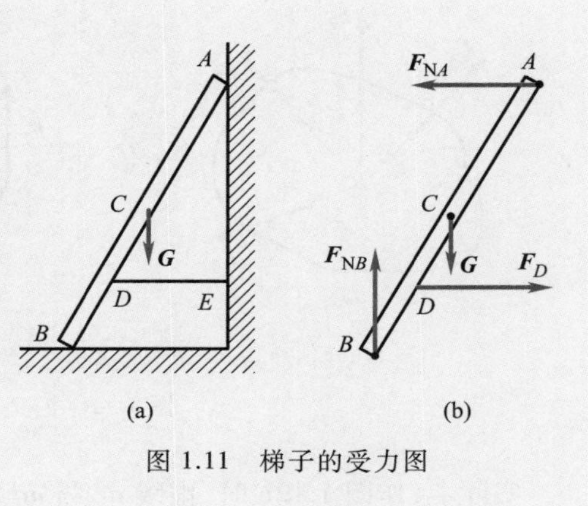

图 1.11　梯子的受力图

综合以上例题可以看出，要正确地画出受力图，必须熟练掌握以下几点：

(1) 根据题意选择恰当的研究对象。研究对象可以是单个物体,也可以是由几个物体组成的系统。

(2) 根据已知条件,画出全部主动力。

(3) 根据约束类型画出相应的约束反力。

(4) 正确运用作用与反作用公理,两物体间的作用力和反作用力大小相等、方向相反,作用在不同的物体上。有时还要根据二力平衡公理、三力平衡汇交定理等条件确定某些约束反力作用线的方位。

(5) 画受力图时,通常先找出二力杆,然后再画其他物体的受力图。

(6) 当以系统为研究对象时,受力图上只画研究对象所受的主动力和约束反力,而不画其成对出现的内力。

1.2 平面汇交力系

前面已经指出,静力学主要研究力系的简化与平衡问题。在工程实际中会遇到不同类型的力系。按照力系中各力的作用线是否位于同一平面内来分,可将力系分为平面力系和空间力系两类;按照力系中各力的作用线是否相交来分,力系又可分为汇交力系、力偶系和一般力系三类。

平面汇交力系是各力的作用线位于同一平面内且汇交于一点的力系。本节将研究平面汇交力系的合成与平衡问题。研究基本方法有两种:几何法与解析法。本节只研究几何法。

1.2.1 平面汇交力系合成

在刚体上作用一个平面汇交力系,由 $\boldsymbol{F}_1$、$\boldsymbol{F}_2$、$\boldsymbol{F}_3$、$\boldsymbol{F}_4$组成,各力的作用线汇交于点 A,如图 1.12a所示。根据力的可传性,将各力的作用点沿其作用线移至汇交点 A,然后应用力的三角形法则将各力依次合成,即从任意点 a 作力矢 $\boldsymbol{F}_1$,在其末端 b 作力矢 $\boldsymbol{F}_2$,则虚线 ac 即表示 $\boldsymbol{F}_1$和 $\boldsymbol{F}_2$的合力矢 $\boldsymbol{F}_{R1}$;再从 c 点作力矢 $\boldsymbol{F}_3$,则虚线 ad 即表示 $\boldsymbol{F}_3$和 $\boldsymbol{F}_{R1}$的合力矢 $\boldsymbol{F}_{R2}$;最后从 d 点作力矢 $\boldsymbol{F}_4$,则 ae 即表示 $\boldsymbol{F}_4$和 $\boldsymbol{F}_{R2}$的合力矢,即该汇交力系的合力矢 $\boldsymbol{F}_R$,其大小和方向如图 1.12b 所示,可用矢量式表示为:

$$\boldsymbol{F}_R=\boldsymbol{F}_1+\boldsymbol{F}_2+\boldsymbol{F}_3+\boldsymbol{F}_4$$

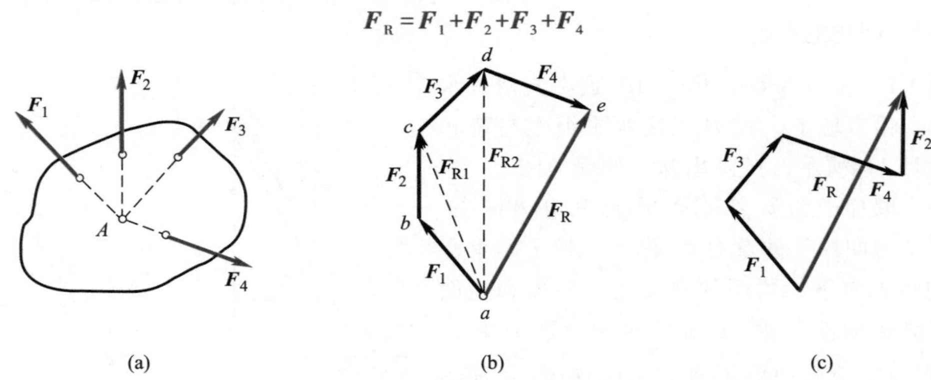

图 1.12 汇交力系的合力矢 $\boldsymbol{F}_R$的求法

实际上,作图 1.12b 时,虚线 ac 和 ad 可不必画出,只要把各力矢依次首尾相接,得折线 $abcde$,再由第一个力矢 $\boldsymbol{F}_1$的起点向最后一个力矢 $\boldsymbol{F}_4$的终点作 ae,即得合力矢 $\boldsymbol{F}_R$。显然,合

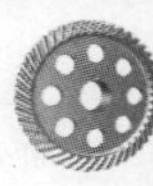

力的作用线仍通过汇交点 A。各分力矢折线和合力矢构成的多边形称为力多边形，表示合力矢的边 ae 称为力多边形的封闭边。这种求合力 $\boldsymbol{F}_{\mathrm{R}}$ 的几何规则称为力的多边形法则，这种方法称为几何法。

若改变各力矢的合成顺序，则力多边形的形状也改变，但所得的合力矢 $\boldsymbol{F}_{\mathrm{R}}$ 却是一样的，如图 1.12c 所示。即合力矢 $\boldsymbol{F}_{\mathrm{R}}$ 与各分力矢的作图次序无关。

上述方法推广到平面汇交力系有 n 个力的情形，可得结论如下：平面汇交力系的合成结果是一个合力，合力的作用线通过汇交点，合力矢等于原力系中所有各力的矢量和，即

$$\boldsymbol{F}_{\mathrm{R}}=\boldsymbol{F}_1+\boldsymbol{F}_2+\cdots+\boldsymbol{F}_n=\sum \boldsymbol{F} \tag{1.1}$$

1.2.2　平面汇交力系平衡

根据平面汇交力系合成的几何法可知，平面汇交力系可以合成为一个合力，即平面汇交力系可以用合力来代替。若合力等于零，则表明刚体在力系作用下处于平衡；反之，若刚体处于平衡，则其合力一定等于零。于是得出结论，平面汇交力系平衡的必要与充分条件是合力等于零。即

$$\boldsymbol{F}_{\mathrm{R}}=\sum \boldsymbol{F}=0 \tag{1.2}$$

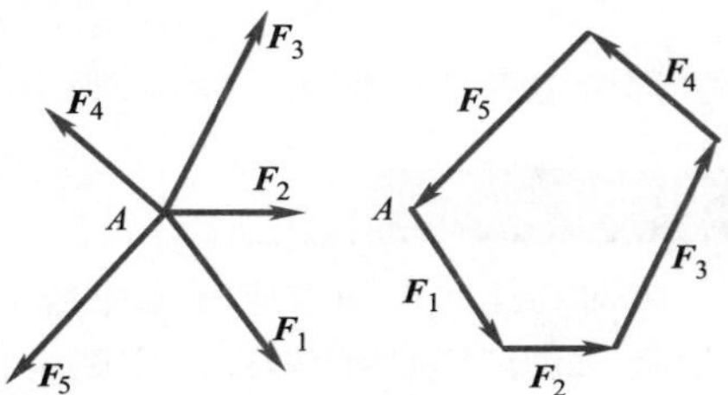

图 1.13　平衡条件求法

对于力多边形来说，合力等于零意味着代表合力矢的封闭边变为一点，即力系中各力首尾相接构成一个自行封闭的力多边形，如图 1.13 所示。因此可得平面汇交力系平衡的几何条件是：力多边形自行封闭。

1.2.3　力的投影

1. 力在坐标轴上的投影

设力 $\boldsymbol{F}$ 作用于刚体的 A 点如图 1.14 所示，方向由 A 指向 B。建立平面直角坐标系 Oxy，从力 $\boldsymbol{F}$ 的两端 A 和 B 分别向 x 轴作垂线，得到垂足 a、b，则线段 ab 称为力 $\boldsymbol{F}$ 在 x 轴的投影，用 F_x 表示。同理，从 A 和 B 两点分别向 y 轴作垂线，得垂足 a'、b'，线段 $a'b'$ 称为力 $\boldsymbol{F}$ 在 y 轴的投影，用 F_y 表示。显然力在坐标轴上的投影是代数量，规定其投影的指向与轴的正向相同时为正值，反之为负值。

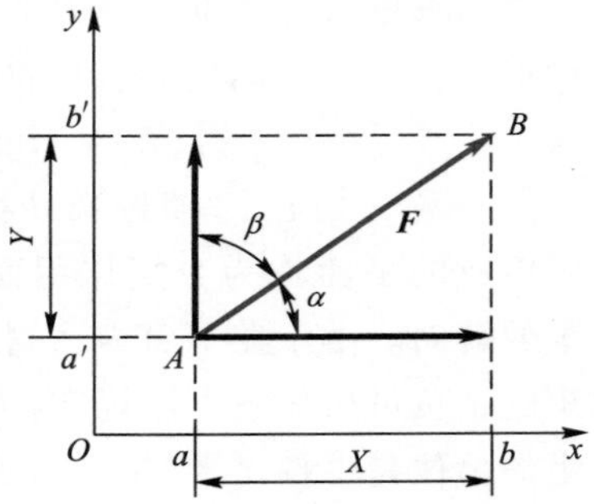

图 1.14　力的投影

当已知力 $\boldsymbol{F}$ 与坐标轴正向间的夹角分别为 α 和 β 时，则由图可知：

$$\left.\begin{aligned}F_x&=F\cos\alpha\\F_y&=F\cos\beta\end{aligned}\right\} \tag{1.3}$$

即力在某坐标轴上的投影等于力的大小乘以力与该轴正向夹角的余弦。

反之，若已知力在坐标轴上的投影 F_x 和 F_y，则可确定力的大小及方向

$$\left.\begin{aligned}F&=\sqrt{F_x^2+F_y^2}\\\tan\alpha&=\left|\frac{F_y}{F_x}\right|\end{aligned}\right\} \tag{1.4}$$

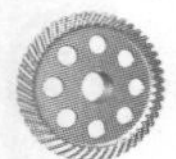

式中 α 为力 $\boldsymbol{F}$ 与 x 轴所夹锐角，力 $\boldsymbol{F}$ 的指向由投影 F_x、F_y 的正负号确定。

如果将力 $\boldsymbol{F}$ 沿 x、y 坐标轴分解，则所得分力 $\boldsymbol{F}_x$、$\boldsymbol{F}_y$ 的大小与力 $\boldsymbol{F}$ 在同轴上的投影的绝对值相等。必须注意，力的投影与力的分量是两个不同的概念。力的投影是代数量，而力的分量是力沿该方向的分作用，是矢量。只有在直角坐标系中，力在轴上投影的绝对值才和力沿该轴的分量大小相等。

2. 合力投影定理

设刚体上 O 点作用有平面汇交力系 $\boldsymbol{F}_1,\boldsymbol{F}_2,\cdots,\boldsymbol{F}_n$ 作用，根据式(1.1)有

$$\boldsymbol{F}_{\mathrm{R}}=\boldsymbol{F}_1+\boldsymbol{F}_2+\cdots+\boldsymbol{F}_n=\sum \boldsymbol{F}$$

将上式两边分别向 x 轴和 y 轴的投影，即有

$$\left.\begin{aligned}F_{\mathrm{R}x}&=F_{1x}+F_{2x}+\cdots+F_{nx}=\sum F_x\\F_{\mathrm{R}y}&=F_{1y}+F_{2y}+\cdots+F_{ny}=\sum F_y\end{aligned}\right\}\tag{1.5}$$

即合力在任一轴上的投影，等于各分力在同一轴上投影的代数和，称为合力投影定理。

1.3 平面力偶系

力对物体的运动效应有两种基本形式：移动和转动。力对物体的移动效应取决于力的三要素，而力对物体的转动效应则由力矩来度量。本节将研究力对物体的转动效应，内容包括力矩与力偶的概念、性质及平面力偶系的合成结果与平衡条件。

1.3.1 力矩

1. 力对点之矩

以扳手转动螺母为例(图 1.15)，作用在扳手一端的力 $\boldsymbol{F}$ 使螺母绕 O 点转动的效应不仅取决于力 $\boldsymbol{F}$ 的大小，而且与转动中心 O 点到力 $\boldsymbol{F}$ 的作用线的垂直距离 d 有关。因此，在工程中用乘积 Fd 及其转向来度量力使物体绕 O 点转动的效应，称为力 $\boldsymbol{F}$ 对于 O 点之矩，简称力矩，以符号 $M_O(\boldsymbol{F})$ 表示，即

$$M_O(\boldsymbol{F})=\pm Fd\tag{1.6}$$

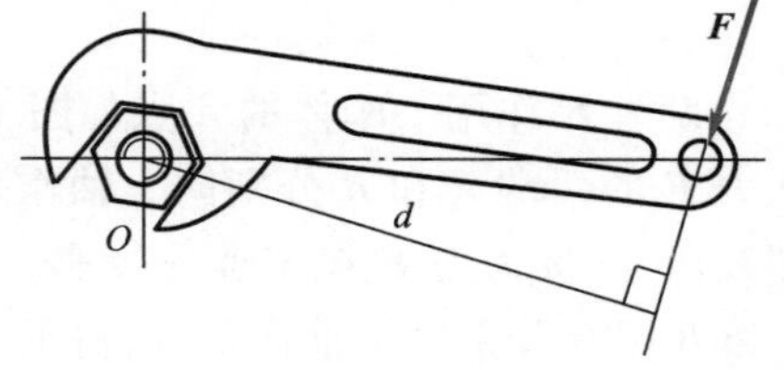

图 1.15 扳手拧螺母

点 O 称为矩心，垂直距离 d 称为力臂。力 $\boldsymbol{F}$ 与 O 点所组成的平面称为力矩作用面。式中正负号表示力矩的转向。由于在平面内力对点之矩只取决于力矩的大小和转向，因此力矩是代数量。力矩的正负可按如下方法规定：力使物体逆时针转动时为正，反之为负。在国际单位制中，力矩的单位是牛顿 · 米(N · m)或千牛顿 · 米(kN · m)。

根据以上分析，可得到以下结论：

(1) 力矩不仅与力的大小有关，还与矩心的位置有关。矩心位置不同，力矩随之而异。

(2) 力 $\boldsymbol{F}$ 对任一点之矩，不会因该力沿其作用线移动而改变。

(3) 力的大小等于零或力的作用线通过矩心时，力矩等于零。

2. 合力矩定理

平面汇交力系的合力对平面内任一点的矩等于力系中所有分力对同一点的矩的代数和。即

$$M_O(\boldsymbol{F}_{\mathrm{R}})=M_O(\boldsymbol{F}_1)+M_O(\boldsymbol{F}_2)+\cdots+M_O(\boldsymbol{F}_n)\tag{1.7}$$

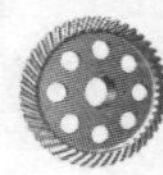

合力矩定理建立了合力对点的矩与分力对同一点的矩的关系，提供了计算力对点之矩的另一种方法。

例 1.2　图 1.16 所示为用小锤拔钉子的两种加力方式。两种情况下，加在手柄上的力 $\boldsymbol{F}$ 都等于 100 N，方向如图所示。手柄长度 $l=300$ mm。试求两种情况下力 $\boldsymbol{F}$ 对 O 点之矩。

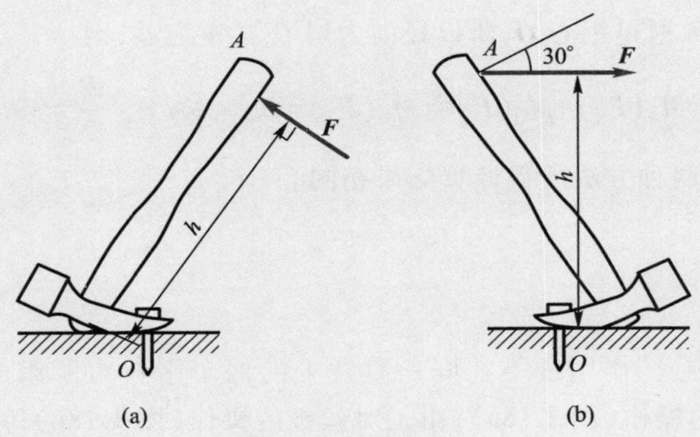

图 1.16　小锤起钉

解　(1) 图 1.16a 中情形。

这种情形下，力臂 h 等于手柄长度 l，即 $h=300$ mm，所以力 $\boldsymbol{F}$ 对 O 点之矩为：

$$M_O(\boldsymbol{F})=F\times h=100\ \text{N}\times 0.3\ \text{m}=30\ \text{N}\cdot\text{m}$$

(2) 图 1.16b 中情形。

这种情形下，力臂 $h=l\cos 30°$，所以力 $\boldsymbol{F}$ 对 O 点之矩为：

$$M_O(\boldsymbol{F})=-F\times h=-100\ \text{N}\times 0.3\ \text{m}\times\cos 30°=-25.98\ \text{N}\cdot\text{m}$$

式中负号表示力 $\boldsymbol{F}$ 使手柄绕 O 点顺时针转动。

例 1.3　如图 1.17a 所示，直齿圆柱齿轮的压力角 $\alpha=20°$，法向压力 $F_n=1\ 400$ N，齿轮节圆（啮合圆）直径 $D=60$ mm，试求力 $\boldsymbol{F}_n$ 对轴心 O 之矩。

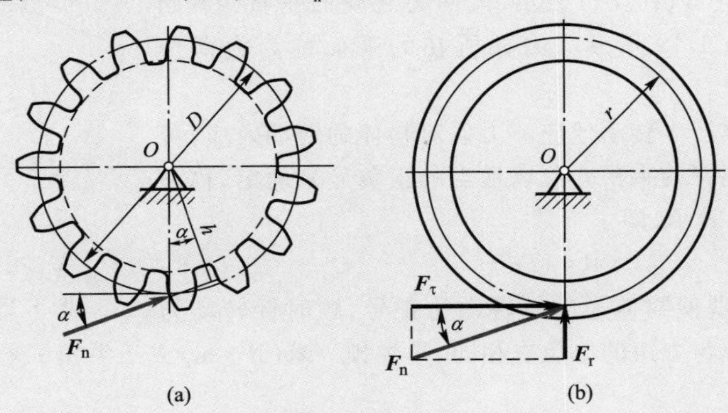

图 1.17　直齿圆柱齿轮的受力

解法一　用力对点之矩的定义求解。由图 1.17a 可得

$$h=r\cdot\cos\alpha=\frac{D}{2}\cos\alpha=28.19\times10^{-3}\ \mathrm{m}$$

所以力 $\boldsymbol{F}$ 对 O 点之矩为

$$M_O(\boldsymbol{F})=F_{\mathrm{n}}\cdot h=1\ 400\ \mathrm{N}\times28.19\times10^{-3}\mathrm{m}=39.47\ \mathrm{N}\cdot\mathrm{m}$$

解法二　根据合力矩定理求解。先将力 $\boldsymbol{F}_{\mathrm{n}}$分解为圆周力 $\boldsymbol{F}_{\tau}$ 和径向力 $\boldsymbol{F}_{\mathrm{r}}$，如图 1.17b 所示。由于径向力 $\boldsymbol{F}_{\mathrm{r}}$通过矩心 O，所以径向力对 O 之矩为零，则

$$M_O(\boldsymbol{F}_{\mathrm{n}})=M_O(\boldsymbol{F}_{\tau})+M_O(\boldsymbol{F}_{\mathrm{r}})=M_O(\boldsymbol{F}_{\tau})=\boldsymbol{F}_{\mathrm{n}}\cdot\cos\alpha\cdot\frac{D}{2}=39.47\ \mathrm{N}\cdot\mathrm{m}$$

由此可见，以上两种方法所得计算结果相同。

1.3.2　力偶

1. 力偶的概念

大小相等、方向相反、作用线不在同一直线上的两个平行力所组成的力系，称为力偶。例如，司机对转向盘的操作（图 1.18a），钳工对丝锥的操作（图 1.18b）等。

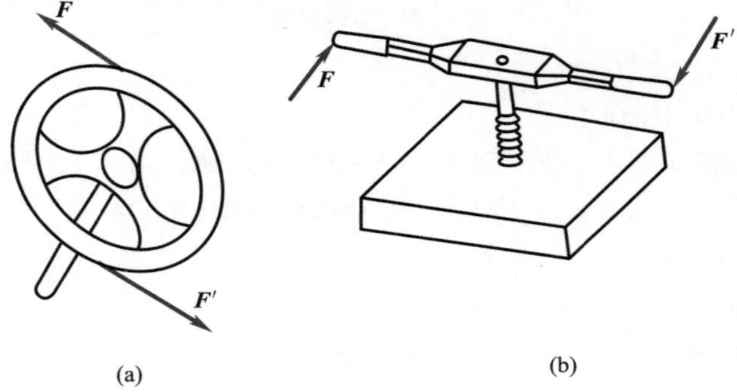

图 1.18　力偶的应用

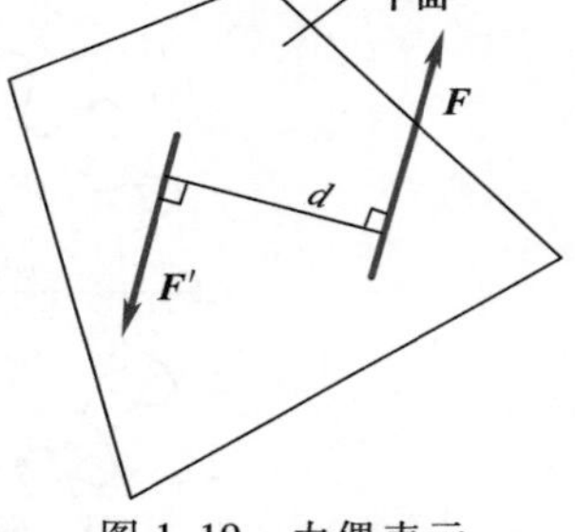

力偶可以用符号$(\boldsymbol{F},\boldsymbol{F}')$表示，其两力之间的垂直距离 d 称为力偶臂，如图 1.19 所示。力偶所在的平面称为力偶作用面。

力偶只对物体产生转动效应。力偶对物体的转动效应，可用力偶中力与力偶臂的乘积并冠以适当的正负号来确定，称为力偶矩，用字母 M 表示，即

$$M=\pm Fd \tag{1.8}$$

图 1.19　力偶表示

通常规定：力偶使物体逆时针转动为正号，顺时针转动为负号。力偶的单位与力矩的单位也相同，是牛顿·米（N·m）或千牛顿·米（kN·m）。

2. 力偶的性质

根据力偶的定义，可知力偶具有以下性质：

（1）力偶无合力，本身又不平衡，是一个基本力学量。

如果在力偶作用面内任取一投影轴，则有：力偶在任一轴上的投影恒等于零。

（2）力偶对其所在平面内任意一点之矩恒等于力偶矩，与矩心位置无关。

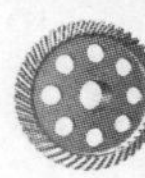

如图 1.20 所示，在力偶($\boldsymbol{F},\boldsymbol{F}'$)作用面内任取一点 O 为矩心，设 O 点到 $\boldsymbol{F}'$的垂直距离为 x。力偶使物体绕某点的转动效应可以用力偶中的两个力对于该点之矩的代数和来度量。则力偶($\boldsymbol{F},\boldsymbol{F}'$)对点 O 的矩为

$$M_O(\boldsymbol{F},\boldsymbol{F}')=M_O(\boldsymbol{F})+M_O(\boldsymbol{F}')=F(x+d)-F'x=Fd=M \tag{1.9}$$

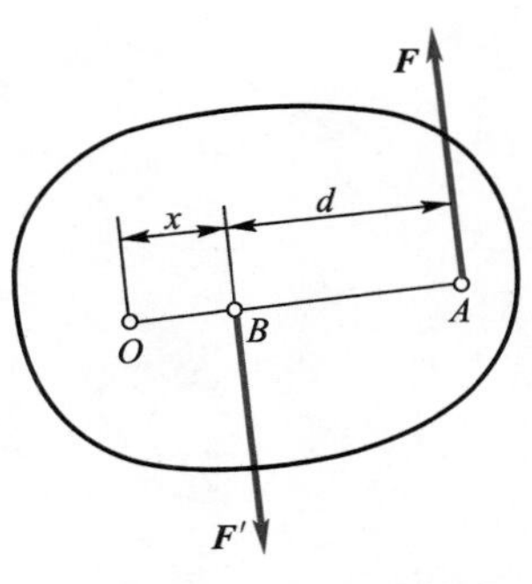

图 1.20　力偶对点之矩

可见，力偶对其作用面内任意一点之矩只与力的大小和力偶臂有关，与矩心位置无关。

(3) 在同一平面内的两个力偶，只要其力偶矩(包括大小和转向)相等，则这两个力偶彼此等效。这就是平面力偶的等效定理。

由上述等效定理，可得到以下两个结论：

(1) 力偶可以在其作用面内任意移转，而不影响它对刚体的效应。

(2) 只要力偶矩保持不变，可任意改变力偶中力的大小和力偶臂的长短，而不改变它对刚体的作用效应。

因此力偶也可以用带箭头的弧线来表示，圆弧箭头的方向表示力偶转向，字母 M 表示力偶的大小。图 1.21 表示力偶矩为 M 的一个力偶，三种表示方法等效。

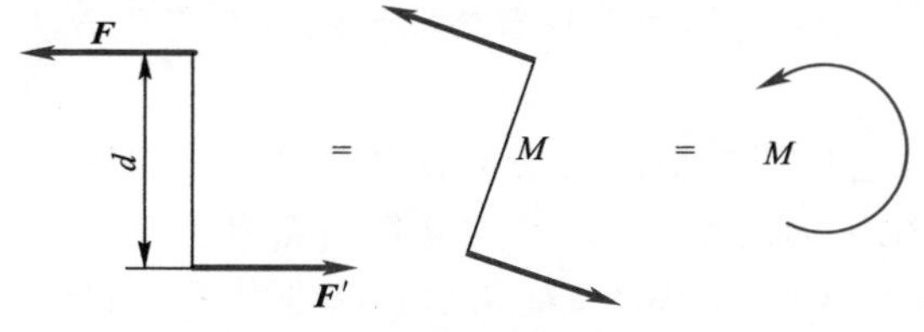

图 1.21　等效的表示方法

3. 平面力偶系的合成与平衡

(1) 平面力偶系的合成　作用在刚体同一平面内的若干个力偶，称为平面力偶系。

根据力偶的性质，刚体在平面力偶系的作用下也产生转动效应，其转动效应等于各力偶转动效应之和，这样平面力偶系应与一个力偶等效。即平面力偶可合成一个合力偶，合力偶矩等于各个力偶矩的代数和，即

$$M=M_1+M_2+\cdots+M_n=\sum M_i \tag{1.10}$$

(2) 平面力偶系的平衡　由合成结果可知，力偶系平衡时，其合力偶的矩等于零。因此，平面力偶系平衡的必要和充分条件是：所有各力偶矩的代数和等于零，即

$$\sum M_i=0 \tag{1.11}$$

例 1.4　在汽缸盖上要钻四个相同的孔，如图 1.22 所示，每个孔的切削力偶矩是：$M_1=M_2=M_3=M_4=15\ \mathrm{N\cdot m}$，转向如图。当用多轴钻床同时钻这四个孔时，工件受到的总切削力偶矩是多大？

解　作用在工件上的力偶有四个，各力偶的力偶矩大小相等，转向相同，又在同一平面内，因此，合力偶矩为：

$$M=M_1+M_2+M_3+M_4=(-15\ \mathrm{N\cdot m})\times4=-60\ \mathrm{N\cdot m}$$

负号表示合力偶的转向为顺时针方向。

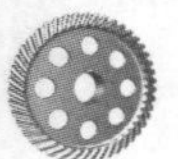

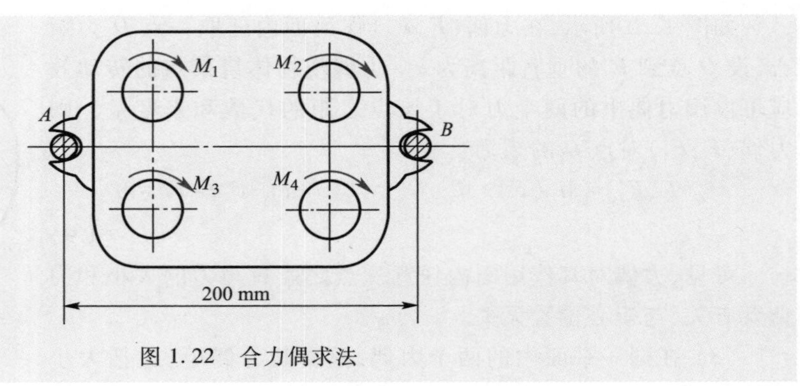

图 1.22 合力偶求法

1.4 平面一般力系

各力的作用线在同一平面内，且任意分布的力系称为平面一般力系。平面一般力系是工程中最常见的一种力系。本节主要讨论平面一般力系的简化和平衡问题。

1.4.1 平面一般力系的简化

1. 力的平移定理

力系向一点简化是一种较为简便并具有普遍性的力系简化方法。此方法的理论基础是力的平移定理。

力的平移定理：可以把作用在刚体上点 A 的力 $\boldsymbol{F}$ 平行移到任一点 B，但必须同时附加一个力偶，这个附加力偶的矩等于原来的力 $\boldsymbol{F}$ 对新作用点 B 的矩。

设力 $\boldsymbol{F}$ 作用于刚体的 A 点，如图 1.23a 所示。欲将力 $\boldsymbol{F}$ 平移到刚体内任一点 B，可在 B 点加一对平衡力 $\boldsymbol{F}'$ 和 $\boldsymbol{F}''$，并令 $\boldsymbol{F}'=\boldsymbol{F}=-\boldsymbol{F}''$（图 1.23b）。由加减平衡力系公理可知，这三个力与原力 $\boldsymbol{F}$ 是等效的。力 $\boldsymbol{F}$ 和 $\boldsymbol{F}''$ 组成一力偶 M，其力偶臂为 d，称为附加力偶（图 1.23c）。附加力偶的力偶矩等于力 $\boldsymbol{F}$ 对 B 点之矩，即

$$M=M_B(\boldsymbol{F})=F\cdot d$$

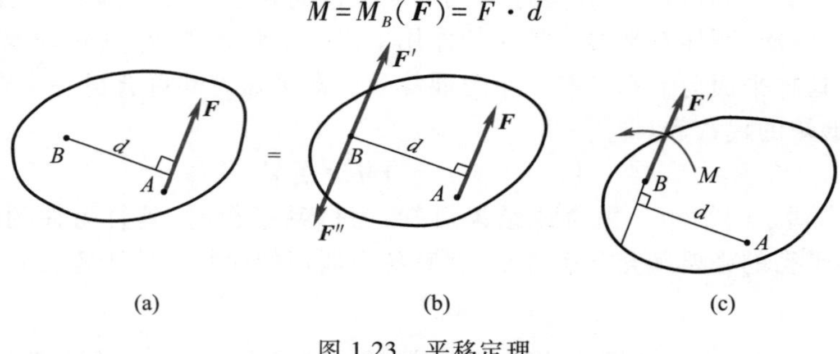

图 1.23 平移定理

这样，作用于 A 点的力 $\boldsymbol{F}$ 就与作用于 B 点的力 $\boldsymbol{F}'$ 和附加力偶 M 等效。

力的平移定理不仅是力系向一点简化的理论依据，而且也可以用来解释一些实际问题。例如钳工用丝锥攻螺纹时，如果用单手操作，在手柄作用力 $\boldsymbol{F}$，如图 1.24 所示。将力 $\boldsymbol{F}$ 平移到绞杠中心时，就形成力 $\boldsymbol{F}'$ 和矩为 M 的力偶。力偶虽然可以使丝锥转动，但力 $\boldsymbol{F}'$ 很容易造成丝锥折断。如果用双手操作，两手握住手柄两端，均匀用力，形成力偶，就不会折断丝锥。

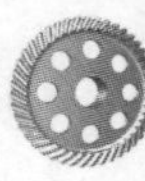

2. 平面一般力系向一点简化

(1) 简化过程

设在刚体上作用平面一般力系 $\boldsymbol{F}_1,\boldsymbol{F}_2,\cdots,\boldsymbol{F}_n$，如图 1.25a 所示。在平面内任取一点 O，称为简化中心。根据力的平移定理，将各力向 O 点平移，每平移一个力形成一个相应的附加力偶。对整个力系来说，原力系就等效地分解成了两个特殊力系：汇交于 O 点的平面汇交力系 $\boldsymbol{F}'_1,\boldsymbol{F}'_2,\cdots,\boldsymbol{F}'_n$ 和力偶矩为 $M_1,M_2,\cdots,M_n$ 的平面力偶系，如图 1.25b 所示。

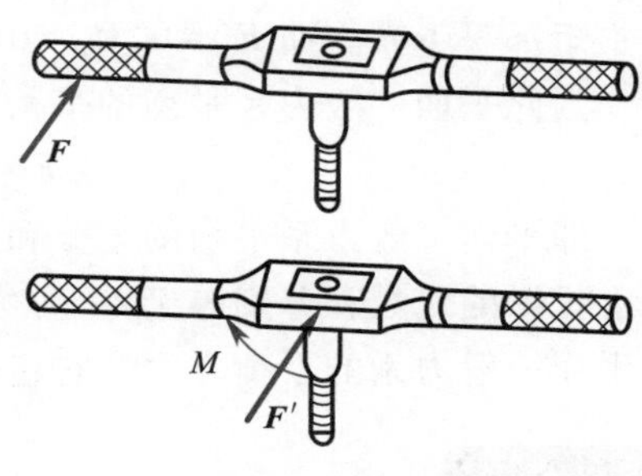

图 1.24　丝锥攻螺纹

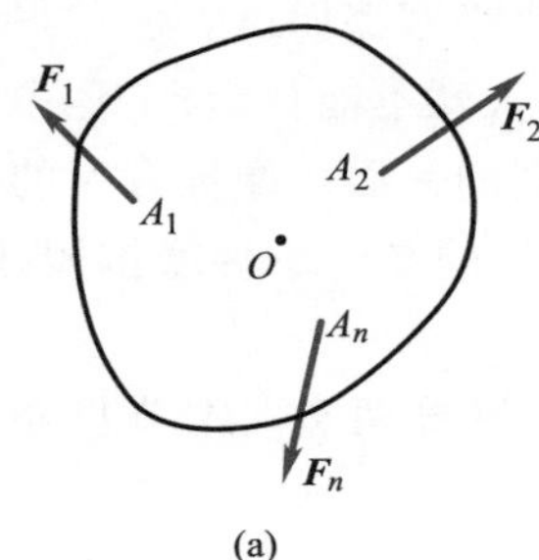

(a)

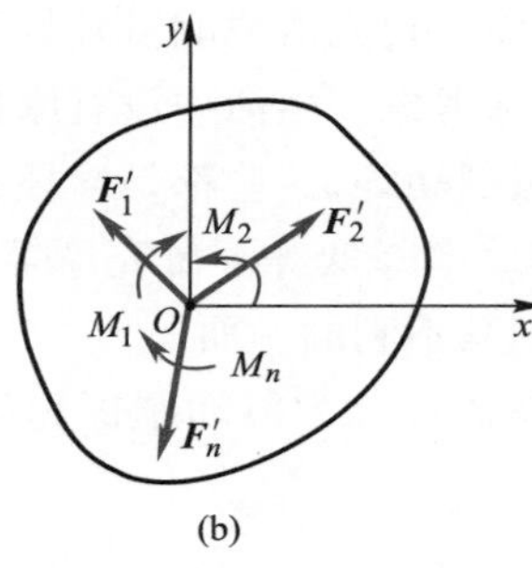

(b)

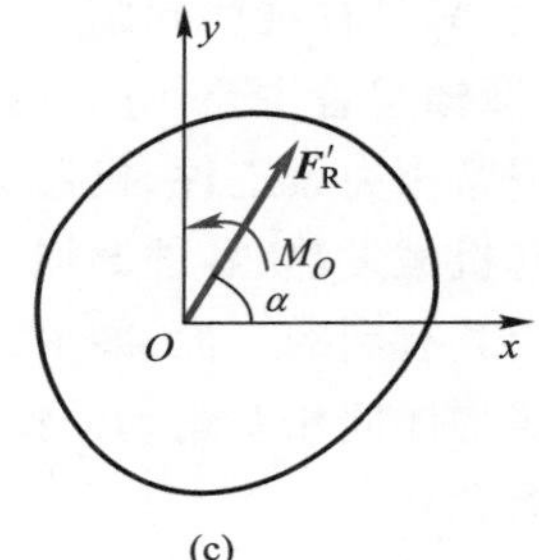

(c)

图 1.25　力系的简化

其中
$$\boldsymbol{F}'_1=\boldsymbol{F}_1,\boldsymbol{F}'_2=\boldsymbol{F}_2,\cdots,\boldsymbol{F}'_n=\boldsymbol{F}_n$$
$$M_1=M_O(\boldsymbol{F}_1),M_2=M_O(\boldsymbol{F}_2),\cdots,M_n=M_O(\boldsymbol{F}_n)$$

将平面汇交力系可合成，得到作用在点 O 的一个力，其大小和方向用 $\boldsymbol{F}'_{\mathrm{R}}$ 表示，如图 1.25c所示。即

$$\boldsymbol{F}'_{\mathrm{R}}=\boldsymbol{F}'_1+\boldsymbol{F}'_2+\cdots+\boldsymbol{F}'_n=\sum\boldsymbol{F}'=\sum\boldsymbol{F} \tag{1.12}$$

将附加力偶系合成，得到一个合力偶，其力偶矩用 M_O 表示，如图 1.25c 所示。即

$$M_O=M_1+M_2+\cdots+M_n=\sum M_O(\boldsymbol{F}) \tag{1.13}$$

(2) 主矢和主矩

上述结果表明，原平面一般力系等效于力矢 $\boldsymbol{F}'_{\mathrm{R}}$ 和力偶矩 M_O 的共同作用。其中 $\boldsymbol{F}'_{\mathrm{R}}$ 等于原力系中各力的矢量和，称 $\boldsymbol{F}'_{\mathrm{R}}$ 为原力系的主矢。力偶矩 M_O 等于原力系中各力对简化中心矩的代数和，称为原力系对简化中心的主矩。

由上述分析可得结论：平面一般力系向其作用平面内任一点简化的一般结果是一个力和一个力偶。该力作用于简化中心，其大小和方向等于原力系的主矢；该力偶的力偶矩等于原力系对简化中心的主矩。

因而，平面一般力系向一点简化，可归结为求力系的主矢和主矩。

由于主矢等于各力的矢量和，所以，它与简化中心的选择无关。而主矩等于各力对简化中心的矩的代数和，当取不同的点为简化中心时，各力的力臂将有改变，各力对简化中心的矩也有改变，所以在一般情况下主矩与简化中心的选择有关。以后说到主矩时，必须指出是力系对于哪一点的主矩。

1.4.2　平面一般力系的平衡条件

根据力系平衡定理，平面一般力系平衡的充分和必要条件是：该力系的主矢和对任一点的主矩都等于零。即 $F'_R=0, M_O=0$。

因此平面一般力系平衡的平衡方程为

$$\sum F_x=0 \ , \sum F_y=0, \ \sum M_O(F)=0 \tag{1.14}$$

即平面一般力系平衡的充分和必要的条件是:力系中各力在作用面内任选的两个坐标轴上投影的代数和分别等于零,各力对作用面内任一点的矩的代数和等于零。式(1.14)称为平面一般力系的平衡方程。它包括两个投影方程和一个力矩方程。

1.5 摩擦

在前面各章中,总是假定物体间的接触面是绝对光滑的。事实上,绝对光滑的接触面是不存在的,只是在某些问题中,接触面比较光滑或润滑较好而忽略摩擦而已。但在很多实际问题中,摩擦起着主要作用,因此必须考虑。生活中没有摩擦,人就不能行走;工程中使用的夹具利用摩擦夹紧工件,机器靠摩擦制动等,这些都是摩擦有利的一面。摩擦有害的一面表现为引起机械发热、零件磨损、机械效率降低等。研究摩擦的目的在于掌握摩擦规律,以便充分利用其有利的一面,减少或限制其不利的一面。

按照物体间相对运动的情况,摩擦可分为滑动摩擦和滚动摩擦两类。本节只介绍滑动摩擦的概念。

1.5.1 滑动摩擦

滑动摩擦是指两物体接触面间作相对滑动或具有相对滑动趋势时所产生的摩擦。这时在接触面间产生的阻碍相对滑动的切向阻力,称为滑动摩擦力。物体间滑动摩擦的规律,可通过一试验加以说明。

1. 静滑动摩擦力

如图 1.26 所示,当拉力 $F_P=0$ 时,物体静止;当拉力 F_P 逐渐增大到某一临界值的过程中,物体有向右滑动的趋势,但仍然保持静止。这说明在两接触面间除了法向反力之外必存在一个与物体运动趋势方向相反的切向阻力 F,如图 1.26b 所示,这个力称为静滑动摩擦力,简称静摩擦力。其大小可由平衡方程确定,即 $\sum F_x=0$,得 $F=F_P$。

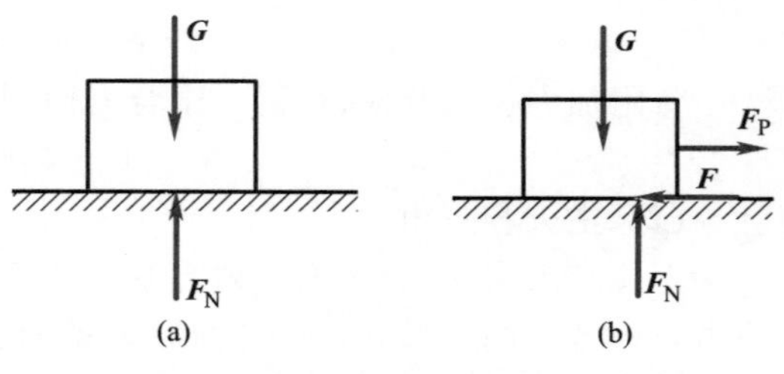

图 1.26　静滑动摩擦

上式说明,当物体静止时,静摩擦力 F 的大小随主动力 F_P 的变化而变化。这是静摩擦力与一般的约束反力的共同性质。但静摩擦力还有它自己的特征。当静摩擦力 F 随 F_P 逐渐增大到某一临界值时,就不会再增加,这时物体处于将滑动而尚未滑动的临界状态,即 F_P 再增大一点,物体即开始滑动。这说明,当物体处于临界平衡状态时,静摩擦力达到最大值,称为最大静摩擦力,以 F_{max} 表示。可见,静摩擦力的大小随主动力的变化范围是

$$0 \leqslant F \leqslant F_{max}$$

实验证明,最大静摩擦力的大小与两物体间的正压力(法向反力)成正比(此规律又称为库仑定律)。即

$$F_{max}=f_s \cdot F_N \tag{1.15}$$

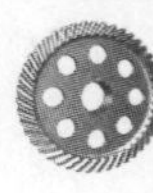

式中：f_s是量纲一的比例系数，称为静摩擦系数，其大小与相互接触物体表面的材料性质和表面状况（如粗糙度、温度、湿度等）有关，一般可由实验测定。

2. 动滑动摩擦力

当静摩擦力达到最大值 F_{max}时，若主动力 $\boldsymbol{F}_P$再继续增大，物体便开始滑动。这时摩擦仍然阻碍物体的运动，这时的摩擦力称为动滑动摩擦力，简称动摩擦力，以 $\boldsymbol{F}'$表示。其方向与物体间相对滑动的速度方向相反。实验结果表明，动摩擦力的大小也与两物体间的正压力（即法向反力）成正比。即

$$F'=f\cdot F_N \tag{1.16}$$

式中：f 也是量纲一的比例系数，称为动摩擦系数。它除了与两接触物体的材料和表面状况等因素有关外，还与相对滑动的速度有关。一般情况下，$f<f_s$，则 $F'<F_{max}$。当精度要求不高时，可近似认为 $f=f_s$。

1.5.2　摩擦角与自锁

1. 摩擦角

如图 1.27a 所示物体，考虑摩擦时，平衡物体受到的约束反力为法向反力 $\boldsymbol{F}_N$和切向反力 $\boldsymbol{F}$（静摩擦力），两者的合力 $\boldsymbol{F}_R$称为全约束反力，或全反力。设全反力与接触面公法线间的夹角为 φ，显然 φ 随静摩擦力的变化而变化。当静摩擦力达到最大静摩擦力 F_{max}时，夹角 φ 也达到最大值 φ_m，φ_m称为摩擦角。如图 1.27b 所示，此时有

$$\tan\varphi_m=\frac{F_{max}}{F_N}=\frac{f_s\cdot F_N}{F_N}=f_s \tag{1.17}$$

上式表明，摩擦角的正切等于静摩擦系数。

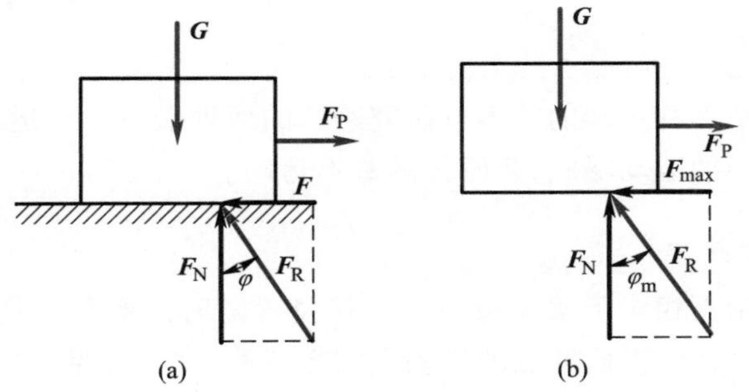

图 1.27　摩擦角

2. 自锁现象

物体平衡时，静摩擦力总是小于或等于最大静摩擦力，因而，全反力与接触面法线间的夹角 φ 也总是小于或等于摩擦角 φ_m，即 $0\leqslant\varphi\leqslant\varphi_m$。

由于静摩擦力不可能超过其最大值，因此全反力的作用线不能超出摩擦角以外。将主动力 $\boldsymbol{G}$ 和 $\boldsymbol{F}_P$合成一个力 $\boldsymbol{F}_Q$，即 $\boldsymbol{F}_Q=\boldsymbol{G}+\boldsymbol{F}_P$，设其与接触面公法线间的夹角为 α，如图 1.28 所示。物体平衡时，主动力的合力 $\boldsymbol{F}_Q$与全反力 $\boldsymbol{F}_R$等值、反向、共线，故 $\alpha=\varphi$，所以

$$\alpha\leqslant\varphi_m \tag{1.18}$$

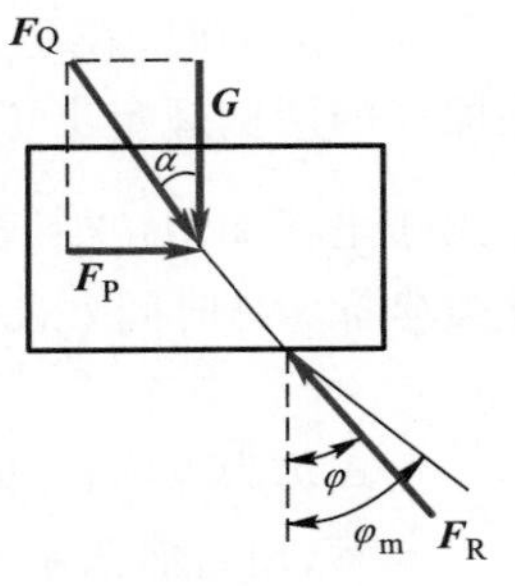

图 1.28　摩擦角

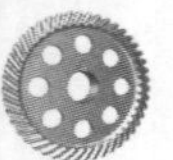

上式表明，作用在物体上的主动力的合力 $\boldsymbol{F}_Q$，不论多大，只要其作用线与公法线间的夹角 α 小于或等于摩擦角，则物体保持静止，这种现象称为自锁现象，式(1.18)称为自锁条件。利用自锁可设计某些机构或夹具，如千斤顶、圆锥销等，使之始终保持在平衡状态下工作。

反之，当 $\boldsymbol{F}_Q$ 的作用线与公法线间的夹角 $\alpha>\varphi_m$ 时，全反力 $\boldsymbol{F}_R$ 不能与之平衡，因此不论 $\boldsymbol{F}_Q$ 多么小，物块一定会滑动。例如对于传动机构，应用这个原理可避免自锁，使机构不致被卡死。

1.5.3　机械的效率

机械运转时，作用在机械上的驱动力所做的功 W_d 称为驱动功（或称输入功）；克服生产阻力所消耗的功 W_r 称为有效功（或称输出功）；克服有害阻力所做的功 W_f 称为损失功。机械正常运转时，输入功等于输出功与损失功之和，即

$$W_d = W_r + W_f$$

机械运行时克服生产阻力所消耗的功与输入功之比称为机械的效率，以 η 表示。效率反映了输入功在机械中的有效利用的程度，$\eta<1$，即

$$\eta = \frac{W_r}{W_d} = \frac{W_d - W_f}{W_d} = 1 - \frac{W_f}{W_d} \tag{1.19}$$

效率也可以用功率来表示

$$\eta = \frac{P_r}{P_d} = \frac{P_d - P_f}{P_d} = 1 - \frac{P_f}{P_d} \tag{1.20}$$

式中：P_d 为输入功率；P_r 为输出功率；P_f 为损失功率。

在这种情况下 $\eta<0$ 时，不管驱动力多大都不能使机械运动，机械发生自锁。因此，机械自锁的条件是 $\eta\leqslant 0$，其中 $\eta=0$ 为临界自锁状态，并不可靠。

1.6　运动学简介

刚体运动的形式是多种多样的。本节研究刚体的两种最简单的运动：平动和定轴转动。它们是工程上广泛应用的运动形式，是刚体的基本运动。

1.6.1　自然法（弧坐标法）

点的运动规律是指点相对于某参考系的几何位置随时间变化的规律，包括点的运动方程、轨迹方程、速度和加速度。研究点的运动通常有三种方法：矢量法、直角坐标法、自然法。本节只研究用自然法求出点的运动方程等。

1. 运动方程

动点运动时，在空间经过的实际路线称为动点的轨迹。在原点的两侧规定出正负方向。如图 1.29 所示，动点 M 的位置用弧坐标 $s(\widehat{OM})$ 来表示。弧坐标 s 将随时间 t 而改变，因此弧坐标 s 是时间 t 的单值连续函数，即

$$s=f(t) \tag{1.21}$$

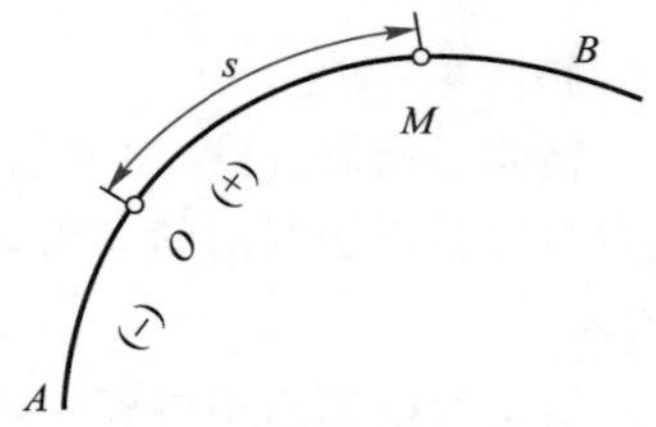

图 1.29　动点 M 的轨迹

上式称为点沿已知轨迹的运动方程或以弧坐标表示的运动方程。

显然，用自然法确定点的运动必须具备两个条件：(1) 已知点的运动轨迹；(2) 已知沿轨迹的运动方程 $s=f(t)$。

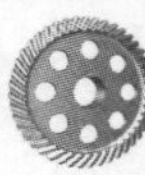

2. 点的速度

如图 1.30 所示，当 Δt 趋近于零时，M_1 趋近于 M，平均速度趋近于某一极限值，该极限值就是动点在位置 M 处（即时刻 t）的瞬时速度，即

$$v=\lim_{\Delta t\to 0}v^*=\lim_{\Delta t\to 0}\frac{\overrightarrow{MM_1}}{\Delta t} \tag{1.22}$$

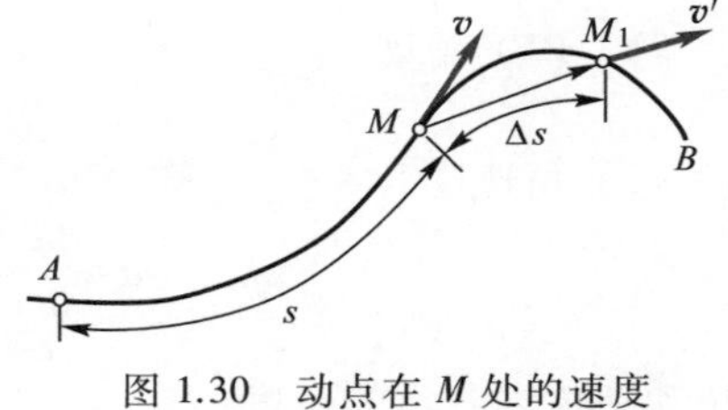

图 1.30　动点在 M 处的速度

1.6.2　刚体的平动

刚体运动时，如果体内任一直线都始终保持与原来的位置平行，则这种运动称为刚体的平行移动，简称为平动。

当刚体平动时，体内各点的轨迹相同；在同一瞬时，体内各点的速度、加速度也相同。因此，刚体的平动可以用点的运动来描述。

1.6.3　刚体绕定轴转动

刚体运动时，体内有一直线始终保持不动，而这条直线以外的各点都绕此直线作圆周运动。刚体的这种运动称为刚体绕定轴转动，简称转动。刚体内固定不动的直线称为转动轴。

1. 转动方程、角速度

（1）转动方程　如图 1.31 所示，设刚体绕定轴 z 转动，转角 φ 的单位为弧度（rad）。由于 φ 随时间 t 的变化而变化，所以它是时间 t 的单值连续函数，即

$$\varphi=f(t) \tag{1.23}$$

上式称为刚体的转动方程，即刚体转动时的运动规律。为了区分刚体转动的方向，我们规定：从转动轴 z 的正端向负端看，刚体逆时针转动时，φ 为正；顺时针转动时，φ 为负。可见 φ 是一个代数量。

（2）角速度　角速度是表示刚体转动快慢和转动方向的物理量。瞬时角速度常用符号 ω 表示，它是转角 φ 对时间 t 的一阶导数，即

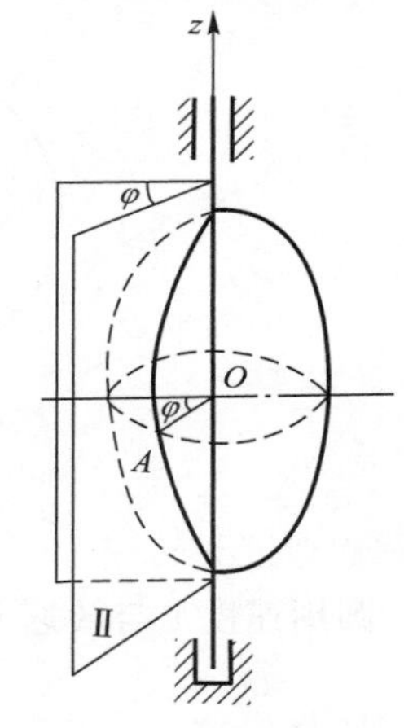

图 1.31　刚体的定轴转动

$$\omega=\lim_{\Delta t\to 0}\frac{\Delta\varphi}{\Delta t}=\frac{\mathrm{d}\varphi}{\mathrm{d}t}=f'(t) \tag{1.24}$$

如果 $\frac{\mathrm{d}\varphi}{\mathrm{d}t}$ 在某瞬时的值为正，表示 ω 的转向与转角 φ 的正向一致，是逆时针转动；反之为负。在定轴转动中，角速度是代数量。

角速度的单位为弧度/秒（rad/s）。工程中常用转速 n 表示刚体转动的快慢，其单位为转/分（r/min）。角速度 ω 与转速 n 之间的换算关系为

$$\omega=\frac{2\pi n}{60}=\frac{\pi n}{30} \tag{1.25}$$

例 1.5　已知发动机主轴的转动方程为 $\varphi=2t^3+4t-3$（φ 的单位为 rad，t 的单位为 s），试求当 $t=2\mathrm{s}$ 时转动的角度、角速度。

解　(1) 角度

$$\varphi = 21\text{rad}$$

(2) 角速度

$$\omega = \frac{\mathrm{d}\varphi}{\mathrm{d}t} = \frac{\mathrm{d}}{\mathrm{d}t}(2t^3+4t-3) = 28\ \text{rad/s}$$

2. 转动刚体内各点的速度

如图 1.32a 所示，在定轴转动刚体内任取一点 M，它到转轴的垂直距离为 r，在转动过程中，若 M_O 为点运动的参考原点，在瞬时 t 点运动到圆周上 M 处，其弧坐标为

$$s = r\varphi \tag{1.26}$$

上式表明，刚体内任一点的弧坐标等于刚体的转角与该点转动半径的乘积。

速度的大小为

$$v = \frac{\mathrm{d}s}{\mathrm{d}t} = \frac{\mathrm{d}(r\varphi)}{\mathrm{d}t} = r\frac{\mathrm{d}\varphi}{\mathrm{d}t} = r\omega \tag{1.27}$$

上式表明，转动刚体内任一点的速度，等于该点的转动半径与刚体角速度的乘积；其方向垂直于转动半径，沿圆周切线，指向与 ω 转向一致，如图 1.32b 所示。

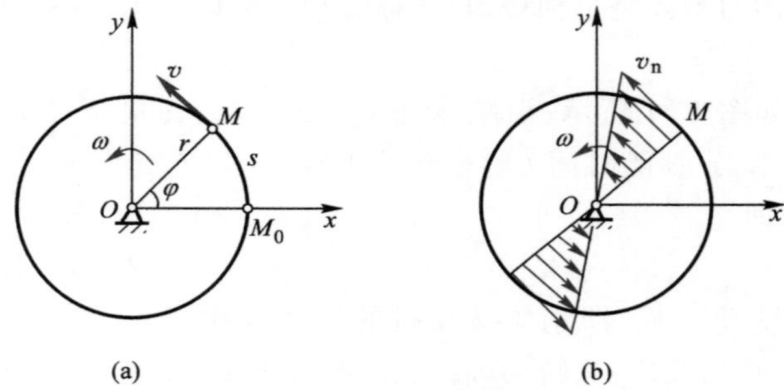

图 1.32　转动刚体的速度

3. 圆周速度和转速

圆周速度 v 与转速 n、轮的参考圆直径 d 的关系为

$$v = \frac{\pi nd}{60\times1\ 000} \tag{1.28}$$

式中：n 为转速，r/min；d 为直径，mm；v 为圆周速度，m/s。

机械传动装置所能传递功率或转矩的大小，代表着传动系统的传动能力。

4. 传递功率

(1) 传递功率 P 的表达式为

$$P = \frac{Fv}{1\ 000} \tag{1.29}$$

式中：F 为传递的圆周力，N；v 为圆周速度，m/s；P 为传递的功率，kW。

当传递功率 P 一定时，圆周力 F 与圆周速度 v 成反比。

(2) 传递的功率与转矩、转速的关系为

$$T = 9\ 550\frac{P}{n} \tag{1.30}$$

式中：T 为传递的转矩，N · m；P 为传递的功率，kW；n 为转速，r/min。

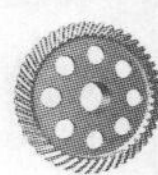

复习题

1.1　什么是二力杆？为什么在进行受力分析时要尽可能地找出结构中的二力杆？

1.2　什么是刚体？

1.3　什么是平衡？

1.4　指出图所示结构中哪些构件是二力杆？

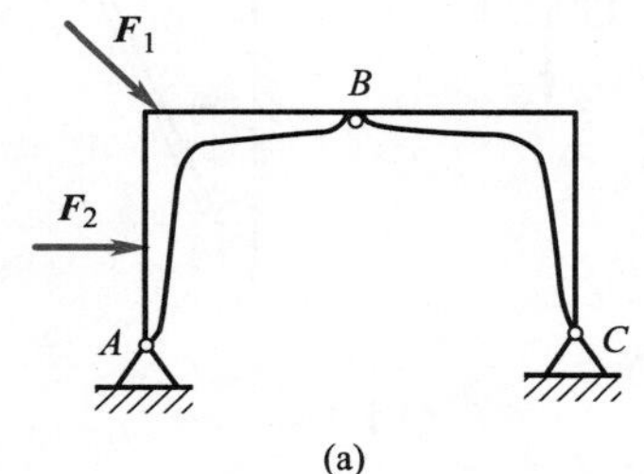

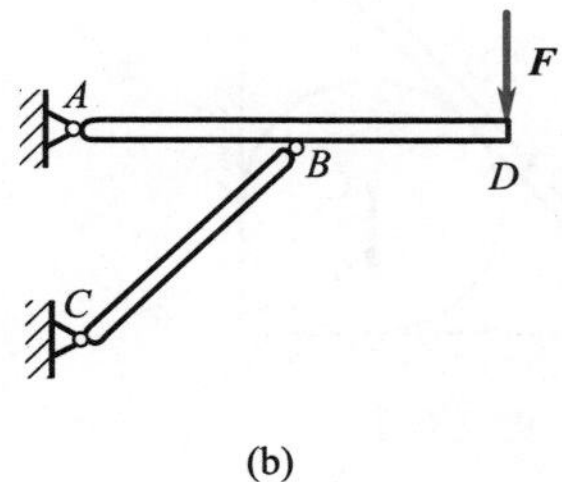

题 1.4 图

1.5　画出图示指定物体的受力图。

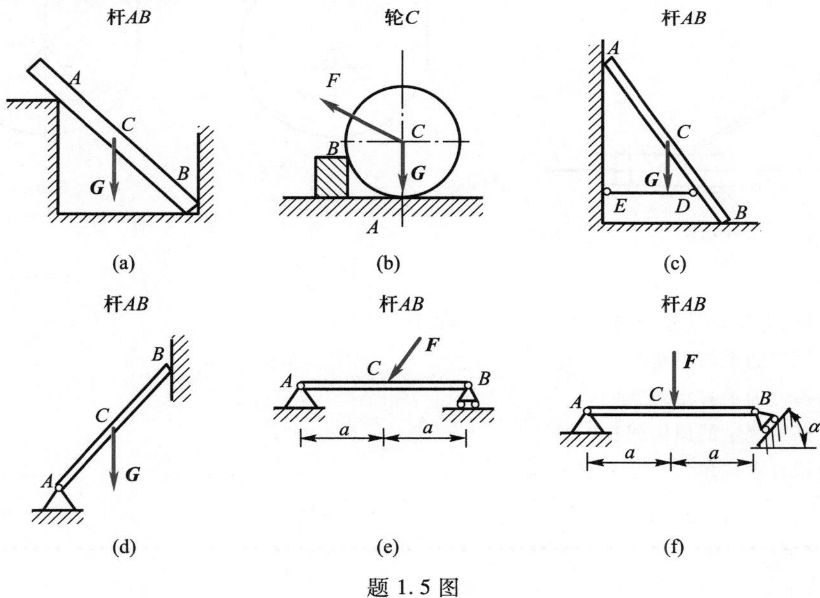

题 1.5 图

1.6　画出图示物体系中杆 AB、轮 C、整体的受力图。

1.7　用简易起重机吊起重 $G=2$ kN 的重物，滑轮尺寸和各杆自重不计，A、B、C 三处简化为铰链连接，求杆 AB 和 AC 所受的力。

1.8　四连杆机构如图所示。已知 $OA=a$，其上作用着力偶矩为 M 的力偶。试求在图示位置（$OA\perp OB$）平衡时，力 $\boldsymbol{F}$ 的大小和支座 O 处的反力。

1.9　分析图所示的力 $\boldsymbol{F}$ 和力偶（$\boldsymbol{F}'$，$\boldsymbol{F}''$）对轮的作用有何不同？设轮的半径均为 r，且 $F'=F/2$。

1.10　平面力系中三力平衡应满足什么条件？

1.11 什么是约束、约束力？

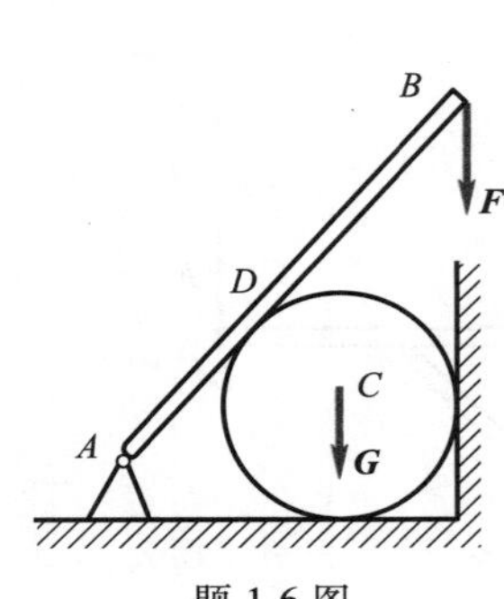

题 1.6 图

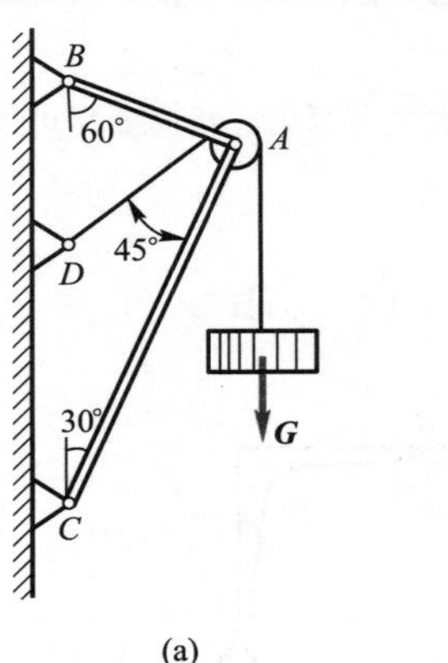

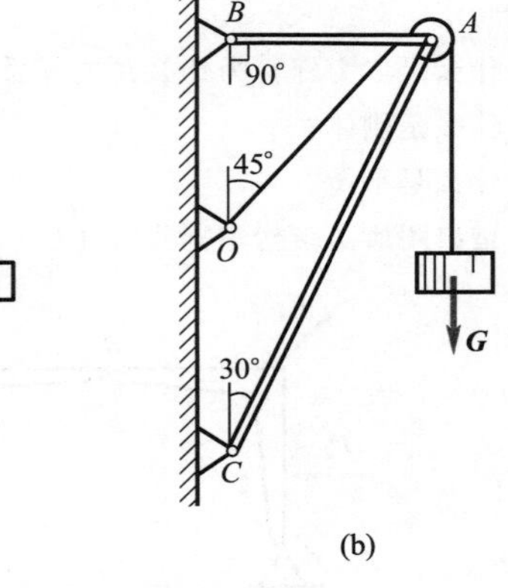

题 1.7 图

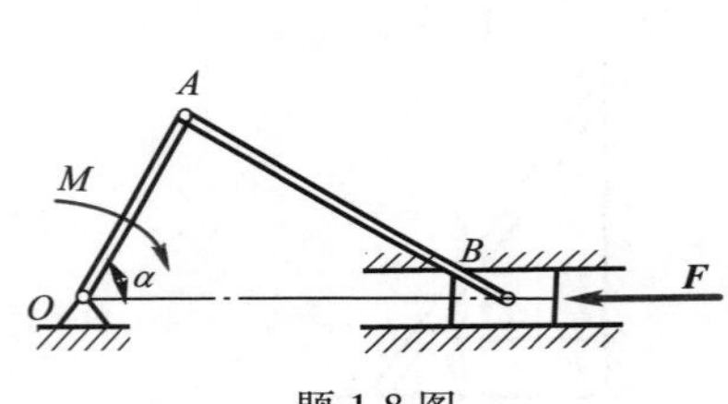

题 1.8 图

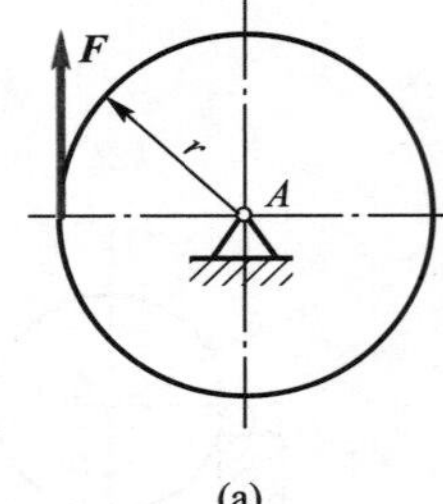

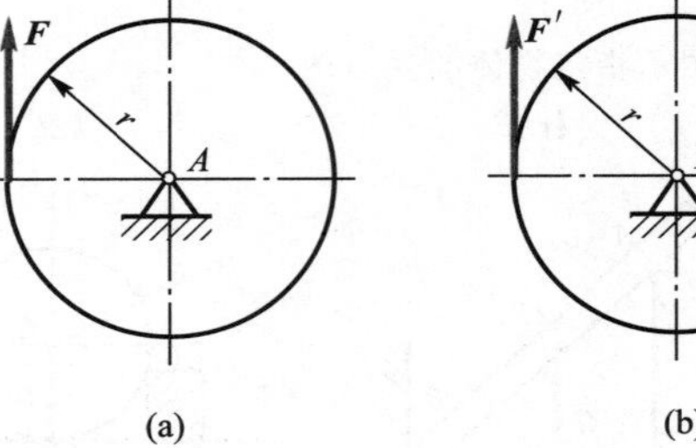

题 1.9 图

1.12 力矩、力偶矩是矢量吗？为什么？

1.13 平面力偶系的平衡条件是什么？

1.14 何谓力的平移定理？

1.15 摩擦角产生的原因何在？

1.16 何谓自锁现象？

第 2 章

2

轴向拉伸与压缩

本章主要介绍直杆轴向拉伸的应力与变形，强度计算等问题，压缩问题在此不加论述。同时简单介绍剪切和挤压的强度计算。

2.1 拉伸与压缩时横截面上的内力

2.1.1 轴向拉伸与压缩的概念

工程实际中,轴向拉伸与压缩的变形是最常见的一种基本变形形式,如图 2.1 所示的起重机吊钩为承受轴向拉伸,如图 2.2 所示的油缸活塞杆则承受压缩。

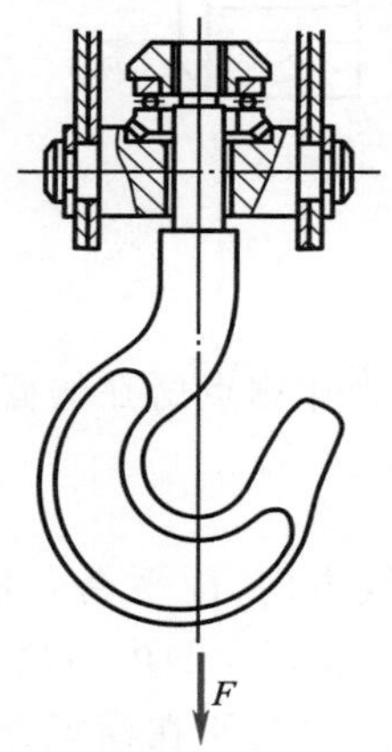

图 2.1 起重机吊钩

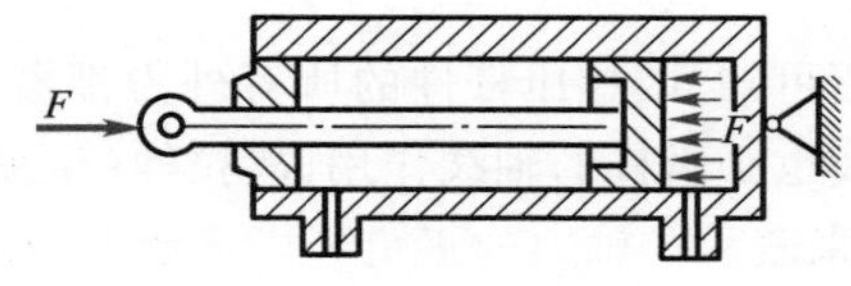

图 2.2 油缸活塞杆

通过以上实例可以看出,拉伸与压缩杆件的受力特点是:所有外力(或外力的合力)沿杆轴线作用。变形特点是:杆沿轴线伸长或缩短。上述变形形式称为拉伸与压缩变形。由于是沿杆件轴线伸长或缩短,所以也叫轴向拉伸与压缩,这类杆件称为拉杆或者压杆。

2.1.2 内力的概念

构件工作时承受的载荷、自重及约束力统称为外力。构件在外力作用下产生变形,内部材料微粒之间的相对位置便发生了变化,从而产生了构件内各部分之间的相互作用力,这种由外力引起的构件内部的相互作用力就称之为内力。

内力的大小及在杆件内部截面上的分布方式与构件的强度、刚度和稳定性有着密切的联系,所以内力的研究是解决杆件强度、刚度、稳定性问题的基础。

求解构件的内力通常采用截面法。截面法的基本步骤如图 2.3 所示，可用以下几个字来概括：

截　在需要求内力的截面处，用假想截面将杆件截成两部分（图 2.3a）。

取　取其中任一部分为研究对象（如留下左段，图 2.3b）。

代　将拿去部分对研究对象的作用力，用内力来代替（图 2.3b、c）。

平　列平衡方程 $\sum F_x = 0$，求出截面上内力的大小。

$$F - F_{\mathrm{N}} = 0$$

$$F_{\mathrm{N}} = F$$

式中：F_{N}为横截面上的内力。

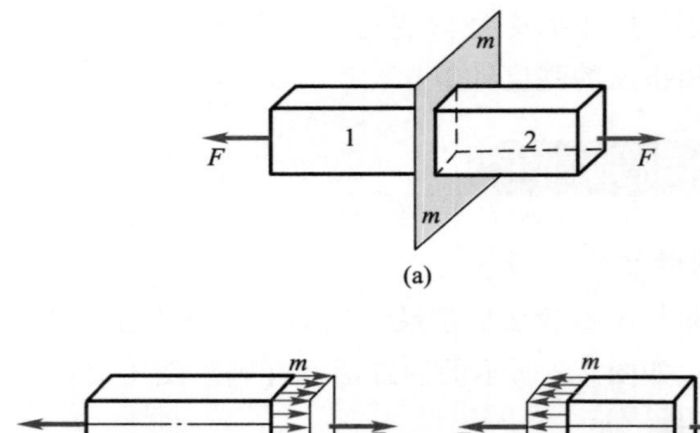

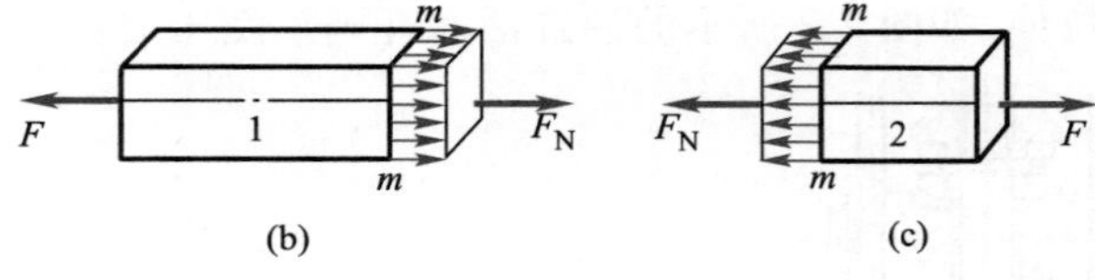

图 2.3　截面法示意图

必须注意的是，在求解内力过程中，截面不能选在外力作用点所在的截面上。

2.1.3　轴力

由前面介绍可知，因拉压杆件的所有外力都沿杆轴线方向，由平衡条件可知，其任一截面内力的作用线也必沿杆的轴线作用，故拉伸（压缩）杆件横截面的内力也习惯简称为轴力，用大写符号 F_{N}来表示。轴力的正负号规定如下：轴力的方向与所在横截面的外法线方向一致时，轴力为正；反之为负。在轴力方向未知时，轴力一般按正向假设。

2.2　横截面上的应力

2.2.1　应力的概念

确定了轴力后，还不能解决杆件的强度问题。因为杆件的强度不仅与轴力的大小有关，而且还与横截面面积的大小有关。因此引入应力的概念。

为了确定截面上任意点 C 点的应力的大小，可绕 C 点取一微小截面积 ΔA，设 ΔA 上作用的微内力为 ΔF，如图 2.4 所示，则该点的应力为

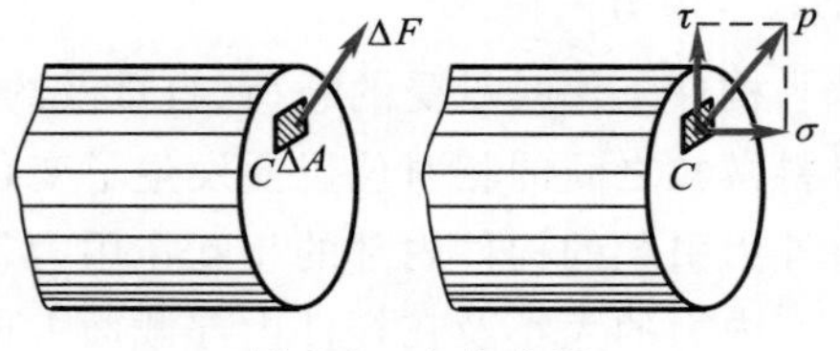

图 2.4　应力分析

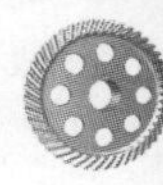

$$p=\lim_{\Delta A\to 0}\frac{\Delta F}{\Delta A}=\frac{\mathrm{d}F}{\mathrm{d}A}$$

应力是一个矢量,它的方向与 ΔF 方向相同。通常把其分解为垂直于截面的分量 σ 和沿截面的分量 τ,σ 称为正应力,τ 称为切应力。正应力和切应力所产生的变形及对构件的破坏方式是不同的,所以在强度问题中通常分开处理。

在国际单位制中,应力的单位是帕斯卡,用符号 Pa 来表示,$1\mathrm{Pa}=1\mathrm{N/m^2}$,比较大的应力用 MPa($10^6$Pa)和 GPa($10^9$Pa)来表示。在工程单位制中常用的单位是 $\mathrm{kg/cm^2}$ 和 $\mathrm{t/m^2}$。

2.2.2　拉压杆横截面上的正应力

已知杆横截面上内力的大小和指向以后,还必须知道内力在杆横截面上的分布规律,才能求得横截面上的应力。为了找出内力在杆横截面上的分布规律,常用的方法是先根据由实验中观察到的变形现象,做出关于变形分布规律的假设,然后据以推导出应力的计算公式。

通过实验可知,拉伸杆件在变形过程中横截面始终保持为平面的,变形后仍为平面。因此,可以假设仅沿轴线产生了平移,仍与杆的轴线垂直,这个假设称为平面假设。根据假设,可把杆看作是由许多纵向“纤维”所组成,在任意两个横截面之间的各条纤维的伸长量相同,即变形相同。因内力是伴随着变形一同产生的,故内力在横截面上的分布是均匀的,即横截面上各点处的应力大小相等,其方向与横截面上轴力 F_N 一致,垂直于横截面,为正应力,如图 2.5 所示。

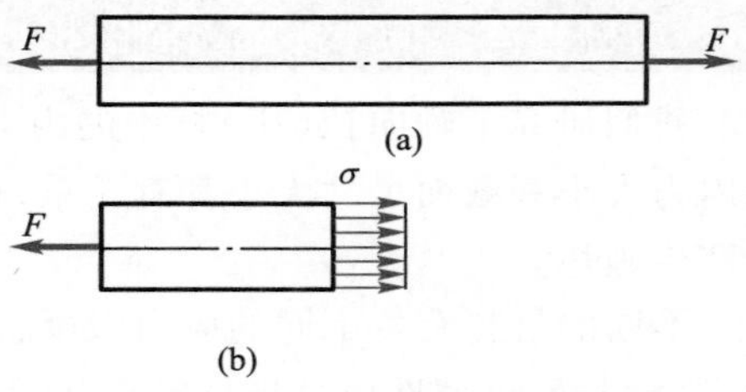

图 2.5　横截面应力分布

其计算公式为

$$\sigma=\frac{F_N}{A}\tag{2.1}$$

式中:F_N 为横截面上的轴力;A 为直杆横截面面积。

2.3　直杆轴向拉伸(压缩)时的变形

实践表明,当拉杆沿其轴向伸长时,其横向将变细;压杆则相反,轴向缩短时,横向变粗,如图 2.6 所示。

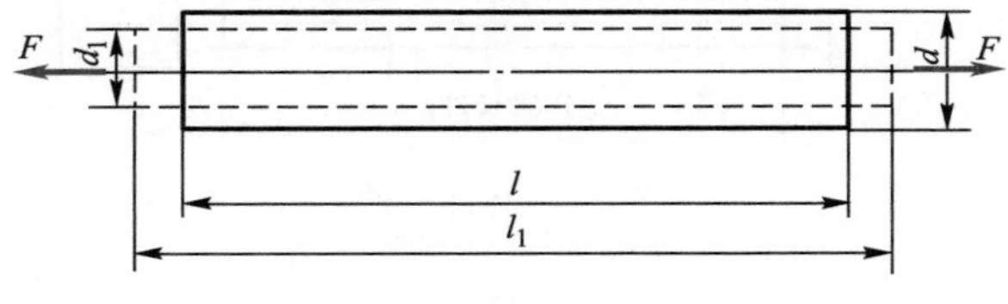

图 2.6　直杆变形

设原长为 l,直径为 d 的圆截面直杆,承受轴向拉力 F 后,变形为图 2.6 虚线所示的形状。杆件的纵向长度由 l 变为 l_1,横向尺寸由 d 变为 d_1,则杆的纵向绝对变形和横向变形分别为 $\Delta l=l_1-l$,$\Delta d=d_1-d$,Δl 和 Δd 是杆纵向和横向的伸长量或缩短量,叫作纵向和横向变

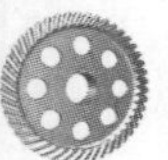

形，也叫绝对变形。拉伸时 Δl 为正，Δd 为负；压缩时 Δl 为负，Δd 为正。

绝对变形的优点是直观，可直接测量；缺点是无法表示变形的程度，如把 10cm 长和 100cm 长的两根橡皮棒均拉长 10mm，绝对变形相同，但变形程度不同，因此绝对变形是无法表示变形程度的。工程中，变形程度通常用线应变来表示。

为了消除杆件原尺寸对变形大小的影响，定义单位长度上的绝对变形为线应变，用符号 ε 表示。

纵向线应变

$$\varepsilon = \frac{\Delta l}{l} \tag{2.2}$$

横向线应变

$$\varepsilon' = \frac{\Delta d}{d} \tag{2.3}$$

线应变表示的是杆件的相对变形，它是一个量纲一的量。线应变 ε，ε' 正负号分别与 Δl，Δd 的正负号一致。

2.4　直杆轴向拉伸（压缩）时的机械性能

我们研究了轴向拉（压）杆中的内力、应力、变形，知道杆截面上任一点的应力与截面上的内力大小和截面尺寸大小都有关系，且杆中产生的最大工作应力必须有个限度，否则杆就会产生破坏。

不同的材料有着不同的应力限度，这就需要研究各种材料本身固有的机械性质（力学性能）。材料的机械性质是指材料承载时，在强度和变形等方面所表现出来的特性。

不同材料在受力时所表现的特性是不同的。材料的性能是影响构件强度、刚度、稳定性的重要因素。材料的力学性能只能由试验测定得到。通过试验建立理论，再通过试验来验证理论。这是科学研究的基本方法。

温度和加载方式对材料的力学性能有着很大的影响，我们这里所讨论的机械性能是指常温、静载下的性能。

静载拉伸试验是材料力学的最基本的试验之一。其基本过程如下：首先在做拉伸试验时，应将材料做成标准试件，使其几何形状和受力条件都能符合轴向拉伸的要求，如图 2.7 所示。

图 2.7　标准试件

拉伸试验在万能试验机上进行，得出应力-应变曲线，它能反映的是试件材料的力学性能。下面就结合应力-应变曲线（图 2.8）来说明以低碳钢为代表的塑性材料拉伸时的力学性能。

通过对低碳钢的应力-应变曲线分析，可将试件的拉伸过程分为四个阶段：

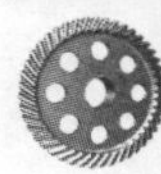

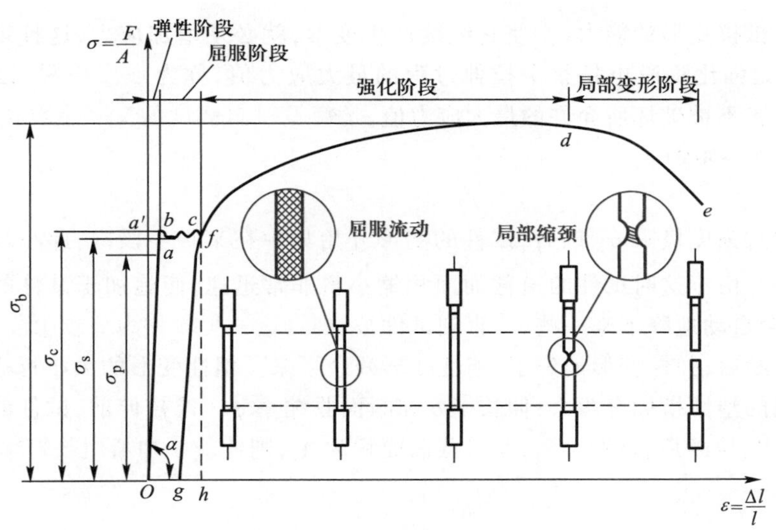

图 2.8　低碳钢应力-应变曲线

1. 弹性阶段

图中 Oa 段为直线，表明应力与应变成正比，此关系称之为胡克定律，即

$$\sigma=E\varepsilon \tag{2.4}$$

式中 E 为比例常数，称为材料的弹性模量，它表示材料在拉伸（压缩）时抵抗弹性变形的能力，是材料重要的刚度指标，单位为 MPa。

直线段最高点 a 所对应的应力 σ_p 称为材料的比例极限。曲线超过点 a，图中 aa'段已不再是直线，说明应力与应变的正比关系已不存在。但在 aa'段内卸载，试件的变形可全部消失，说明 aa'段发生的也是弹性变形。a'点所对应的应力 σ_e 称之为弹性极限，实验表明，当受拉（压）杆内的应力不超过材料的比例极限时，横向线应变 ε'与纵向线应变 ε 之比的绝对值为一常数，即

$$\left|\frac{\varepsilon'}{\varepsilon}\right|=\mu$$

通常把 μ 称为横向变形系数或泊松比。显然，μ 是量纲一的量，其数值也随材料而异，需要通过试验测定。

σ_e 略大于 σ_p，工程中常将二者视为相等。Q235 钢的比例极限通常为 200MPa 左右。

2. 屈服阶段

曲线超过 a'后，出现了一段锯齿形曲线，说明了这一阶段应变的增长将比应力的增长要快一些，几乎应力保持不变而应变却继续不断地迅速增加，曲线会剧烈波动，材料暂时失去抵抗变形的能力，这一现象称为屈服现象（或流动）。bc 段称为屈服阶段，屈服阶段最低点对应的应力值 σ_s，称为屈服极限，是屈服现象发生的临界应力值。当应力达到屈服极限时，便认为已经丧失正常的工作能力，所以屈服极限是衡量材料强度的重要指标之一。Q235 钢的屈服极限一般为 240MPa 左右。

3. 强化阶段

经过屈服阶段以后，曲线从 c 点开始逐渐上升，材料抵抗能力有所增强，不是彻底失去

而是又恢复了抵抗变形的能力，要使它继续产生变形，就必须增加应力，这种现象称为材料的强化。d 点是强化阶段也是整个拉伸过程的最大应力值，称为强度极限，以 σ_b 来表示。强度极限是材料不被破坏所允许的最大应力值，是衡量材料强度的又一重要指标。Q235 钢的强度极限约为 400MPa。

4. 缩颈阶段

当应力超过强度极限 σ_b 以后，试件的变形开始集中在某一小段内，此小段的横截面面积显著地缩小。由于这时试件的横截面面积缩小得非常迅速，使施加于试件的拉力不但加不上去，反而会自动地降下来一些，一直到试件被拉断，这一阶段称为缩颈阶段。

试件被拉断后，弹性变形消失了，塑性变形残余下来。塑性变形的大小标志着材料塑性的大小。常用的塑性指标有两个：伸长率 δ 和断面收缩率 ψ。设拉伸前，试件的标距分别为 l，横截面积为 A；拉断后，标距为 l_1，断口截面面积为 A_1，则伸长率和断面收缩率分别为

$$\delta=\frac{l_1-l}{l}\times 100\% \tag{2.5}$$

$$\psi=\frac{A-A_1}{A}\times 100\% \tag{2.6}$$

在工程实际中，通常将发生显著塑性变形（$\delta \geqslant 5\%$）以后才断裂的材料称为塑性材料，而将在没有发生显著变形以前（$\delta<5\%$）即断裂的材料称为脆性材料。

其他材料在拉伸（压缩）时的机械性质可查阅机械设计手册等相关材料。

2.5 直杆轴向拉伸（压缩）时的强度计算①

2.5.1 极限应力 许用应力 安全系数

1. 极限应力

工程中将材料破坏时的应力称为极限应力 σ_u 或者危险应力。

对于塑性材料，极限应力有两个，即材料的屈服极限 σ_s 和强度极限 σ_b，工程中多数情况下不允许构件产生塑性变形，因此常以 σ_s 作为塑性材料的极限应力。

脆性材料直到拉断时也无明显的塑性变形，故将材料的强度极限 σ_b 作为极限应力。

2. 许用应力

为了使构件正常工作，最大的工作应力值应该小于材料的极限应力，并使构件有适当的安全强度储备。因此，工程中一般把极限应力除以大于 1 的因数即安全系数 s，作为工作应力的最大允许值，称之为许用应力，用$[\sigma]$表示。即

$$[\sigma]=\frac{\sigma_u}{s}$$

各种不同工作条件下构件安全系数 s 的选取，可从有关工程设计手册中查找。对于塑性材料，一般取 $s=1.3\sim2.0$；对于脆性材料，一般取 $s=2.0\sim3.5$。

---

① 说明：目前金属材料室温拉伸试验方法的标准为 GB/T 228.1—2010。为了与计算中应力符号统一，本书中各强度符号未采用最新标准中的符号。

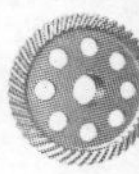

2.5.2 强度计算

为了保证杆件能够正常工作,具有足够的强度,就必须要求杆件的实际工作应力的最大值不能超过材料的许用应力,即

$$\sigma_{\max}=\frac{F_N}{A}\leqslant[\sigma] \tag{2.7}$$

上式称为拉(压)杆的强度条件。式中 F_N为危险截面的轴力,A 为横截面的面积。我们把产生最大工作应力 $\sigma_{\max}$的截面称作危险截面。

利用强度条件,可以解决下列三种强度计算问题:

(1) 校核强度 在已知杆件的材料、尺寸(即已知$[\sigma]$和 A)和所承受荷载(即已知内力 $F_{N,\max}$)的情况下,根据式(2.7)校核杆件是否满足强度条件。

(2) 设计截面尺寸 已根据荷载算出了杆的内力和确定了所用的材料以后,即可求出所需的横截面面积 A。将强度条件变化为

$$A\geqslant\frac{F_N}{[\sigma]}$$

先算出截面面积,再根据截面形状,设计出具体的截面尺寸。当允许采用的 A 值稍小于其计算值,仍应以计算应力不超过许用应力的 5%为限。

(3) 确定杆件的许用载荷 已知杆件的横截面尺寸及材料的许用应力,确定许用荷载。可将强度条件变化为

$$F_N\leqslant A[\sigma]$$

根据上式确定出构件所能承受的最大载荷,知道了结构中每一个杆件所能承受的最大载荷,再根据受力关系,确定整个结构所能承受的最大载荷。

例 某机构的连杆直径 $d=240$ mm,承受最大轴向外力 $F=3\ 780$ kN,连杆材料的许用应力$[\sigma]=90$ MPa。试校核连杆的强度;若连杆由圆形截面改成矩形截面,高与宽之比 $h/b=1.4$。试设计连杆的尺寸 h 和 b。

解 (1) 求活塞的轴力。由题意可用截面法求得连杆的轴力为

$$F_N=F=3\ 780\text{kN}$$

(2) 校核圆截面连杆的强度。连杆横截面上的正应力为

$$\sigma=\frac{F_N}{A}=\frac{3\ 780\times10^3\text{N}}{\pi\times(0.24\text{m})^2/4}=83.6\times10^6\text{Pa}=83.6\text{MPa}\leqslant[\sigma]$$

连杆的强度足够。

(3) 设计矩形截面连杆的尺寸。由式得

$$A=bh=1.4b^2\geqslant\frac{F_N}{[\sigma]}=\frac{3\ 780\times10^3\text{N}}{90\times10^6\text{Pa}}$$

得 $b\geqslant0.173$m,$h\geqslant0.242$m。具体设计时可取整数为 $b=175$mm,$h=245$mm。

2.6 剪切和挤压的强度

2.6.1 剪切和挤压的基本概念

1. 剪切的概念与实例

在工程实际中，为了将受拉(压)杆互相连接起来，通常要用到各种各样的连接，例如螺栓连接、铆钉连接、销轴连接、键块连接等。在这些连接中的螺栓、铆钉、销轴、键块等都称为连接构件。在结构中，连接件的体积虽然都比较小，但对保证连接或整个结构的牢固和安全却起着重要作用。

剪切是工程实际中一种常见的变形形式，其大多发生在工程中的连接构件上。图 2.9a 所示的铆钉连接，当拉力 F 增加时，铆钉沿 m—m 截面发生相对移动(图 2.9c)，甚至可能被剪断。剪切变形的受力特点是：构件受到一对大小相等、方向相反、作用线平行且相距很近的外力作用。变形特点是：构件沿两个力作用线之间的截面发生相对移动。发生相对移动的面称为剪切面。

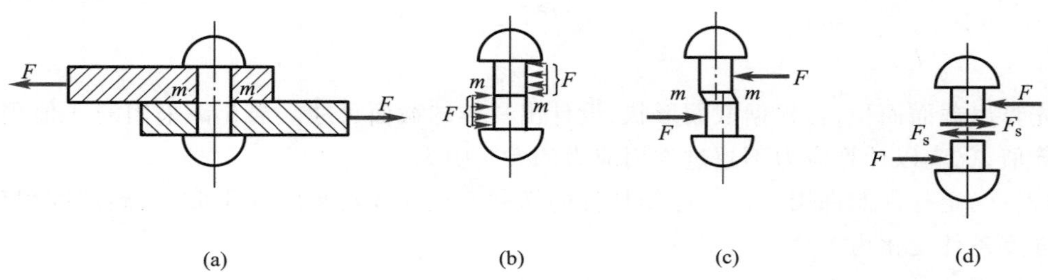

图 2.9 铆钉连接的剪切分析

2. 挤压的概念与实例

通过对工程中的连接构件的分析发现，构件在发生剪切变形时，常常都同时发生挤压变形。当被连接的两物体通过接触面传递压力时，由于压力过大或是接触面积过小，会使接触表面产生压陷，产生明显的塑性变形，这就是挤压变形。

发生挤压的构件的接触面，称作挤压面。挤压只发生在挤压面上，挤压面通常垂直于外力方向，如图 2.10 所示。

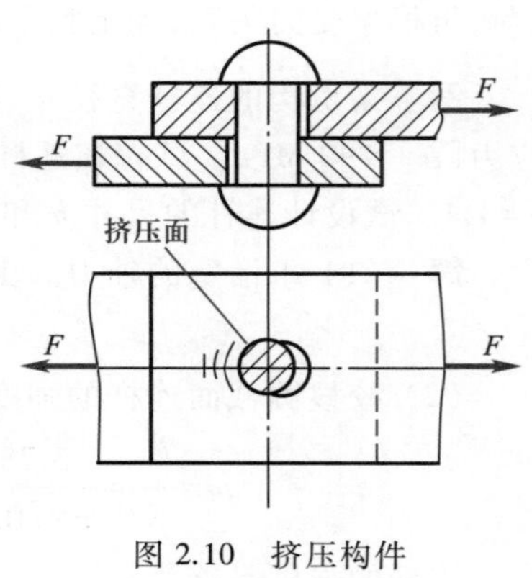

图 2.10 挤压构件

2.6.2 剪切和挤压的强度计算

1. 剪切的强度计算

由于连接件发生剪切而使剪切面上产生了切应力 τ，
切应力在剪切面上的分布情况一般比较复杂，工程中为便于计算，通常认为切应力在剪切面上是均匀分布的。由此得切应力 τ 的计算公式为

$$\tau=\frac{F_{\mathrm{S}}}{A}$$

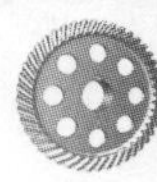

式中：F_S为剪切面上的剪力；A为剪切面面积。

为保证连接件工作时安全可靠，要求切应力不超过材料的许用切应力。因此剪切的强度条件为

$$\tau=\frac{F_S}{A}\leqslant[\tau] \tag{2.8}$$

式中：$[\tau]$为材料的许用切应力。常用材料的许用切应力可从有关手册中查得。

2. 挤压的实用计算

由挤压力引起的应力称为挤压应力，用σ_{bs}[①]表示。在挤压面上挤压应力分布相当复杂，工程中也通常认为挤压应力在计算挤压面上均匀分布。由此得挤压应力σ_{bs}的计算公式为

$$\sigma_{bs}=\frac{F_{bs}}{A_{bs}}$$

式中：F_{bs}为挤压面上的挤压力；A_{bs}为计算挤压面积。当挤压面为平面时，计算挤压面积即为实际挤压面面积；当挤压面为圆柱面时，计算挤压面积等于半圆柱面的正投影面积，$A_{bs}=d\delta$（图2.11）。

为保证连接件具有足够的挤压强度而正常工作，其强度条件为

$$\sigma_{bs}=\frac{F_{bs}}{A_{bs}}\leqslant[\sigma_{bs}] \tag{2.9}$$

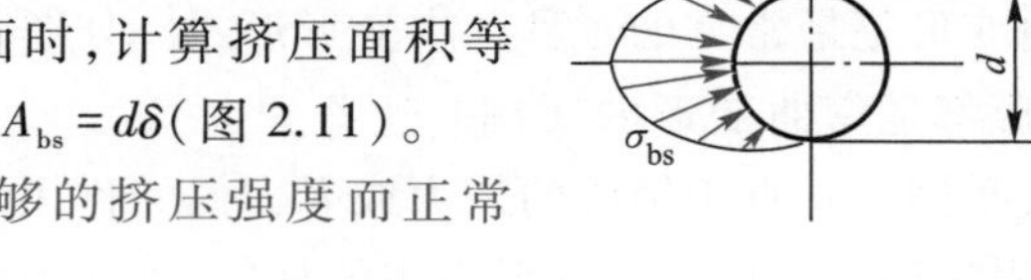

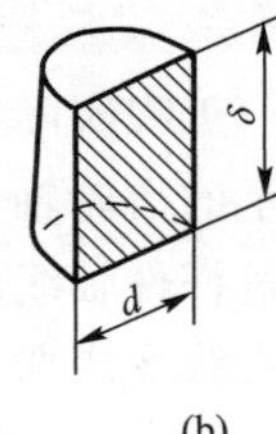

图2.11　挤压面的面积计算

式中：$[\sigma_{bs}]$为材料的许用挤压应力。常用材料的许用挤压应力可从有关手册中查得。

应用剪切强度条件和挤压强度条件可以解决三方面的实际应用问题：强度校核；设计截面；确定许用载荷。

复习题

2.1　两根不同材料的等截面直杆，承受相同的轴向拉力，它们的横截面和长度都相同，试回答：(1) 两杆横截面上的应力是否相等？(2) 两杆的强度是否相同？(3) 绝对变形是否相同？试说明理由。

2.2　钢的弹性模量$E=200\text{GPa}$，铝的弹性模量$E=71\text{GPa}$。试比较：在应力相同的情况下，哪种材料的应变大？在相同的应变下，哪种材料的应力大？

2.3　低碳钢试件从拉伸到断裂的整个过程中，有哪些变形现象？$\sigma-\varepsilon$曲线上有哪些特性点？

2.4　什么是许用应力？什么是强度条件？应用强度条件可以解决哪些方面的问题？

2.5　在什么情况下构件产生剪切变形？剪切变形与拉伸（压缩）变形有什么区别？

2.6　写出切应力的计算公式，并说明公式中各个符号所代表的意义。

2.7　写出剪切和挤压的强度条件，并说明强度条件可以解决哪些方面的问题？

① 说明：在工程力学中，挤压应力用σ_{bs}表示，而在机械设计基础教材中采用了σ_p符号，二者不统一，特此说明。

第 3 章

3

梁弯曲的强度与刚度

本章主要分析弯曲变形梁的内力，并着重讨论纯弯曲时的变形规律，正应力计算与强度计算，扼要地介绍刚度计算。

3.1 平面弯曲的概念

工程实际中，弯曲变形是最常见的一种基本变形形式。如图 3.1 所示的火车轮轴，图 3.2 所示的齿轮轴等的变形都是弯曲变形的实例。这些弯曲变形的构件共同的受力特点是：在通过杆件轴线的面内，受到了垂直于轴线的外力或者力偶的作用。变形特点是：杆件的轴线由直线变成曲线。工程中通常把以弯曲变形为主的杆件，称之为梁。

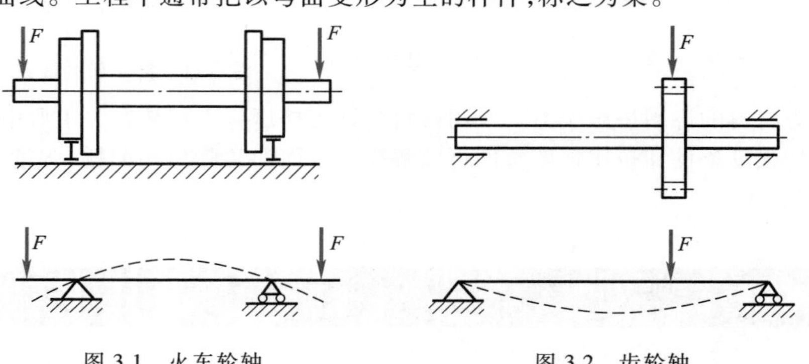

图 3.1 火车轮轴　　图 3.2 齿轮轴

工程中常见的梁，其横截面往往有一根对称轴，这根对称轴与梁轴所组成的平面，称为纵向对称平面（图 3.3）。如果作用在梁上的外力（包括荷载和支座反力）和外力偶都位于纵向对称平面内，则变形后的轴线将是在纵向对称面内的一条平面曲线，这种弯曲称之为平面弯曲。

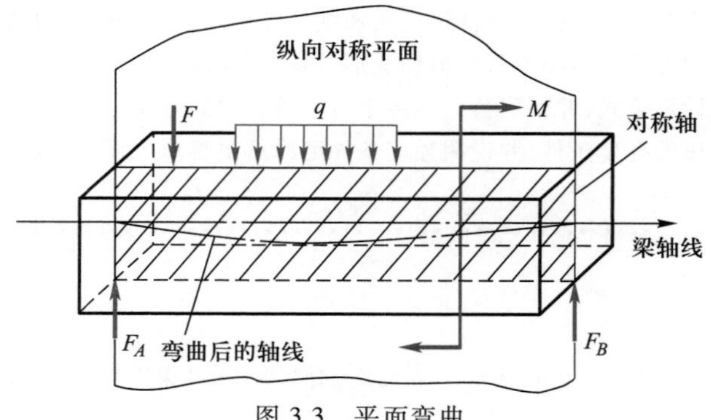

图 3.3 平面弯曲

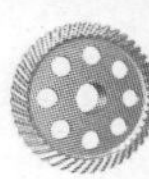

3.2　梁的计算简图及分类

梁上的载荷和支承情况一般比较复杂，为了便于分析与计算，须对梁进行简化。

1. 梁的简化

由上述的平面弯曲的概念可知，无论梁的外形尺寸如何复杂，通常都可以用梁的轴线来代替实际的梁，使问题得到简化，如图 3.1 和图 3.2 所示。

2. 载荷的简化

作用在梁上的外力，包括载荷和支座反力，可以简化成三种形式：

（1）集中力　通过微小梁段作用在梁上的横向外力，如图 3.1 和图 3.2 的力 F。

（2）分布载荷　沿梁的全长或者部分长度连续分布的横向力。如均匀分布，则称之为均布载荷，通常用载荷集度 q 来表示，其单位为 N/m，如图 3.3 所示。

（3）集中力偶　通过微小梁段作用在梁轴平面上的外力偶，如图 3.3 所示。

3. 支座简化

按支座对梁的约束作用不同，可分别简化成三种形式，即固定铰链支座，活动铰链支座和固定端。

4. 梁的分类

根据梁的支座简化情况，工程实际中常见的梁分为三种：

（1）简支梁　梁的一端为固定铰支座，另一端为可动铰支座（图 3.4）。

（2）外伸梁　梁的一端或两端伸出支座的简支梁（图 3.5）。

（3）悬臂梁　梁的一端为固定端，另一端为自由端（图 3.6）。

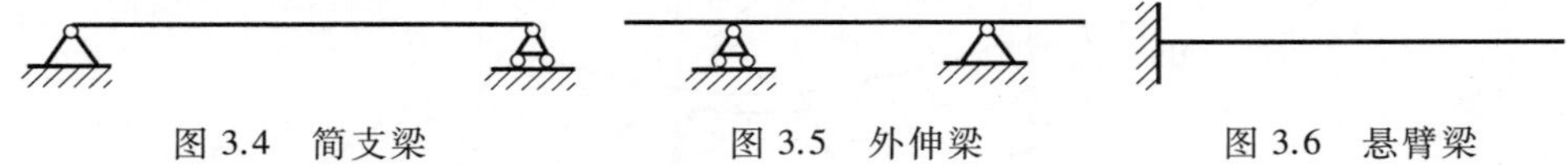

图 3.4　简支梁　　图 3.5　外伸梁　　图 3.6　悬臂梁

3.3　梁的内力——剪力和弯矩

当梁的全部外力（包括外载荷和支承反力）确定后，运用截面法可求出梁任一截面上的内力。如图 3.7 所示为简支梁任意横截面 m—m 上的内力，其内力为剪力 F_S 以及弯矩 M。在一般情况下，横截面上剪力 F_S 以及弯矩 M 是随截面位置（图中 x 值）不同而变化。可以找出梁内剪力以及弯矩的最大值以及它们所在的危险截面位置。具体的分析可参阅有关资料，在此不再赘述。

3.4　弯曲应力分析

平面弯曲梁上的两种内力会引起两种不同的应力：剪力 F_S 引起弯曲切应力 τ 和弯矩 M 引起弯曲正应力 σ。为简单起见，本章只考虑梁的横截面上只有弯矩而无剪力的情况，这种弯曲称为纯弯曲（简称纯弯）或平面弯曲。

3.4.1　纯弯时梁横截面上的正应力

纯弯时梁的变形规律如下所述：

为了清晰地观察试验现象，如图 3.8a 所示，取一矩形截面的梁，弯曲前在其表面画两条

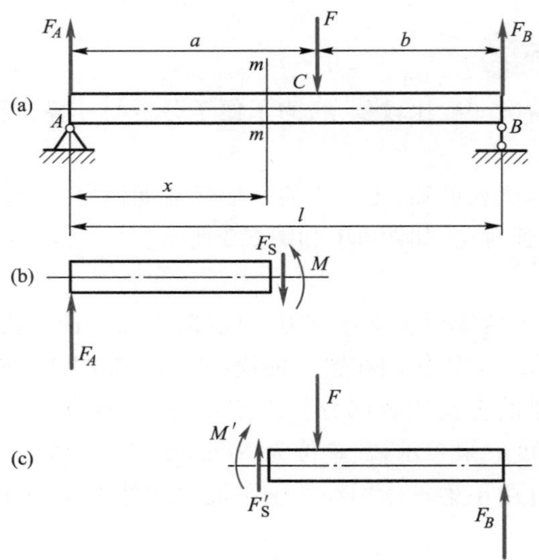

图 3.7　弯曲梁的内力分析

横向线 m—m 和 n—n，再画两条纵向线 a—a 和 b—b，然后在其两端作用外力偶矩 M，梁将发生平面纯弯曲变形(图 3.8b)。从试验中可以观察到如下变形现象：

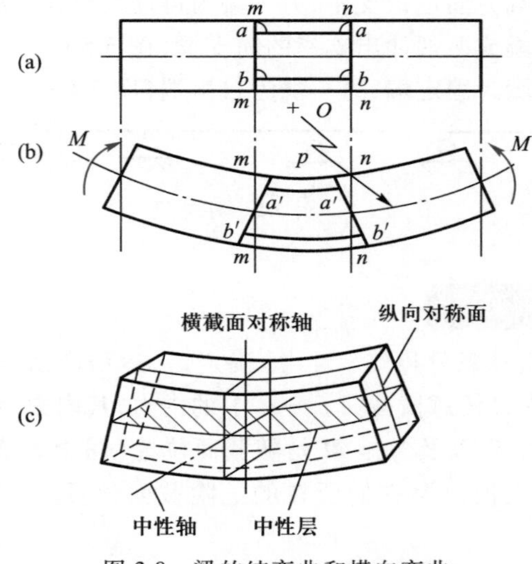

图 3.8　梁的纯弯曲和横向弯曲

(1) 梁表面的横向线 m—m 和 n—n 仍为直线，且仍与纵向线正交，只是横向线间作相对转动。

(2) 纵向线 a—a 和 b—b 变为曲线，且靠近梁顶面的纵向线 a—a 缩短，靠近梁底面的纵向线 b—b 伸长。

根据上述现象，对梁内变形与受力作如下假设：变形后，横截面仍保持平面，且仍与纵向线正交；同时，梁内各纵向纤维仅承受轴向拉应力或压应力。前者称为弯曲平面假设，后者称为单向受力假设。

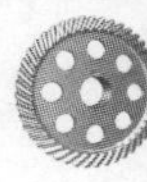

根据平面假设,梁弯曲时部分纤维伸长,部分纤维缩短,由伸长区到缩短区,其间必存在一长度不变的过渡层,称为中性层(图 3.8c)。中性层与横截面的交线称为中性轴。对于具有对称截面的梁,在平面弯曲的情况下,由于荷载及梁的变形都对称于纵向对称面,因而中性轴必与截面的对称轴垂直。梁弯曲时,横截面绕中性轴转了一个角度。

综上所述,矩形截面的梁在纯弯曲时的应力分布有如下特点:

(1) 中性轴上无变形,即线应变为零,所以其正应力也为零。

(2) 在距中性轴距离相等的同一横向线上各点的正应力相等。

(3) 如图 3.8b 所示的受力情况下,中性轴上部纤维缩短而产生压应力,中性轴下部纤维伸长而产生拉应力。

(4) 横截面上的正应力沿着 y 轴成线性分布,即 $\sigma = ky$(k 为待定系数)。梁的最大弯曲正应力在横截面的上、下边缘点处,如图 3.9 所示。

对于圆形截面(如轴等)的梁在纯弯曲时的应力分布分析同样可得到如上所述的特点。

3.4.2 弯曲正应力计算

当梁横截面上的弯矩为 M 时,该截面距中性轴 z 为 y 的点得正应力 σ 的计算公式为

$$\sigma = \frac{My}{I_z} \tag{3.1}$$

式中:σ 为横截面上任意一点处的正应力,MPa;M 为横截面上的弯矩,N · m;y 为横截面上的点到中性轴的距离,mm;I_z 为截面对中性轴的惯性矩,mm^4。

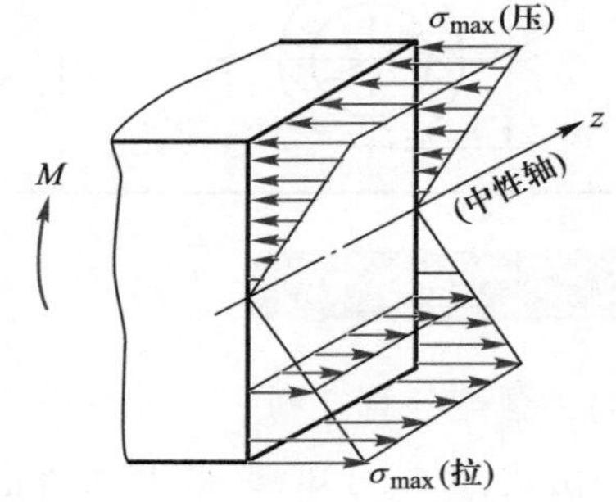

图 3.9　正应力分布图

应该指出,以上公式虽然是纯弯曲的情况下以矩形梁为例建立的,但对于具有纵向对称面的其他截面形式的梁,如工字形、T 字形和圆形截面梁等仍然可以使用。

由式(3.1)可知,在 $y = y_{max}$,即横截面在离中性轴最远的各点处,弯曲正应力最大,其值为

$$\sigma_{max} = \frac{M}{I_z} y_{max} = \frac{M}{\dfrac{I_z}{y_{max}}} \tag{3.2}$$

式中,比值 I_z/y_{max} 仅与截面的形状与尺寸有关,称为抗弯截面系数,又称抗弯截面模量。用 W_z 表示,单位为 mm^3。即为

$$W_z = \frac{I_z}{y_{max}} \tag{3.3}$$

于是,最大弯曲应力为

$$\sigma_{max} = \frac{M}{W_z} \tag{3.4}$$

可见,最大弯曲正应力与弯矩成正比,与抗弯截面系数成反比。抗弯截面系数综合反映了横截面的形状与尺寸对弯曲正应力的影响。

I_z、W_z 是仅与截面几何尺寸有关的量,常用的型钢的 I_z、W_z 可在有关设计手册中查得。

梁常见截面的 I_z、W_z 的计算公式见表 3.1。

表 3.1　常用截面的惯性矩 I_z（mm^4）及抗弯截面系数 W_z（mm^3）的计算公式

截面图形	轴惯性矩	抗弯截面系数
y, z, O, h, b	$I_z=\frac{bh^3}{12}$ $I_y=\frac{hb^3}{12}$	$W_z=\frac{bh^2}{6}$ $W_y=\frac{hb^2}{6}$
y, z, O, D	$I_z=I_y=\frac{\pi D^4}{64}\approx 0.05D^4$	$W_z=W_y=\frac{\pi D^3}{32}\approx 0.1D^3$
y, z, O, D, d	$I_z=I_y=\frac{\pi D^4}{64}(1-\alpha^4)$ $\approx 0.05D^4(1-\alpha^4)$ 式中：$\alpha=\frac{d}{D}$	$W_z=W_y=\frac{\pi D^3}{32}(1-\alpha^4)$ $\approx 0.1D^3(1-\alpha^4)$ 式中：$\alpha=\frac{d}{D}$

3.5　弯曲强度计算

3.5.1　强度计算准则

由式(3.4)可知，梁最大弯曲正应力发生在横截面上离中性轴最远的上、下边缘点处。对于等截面的梁来说，梁的最大正应力 σ_{max} 一定出现在最大弯矩所在截面的上、下边缘点处。这个最大弯矩所在的截面通常称为危险截面，其上、下边缘点称为危险点。要使梁具有足够的抗弯强度，必须使梁的危险截面上的危险点处的工作应力值不超过材料的许用应力 $[\sigma]$。

3.5.2　强度公式

根据强度设计准则，等截面梁弯曲正应力强度条件为

$$\sigma_{max}=\frac{M_{max}}{W_z}\leqslant[\sigma] \tag{3.5}$$

式中：M_{max} 为危险截面上的最大弯矩，N · m；W_z 为抗弯截面系数，mm^3；$[\sigma]$ 为许用拉(压)应力值，MPa。

上式强度条件只适用于抗拉和抗压许用应力相等的材料，通常这样梁的截面制作成与中性轴对称的形状，如矩形、圆形等。

根据强度条件可以解决下述三类问题：

(1) 强度校核　验算梁的强度是否满足强度条件，判断梁的工作是否安全。

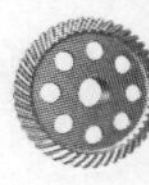

（2）设计截面　根据梁的最大载荷和材料的许用应力，确定梁截面的尺寸和形状，或选用合适的标准型钢。

（3）确定许用载荷　根据梁截面的形状和尺寸及许用应力，确定梁可承受的最大弯矩，再由弯矩和载荷关系确定梁的许用载荷。

3.6　梁的刚度计算

3.6.1　挠曲线

设悬臂梁 AB 在其自由端 B 作用一集中力 F，弯曲变形前梁的轴线 AB 为一直线，变形后，在梁的纵向对称面内变成一条连续而又光滑的曲线 AB'，此曲线称为梁的挠曲线或弹性曲线，如图 3.10 所示。

为了表示梁的变形情况，建立坐标系 Oxy，令 x 轴与梁变形前的轴线重合，y 轴垂直向上，则 xy 平面为梁的纵向对称面。

3.6.2　挠度与偏转角

梁的基本变形用挠度和偏转角两个基本量来表示。

1. 挠度

梁轴线上的任一点在垂直于梁轴线方向上的位移，即为挠曲线上相应点的纵坐标，称之为挠度，用 y 表示。

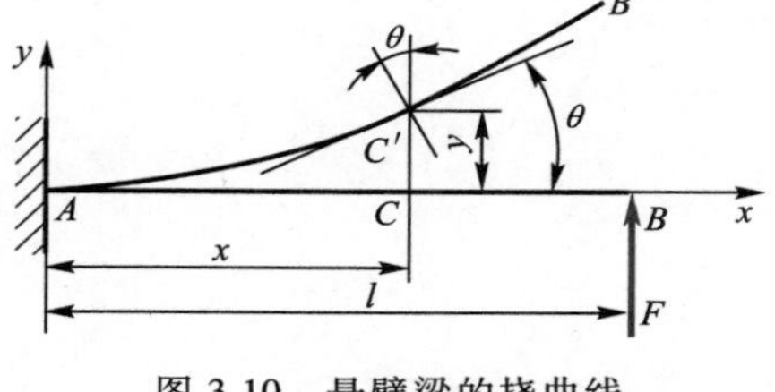

图 3.10　悬臂梁的挠曲线

2. 偏转角

梁横截面绕其中性轴相对于变形前的位置转动的角位移称为该截面的偏转角，用 θ 表示。由图 3.10可知，过挠曲线上任一点作切线，它与 x 轴的夹角就等于该点所在截面的偏转角 θ。

在简单载荷作用下梁的变形 y 、偏转角 θ 的计算公式可查有关手册得到。

3.6.3　梁的刚度计算

梁满足强度条件，则表明其在工作中安全，但是变形过大也会影响机器的正常运转。所以对某些构件而言，除满足足够的强度条件外，还要将其变形限制在一定范围内，即满足刚度条件。

梁的刚度条件为

$$\left.\begin{aligned} y_{\max} &\leqslant [y] \\ \theta_{\max} &\leqslant [\theta] \end{aligned}\right\} \tag{3.6}$$

式中：$[y]$为构件的许用挠度；$[\theta]$为构件的许用转角。其值可根据工作要求或参照有关手册确定。

在工程实际中，一般不作刚度计算。

复习题

3.1　什么是对称弯曲？

3.2　何谓纯弯曲？其横截面上的内力是什么？

3.3　纯弯梁的变形规律有哪几点？

3.4　抗弯截面系数与哪些因素有关？

3.5　最大弯曲正应力与弯矩、抗弯截面系数之间有何关系？

3.6　等截面梁弯曲正应力的强度条件是什么？

3.7　何谓挠度、挠曲线？

3.8　梁的刚度条件有哪些？

第 4 章

4

轴的扭转强度

工程中对于较为精密的构件，如机器中的轴，需要保证其具有足够的强度。本章将主要介绍圆轴扭转的内力与应力，以及强度条件问题。

4.1 基本概述

在工程实际中,有很多构件承受扭转变形。如图 4.1 所示,当钳工攻螺纹孔时,加在手柄上两个等值反向的力组成力偶,作用在丝锥杆的上端,工件的反力偶作用在丝锥杆的下端,使丝锥杆发生扭转变形;又如图 4.2 所示为传动轴 AB 也同样受主动力偶和反力偶的作用,使传动轴发生扭转变形。

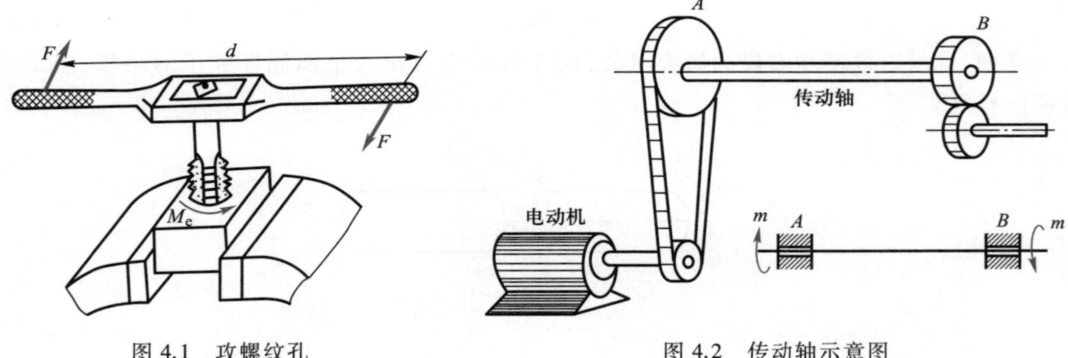

图 4.1 攻螺纹孔

图 4.2 传动轴示意图

从以上实例不难看出,扭转变形的受力特点是:受到一对大小相等、方向相反、作用面垂直于杆轴线的力偶作用。其变形特点是:反向力偶作用面间的各横截面都绕轴线发生相对转动。轴任意两个截面间相对转过的角度,叫作扭转角,用 φ 表示,如图4.3 所示。

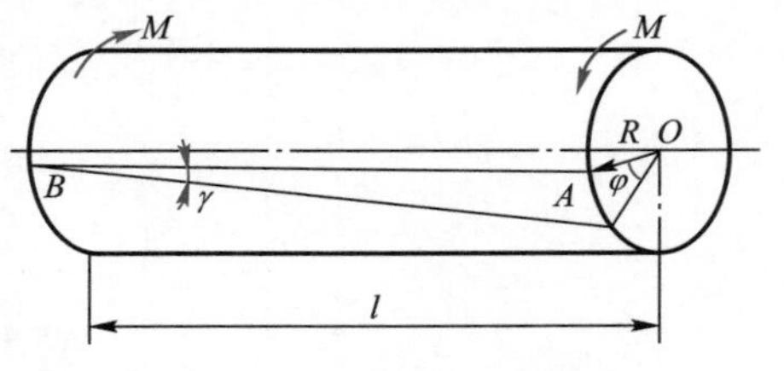

图 4.3 扭转角示意图

以扭转变形为主的构件称为轴,工程上轴的截面多采用圆形截面或者圆环形截面,因此本章仅讨论圆轴的扭转。

4.2　扭矩

4.2.1　外力偶矩的计算

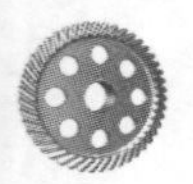

对于轴等转动构件，通常已知轴的转速和所传递的功率，轴上的外力偶矩可以通过下式计算

$$M_e = 9\ 550\frac{P}{n} \tag{4.1}$$

式中：M_e 为外力偶矩的大小，N · m；P 为轴所传递的功率，kW；n 为轴的转速，r/min。

在确定外力偶矩的方向时，应注意输入力偶矩为主动力矩，其方向与轴的转向相同；输出力偶矩为阻力矩，其方向与轴的转向相反。

4.2.2　扭矩

若已知轴上作用的外力偶矩，则可采用截面法确定圆轴扭转横截面上的内力。现分析图4.4a 所示的圆轴，等截面的圆轴 AB 两端作用有一对平衡的外力偶矩 M_e。在任意 $m-m$ 横截面处截开，以左段作为研究对象（图 4.4b），由于左端有外力偶的作用，为保持该段平衡，在 $m-m$ 截面上必有一个内力偶 T 与之平衡，该内力偶的力偶矩称为扭矩，记为 T。由平衡方程

$$\sum M_x = 0, T - M_e = 0$$

可得

$$T = M_e \tag{4.2}$$

同理，也可以取截面右段为研究对象（图 4.4c），会得出与上面同样大小的结果，但是两者转向相反。

(a)
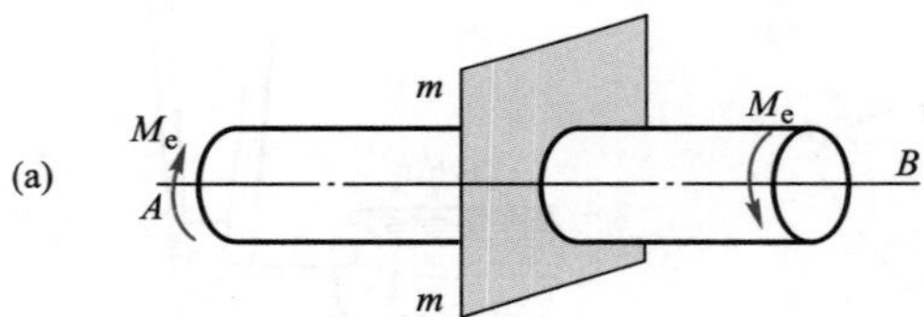

(b)
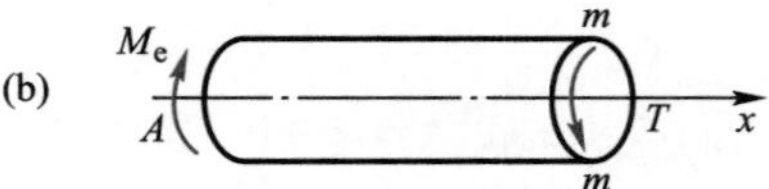

(c)
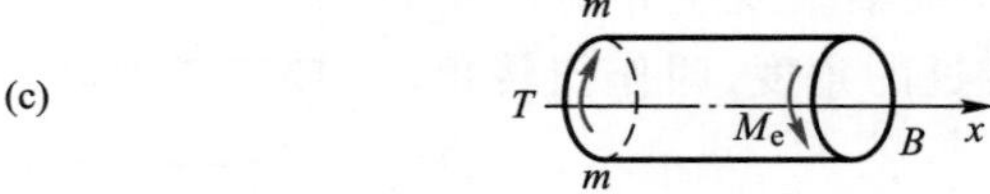

图 4.4　截面法求内力

4.3　扭转时的应力分析

为了研究圆轴扭转时横截面上的应力分布情况，可以进行扭转实验。实验前在图 4.5a 所示的圆轴上的表面画若干垂直于轴线的圆周线和平行于轴线的纵向线，然后在两端施加

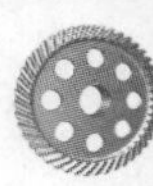

一对方向相反、力偶矩大小相等的外力偶矩，使圆轴扭转（图 4.5b）。在小变形的条件下，可以观察到：各圆周线的大小、形状及两圆轴线之间的距离不变，仅绕轴线作相对的转动；各纵向线仍然为直线，且同时倾斜了同一个角度 γ，使原来的矩形变成了平行四边形。

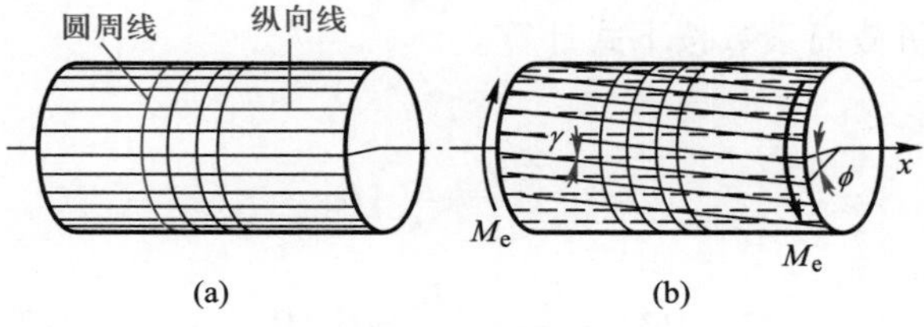

图 4.5　扭转变形示意图

上述现象表明：圆轴横截面变形后仍保持为平面，其形状、大小和相互间距离不变，只是绕轴线相对转过一个角度，以上称为圆轴扭转的平面假设。于是我们可以推出两个结论：

（1）圆轴扭转变形后，没有发生纵向的线应变，由胡克定律可知，没有线应变，横截面上就没有正应力。

（2）由于相邻的横截面间发生了相对的转动，即各个截面之间发生了绕轴线的相对错动，因此横截面上必然存在切应力，因错动沿周向，则切应力 τ 沿着周向，与半径垂直，且与扭矩的方向一致。

分析可得，横截面上切应力的分布规律如下所述：

同一横截面上的任一点的切应力 τ_ρ 与该点到轴线的距离 ρ 成正比。对于实心圆轴切应力，其切应力的分布规律如图 4.6 所示。

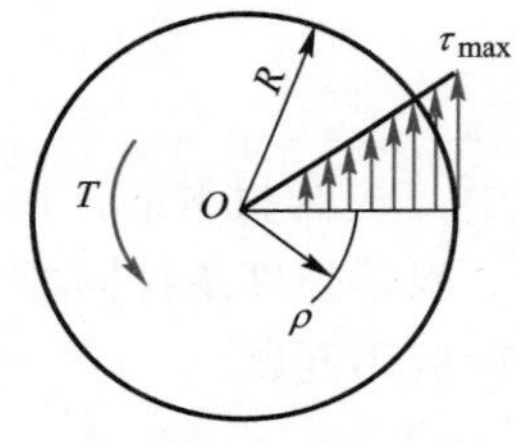

图 4.6　横截面上的切应力

横截面上任一点处的切应力计算公式为

$$\tau_\rho = \frac{T\rho}{I_p} \tag{4.3}$$

式中：τ_ρ 为横截面上任一点的切应力，MPa；T 为横截面上的扭矩，N · m；ρ 为任一点到轴线的距离，mm；I_p 为横截面的极惯性矩，mm^4。

4.4　扭转的强度计算

4.4.1　最大切应力

1. 最大切应力计算公式

通过平面假设以及分析横截面上的切应力的分布规律，推导出了圆轴横截面上任一点的切应力的计算公式，并分析到横截面上任一点的切应力与其到轴线的距离成正比的关系，很显然，当 $\rho=0$ 时，$\tau_\rho=0$；当 $\rho=R$ 时，切应力 τ_ρ 为最大值。所以，最大切应力可用切应力计算公式（4.3）求出

$$\tau_{max} = \frac{TR}{I_p}$$

令 $W_p = \frac{I_p}{R}$，则上式变为

$$\tau_{max} = \frac{T}{W_p} \tag{4.4}$$

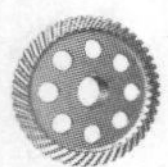

式中：W_p 称为抗扭截面系数，mm^3；R 为圆轴的半径，mm。

2. 极惯性矩 I_p 和抗扭截面系数 W_p 的计算

极惯性矩 I_p 和抗扭截面系数 W_p 的大小与截面的形状和尺寸有关。工程上常用的实心圆轴的极惯性矩和抗扭截面系数按下式计算。

实心圆轴：

$$I_p=\frac{\pi D^4}{32}\approx 0.1D^4$$

$$W_p=\frac{I_p}{D/2}=\frac{\pi D^3}{16}\approx 0.2D^3$$

式中：D 为轴径，mm。

4.4.2 强度计算

由式(4.4)可知，最大切应力 τ_{max} 在横截面的边缘各点处。为了保证受扭圆轴安全可靠地工作，必须使其最大切应力不超过材料的许用切应力，因此，圆轴扭转的强度条件为

$$\tau_{max}=\frac{T_{max}}{W_p}\leqslant[\tau] \tag{4.5}$$

式中：$[\tau]$为材料的许用切应力，可在机械设计手册中查得。

根据强度条件同样可以解决圆轴的强度校核、截面尺寸设计与确定许用载荷三方面的实际应用问题。

复习题

4.1 试叙述 $T=M$ 公式的物理意义。

4.2 圆轴扭转切应力在截面上如何分布？其最大切应力分布在何处？方向如何确定？

4.3 判断图示所示的切应力分布图，哪些是正确的？哪些是错误的？

4.4 某传动轴，横截面上的最大扭矩 $M=1.5\ \text{kN}\cdot\text{m}$，若许用切应力 $[\tau]=50$ MPa，试按照下列两种方案确定轴的截面尺寸，并比较其重量。

（1）实心圆截面；

（2）空心圆截面，其内外径比值为 0.9。

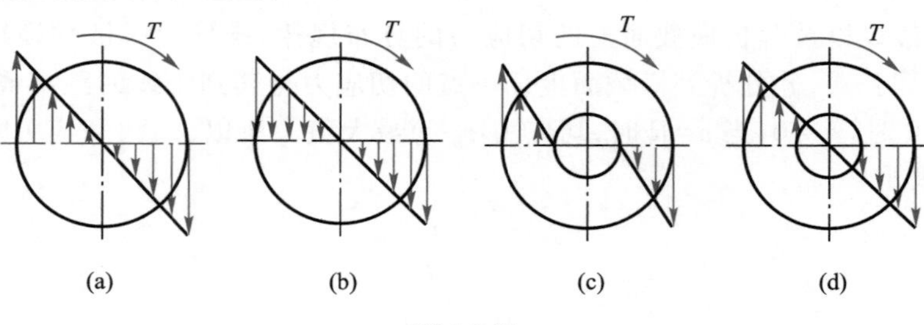

题 4.3 图

第 5 章

5

交变应力

机器中有许多构件在工作时内部的应力是随时间而变化的,此应力称为交变应力。本章将介绍交变应力的基本参数及分类,着重讨论产生疲劳失效的原因、设计计算准则及疲劳强度的计算,并简要介绍接触疲劳强度。

5.1 基本概述

5.1.1 交变应力

在前面各章讨论的强度问题中,构件内的应力都是作为静应力(不随时间而变化的应力)来考虑的。实际上,机器中有许多构件在工作时内部的应力是随时间而变化的。如齿轮上任一齿的齿根处 A 点的应力,如图 5.1 所示。在传动过程中,轴旋转一周,这个齿啮合一次。每一次自开始啮合到脱离啮合过程中,啮合 A 点的弯曲正应力就由零变化到某一最大值,然后再回到零。轴不断地旋转,A 点的应力也就不断地重复上述过程。以时间 t 为横坐标,弯曲正应力 σ(或切应力 τ)为纵坐标,应力随时间变化的曲线如图 5.2 所示。这种随时间作周期性变化的应力,称为交变应力。

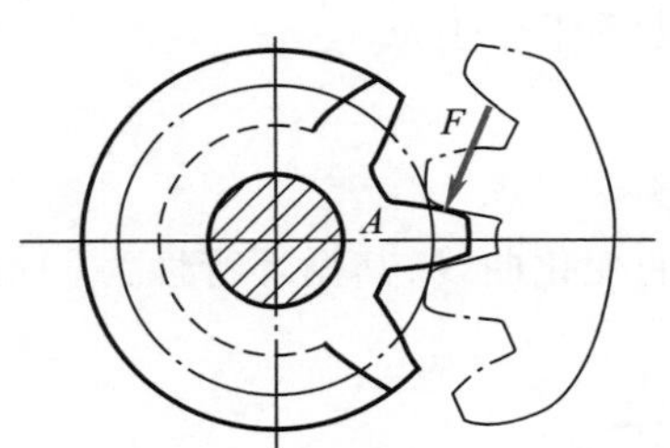

图 5.1 轮齿 A 点工作分析

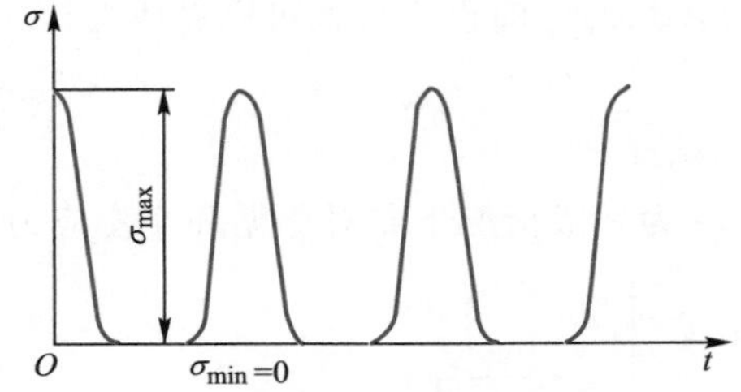

图 5.2 应力随时间变化的曲线

5.1.2 交变应力的基本参数

1. 应力循环

应力每重复变化一次的过程,称为一个应力循环。其重复出现的次数称为循环数。

2. 循环周期

完成一个应力循环所需要的时间称为一个周期。

3. 应力循环特征

对于各种不同的应力变化规律,可以用最小应力与最大应力之比来表示,其比值称为应力循环特征，用 r 表示，即在拉、压或弯曲交变应力下，$r=\frac{\sigma_{min}}{\sigma_{max}}$；在扭转交变应力下，$r=\frac{\tau_{min}}{\tau_{max}}$。

4. 应力幅

应力从平均应力变动到最大或最小应力的幅度，用 σ_a 表示，称为应力循环中的应力幅。

$$\sigma_a=\frac{\sigma_{max}-\sigma_{min}}{2}$$

5. 平均应力

σ_{max} 和 σ_{min} 的平均值，称为应力循环中的平均应力，用 σ_m 表示。

$$\sigma_m=\frac{\sigma_{max}+\sigma_{min}}{2}$$

平均应力 σ_m 相当于应力的不变部分，而应力幅度 σ_a 相当于应力的变动部分。可见，任何一种应力循环都可看成由一个不变的静载荷应力 σ_m 与一个对称循环的应力幅 σ_a（变动部分）叠加而成。

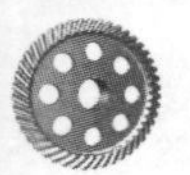

5.1.3　交变应力的分类

工程中经常遇到的交变应力有下面几种：

1. 对称循环

应力循环中最大应力与最小应力的大小相等，而方向相反，即 $\sigma_{min}=-\sigma_{max}$。例如火车车轴或转轴上任一点的弯曲正应力就是这种循环（图 5.3），其循环特征为

$$r=\sigma_{min}/\sigma_{max}=-1$$

2. 脉动循环

应力循环中最小应力为零，即 $\sigma_{min}=0$，其应力变化曲线如图 5.2 所示。如单向旋转齿轮的齿根处 A 点的弯曲正应力就可以看成是这种循环，其循环特征为

$$r=\sigma_{min}/\sigma_{max}=0$$

3. 非对称循环

图 5.4 为一般情况下非对称循环交变应力随时间的变化曲线，其循环特性为 $-1<r<1$。

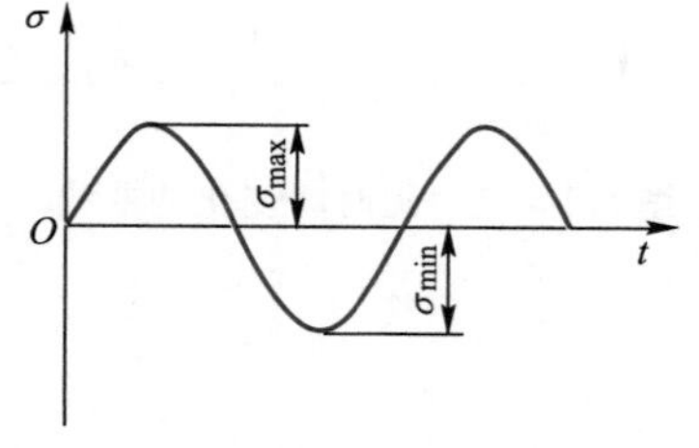

图 5.3　对称循环

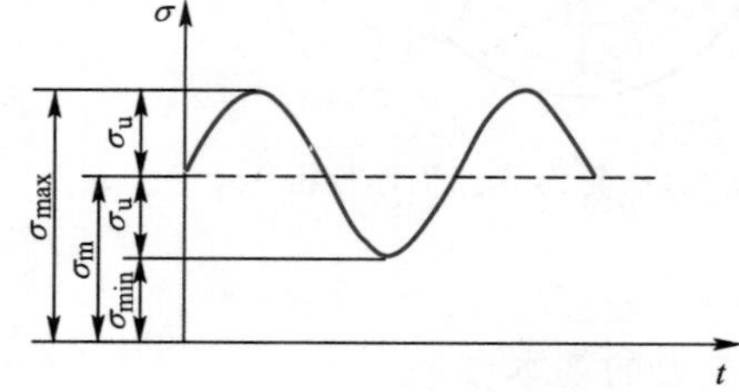

图 5.4　非对称循环

4. 静应力

当最大应力和最小应力的大小相等而方向相同时（$\sigma_{min}=\sigma_{max}$），即应力无变化的情况，这就是静应力。这种应力可以看作是交变应力的一种特殊情况，其循环特性为

$$r=\sigma_{min}/\sigma_{max}=1$$

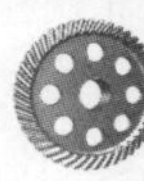

5.2 交变应力与疲劳失效

实践表明,在交变应力作用下的构件,虽然所受应力小于材料的静载荷下的屈服点应力,但经过应力的多次重复后,构件将产生裂纹或完全断裂。而且,即使是塑性很好的材料,断裂时也往往无显著的塑性变形。在交变应力作用下,构件产生可见裂纹或完全断裂的现象,称为疲劳失效。图 5.5 所示为传动轴疲劳失效断口,可以看出,断裂面一般都有明显的两个区域:一个光滑区,另一个粗糙区。

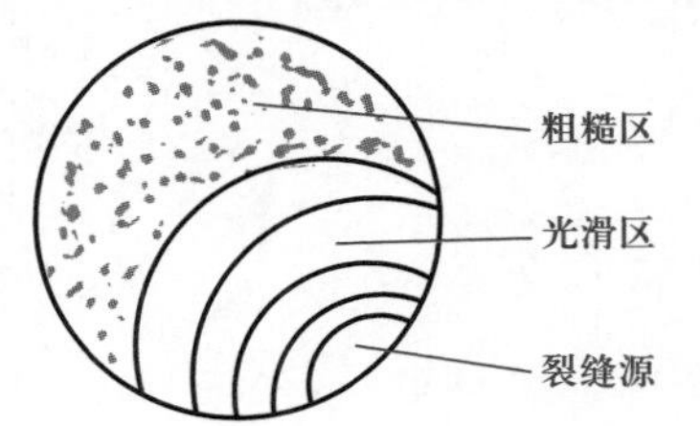

图 5.5 疲劳断口

产生疲劳失效的原因,一般是由于构件外部形状尺寸的突变以及材料不均匀,或构件某些局部的应力特别高等。在长期交变应力的作用下,当应力值超过一定限度时,首先在零件应力高度集中的部位或材料有缺陷的部位产生细微裂纹,形成疲劳源。在裂纹根部随即产生高度应力集中,并随应力循环次数增加而裂纹逐渐扩展,使构件承受载荷的有效面积不断减小,最后当减小到不能承受外加载荷的作用时,构件即发生突然断裂。因此,应力集中是导致疲劳失效的主要因素。

结论:在交变应力下构件的疲劳失效,实质上就是指裂纹的发生、发展和构件最后断裂的全部过程。疲劳破坏一般有以下几个显著特征:

(1) 在交变应力作用下,零件有可能在其工作应力远低于材料屈服强度的条件下发生破坏。

(2) 无论是脆性材料还是塑性材料,疲劳断裂在宏观上均表现为无明显塑性变形的脆性断裂。

(3) 疲劳失效是一个累积损伤的过程,一般要经过裂纹萌生、裂纹扩展和最终失效的过程。

(4) 疲劳失效是一个复杂的现象,没有一个普遍适用的理论来描述受交变应力下的材料疲劳行为。但是,通过试验方法,人们获得了许多针对某种特定材料的疲劳特性规律。

(5) 为了确保疲劳失效零件的工作可靠性,疲劳试验是必需的。

5.3 疲劳强度计算

5.3.1 材料的疲劳极限

构件在交变应力下,即使其最大应力低于材料在静载荷时的屈服极限,但经过长期运转后仍有可能发生疲劳破坏。所以屈服极限或强度极限等静强度指标已不适用于交变应力时的情况。通过试验发现,当给定的交变应力只要不超过某个“最大限度”,构件就可以经历无数次的循环而不发生疲劳破坏,这个限度值就称为材料的“疲劳极限”,用 σ_r 表示。通过测定一组承受不同最大应力试样的疲劳寿命,以最大应力 σ_{max} 为纵坐标,疲劳寿命 N 为横坐标,将实验结果描绘成一条曲线,该曲线称为疲劳曲线,如图 5.6 所示。从曲线图中可看出,当最大应力降低至某一值后,$\sigma-N$ 曲线趋于水平,表示材料可经历无限次应力循环而不发生破坏,相应的最大应力值 σ_{max} 称为材料的疲劳极限或持久极限,用 σ_r 表示,下标 r 表示交变应力的循环特性。

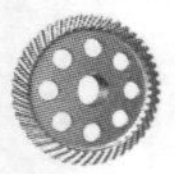

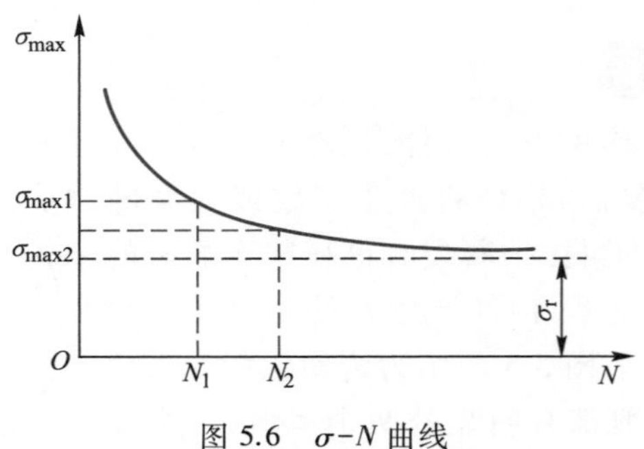

图 5.6　$\sigma - N$ 曲线

同一材料在不同的循环特性下,它的疲劳极限是不同的,其中对称循环下的疲劳极限值最低。因此,材料在对称循环下的极限应力 σ_{-1} 是表示材料疲劳强度的一个基本数据。

实际构件的疲劳极限受到的影响因素较多,它不但与材料有关,而且还受到构件的几何形状、尺寸大小、表面质量和其他一些因素的影响。

5.3.2　疲劳强度的计算

进行疲劳强度计算时,应以构件的疲劳极限作为极限应力。这样构件的疲劳强度条件为

$$\sigma_{max} \leqslant [\sigma_r] = \frac{\sigma_r^p}{s} \tag{5.1}$$

式中:σ_{max} 为构件内最大的工作应力;$[\sigma_r]$ 为构件的许用应力;σ_r^p 为构件的疲劳极限;s 为规定的安全系数。

由上式看到,由于构件外形、尺寸和表面加工质量等方面的影响,σ_r^p 不是固定不变的,因此许用应力 $[\sigma_r]$ 与静载时不同,不再是常数。若令构件的疲劳极限与构件的最大工作应力之比为构件的工作安全系数 $s_{工作}$,即

$$s_{工作} = \frac{\sigma_r^p}{\sigma_{max}} \tag{5.2}$$

则可以得到由安全系数表示的疲劳强度条件

$$s_{工作} \geqslant s \tag{5.3}$$

即构件的工作安全系数不得小于规定的安全系数,疲劳强度计算中常采用这种安全系数来作比较。

5.4　接触疲劳强度

5.4.1　基本概述

零件的工作应力除了上述的内应力外,还存在一种表面作用力,如高副接触的表面(齿轮传动中的齿面线接触、滚动轴承滚动体与滚道之间的点接触等)。实际工作中这些理论上的点、线接触,在外载荷作用下,由于材料表面产生的弹性变形使得实际接触成为一个很小的区域。在此区域中会产生很大的局部应力,这种应力称为接触应力。

零件的接触应力通常是随时间变化的,所以表面的破坏大多属于表面接触疲劳破坏。

表面疲劳破坏的过程是:由于接触应力的反复作用,首先在表层产生疲劳裂纹,然后裂

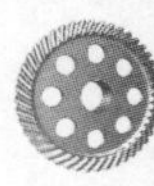

纹沿着与表面成锐角的方向发展，又由于润滑油渗入裂纹受到挤压，产生高压，迫使裂纹加剧扩展，最终以甲壳状的小片而脱落，在零件表面也就留下一个个的小坑，这种现象称为疲劳点蚀，如图 5.7 所示。

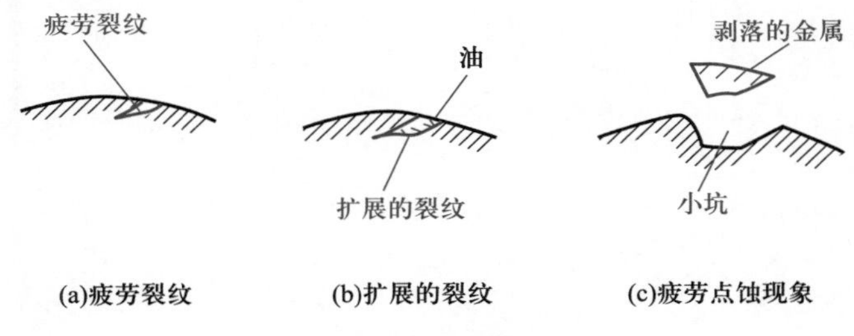

(a)疲劳裂纹　(b)扩展的裂纹　(c)疲劳点蚀现象

图 5.7　点蚀形成过程

点蚀形成后，零件的有效接触面积减小，传递载荷的能力也随之降低。此外，由于表面光滑性被破坏，工作时还将引起振动和噪声。对于齿轮、滚动轴承等，点蚀常是主要的失效形式。

如果接触处没有润滑油，则将引起磨损，而磨损速度常常会远远超越裂纹扩展的速度，使点蚀来不及形成，这时主要的失效形式是磨损而不是点蚀。

5.4.2　强度计算

判断金属接触疲劳强度的指标是接触疲劳极限，即在规定的应力循环次数下不发生点蚀现象的最大应力。虽然影响点蚀的外因很多，如金属的表面状态、润滑油的黏度、相对滑动的性质等，但最主要的还是接触应力的大小，所以接触强度的设计计算准则是限制接触应力不超过允许值，则点蚀就不会发生。

接触疲劳强度条件为

$$\sigma_H \leqslant [\sigma_H] \tag{5.4}$$

式中：σ_H 为最大接触应力；$[\sigma_H]$为许用接触应力。

复习题

5.1　什么是交变应力？在交变应力中，什么是应力循环特征、最大应力、最小应力、应力幅及平均应力？

5.2　什么是对称循环、不对称循环和脉动循环？其应力循环特征各是什么？

5.3　什么是疲劳破坏？导致疲劳破坏的主要原因是什么？

5.4　影响材料的疲劳极限的主要因素有哪些？

第 2 篇

机械设计基础

本篇重点介绍如下内容：

(1) 常用机构，通用零、部件的工作原理（包括标准、参数等）。

(2) 设计计算（重点为公式的应用等）。

(3) 结构设计。

(4) 使用与保养、安装与维护等。

第 6 章

6

机械设计概述

本章扼要阐述机械设计的基本知识，包括机械设计的基本要求、内容与过程以及机械零件的失效形式与设计计算准则等，最后介绍机械零件的标准化问题。

6.1 机械设计的基本要求

机械设计包括以下两种设计：

(1) 应用新技术、新设计方法开发创造新机械。

(2) 在原有机械的基础上重新设计或进行局部改进，从而改变或提高原有机械的性能。

机械设计质量的好坏直接影响到机械产品的性能、价格及经济效益。

机械零件是组成机器的基本单元，在讨论机械设计的基本要求之前，首先应了解设计机械零件的一些基本要求。

6.1.1 设计机械零件的基本要求

零件工作可靠并且成本低廉是设计机械零件应满足的基本要求。

零件的工作能力是指零件在一定的工作条件下抵抗可能出现的失效的能力，对载荷而言称为承载能力。失效是指零件由于某些原因不能正常工作。只有每个零件都能可靠地工作，才能保证机器的正常运行。

设计机械零件还必须坚持经济观点，力求综合经济效益高。为此要注意以下几点：

(1) 合理选择材料，降低材料费用。

(2) 保证良好的工艺性，减少制造费用。

(3) 尽量采用标准化、通用化、系列化的设计，可简化设计过程，节省设计和加工费用，从而降低生产成本。

6.1.2 机械设计的基本要求

机械产品设计的基本要求应满足以下几个方面：

1. 实现预定功能

设计的机器能实现预定的功能，并能在规定的工作条件下、规定的工作期限内正常运行。

2. 满足可靠性要求

可靠性是机械在规定的工况条件下和规定的使用期限内，完成规定的预定功能的一种特性。它取决于设计、制造、维护、使用等。设计阶段对机械可靠度起到决定的影响。但就目前而言，对机械产品的可靠性还难以提出统一的考核指标。

3. 满足经济性要求

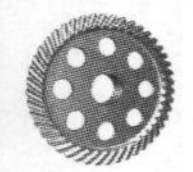

机械的经济性指标应该体现在设计、制造、管理和使用的全过程，是一项综合性指标。要求设计及制造成本低、机器生产率高、能源和材料耗费少、维护及管理费用低等。

4. 操作方便、工作安全

操作系统要简便可靠，有利于减轻操作人员的劳动强度。要有各种保险装置以消除由于误操作而引起的危险，避免人身及设备事故的发生。

5. 造型美观、减少污染

要求所设计的机器不仅使用性能好、尺寸小、价格低廉，而且外形美观，富有时代特点。机械产品的造型直接影响到产品的销售和竞争力，在当前机械设计中是一个不容忽视的环节。

尽可能地降低噪声，减轻对环境的污染。噪声也是反映机械质量的一个重要指标。

6. 其他特殊要求

例如为了运输，所设计的机器既要容易拆卸，又要容易装配。

6.2　机械零件设计的内容与过程

机械零件设计的内容与过程可概括地叙述为如下几点：

(1) 根据机器的具体运转情况和简化的计算方法确定零件的载荷。

(2) 根据零件工作情况的分析，判定零件的失效形式，从而确定其计算准则。

(3) 进行主要参数的选择，选定材料。根据计算准则求出零件的主要尺寸，考虑热处理及结构工艺性要求等。

(4) 进行结构设计。

(5) 绘制零件工作图，制定技术要求，编写计算说明书及有关技术文件。

(6) 经过加工，制造出可用的机械零件，安装于机器之中，经机器运行，评定此零件的可用性与可靠性。

对于不同的零件和工作条件，以上这些设计步骤可以有所不同。此外，在设计过程中，这些步骤又是相互交错、反复进行的。

应当指出，在设计机械零件时，往往是将较复杂的实际工作情况进行一定的简化，才能应用力学等理论来解决机械零件的设计计算问题。因此，这种计算或多或少带有一定的条件性或假定性，此计算称为条件性计算。机械零件设计基本上是按条件性计算进行的。为了使计算结果更符合实际情况，必要时可进行模型试验或实物试验。

以上所述的机械零件设计方法称为常规设计方法，必须要很好地掌握。

随着科学技术的发展，机械设计方法得到不断改进，创新出很多新的设计方法，如"可靠性设计""有限元设计""设计方法学""计算机辅助设计"等。

6.3　机械零件的失效形式及设计计算准则

机械零件丧失预定功能或预定功能指标降低到许用值以下的现象，称为机械零件的失效。由于强度不够引起的破坏是最常见的零件失效形式，但并不是零件失效的唯一形式。进行机械零件设计时必须根据零件的失效形式，分析失效的原因，提出防止或减轻失效的措施，根据不同的失效形式提出不同的设计计算准则。

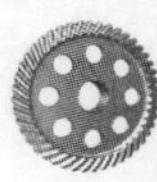

6.3.1　失效形式

机械零件最常见的失效形式大致有以下几种：

1. 断裂

机械零件的断裂通常有以下两种情况：

（1）零件在外载荷的作用下，某一危险截面上的应力超过零件的强度极限时将发生断裂（如螺栓的折断）。

（2）零件在循环变应力的作用下，危险截面上的应力超过零件的疲劳强度而发生疲劳断裂。

2. 过量变形

当零件上的应力超过材料的屈服极限时，零件将发生塑性变形。当零件的弹性变形量过大时也会使机器的工作不正常，如机床主轴的过量弹性变形会降低机床的加工精度。

3. 表面失效

表面失效主要有疲劳点蚀、磨损、压溃和腐蚀等形式。表面失效后通常会增加零件的摩擦，使零件尺寸发生变化，最终造成零件的报废。

4. 破坏正常工作条件引起的失效

有些零件只有在一定的工作条件下才能正常工作，否则就会引起失效，如带传动因过载发生打滑，使传动不能正常地工作。

6.3.2　设计计算准则

同一零件对于不同失效形式的承载能力也各不相同。根据不同的失效原因建立起来的工作能力判定条件，称为设计计算准则。零件设计时的主要计算准则有强度准则、刚度准则、耐磨性准则、热平衡准则、可靠性准则等。下面重点介绍强度准则，而其他几项准则（刚度、散热性等）将在有关章节中论述。

强度是零件应满足的基本要求。强度是指零件在载荷作用下抵抗断裂、塑性变形及表面失效（磨粒磨损、腐蚀除外）的能力。强度可分为整体强度和表面强度（接触与挤压强度）两种。

1. 整体强度的判定准则

零件在危险截面处的最大应力（σ,τ）不应超过允许的限度（称为许用应力，用[σ]或[τ]表示），即

$$\sigma\leqslant[\sigma]\text{ 或 }\tau\leqslant[\tau]$$

另一种表达形式为：危险截面处的实际安全系数 s 应大于或等于许用安全系数[s]，即

$$s\geqslant[s]$$

2. 表面强度的判定准则

（1）对于表面接触强度　在反复的接触应力作用下，零件在接触处的接触应力 σ_H 应该小于或等于许用接触应力值[σ_H]，即

$$\sigma_H\leqslant[\sigma_H]$$

（2）对于表面挤压强度　受挤压表面上的挤压应力不能过大，否则会发生表面塑性变形、表面压溃等。挤压强度的判定准则为：挤压应力 σ_p 应小于或等于许用挤压应力[σ_p]，即

$$\sigma_p \leqslant [\sigma_p]$$

6.4　机械零件设计的标准化、系列化及通用化

有不少通用零件,如螺纹连接件、滚动轴承等,由于应用范围广、用量大,已经高度标准化而成为标准件。设计时只需根据设计手册或产品目录选定型号和尺寸,向专业商店或工厂订购。此外,有很多零件虽然使用范围极为广泛,但在具体设计时随着工作条件的不同,在材料、尺寸、结构等方面的选择也各不相同,这种情况则可对其某些基本参数规定标准的系列化数列,如齿轮的模数等。

按规定标准生产的零件称为标准件。标准化给机械制造带来的好处是:

(1) 由专门化工厂大量生产标准件,能保证质量、节约材料、降低成本。

(2) 选用标准件可以简化设计工作、缩短产品的生产周期。

(3) 选用参数标准化的零件,在机械制造过程中可以减少刀具和量具的规格。

(4) 具有互换性,从而简化机器的安装和维修。

设计中选用标准件时,由于要受到标准的限制而使选用不够灵活,若选用系列化产品,则从一定程度上解决了这一问题。例如,对于同类型、同内径的滚动轴承,按照滚动体直径的不同使其形成各种外径、宽度的滚动轴承系列,从而使轴承的选用更为方便、灵活。

通用化是指在不同规格的同类产品或不同类产品中采用同一结构和尺寸的零部件,以减少零部件的种类,简化生产管理过程,降低成本和缩短生产周期。

由于标准化、系列化、通用化具有明显的优越性,所以在机械设计中应大力推广"三化",贯彻采用各种标准。

我国现行标准分为国家标准(GB)、行业标准和专业标准等,国际上则推行国际标准化组织(ISO)的标准,我国也正在逐步向 ISO 标准靠近。

复习题

6.1　机械零件设计主要内容与过程是什么?

6.2　常见的失效形式有哪几种?

6.3　什么叫工作能力? 计算准则是如何得出的?

6.4　标准化、系列化及通用化的重要意义是什么?

第 7 章

7

润滑与密封概述

为了节约能源、提高效率及延长机械零件的寿命，润滑是必不可少的。同时为了保持润滑状态及防止外界灰尘等侵入，必须选择或设计合适的密封装置。在机器正常运行中，润滑与密封是一个重要环节，必须加以足够的重视。本章对摩擦、磨损作扼要的介绍，重点介绍润滑方式、润滑装置。

针对某个具体零部件的某些具体内容可在有关章节中介绍，但其共性问题现将在本章中论述，这样有利于正确地设计、使用和维护。

7.1 摩擦与磨损

各类机器在工作时，零件相对运动的接触部分存在着摩擦，摩擦是机器运转过程中不可避免的物理现象。摩擦不仅消耗能量，而且使零件发生磨损，甚至导致零件失效。各种机械零件因磨损失效的也占全部失效零件的一半以上。磨损是摩擦的结果，润滑则是减少摩擦和磨损的有力措施，这三者是相互联系不可分割的。

运动副之间的摩擦将导致零件表面材料的逐渐损失，这种现象称为磨损。机械零件严重磨损后，将降低机器的工作效率和可靠性，使机器提前报废。因此，预先考虑如何避免或减轻磨损，是设计、使用、维护机器的一项重要内容。

摩擦在某些情况下是有益的，在此不作讨论。

在机械的正常运转中，磨损过程大致可分为以下三个阶段：跑合（磨合）磨损阶段；稳定磨损阶段；剧烈磨损阶段。

上述磨损过程中的三个阶段，是一般机械设备运转过程中都存在的。必须指出的是，在跑合阶段结束后应清洗零件，更换润滑油，这样才能正常地进入稳定磨损阶段。

按照磨损的机理以及零件表面磨损状态的不同，一般工况下把磨损分为磨粒磨损、黏着磨损、疲劳磨损、腐蚀磨损等。

1. 磨粒磨损

由于摩擦表面上的硬质突出物或从外部进入摩擦表面的硬质颗粒，对摩擦表面起到切削或刮擦作用，从而引起表层材料脱落的现象，称为磨粒磨损。这种磨损是最常见的一种磨损形式。

2. 黏着磨损

当摩擦副受到较大正压力作用时，由于表面不平，其顶峰接触点受到高压力作用而产生弹、塑性变形，附在摩擦表面的吸附膜破裂，温升后使金属的顶峰塑性面牢固地黏着并熔焊在一起，形成冷焊结点。在两摩擦表面相对滑动时，材料便从一个表面转移到另一个表面，成为表面凸起，促使摩擦表面进一步磨损。这种由于黏着作用引起的磨损，称为黏着磨损。

3. 疲劳磨损（点蚀）

两摩擦表面为点或线接触时，局部的弹性变形形成小的接触区。这些小的接触区形成的摩擦副如果受变化接触应力的反复作用，表层将产生裂纹。随着裂纹的扩展与相互连接，表层金属脱落，形成许多月牙形的浅坑，这种现象称为疲劳磨损，也称点蚀。

4. 腐蚀磨损

在摩擦过程中，摩擦面与周围介质发生化学或电化学反应而产生物质损失的现象，称为腐蚀磨损。腐蚀磨损可分为氧化磨损、特殊介质腐蚀磨损、气蚀磨损等。

应该指出的是，实际上大多数磨损是以上述 4 种磨损形式的复合形式出现的。

7.2 润滑

各种机器在工作时，其各零件相对运动的接触部分存在着摩擦，摩擦不仅消耗能量，而且使零件发生磨损，甚至导致零件失效。因此，在摩擦副表面处必须加入润滑剂。

7.2.1 润滑剂的性能与选择

常用的润滑剂除了润滑油和润滑脂外，还有固体润滑剂（如石墨、二硫化钼、聚四氟乙烯等）、气体润滑剂（如空气、氢气、水蒸气等）。在一般机械中应用最广泛的润滑剂为润滑油和润滑脂。

1. 润滑油

润滑油是目前使用最多的润滑剂中的一种，主要有动植物油、矿物油和化学合成油三类。其中矿物油来源充分、成本低、品种多、稳定性好，应用最为广泛。动植物油的油性好、易变质、价高，常用作添加剂使用。化学合成油大多是针对某种特定需要研制而成，例如刹车油等。

润滑油最重要的一项物理性能指标为黏度，它是选择润滑油的主要依据。黏度的大小表示液体流动时其内摩擦阻力的大小，黏度愈大，内摩擦阻力就愈大，液体的流动性愈差。

润滑油的黏度可用动力黏度、运动黏度、条件黏度（恩氏黏度）等表示。我国的石油产品常用运动黏度来标定。

运动黏度以符号 ν 表示，单位为 mm^2/s。一般润滑油的牌号是指该润滑油在 40 ℃（或 100℃）时运动黏度（以 mm^2/s 为单位）的平均值，如 L-AN46 全损耗系统用油在40 ℃时的运动黏度为 41.4~50.6 mm^2/s。

润滑油的主要物理性能指标还有倾点、闪点、油性等。

润滑油的黏度值并不是固定不变的，而是随着温度和压强而变化。黏度随温度的升高而降低，而且变化很大。因此，在注明某种润滑油的黏度时，必须同时标明它的测试温度，否则便毫无意义。黏度随压强的升高而加大，但当压强小于 20 MPa 时，其影响甚小，可不予考虑。

常用润滑油的性质和用途见表 7.1。

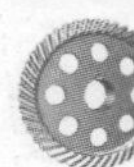

表 7.1 工业常用润滑油的主要性质和用途

<table>
<tr><th rowspan="2">名称</th><th rowspan="2">代号</th><th colspan="2">运动黏度/($mm^2 \cdot s^{-1}$)</th><th rowspan="2">倾点/℃</th><th rowspan="2">闪点/℃</th><th rowspan="2">主要用途</th></tr>
<tr><th>40 ℃时</th><th>100 ℃时</th></tr>
<tr><td rowspan="10">L-AN 全损耗系统用油(GB/T 443—1989,原名为机械油)</td><td>L-AN5</td><td>4.14~5.06</td><td rowspan="10">—</td><td rowspan="10">-5</td><td>80</td><td rowspan="3">用于各种高速轻载机械轴承的润滑和冷却(循环式或油箱式),如转速在 10 000 r/min 以上的精密机械、机床及纺织纱锭的润滑和冷却</td></tr>
<tr><td>L-AN7</td><td>6.12~7.48</td><td>100</td></tr>
<tr><td>L-AN10</td><td>9.00~11.0</td><td>130</td></tr>
<tr><td>L-AN15</td><td>13.5~16.5</td><td rowspan="3">150</td><td rowspan="2">用于小型机床齿轮箱、传动装置轴承,中小型电动机,风动工具等</td></tr>
<tr><td>L-AN22</td><td>19.8~24.2</td></tr>
<tr><td>L-AN32</td><td>28.8~35.2</td><td rowspan="2">用于一般机床齿轮变速箱、中小型机床导轨及 100 kW 以上电动机轴承</td></tr>
<tr><td>L-AN46</td><td>41.4~50.6</td><td rowspan="2">160</td></tr>
<tr><td>L-AN68</td><td>61.2~74.8</td><td>主要用在大型机床、大型刨床上</td></tr>
<tr><td>L-AN100</td><td>90.0~110</td><td rowspan="2">180</td><td rowspan="2">主要用在低速重载的纺织机械及重型机床、锻压、铸工设备上</td></tr>
<tr><td>L-AN150</td><td>135~165</td></tr>
<tr><td rowspan="7">工业闭式齿轮油(GB 5903—2011)</td><td>L-CKC68</td><td>61.2~74.8</td><td rowspan="7">—</td><td rowspan="2">-12</td><td>180</td><td rowspan="7">适用于煤炭、水泥、冶金工业部门大型封闭式齿轮传动装置的润滑</td></tr>
<tr><td>L-CKC100</td><td>90.0~110</td><td rowspan="6">200</td></tr>
<tr><td>L-CKC150</td><td>135~165</td><td rowspan="4">-9</td></tr>
<tr><td>L-CKC220</td><td>198~242</td></tr>
<tr><td>L-CKC320</td><td>288~352</td></tr>
<tr><td>L-CKC460</td><td>414~506</td></tr>
<tr><td>L-CKC680</td><td>612~748</td><td>-5</td></tr>
<tr><td rowspan="6">液压油(GB 11118.1—2011)</td><td>L-HL15</td><td>13.5~16.5</td><td rowspan="6">—</td><td>-12</td><td>140</td><td rowspan="6">适用于机床和其他设备的低压齿轮泵,也可以用于使用其他抗氧防锈型润滑油的机械设备(如轴承和齿轮等)</td></tr>
<tr><td>L-HL22</td><td>19.8~24.2</td><td>-9</td><td>165</td></tr>
<tr><td>L-HL32</td><td>28.8~35.2</td><td rowspan="4">-6</td><td>175</td></tr>
<tr><td>L-HL46</td><td>41.4~50.6</td><td>185</td></tr>
<tr><td>L-HL68</td><td>61.2~74.8</td><td>195</td></tr>
<tr><td>L-HL100</td><td>90.0~110</td><td>205</td></tr>
</table>

续表

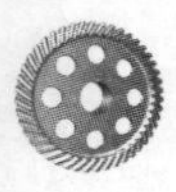

名称	代号	运动黏度/($mm^2 \cdot s^{-1}$)		倾点/℃	闪点/℃	主要用途
		40 ℃时	100 ℃时			
汽轮机油(GB 11120—2011)	L-TSA32	28.8~35.2	—	-6	186	适用于电力、工业、船舶及其他工业汽轮机组、水轮机组的润滑和密封
	L-TSA46	41.4~50.6				
	L-TSA68	61.2~74.8			195	
	L-TSA100	90.0~110				
汽油机油(GB 11121—2006)	SE5W-30	9.3~<12.5		-35	200	具有良好的高温抗氧化性及锈蚀和腐蚀的防护性。可减少低温油泥、积炭少。适用于轿车及某些卡车的汽油发动机，如桑塔纳、五十铃、马自达、红旗 CA770A/B 等车辆
	SE10W-30	9.3~<12.5		-30	205	
	SE15W-40	12.5~<16.3		-23	215	
	SF5W-30	9.3~<12.5		-35	200	具有良好的高温清净性、抗腐蚀性和抗磨性,可明显减少发动机缸套和活塞的磨损。适用于轿车及某些卡车的汽油发动机，如奥迪、尼桑、捷达等车辆
	SF10W-30	9.3~<12.5		-30	205	
	SF15W-40	12.5~<16.3		-23	215	
	SG5W-30	9.3~<12.5		-35	200	具有良好的高温润滑性和低温分散性,有效降低磨损延长发动机寿命,适用于轿车、客车和轻型卡车的汽油发动机,如宝马、林肯、凯迪拉克等车辆
	SG10W-30	9.3~<12.5		-30	205	
	SG15W-40	12.5~<16.3		-23	215	
	SH5W-30	9.3~<12.5		-35	200	具有良好的抗磨、清净、缓蚀等性能,适用于各种苛刻条件下行驶的各类进口及国产高级轿车和赛车,如奔驰、林肯、凯迪拉克、别克等车辆
	SH10W-30	9.3~<12.5		-30	205	
	SH15W-40	12.5~<16.3		-25	215	
L-CKE/P 蜗轮蜗杆油(SH/T 0094—1991)	220	198~242		-12		用于铜-钢配对的圆柱形、承受重负荷、传动中有振动和冲击的蜗轮蜗杆副
	320	288~352				
	460	414~506				
	680	612~748				
	1 000	900~1 100				

续表

名称	代号	运动黏度/($mm^2 \cdot s^{-1}$)		倾点/℃	闪点/℃	主要用途
		40 ℃时	100 ℃时			
10 号仪表油(SH/T 0138—1994)		9~11		-50	125	适用于控制测量仪表(包括低温下操作)的润滑
轴承油(SH/T 0017—1990)	L-FC 2	1.98~2.24		-18	—	L-FC 轴承油属于抗氧缓蚀型。适用于 60 ℃以下和一般负荷的轴承润滑。也用于有关离合器锭子、汽轮机、无抗磨性能要求的液压系统等设备的润滑
	L-FC 3	2.28~3.52			—	
	L-FC 22	19.8~24.2		-12	140	
	L-FC 32	28.8~35.2			160	
	L-FC 46	41.4~50.6			180	
	L-FC 68	61.2~74.8				
	L-FC 100	90~110		-6		
	L-FD 7	6.12~7.48		-12	115	具有良好的抗氧性、缓蚀性和抗磨性。适用于精密机床主轴轴承的润滑以及其他以循环、油浴、喷雾润滑的高速轴承或精密滚动轴承
	L-FD 10	9.00~11.0			140	
	L-FD 15	13.5~16.5				
	L-FD 22	19.8~24.2				

2. 润滑脂

润滑脂是在润滑油中加入稠化剂(如钙、钠、锂等金属皂基)混合稠化而成的脂状润滑剂,又称为黄油或干油。

润滑脂的主要物理性能指标为滴点、锥入度和耐水性等。多半用于低速、受冲击或间歇运动处。

目前使用最多的是钙基润滑脂,其耐水性强,但耐热性差,常用于在 60℃以下工作的各种轴承的润滑,尤其适用于在露天条件下工作的机械轴承的润滑;钠基润滑脂的耐热性好、耐水性差,可用于-10~110℃的工作条件下;锂基润滑脂的性能优良,耐水性、耐热性均好,可以在-20~120℃的工作条件下使用,但价格较贵。

常用润滑脂的主要性质和用途见表 7.2。

3. 固体润滑剂

摩擦面间的固体润滑剂呈粉末或薄膜状态,隔离摩擦表面以达到降低摩擦、减少磨损的目的。常用的固体润滑剂有石墨、二硫化钼、聚四氟乙烯、尼龙、软金属(铅、铟、镉)及复合材料。

表 7.2 常用润滑脂的主要性质和用途

名称	代号	滴点(不低于)/℃	工作锥入度(25℃,150g)/(1/10mm)	主要用途
钙基润滑脂(GB/T 491—2008)	L-XAAMHA1	80	310~340	有耐水性能。用于工作温度低于55~60℃的各种工农业、交通运输机械设备的轴承润滑,特别是有水或潮湿处
	L-XAAMHA2	85	265~295	
	L-XAAMHA3	90	220~250	
	L-XAAMHA4	95	175~205	
钠基润滑脂(GB/T 492—1989)	L-XACMGA2	160	265~295	不耐水(或潮湿)。用于工作温度在-10~110℃的一般中负荷机械设备轴承润滑
	L-XACMGA3		220~250	
通用锂基润滑脂(GB/T 7324—2010)	ZL-1	170	310~340	有良好的耐水性和耐热性。适用于温度在-20~120℃范围内各种机械的滚动轴承、滑动轴承及其他摩擦部位的润滑
	ZL-2	175	265~295	
	ZL-3	180	220~250	
钙钠基润滑脂(SH/T 0368—1992)	ZGN-1	120	250~290	用于工作温度在80~100℃,有水分或较潮湿环境中工作的机械润滑,多用于铁路机车、列车、小电动机、发电机滚动轴承(温度较高者)的润滑。不适于低温工作
	ZGN-2	135	200~240	
石墨钙基润滑脂(SH/T 0369—1992)	—	80	—	人字齿轮,起重机、挖掘机的底盘齿轮,矿山机械、绞车钢丝绳等高负荷、高压力、低速度的粗糙机械润滑及一般开式齿轮润滑。能耐潮湿
滚珠轴承润滑脂(SH/T 0386—1992)	ZGN69-2	120	250~290(-40℃时为30)	用于机车、汽车、电动机及其他机械的滚动轴承润滑
7407号齿轮润滑脂(SH/T 0469—1994)		160	75~90	适用于各种低速,中、重载荷齿轮、链和联轴器等的润滑,使用温度≤120℃,可承受冲击载荷
4号 高温润滑脂(50号 高温润滑脂)(SH/T 0376—1992)	—	200	170~225	适用于高温下各种滚动轴承的润滑,也可用于一般滑动轴承和齿轮的润滑。使用温度为-40~200℃
工业用凡士林(SH 0039—1990)		54	—	适用于作金属零件、机器的防锈,在机械的温度不高和负荷不大时,可用作减摩润滑脂

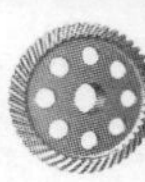

4. 润滑油和润滑脂中的添加剂

为了改善润滑油和润滑脂的性能，或适应某些特殊的需要，常在普通润滑油和润滑脂中加入一定的添加剂。加入抗氧化添加剂（如二烷基二硫代磷酸盐等）可抑制润滑油氧化变质；加入抗凝添加剂（如烷基萘等）可降低油的凝点；加入清净分散添加剂（如烷基酚盐、丁二酰亚胺等）能使油中胶状物分散和悬浮，以防止堵塞油路和减少因沉积而造成的剧烈磨损；加入油性添加剂（如硬脂酸铝、磷酸三乙酯等）可提高油性；加入极压添加剂（又称 EP 添加剂，如二苯化二硫、二锌二硫化磷酸锌等）可以在金属表面上形成一层保护膜，以减轻磨损。使用添加剂是现代改善润滑性能的主要手段。使用时应根据产品说明书中具体介绍进行。

5. 润滑剂的选用

（1）润滑剂类型的选用　一般情况下多选用润滑油润滑，但对橡胶、塑料制成的零件可用水润滑。润滑脂常用于不易加油或重载低速场合。气体润滑剂多用于高速轻载场合，如磨床高速磨头的空气轴承。固体润滑剂一般用于不宜使用润滑油或润滑脂的特殊条件下，如高温、高压、极低温、真空、强辐射、不允许污染及无法给油等场合。

（2）润滑剂牌号的选用　润滑剂类型确定后，牌号的选用可从以下几个方面考虑：

① 工作载荷　润滑油的黏度愈大，其油膜承载能力愈大，故工作载荷大时，应选用黏度大且油性和极压性好的润滑油。对受冲击载荷或往复运动的零件，因不易形成液体油膜，故应采用黏度大的润滑油或锥入度小的润滑脂，或用固体润滑剂。

② 运动速度　低速不易形成动压油膜，宜选用黏度大的润滑油或锥入度小的润滑脂；高速时，为了减少功耗，宜选用黏度小的润滑油或锥入度大的润滑脂。

③ 工作温度　低温下工作应选用黏度小、凝点低的润滑油；高温下工作应选用黏度大、闪点高及抗氧化性好的润滑油；工作温度变化大时，宜选用黏温特性好、黏度指数高的润滑油。在极低温下工作，当采用抗凝剂也不能满足要求时，应选用固体润滑剂。

④ 工作表面粗糙度和间隙大小　表面粗糙度大，要求使用黏度大的润滑油或锥入度小的润滑脂；间隙小要求使用黏度小的润滑油或锥入度大的润滑脂。

关于润滑剂的牌号、性能及其应用场合等可参阅有关使用手册。

7.2.2 润滑方法和润滑装置

为了获得良好的润滑效果，除了正确地选择润滑剂以外，还应选择适当的润滑方式及相应的润滑装置。

机械设备的润滑主要集中在传动件和支承件上。对于各种零部件的具体的润滑方式及润滑装置将在有关章节中论述，这里不作介绍。

7.3 密封

在机械设备中，为了防止润滑剂泄漏及防止灰尘、水分进入润滑部位，必须采用相应的密封装置，以保证持续、清洁的润滑，使机器正常工作，并减少对环境的污染，提高机器工作效率，降低生产成本。目前，机器密封性能的优劣已成为衡量设备质量的重要指标之一。

密封装置是一种能保证密封性的零件组合。一般包括被密封表面（如轴和轴承座的圆柱表面）、密封件（例如 O 形密封圈、毡圈等）和辅助件（如副密封件、受力件、加固件等）。

密封件是防止机件泄漏的主要部件。此外,还常常采用将接合部位焊合、铆合、压合、折边等永久性防止流体泄漏的方法以消除泄漏。

7.3.1 密封件的基本要求及分类

1. 密封件的基本要求

(1) 一定的压力和温度范围内具有良好的密封性能。

(2) 摩擦阻力小,摩擦系数稳定。

(3) 磨损小,磨损后在一定程度上能自动补偿,工作寿命长。

(4) 结构简单,装拆方便,价格低廉。

2. 密封件的分类

密封件的分类如下所示。

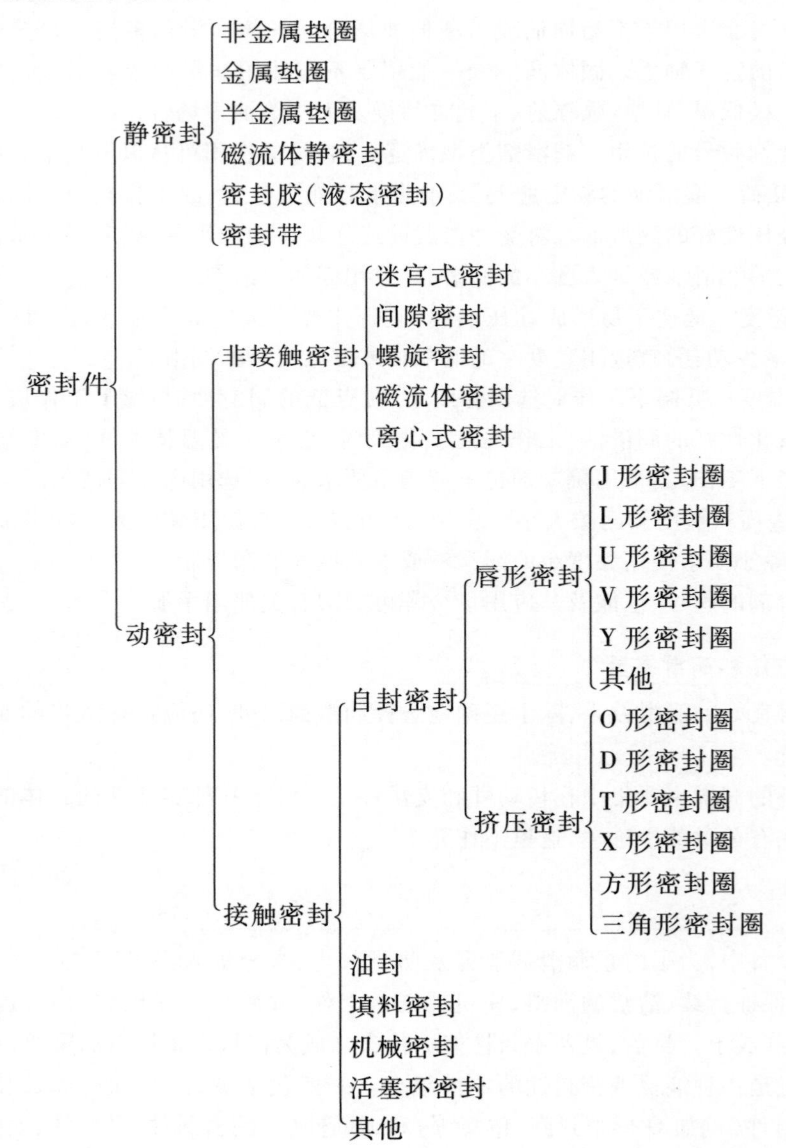

- 密封件
  - 静密封
    - 非金属垫圈
    - 金属垫圈
    - 半金属垫圈
    - 磁流体静密封
    - 密封胶(液态密封)
    - 密封带
  - 动密封
    - 非接触密封
      - 迷宫式密封
      - 间隙密封
      - 螺旋密封
      - 磁流体密封
      - 离心式密封
    - 接触密封
      - 自封密封
        - 唇形密封
          - J 形密封圈
          - L 形密封圈
          - U 形密封圈
          - V 形密封圈
          - Y 形密封圈
          - 其他
        - 挤压密封
          - O 形密封圈
          - D 形密封圈
          - T 形密封圈
          - X 形密封圈
          - 方形密封圈
          - 三角形密封圈
      - 油封
      - 填料密封
      - 机械密封
      - 活塞环密封
      - 其他

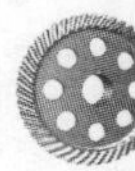

各种密封件都已标准化，可查阅有关手册选取适当的形式。

7.3.2　常用密封装置

1. 回转运动密封装置

回转轴与固定件之间的密封，既要保证密封效果，又要减少相对运动元件间的摩擦、磨损，其密封件有接触式和非接触式两类。

(1) 密封圈密封装置

密封圈用耐油橡胶、皮革或塑料制成。它是靠材料本身的弹力或弹簧的作用以一定的压力紧压在轴上起密封作用的。密封圈已标准化、系列化，有不同的剖面形状。常用的有以下几种：

① O 形密封圈（图 7.1 和图 7.2）　它靠材料本身的弹力起密封作用，一般用于转速不高的旋转运动中。

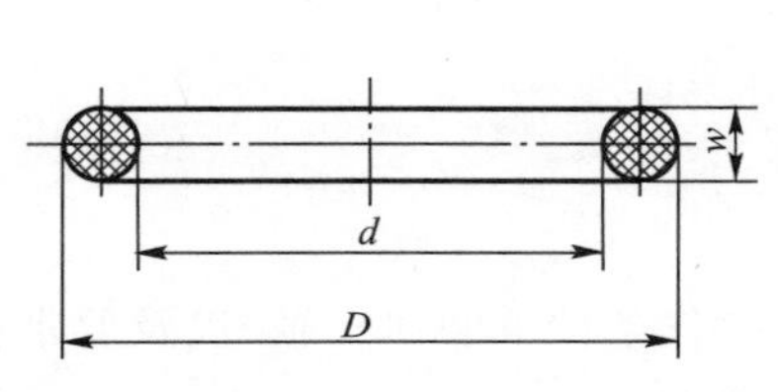

图 7.1　O 形密封圈

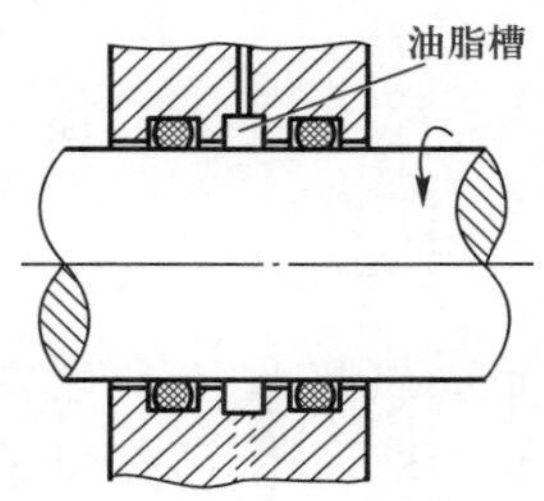

图 7.2　O 形密封圈的润滑

② J 形、U 形密封圈　J 形、U 形密封圈具有唇形开口，并带有弹簧箍以增大密封压力，使用时将开口面向密封介质。有的圈带有金属骨架，可与机座较精确地配装，可单独使用；如成对使用，则密封效果更好，如图 7.3、图 7.4 所示，可用于较高转速时的密封。

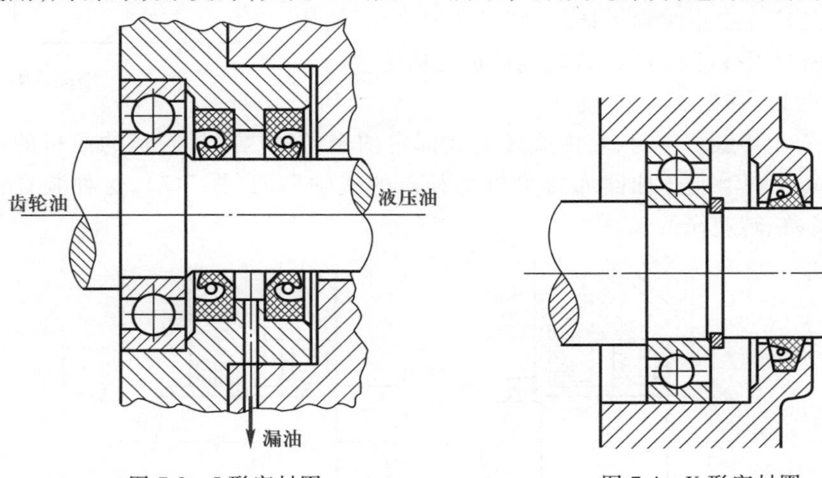

图 7.3　J 形密封圈

图 7.4　U 形密封圈

密封圈与其相配的轴颈应有较低的表面粗糙度值（Ra 为 0.32~1.25），表面应硬化（表面硬度 40 HRC 以上）或镀铬。

③ 毡圈密封圈　毡圈密封属填料密封的一种，毡圈的断面为矩形，使用时在端盖上开梯形槽。应按标准尺寸开槽，使其填满槽并产生径向压紧力。毡圈密封圈密封效果较差，主

要起防尘作用，一般只用在低速脂润滑处，如图 7.5 所示。

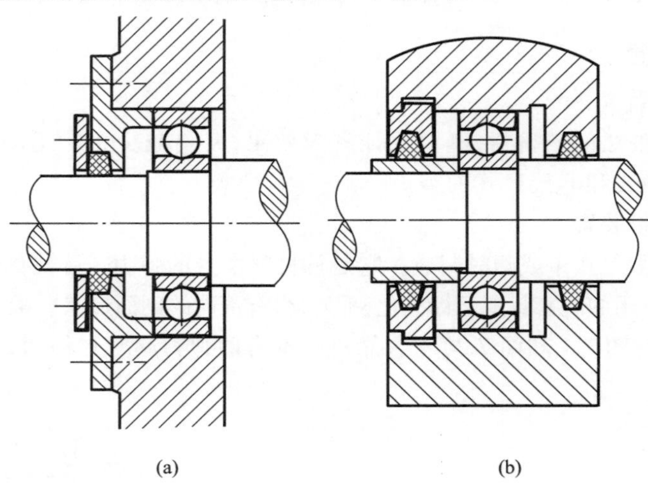

图 7.5　毡圈密封

（2）端面密封（机械密封）装置

它常用在高速、高压、高温、低温或腐蚀介质工作条件下的回转轴，以及要求密封性能可靠、对轴无损伤、寿命长、功率损耗小的机器设备之中。

端面密封的形式很多，最简单的端面密封如图 7.6 所示，它由塑料、强化石墨等摩擦系数小的材料制成的密封环 1、2 及弹簧 3 等组成。1 是动环，随轴转动；2 是静环，固定于机座端盖。弹簧使动环和静环压紧，起到很好的密封作用，故称端面密封。其特点是对轴无损伤，密封性能可靠，使用寿命长。机械密封组件已标准化，需较高的加工精度。

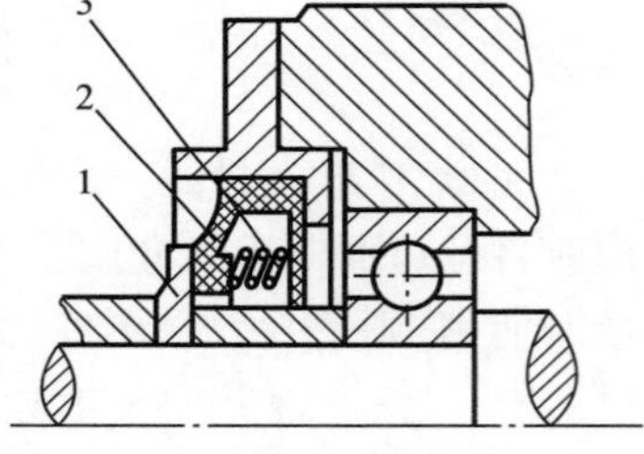

图 7.6　端面密封

（3）曲路密封（迷宫式密封）装置

曲路密封为非接触式密封，它由旋转的和固定的密封件之间拼合成的曲折的隙缝所形成，隙缝中可填入润滑脂。曲路布置可以是径向的或轴向的（图 7.7）。这种装置密封效果好，适用于环境差、转速高的轴。

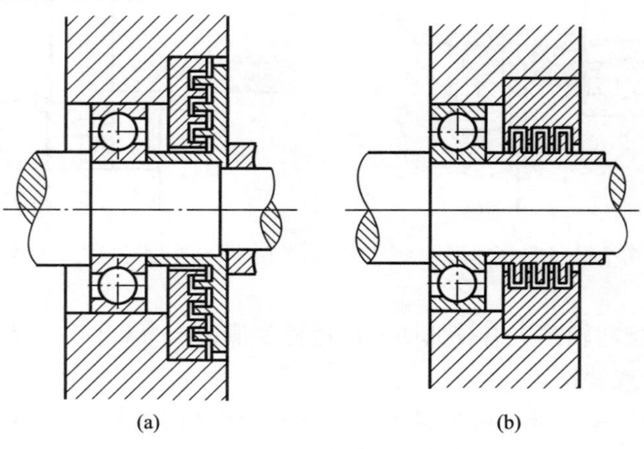

图 7.7　迷宫式密封

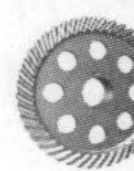

(4) 隙缝密封

在轴和轴承盖之间留 0.1~0.3 mm 的隙缝,或在轴承盖上车出环槽(图 7.8),在槽中充填润滑脂,可提高密封效果。

2. 移动运动密封装置

机器中相对移动的零件间的密封称为移动密封。移动密封多采用密封圈密封。

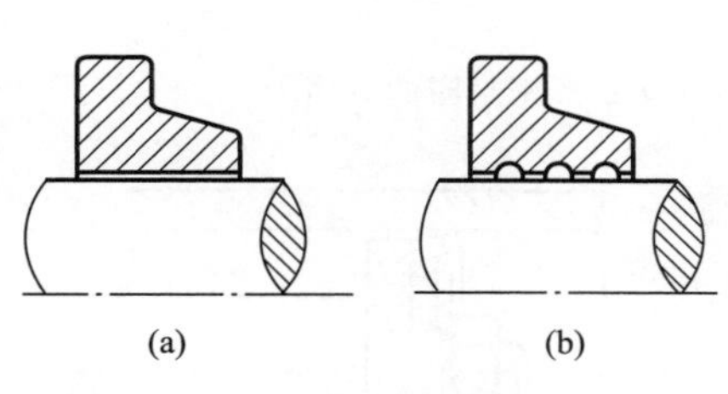

图 7.8　隙缝密封

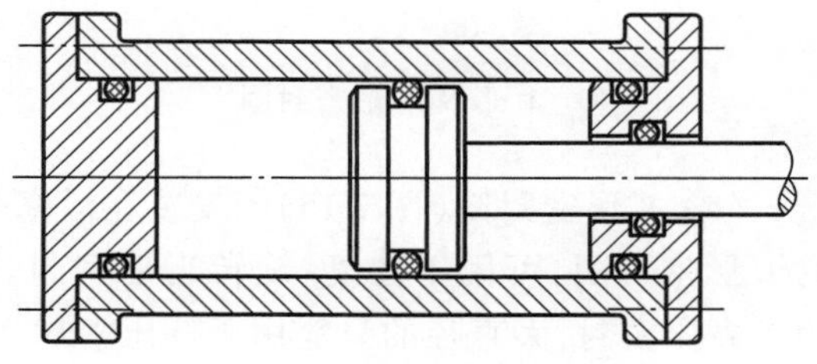

图 7.9　O 形密封圈的应用

(1) O 形密封圈(图 7.9、图 7.10)　如用于气动、水压机等处的 O 形密封圈。在 O 形密封圈的两侧开油脂槽可提高密封效果,如图 7.10 所示。

(2) V 形密封圈　V 形密封圈由支承环、密封圈及压环三部分组成,如图 7.11 所示。根据压力不同可重叠使用多个,如图 7.12 所示。其中图 7.12a 为用于单向作用的油缸中,图 7.12b用于双向作用的油缸中。

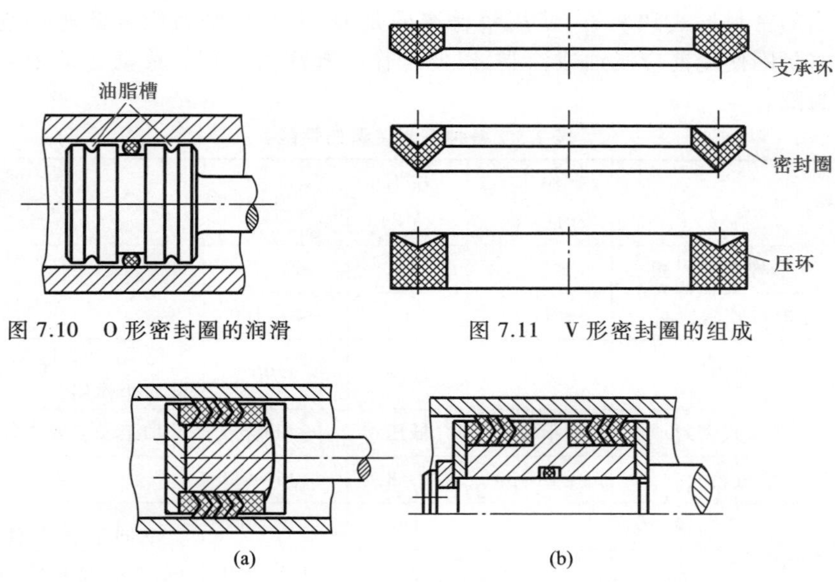

图 7.10　O 形密封圈的润滑

图 7.11　V 形密封圈的组成

图 7.12　V 形密封圈的应用

(3) Y 形和 U 形密封圈　这种密封圈的密封性能较好,摩擦阻力小,可用于高、低压的液压、水压和气动机械的移动密封,也可用于内、外径密封,如图 7.13、图 7.14 所示。

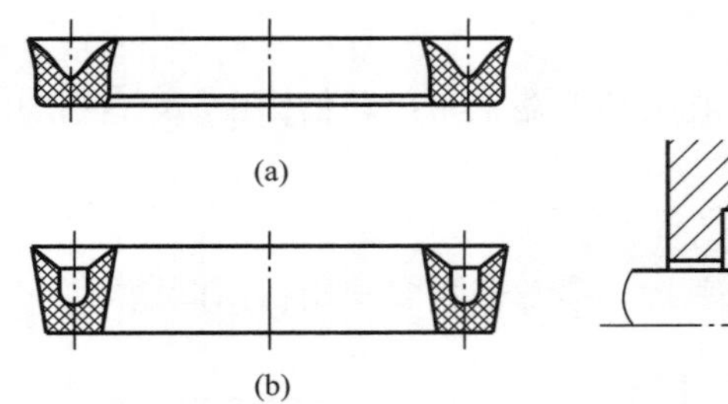
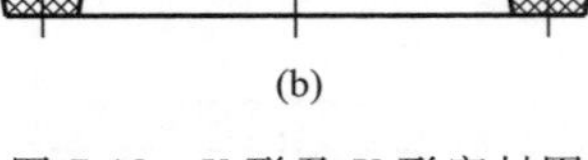

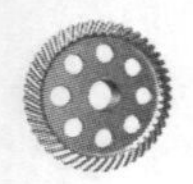

图 7.13　U 形及 Y 形密封圈

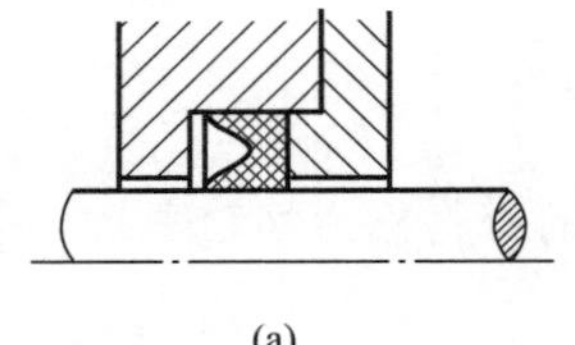

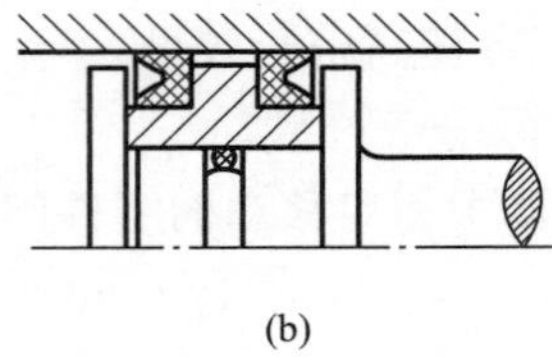

图 7.14　Y 形及 U 形密封圈的应用

(4) L 形密封圈(图 7.15)　安装在活塞前端以防泄漏的 L 形密封圈,可用于往复、旋转运动密封。小直径的可用于高压密封,大直径的只能用于低压密封。

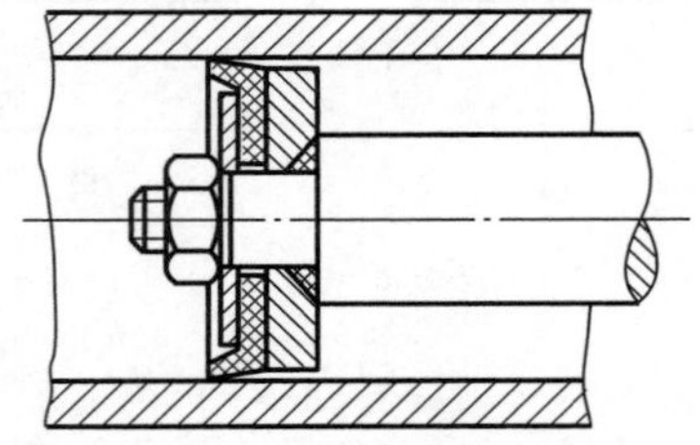

图 7.15　L 形密封圈的应用

3. 静密封装置

当两密封件之间无相对运动时,箱盖与箱体间可涂密封胶、轴承盖与箱体间可用金属垫片、放油螺塞处可选用 O 形密封圈。

7.3.3　密封装置的选择

前已述及各种密封件的使用条件,可参考表 7.3 选择适用 的密封装置。静密封较简单,可根据压力、温度选择不同材料的垫片、密封胶。回转运动密封装置应根据工作速度、压力、温度选择适当的密封形式和装置,使用较普遍的是 O 形、L 形密封圈。低速时毡圈应用较多。毡圈和密封圈使用前应浸油或涂脂,以便工作时起润滑作用。移动运动密封装置可选用适当的密封圈。

表 7.3　各种密封装置的性能

密封形式			工作速度 $v/(\mathrm{m \cdot s^{-1}})$	压力 /MPa	温度/℃	备注
动密封(回转轴)	O 形橡胶密封圈		≤2~3	35	-60~200	
	J 形橡胶密封圈		≤4~12	1	-40~100	
	毡圈		≤5	低压	≤90	常用于低速脂润滑,主要起防尘作用
	迷宫式密封		不限	低压	600	加工安装要求较高
	机械密封		≤18~30	3~8	-196~400	
静密封	垫片	橡胶	—	1.6	-70~200	不同工作条件用不同材料,如腐蚀介质用聚四氟乙烯,高温用石棉
		塑料	—	0.6	-180~250	
		金属	—	20	600	
	液态密封胶		—	1.2~1.5	140~220	结合面间隙小于 0.2 mm
	厌氧密封胶		—	5~30	100~150	同时能起连接结合面作用
	O 形橡胶密封圈		—	100	-60~200	结合面上要开密封圈槽

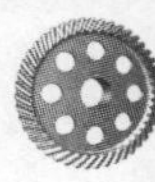

综上所述，在进行机械设计时，选择适当的润滑装置和密封装置是必不可少的。使用中应注意机械的维护，润滑油的清洁、温升、密封情况。如有漏油现象，应及时更换密封件，以确保机器在良好的润滑和密封状态下工作。

复习题

7.1　按磨损机理的不同，磨损有哪几种类型？

7.2　如何选择适当的润滑剂？

7.3　润滑油的润滑方法有哪些？

7.4　接触式密封中常用的密封件有哪些？

7.5　非接触式密封是如何实现密封的？

第 8 章

8

平面四杆机构

机构中所有构件都在相互平行的平面内运动的机构称为平面机构，否则称为空间机构。平面连杆机构是平面机构的一种，最常见的平面连杆机构是平面四杆机构。本章首先要明确平面机构、平面连杆机构、平面四杆机构及铰链四杆机构的定义，从而分析运动副、铰链四杆机构的基本类型及演化等。空间机构在此不作讨论。

8.1 运动副

8.1.1 运动副

几个构件必须作可动连接，各个构件间又有确定的相对运动，这样才能成为机构。机构是机器的主要组成部分。构件之间以何种方式连接，分析如下：

构件与构件之间直接接触并且具有确定的相对运动的连接称为运动副。按照形成运动副的几何元素，通常将运动副分为低副和高副两种类型。

1. 低副

构件之间以面接触形成的运动副称为低副。根据形成低副的两个构件之间可以产生的相对运动的形式，低副又可以分为移动副和转动副两种。

（1）移动副　组成运动副的两个构件只能沿某一方向作相对移动，如图 8.1 所示。内燃机中的活塞与气缸组成的运动副属于移动副。如图 8.2 所示为移动副的常用画法。

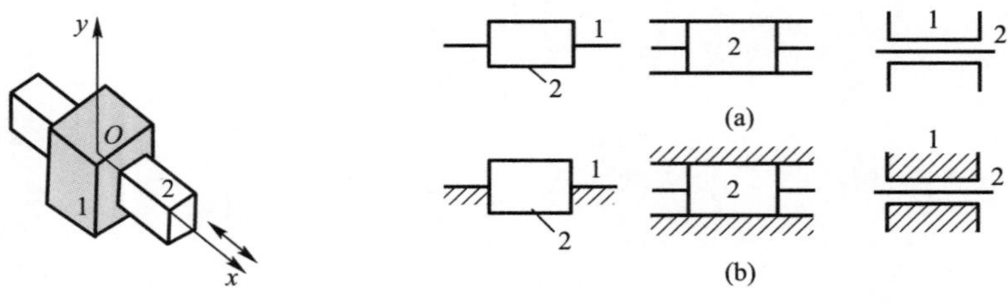

图 8.1　移动副　　　图 8.2　移动副的常用画法

（2）转动副（又称回转副、铰链）　组成运动副的两个构件只能在某一平面内作相对转动，如图 8.3 所示，轴与轴承组成的运动副属于转动副。如图 8.4 所示为转动副的常用画法。

2. 高副

构件与构件之间以点或线接触组成的运动副称为高副。如图 8.5a 所示的火车车轮与钢轨之间，图 8.5b 所示的凸轮与从动件之间、图 8.5c 所示的两齿轮之间分别在接触部位形成

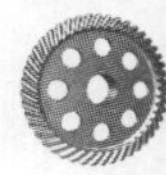

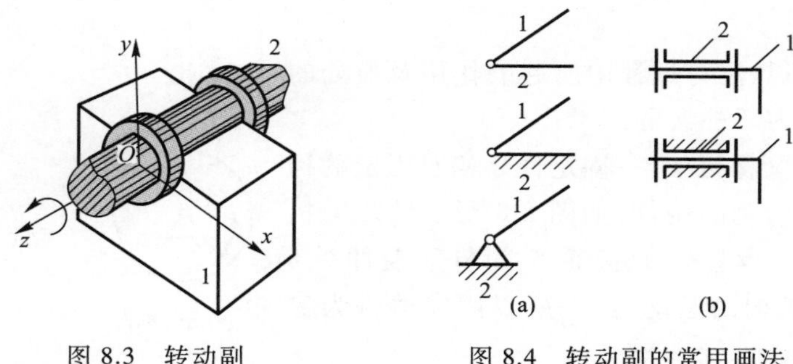

图 8.3　转动副　　　　图 8.4　转动副的常用画法

高副。组成高副的两构件之间可以沿接触处的公切线 $t—t$ 方向作相对移动以及在平面内作相对转动。

机构运行时,运动和动力从一个构件传递到另一构件,每一个构件都是运动或动力的接受者,同时又是传递者,为保证运动或动力能有效地传递,机构中的每一个构件上至少应有两个运动副。

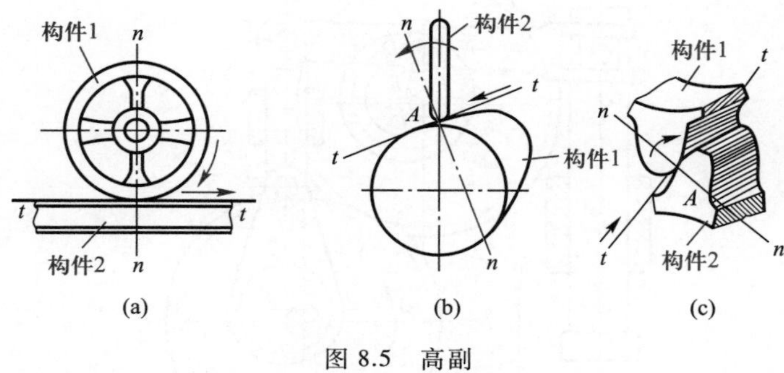

图 8.5　高副

两个构件形成运动副后,它们之间能产生哪种相对运动由运动副的几何元素和几何形状及它们的接触情况决定。根据运动副各构件之间的相对运动是平面运动还是空间运动,可将运动副分为平面运动副和空间运动副两类。

8.1.2　机构中构件的分类

1. 常用构件的画法

常用构件的画法如图 8.6 所示。

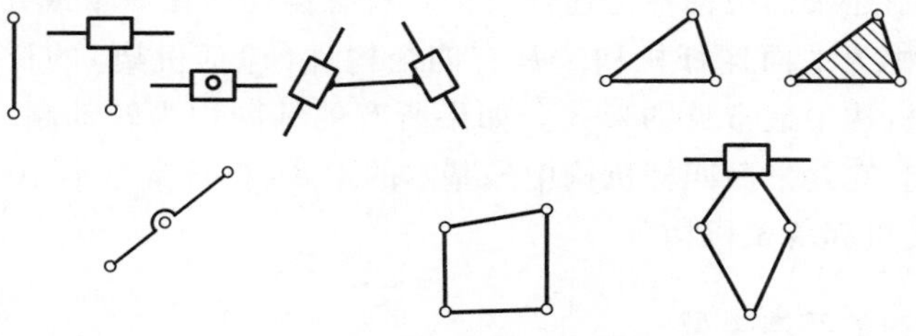

图 8.6　常用构件的画法

某些构件有其专门的画法,如凸轮机构及齿轮机构的画法所示(图 8.7)。

2. 机构中构件的分类

根据构件在机构运行过程中所起的作用及所处的环节，可将构件分为三种类型：

（1）固定件（又称机架）　固定件是相对固定的构件，用以支承其他活动的构件，如图 8.8 所示的压力机的机座 9，它用来支承齿轮 1、齿轮 5、滑杆 3 及冲头 8 等构件。在分析机构的运动时，一般以固定件作为参考坐标系。

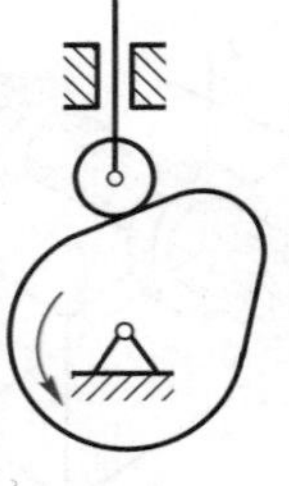

(a)凸轮机构

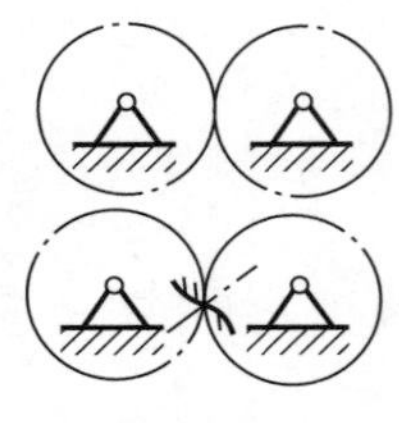

(b)齿轮机构

图 8.7　凸轮机构及齿轮机构的画法

（2）原动件（又称主动件、输入构件）　原动件是运动规律已知的活动构件。它的运动和动力由外界输入，因此，该构件通常与动力源相关联，如图 8.8 所示的齿轮 1 是原动件。

（3）从动件　在机构中除了机架与原动件之外，其他构件都是从动件。而在从动件中按预期的规律向外界输出运动或动力的构件称为输出构件，如图 8.8 所示的冲头 8。

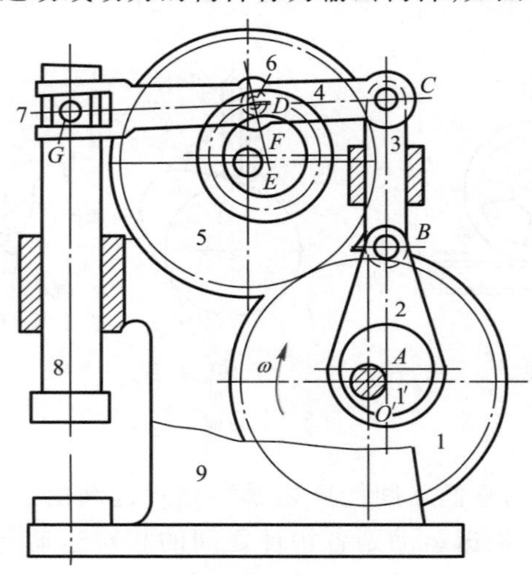

图 8.8　压力机

8.2　铰链四杆机构的基本类型及演化

构件间只有低副连接的机构称为连杆机构。所有构件均在一个或几个相互平行的平面内运动的连杆机构称为平面连杆机构。具有四个构件（包括机架）的低副机构称为四杆机构。它是平面连杆机构中最常见的形式。如果所有的低副均为转动副，则这种四杆机构就称为铰链四杆机构。它是平面四杆机构中最基本的形式，在日常生活中也随处可见，如缝纫机的脚踏板机构、飞机起落架机构等。

8.2.1　铰链四杆机构的基本类型

图 8.9 所示为铰链四杆机构。构件 4 为机架；构件 1、构件 3 通过转动副与机架连接，称为连架杆；构件 2 不与机架连接，而是通过转动副与连架杆相连，称为连杆。连杆通常既有移动，又有转动，即作平面运动。连架杆分别绕 A、D 处的铰链中心作定轴转动，根据其转动

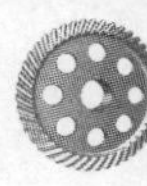

的范围可将连架杆分为两类：若连架杆能绕机架上的转动副中心作整周转动，称之为曲柄；若仅能在小于 360°的某一角度范围内摆动，称之为摇杆。

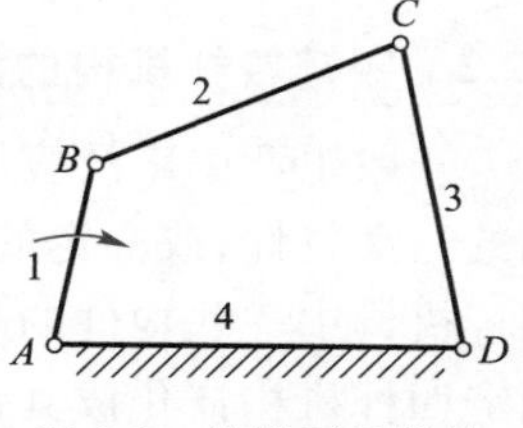

图 8.9　铰链四杆机构

根据两个连架杆的运动情况不同，可将铰链四杆机构分为三种基本型式：

1. 曲柄摇杆机构

一个连架杆为曲柄，另一连架杆为摇杆的铰链四杆机构称为曲柄摇杆机构。若以曲柄为原动件驱动摇杆，则将曲柄的整周转动转换成摇杆的往复摆动；若以摇杆为原动件，情况恰好相反。图 8.10 所示的调整雷达天线的机构是以曲柄为原动件的曲柄摇杆机构实例。图 8.11 所示的缝纫机踏板机构是以摇杆为原动件的曲柄摇杆机构应用实例。

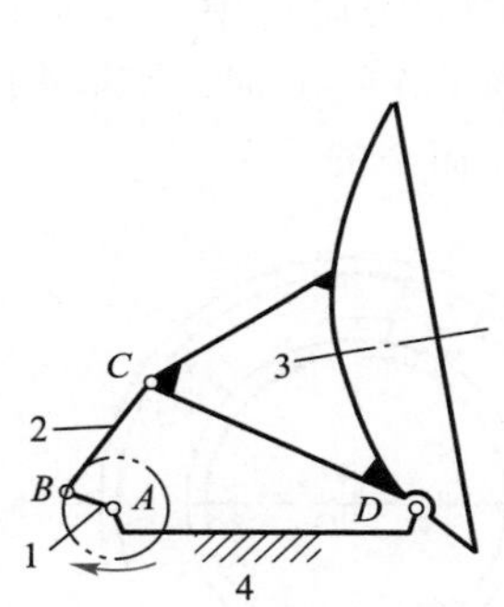

图 8.10　雷达调整机构

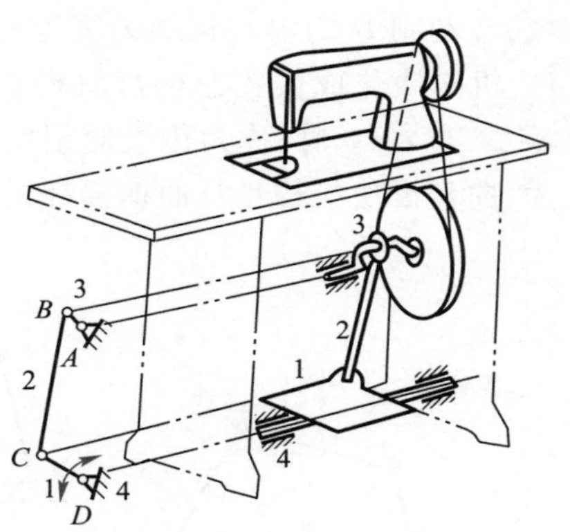

图 8.11　缝纫机踏板机构

2. 双曲柄机构

两个连架杆均为曲柄的铰链四杆机构称为双曲柄机构。两个曲柄的转动规律可以相同，也可以不同。当相对的两杆平行且相等时，则成为平行四边形机构，如图 8.12 所示为播种机的料斗机构。

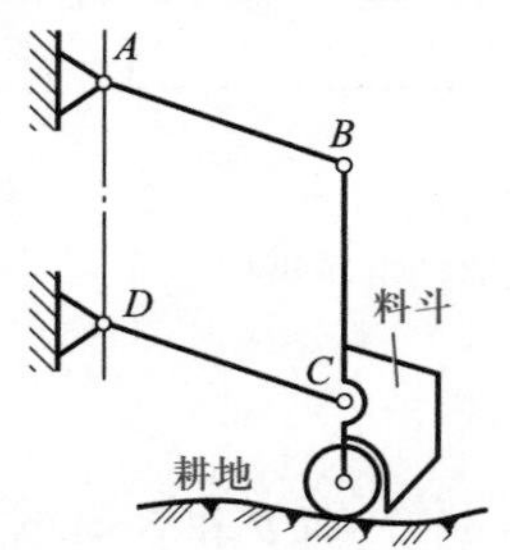

图 8.12　播种机料斗机构

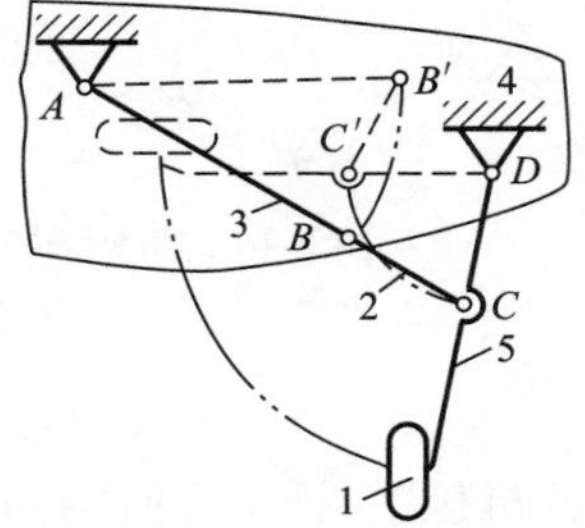

图 8.13　飞机起落架机构

3. 双摇杆机构

两个连架杆均为摇杆的铰链四杆机构称为双摇杆机构。图 8.13 所示为飞机起落架上的双摇杆机构，实线表示飞机起落时起落架的状态，虚线表示飞机正常飞行时起落架的状态。

8.2.2　铰链四杆机构的演化

一般生产中广泛应用各种四杆机构，这些机构虽然具有不同的外形和构造，但都具有相同的运动特性，或一定的内在联系，并且都可看作是从铰链四杆机构演化而来的。通过改变四杆机构中一些构件的长度和形状、增大转动副的尺寸或取不同构件为机架等途径，可以将铰链四杆机构演化成其他类型的机构。下面通过实例介绍铰链四杆机构的演化方法。

1. 扩大转动副，使转动副变成移动副

图 8.14a 所示的曲柄摇杆机构中，杆 1 为曲柄，杆 3 为摇杆，现把杆 4 做成环形槽，槽的中心在 D 点，而把杆 3 做成弧形滑块，与环形槽相配合，如图 8.14b 所示。由于杆 3 仅在环形槽的一部分中运动，因此可将环形槽的多余部分除去，如图 8.14c 所示。图 8.14a、b、c 所示的机构中，尽管转动副 D 的形状发生了变化，但其相对运动性质却完全相同。如果再将环形槽的半径增加到无穷大，转动副 D 的中心移到无穷远处，则环形槽变成了直槽，而转动副变成了移动副（图 8. 14d），机构演化成偏置曲柄滑块机构。图中 e 为曲柄中心 A 至直槽中心线的垂直距离，称为偏距。当 $e\neq 0$ 时，称为偏置曲柄滑块机构；当 $e=0$ 时，称为对心曲柄滑块机构。因此可以认为，曲柄滑块机构是从曲柄摇杆机构演化而来的。

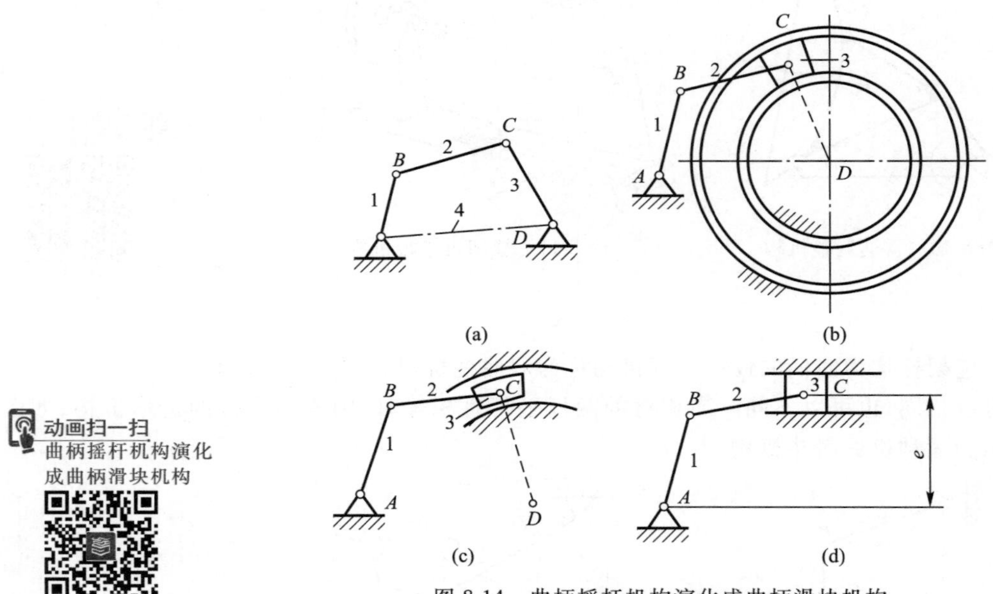

图 8.14　曲柄摇杆机构演化成曲柄滑块机构

2. 取不同的构件为机架

图 8.15a 所示的曲柄摇杆机构中，杆 1 为曲柄，α 和 β 可达 360°，而 θ 和 δ 均小于 360°。若以杆 4 或杆 2 为机架，可得到曲柄摇杆机构（图 8.15a、c）；若以杆 1 为机架，可得到双曲柄机构（图 8.15b）；若以杆 3 为机架，可得到双摇杆机构（图 8.15d）。

同样，对于曲柄滑块机构，选取不同构件为机架也可以得到不同型式的机构。图 8.16 所示为曲柄滑块机构，分析如下：

（1）当它以构件 4 为机架时，即为曲柄滑块机构。

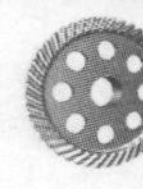

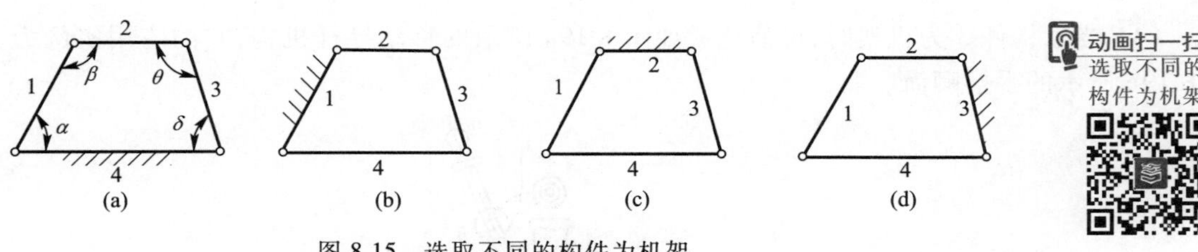

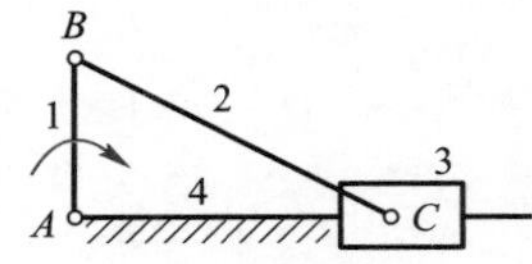

图 8.15　选取不同的构件为机架

(2) 当它以构件 1 为机架时,可得到导杆机构(图 8.17a)。当杆 2 的长度大于机架 1 长度时,构件 2 和构件 4 均能作整周转动,称为转动导杆机构。它的应用实例为图 8.17b 所示的小型刨床。当杆 2 的长度小于机架 1 长度时,导杆4 只能作来回摆动,称为摆动导杆机构,它的应用实例为图 8.17c 所示牛头刨床中的主运动机构。

图 8.16　曲柄滑块机构

动画扫一扫
曲柄滑块机构

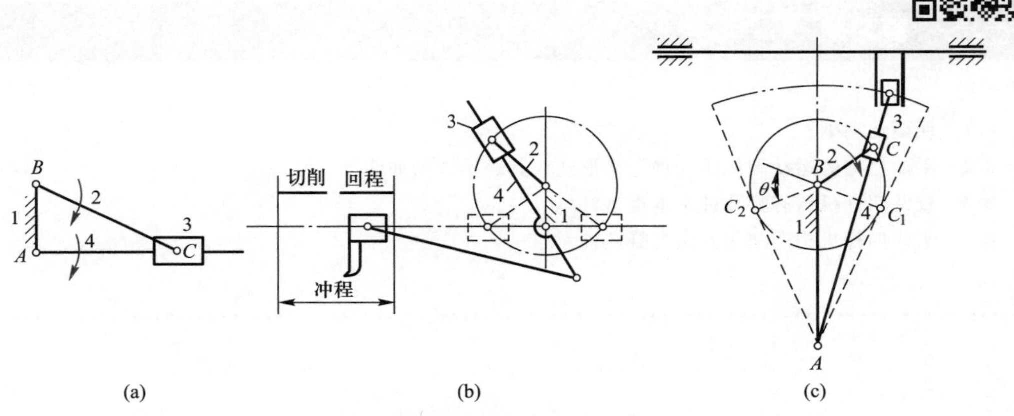

图 8.17　曲柄滑块机构演化成导杆机构

(3) 当以构件 2 为机架时,可演化成曲柄摇块机构,如图 8.18a 所示。它的应用实例为图8.18b 所示插齿机中的驱动机构。

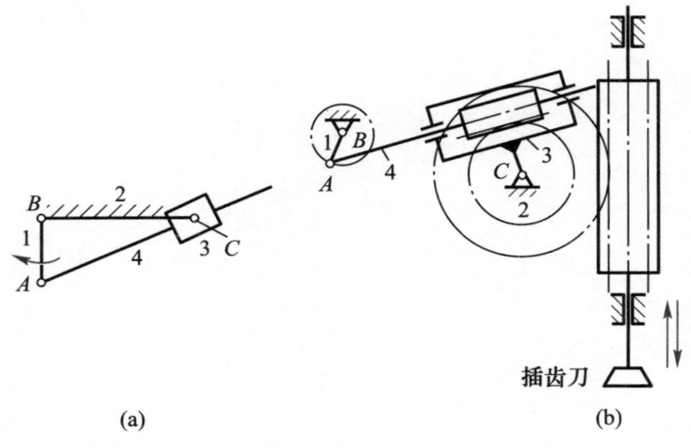

图 8.18　曲柄滑块机构演化成曲柄摇块机构

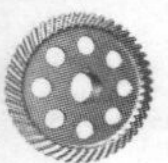

（4）当以构件 3 为机架时，可演化成如图 8.19a 所示的移动导杆机构，它的应用实例为图8.19b 所示的手摇唧筒。

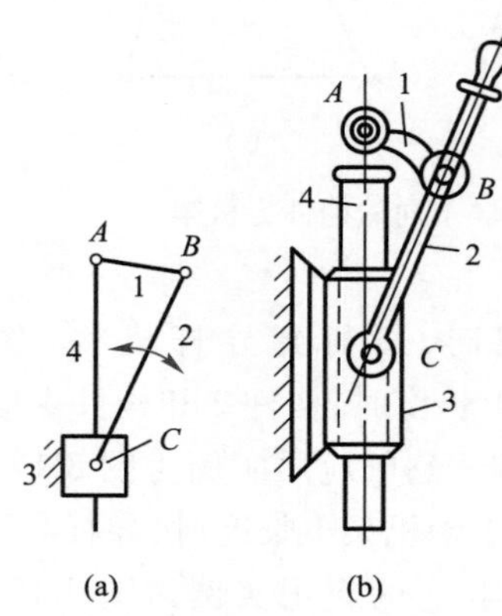

图 8.19 曲柄滑块机构演化成移动导杆机构

复习题

8.1 何谓运动副？

8.2 平面机构的运动副有哪几种运动形式？其表示方法如何？

8.3 铰链四杆机构有哪几种基本类型？

8.4 平面四杆机构的演化方法有哪几种？

第 9 章

9

凸轮机构

凸轮机构被广泛地应用于各种机械，特别是自动机械、自动控制装置和装配生产线中。本章在介绍凸轮机构的组成、分类及应用的基础上，主要讨论平面凸轮机构(凸轮和从动件作平面运动)中从动件常用的运动规律、盘形凸轮轮廓的设计方法及凸轮机构一些参数的确定。

9.1 概述

9.1.1 凸轮机构的应用

凸轮机构是由凸轮、从动件和机架三个基本构件组成的高副机构,结构相当简单,只要设计出适当的凸轮轮廓曲线,就可以使从动件实现任何预期的运动规律。

图 9.1 所示为内燃机配气机构,盘形凸轮 1 作等速转动,通过其向径的变化可使从动杆 2 按预期规律作上、下往复移动,从而达到控制气阀开闭的目的。

图 9.2 所示为靠模车削机构,工件 1 回转,凸轮 3 作为靠模被固定在床身上,刀架 2 在弹簧作用下与凸轮轮廓紧密接触。当拖板 4 纵向移动时,刀架 2 在靠模板(凸轮)曲线轮廓的推动下作横向移动,从而切削出与靠模板曲线一致的工件。

由于凸轮机构是高副机构,易于磨损,因此只适用于传递动力不大的场合。

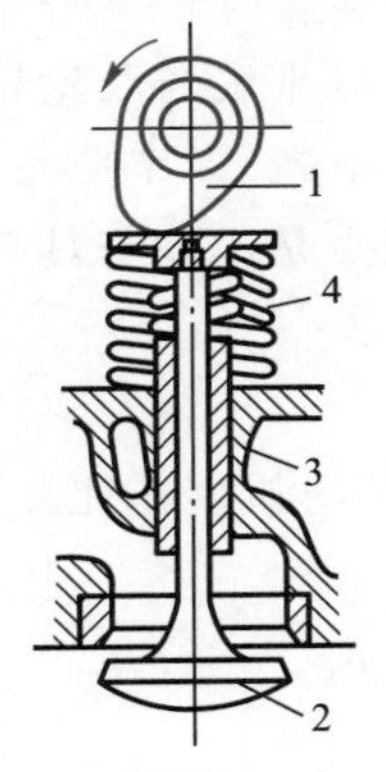

图 9.1　内燃机气门控制机构

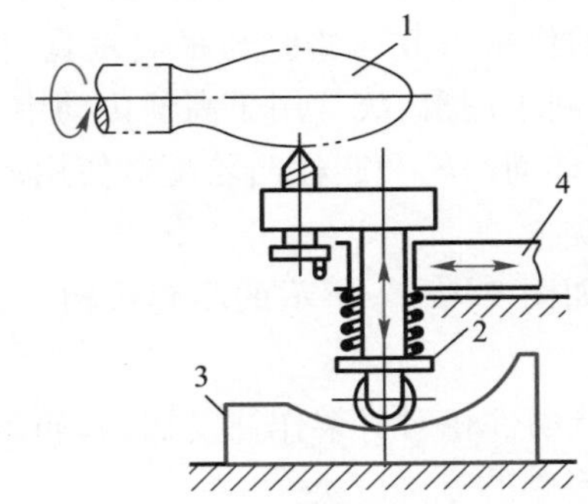

图 9.2　靠模车削机构

动画扫一扫
靠模车削机构

9.1.2 凸轮机构的分类

凸轮机构的种类很多,通常可以从以下几个方面进行分类:

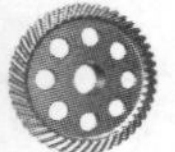

1. 按凸轮的形状分类

（1）盘形凸轮　在这种凸轮机构中，凸轮是一个绕定轴转动且具有变曲率半径的盘形构件，如图 9.3a 所示。盘形凸轮是凸轮的基本形状，其他形状的凸轮均是盘形凸轮演化的结果。

（2）移动凸轮　当盘形凸轮的回转中心趋于无穷远时，就演化为移动凸轮，如图 9.3b 所示。在移动凸轮机构中，凸轮一般作往复直线运动。

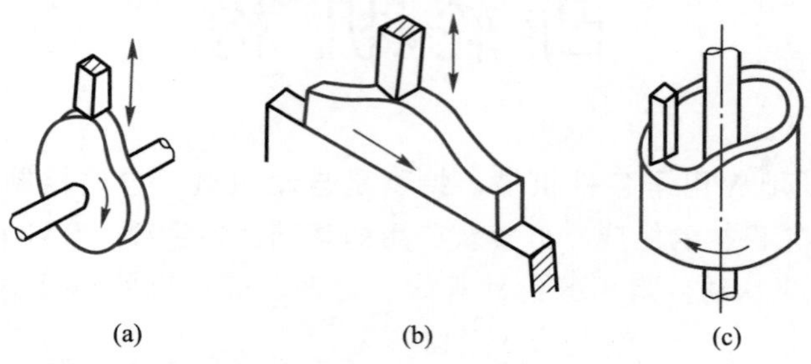

图 9.3　按凸轮的形状对凸轮机构分类

（3）圆柱凸轮　圆柱凸轮可以看成是将移动凸轮卷在圆柱体上而得到的凸轮，如图 9.3c所示。由于凸轮和从动件的运动平面不平行，因而这是一种空间凸轮机构。

2. 按从动件形状分类

（1）尖顶从动件　如图 9.4a、b、f 所示的凸轮机构中，从动件与凸轮的接触点为一尖点，称为尖顶。这种从动件结构简单，尖顶能与任意复杂的凸轮轮廓保持接触，以实现从动件的任意运动规律。但尖顶易于磨损，故只适用于传力不大的低速凸轮机构，如各种仪表机构等。

（2）滚子从动件　如图 9.4c、d、g 所示的凸轮机构，从动件以铰接的滚子与凸轮轮廓接触。铰接的滚子与凸轮轮廓间为滚动摩擦，不易磨损，可承受较大的载荷，因而应用最为广泛。

（3）平底从动件　如图 9.4e、h 所示的凸轮机构中，从动件以平底与凸轮轮廓接触。它的优点是凸轮对从动件的作用力方向始终与平底垂直，传动效率高，工作平稳，且平底与凸轮接触面间易形成油膜，利于润滑，故常用于高速传动中。其缺点是不能与具有内凹轮廓的凸轮配对使用，也不能与移动凸轮和圆柱凸轮配对使用。

3. 按从动件运动形式分类

（1）移动从动件　如图 9.4a ~ e 所示的凸轮机构，从动件相对机架作往复直线运动，称为移动从动件。

（2）摆动从动件　从动件相对机架作往复摆动，如图 9.4f ~ h。

4. 按凸轮与从动件保持接触的方式分类

（1）力封闭的凸轮机构　这类凸轮机构主要利用弹簧力、从动件自重等外力使从动件与凸轮始终保持接触，如图 9.1 所示的配气凸轮机构即采用弹簧力封闭的接触方式。

（2）形封闭的凸轮机构　这类凸轮机构利用凸轮和从动件的特殊几何结构使两者始终保持接触，如图 9.2 所示的靠模车削凸轮机构即采用形封闭的接触方式。

将不同类型的凸轮和从动件组合起来，便可得到各种型式的凸轮机构。

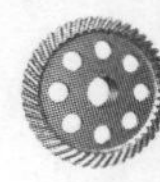

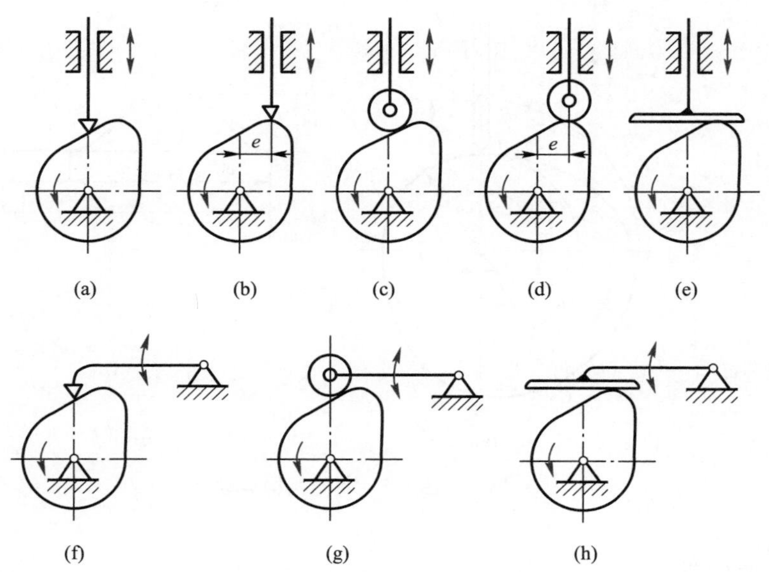

图 9.4　按从动件形状对凸轮机构分类

9.1.3　凸轮和滚子的材料

凸轮机构的主要失效形式为磨损和疲劳点蚀,这就要求凸轮和滚子的工作表面硬度高、耐磨并且有足够的表面接触强度。对于经常受到冲击的凸轮机构,还要求凸轮芯部有较强的韧性。

一般凸轮的材料常采用 40Cr 钢(经表面淬火,硬度为 40~45HRC),也可采用 20Cr、20CrMnTi(经表面渗碳淬火,表面硬度为 56~62HRC)。

滚子材料可采用 20Cr(经渗碳淬火,表面硬度为 56~62HRC),也有的用滚动轴承作为滚子。

9.2　从动件的常用运动规律

9.2.1　平面凸轮机构的基本参数和运动参数

下面通过对如图 9.5 所示的对心移动尖顶从动件盘形凸轮机构工作过程的运动分析,来说明凸轮机构的基本参数与运动参数。

1. 基圆

图 9.5 中凸轮轮廓由非圆弧曲线 *AB*、*CD* 以及圆弧曲线 *BC* 和 *DA* 组成。以凸轮理论轮廓曲线的最小向径 r_b 为半径所作的圆称为凸轮的基圆,r_b 称为基圆半径。基圆是设计凸轮轮廓曲线的基准。

2. 推程和推程运动角

从动件尖顶从距凸轮回转中心的最近点 *A* 向最远点 *B* 运动的过程,称为推程。这时从动件移动的距离 *h* 称为行程。与从动件推程相对应的凸轮转角,称为推程运动角,如图 9.5 所示的 δ_0。

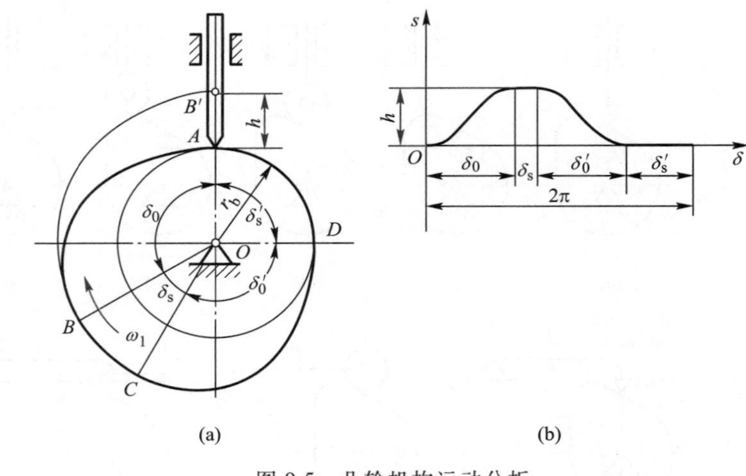

图 9.5　凸轮机构运动分析

3. 远休止和远休止角

图 9.5 中，当凸轮继续顺时针转动 δ_s 时，凸轮轮廓 BC 段向径不变，此时从动件处于最远位置停留不动，称为远休止。相对应的凸轮转角 δ_s 称为远休止角。

4. 回程和回程运动角

当凸轮继续转动 δ_0'时，凸轮轮廓 CD 段的向径逐渐减小，从动件在重力或弹簧力的作用下，从动件从距凸轮回转中心最远点 C 向最近点 A 运动的过程，称为回程。与从动件回程相对应的凸轮转角，称为回程运动角 δ_0'。

5. 近休止和近休止角

凸轮继续转动 δ_s'时，凸轮轮廓 DA 段的向径不变，此时从动件在最近位置停留不动，称为近休止，相应的凸轮转角 δ_s' 称为近休止角。

6. 从动件位移曲线

若以直角坐标系的纵坐标代表从动件位移 s，横坐标代表凸轮的转角 δ，则可画出从动件位移 s 与凸轮转角 δ 之间的关系线图，如图 9.5b 所示。这种曲线则称为从动件位移曲线，可用它来描述从动件的运动规律。

9.2.2　从动件的常用运动规律

常用的从动件运动规律有等速运动规律、等加速-等减速运动规律、余弦加速度运动规律以及正弦加速度运动规律等，它们的运动规律图如图 9.6a ~ d 所示。

从运动线图中可以看出，从动件作等速运动时，在行程始末速度有突变，理论上加速度可以达到无穷大，产生极大的惯性力，导致机构产生强烈的刚性冲击，因此等速运动只能用于低速轻载的场合。从动件作等加速-等减速运动时，在 A、B、C 三点加速度存在有限值突变，导致机构产生柔性冲击，可用于中速轻载的场合。从动件按余弦加速度规律运动时，在行程始末加速度存在有限值突变，也将导致机构产生柔性冲击，适用于中速场合。从动件按正弦加速度规律运动时，在全行程中无速度和加速度的突变，因此不产生冲击，适用于高速场合。

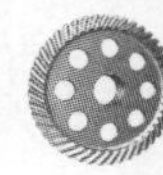

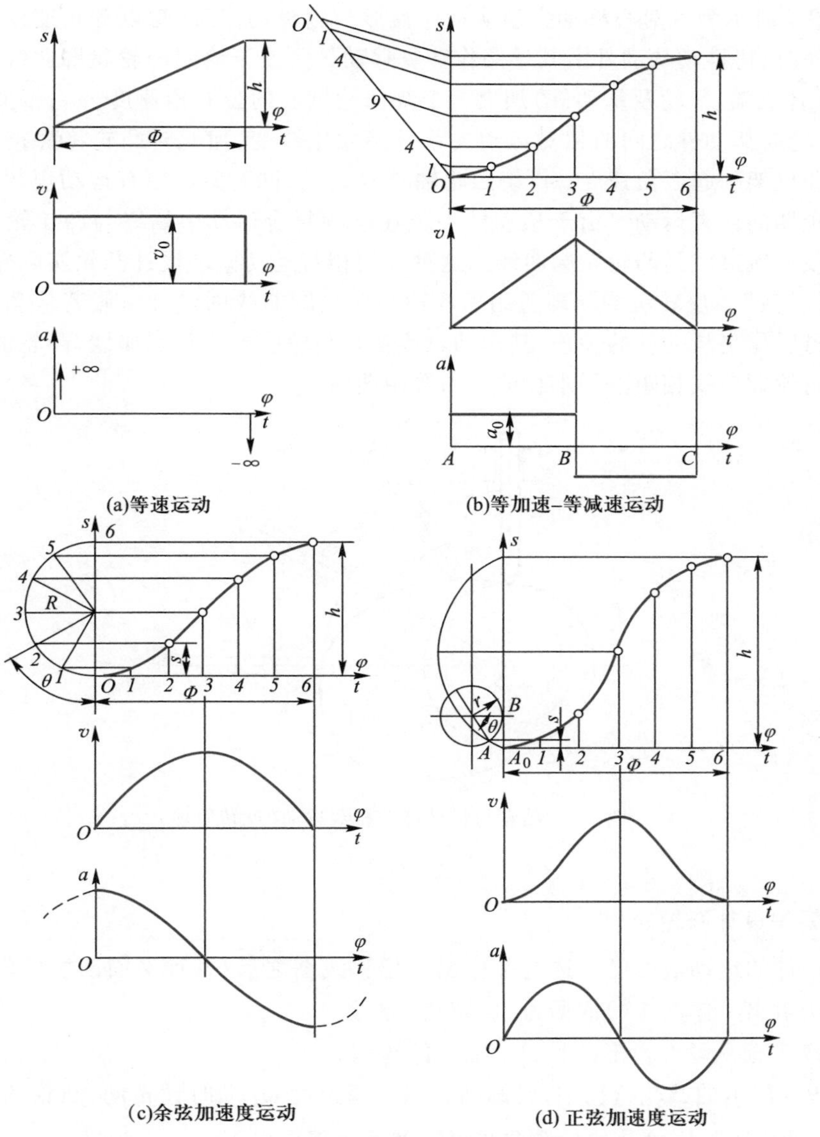

(a)等速运动

(b)等加速-等减速运动

(c)余弦加速度运动

(d) 正弦加速度运动

图 9.6　常用的从动件运动规律

9.3　盘形凸轮轮廓的设计与加工方法

凸轮轮廓设计的方法分为图解法与解析法。图解法直观、简便,但精度较低,适用于要求不高的场合;解析法设计的轮廓精确,适用于要求较高的场合。另外采用的加工方法不同,轮廓的设计方法也不同。在现场,根据自身的加工条件,可采用一种凸轮轮廓设计的方法。

9.3.1　凸轮轮廓曲线设计的基本原理

根据机构的工作要求选择合理的从动件运动规律(位移曲线)以及合适的凸轮基圆半径后,即可绘制凸轮的轮廓。

如图 9.7 所示为一对心移动尖顶从动件盘形凸轮机构，当凸轮以等角速度 ω_1 绕轴心 O 逆时针转动时，将推动从动件沿其导路作往复移动。为便于绘制凸轮轮廓曲线，设想给整个凸轮机构（含机架、凸轮及从动件）加上一个绕凸轮轴心的公共角速度 $-\omega_1$，根据相对运动原理，这时凸轮与从动件之间的相对运动关系并不发生改变，但此时凸轮将静止不动，而从动件一方面和机架一起以角速度 $-\omega_1$ 绕凸轮轴心 O 转动，同时又以原有运动规律相对于机架，沿导路作预期的往复运动。由于从动件尖顶在这种复合运动中始终与凸轮轮廓保持接触，所以其尖顶的轨迹就是凸轮轮廓曲线。这种利用相对运动原理设计凸轮实际轮廓曲线的方法称为“反转法”。反转法的原理适用于各种凸轮轮廓曲线的设计。假若从动件是滚子，则滚子中心可看作是从动件的尖顶，其运动轨迹就是凸轮的理论轮廓曲线，凸轮的实际轮廓曲线是与理论轮廓曲线相距滚子半径的一条等距曲线。

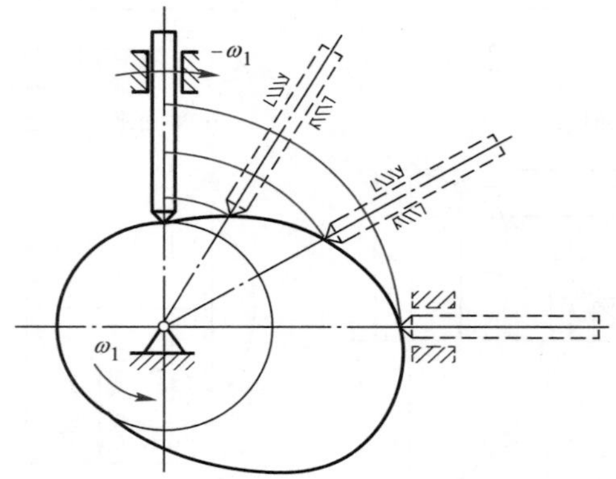

图 9.7　凸轮与从动件的相对运动（反转原理）

9.3.2　图解法设计凸轮轮廓

当从动件的运动规律已经选定并作出了位移线图之后，各种平面凸轮的轮廓曲线都可以用作图法求出。作图法的依据为“反转法”原理。

1. 对心移动尖顶从动件盘形凸轮轮廓曲线的绘制

如图 9.8 所示的凸轮机构中，已知凸轮以等角速度 ω_1 顺时针转动，凸轮基圆半径为 r_b。根据上述“反转法”，则该凸轮轮廓曲线可按如下步骤作出：

（1）选取长度比例尺 μ_s（实际线性尺寸/ 图样线性尺寸）和角度比例尺 μ_δ（实际角度/图样线性尺寸），作从动件位移曲线 $s=s(\delta)$，如图 9.8b 所示。

（2）将位移曲线的推程运动角 δ_0 和回程运动角 δ_0' 分段等分，并通过各等分点作垂线，与位移曲线相交，即得相应凸轮各转角时从动件的位移 $11'$、$22'$、…。等分运动角的原则是“陡密缓疏”，即位移曲线中斜率大的线段等分数量多一些，斜率小的线段等分数量相对少一些，以提高作图精度。

（3）用同样比例尺 μ_s 以 O 为圆心，以 $OB_0=r_b/\mu_s$ 为半径画基圆，如图 9.8a 所示。此基圆与从动件导路线的交点 B_0 即为从动件尖顶的起始位置。

（4）自 OB_0 沿 ω_1 的相反方向取角度 δ_0、δ_s、δ_0'、δ_s'，并将它们各分成与图 9.8b 所示对应的若干等份，得 B_1'、B_2'、B_3'、…。连接 OB_1'、OB_2'、OB_3'、…，并延长各径向线，它们便是反转后从动

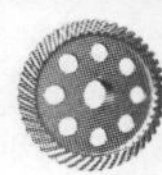

件导路线的各个位置。

（5）在位移曲线中量取各个位移量，并取 $B_1'B_1 = 11'$、$B_2'B_2 = 22'$、$B_3'B_3 = 33'$、…，得反转后从动件尖顶的一系列位置 B_1、B_2、B_3、…。

（6）将 B_0、B_1、B_2、…连成光滑的曲线，即是所要求的凸轮轮廓曲线。

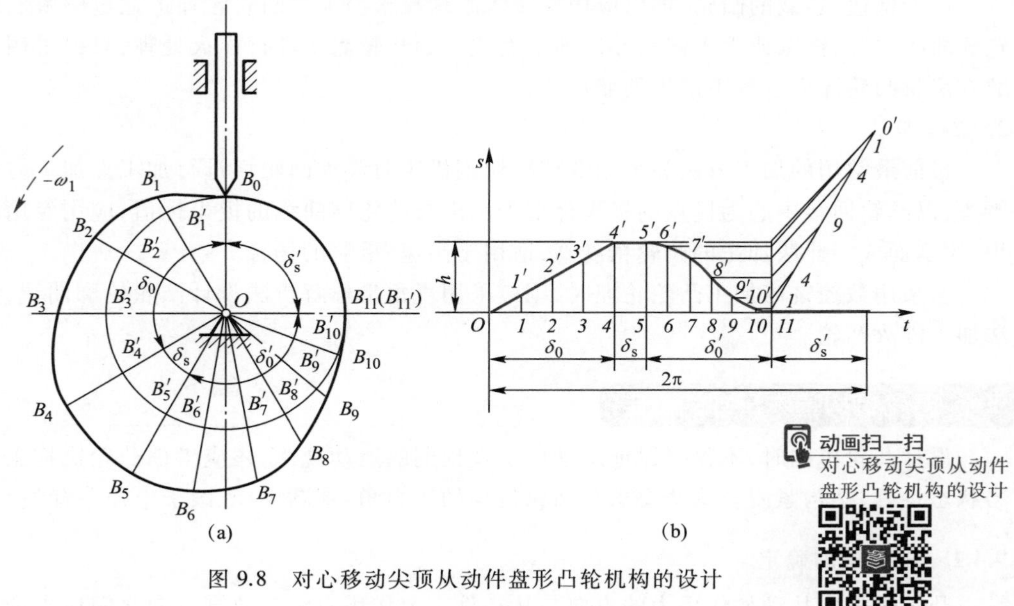

图 9.8　对心移动尖顶从动件盘形凸轮机构的设计

2. 对心移动滚子从动件盘形凸轮轮廓曲线的绘制

若将滚子中心看作尖顶从动件的尖顶，设计出轮廓曲线 β_0，这一曲线称为凸轮的理论轮廓曲线，如图 9.9 所示。以理论轮廓曲线上的各点为圆心、以滚子半径为半径作一系列的圆，作这些圆的内包络线 β，即为凸轮上与从动件直接接触的轮廓，称为凸轮的工作轮廓曲线。由作图过程可知，滚子从动件凸轮的基圆半径应在理论轮廓线上量取。

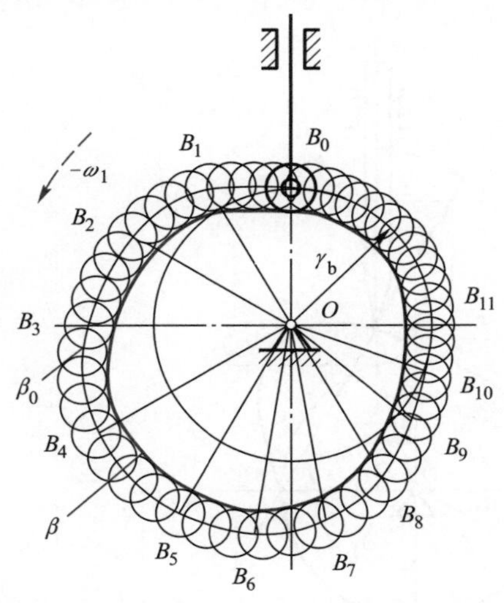

图 9.9　对心移动滚子从动件盘形凸轮机构的设计

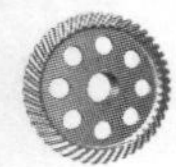

9.3.3 凸轮的加工方法

对于单件小批生产的凸轮，其加工方法通常有以下两种：

1. 铣、锉削加工

对于低速、轻载的凸轮，可以应用反转法原理在未淬火的凸轮轮坯上通过图解法绘制出轮廓曲线，采用铣床或手工锉削办法加工而成。如凸轮需要进行淬火处理，只得采用人工修磨方法将凸轮淬火过程中产生的变形磨去。

2. 数控加工

目前最常用的加工方法为采用数控线切割机床对淬火凸轮坯进行加工。加工时采用解析法，以凸轮回转中心为极点的极坐标来表示出凸轮轮廓曲线的极坐标值，应用专用软件编程，切割而成。此法加工的凸轮精度高，适用于高速、重载的场合。

若采用数控铣床加工凸轮轮坯时，则应采用直角坐标解析法设计凸轮轮廓曲线，此法无法加工淬火凸轮。

9.4 凸轮机构基本尺寸的确定

设计凸轮机构时，不仅要保证从动件实现预期的运动规律，还应考虑凸轮机构工作时受力状态良好，结构紧凑。这些要求与凸轮机构的压力角、基圆半径、滚子半径等有关。

9.4.1 压力角的确定

凸轮机构中从动件作用力的方向与从动件上力作用点绝对速度方向之间所夹的锐角称为压力角，如图 9.10 中 α 角。α 角越大，有效分力 F' 越小，而有害分力 F'' 越大，因而凸轮的工作性能越差。当 α 角大到一定数值时，F'' 引起的摩擦力将会超过 F'，从而导致凸轮机构产生自锁而无法运动。在设计中规定了压力角的许用值：直动从动件作推程运动时，$[\alpha]=30°\sim40°$；摆动从动件作推程运动时，$[\alpha]=40°\sim50°$；对于回程（空回行程）时的力封闭凸轮机构，由于这时使从动件运动的封闭力较小且一般无自锁问题，故可采用较大的许用压力角，通常取 $[\alpha]=70°\sim80°$。

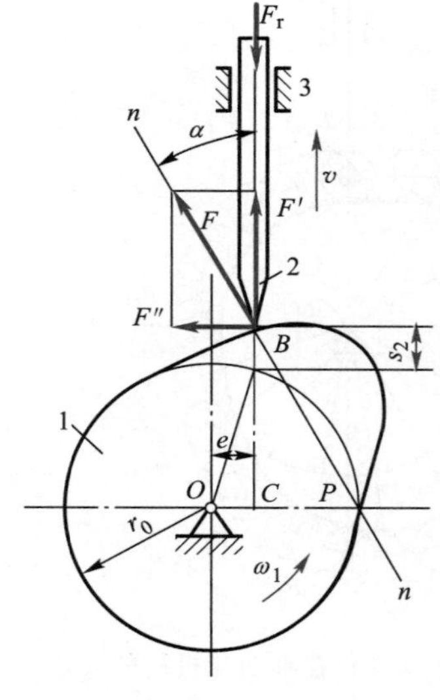

图 9.10 凸轮机构的压力角

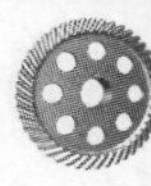

α_{max}的值求得,可由图解法在轮廓线上较陡的部位选择一些点,画出这些点处的压力角。求出 α_{max}后,可检验是否满足 $\alpha_{max}\leq[\alpha]$。若不满足 $\alpha_{max}\leq[\alpha]$,则要改变某些参数(如增大基圆半径等),重新设计凸轮的轮廓曲线。

9.4.2　基圆半径的确定

在其他参数相同的情况下,基圆半径 r_0 越小,可使凸轮机构结构紧凑,但会使凸轮的压力角越大,机构的传动性能越差。根据 $\alpha_{max}\leq[\alpha]$的要求,可先根据凸轮的具体结构条件试选凸轮基圆半径 r_0,对所设计的凸轮轮廓校核压力角,若不满足要求则应增大 r_0,然后再设计、校核,直至满足 $\alpha_{max}\leq[\alpha]$为止。

9.4.3　滚子半径的确定

滚子从动件凸轮机构中,滚子的半径不仅与其结构和强度有关,而且还与凸轮的轮廓曲线形状有关。当凸轮理论轮廓曲线内凹时,如图 9.11a 所示,实际轮廓曲线的曲率半径等于理论轮廓曲线的曲率半径与滚子半径之和,即 $\rho_a=\rho+r_T$。因此,无论滚子半径的大小如何选取,总可以平滑地作出凸轮的实际轮廓曲线。滚子半径 r_T 可根据具体结构进行选取;当凸轮理论轮廓曲线外凸时,如图 9.11b、c、d 所示,实际轮廓曲线的曲率半径等于理论轮廓曲线的曲率半径与滚子半径之差,即 $\rho_a=\rho-r_T$,此时有三种情况,分述如下:

(1) 当 $\rho>r_T$ 时,$\rho_a>0$,此时可以平滑地作出凸轮的实际轮廓曲线(图 9.11b)。

(2) 当 $\rho=r_T$ 时,$\rho_a=0$,即实际轮廓曲线出现尖点(图 9.11c),这种现象称为变尖现象。凸轮实际轮廓曲线在尖棱处极易磨损,磨损后无法实现从动件预期的运动规律,导致运动失真,因此在设计中必须避免。

(3) 当 $\rho<r_T$ 时,$\rho_a<0$,此时根据理论轮廓曲线作出的实际轮廓曲线出现了交叉的包络线(图 9.11d),交点以外的这部分交叉轮廓曲线(图中阴影部分)在加工凸轮时将被切去,也会导致运动失真。

综上所述,为使凸轮机构正常加工与运行,应保证 $\rho>r_T$。

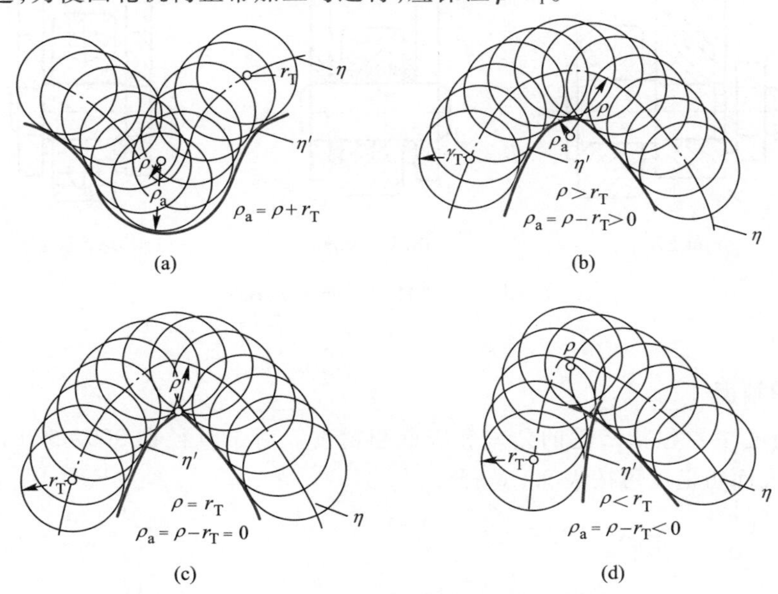

图 9.11　滚子半径大小对凸轮实际轮廓曲线的影响

9.5　凸轮机构的结构和精度

9.5.1　凸轮机构的结构

1. 凸轮的结构

凸轮尺寸较小,且与轴的尺寸相近时,则凸轮与轴做成一体;凸轮尺寸较大时,则凸轮与轴应分开制造而后装配在一起使用。装配时,凸轮与轴有一定的相对位置要求,一般在凸轮上刻出起始位置线或其他标志作为加工和装配的依据。图 9.12 所示为凸轮在轴上的几种常见固定形式。

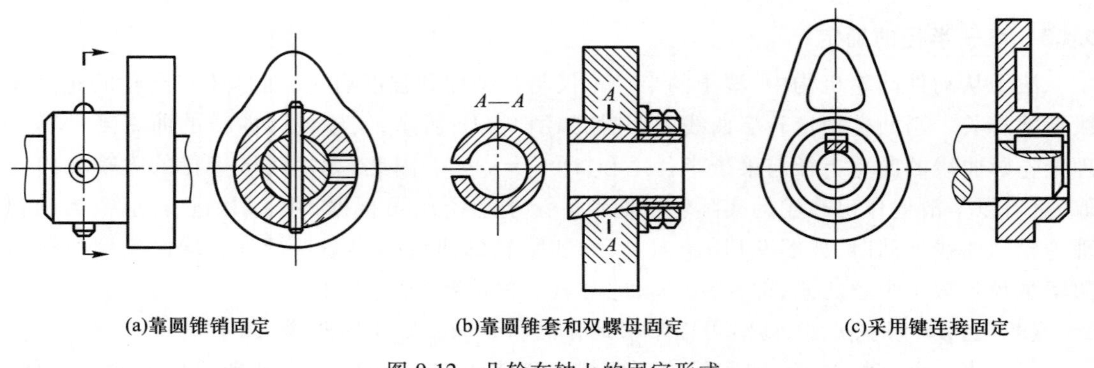

图 9.12　凸轮在轴上的固定形式

2. 从动件的端部结构

从动件的端部形式很多,图 9.13 所示为常见的滚子结构,滚子相对于从动件能自由转动。

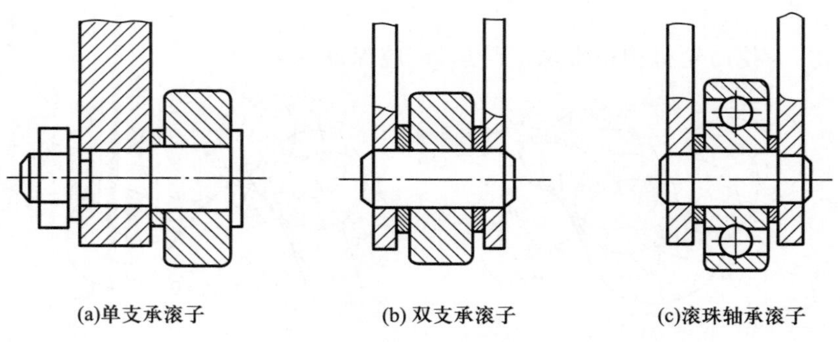

图 9.13　从动件端部的滚子结构

9.5.2　凸轮的精度

凸轮的精度主要包括凸轮的公差和表面粗糙度。对于直径在 300~500 mm 以下的凸轮,其偏差和表面粗糙度可按表 9.1 选择。

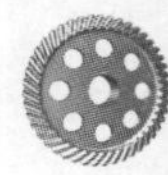

表 9.1　凸轮的公差和表面粗糙度

凸轮精度	公差等级或极限偏差/mm			表面粗糙度/μm	
	向径	凸轮槽宽	基准孔	盘形凸轮	凸轮槽
较高	±(0.05～0.1)	H8(H7)	H7	$0.32<Ra\leqslant 0.63$	$0.63<Ra\leqslant 1.25$
一般	±(0.1～0.2)	H8	H7(H8)	$0.63<Ra\leqslant 1.25$	$1.25<Ra\leqslant 2.5$
低	±(0.2～0.5)	H9(H10)	H8		

复习题

9.1　凸轮机构中常见的凸轮形状与从动件的结构形式有哪些？各有何特点？

9.2　凸轮机构中从动件常用的运动规律有哪些？各有什么特点？

9.3　凸轮机构的压力角对机构的受力和尺寸有何影响？

9.4　什么是凸轮机构的运动失真现象？为避免失真，应当如何设计或选择凸轮的滚子半径？

9.5　如题 9.5 图所示的凸轮机构，已知凸轮为一偏心圆盘，凸轮的回转方向如图所示。试求：

(1) 给出此凸轮机构的名称；

(2) 画出此凸轮机构的基圆和凸轮的理论轮廓曲线；

(3) 标出从动件的行程 h 及在图示位置时推杆的位移 s；

(4) 标出此凸轮机构在图示位置时的压力角 α。

9.6　如题 9.6 图所示的凸轮机构，凸轮为偏心圆盘，圆盘半径 $R=30$ mm，圆盘几何中心到回转中心的距离 $OA=15$ mm，滚子半径 $r_T=10$ mm。当凸轮逆时针方向转动时，试用图解法作出：

(1) 给出该凸轮机构的名称，按比例作出机构图；

(2) 画出此凸轮机构的基圆和凸轮的理论轮廓曲线；

(3) 标出从动件的行程 h；

(4) 图示位置时凸轮机构的压力角；

(5) 凸轮由图示位置转过 90°时从动件的实际位移 s。

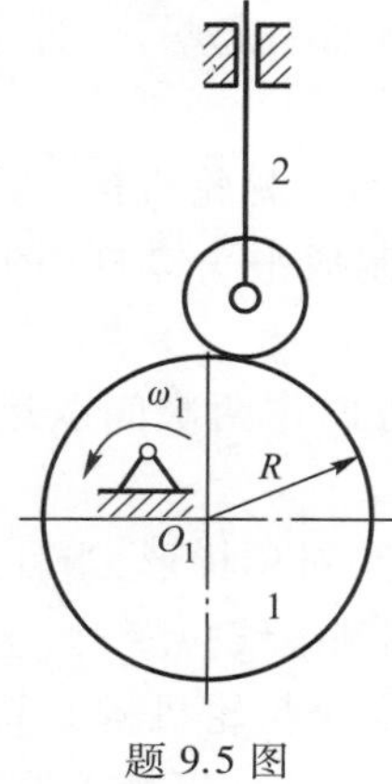

题 9.5 图

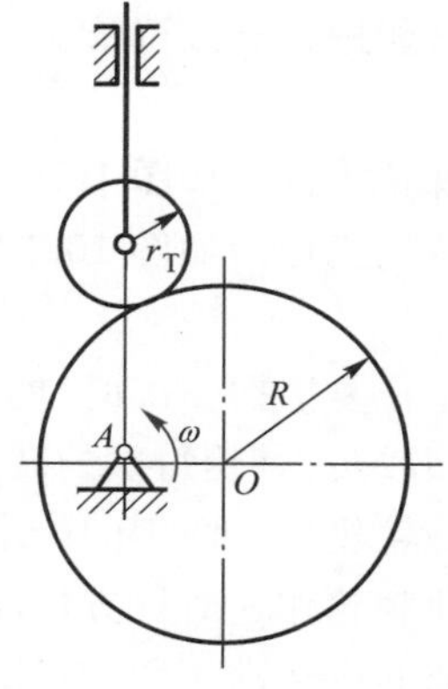

题 9.6 图

第 10 章

10

间歇运动机构

能够将原动件的连续转动转变为从动件周期性运动和停歇运动的机构，称为间歇运动机构。 常用的间歇运动机构有：凸轮机构、平面连杆机构、棘轮机构、槽轮机构、不完全齿轮机构等。 本章重点分析常用间歇运动机构中的棘轮机构、槽轮机构。

10.1 棘轮机构

10.1.1 棘轮机构的组成及工作原理

图 10.1 所示为棘轮机构，它主要由摇杆 1、驱动棘爪 2、棘轮 3、制动爪 4 和机架 5 等组成。弹簧 6 用来使制动爪 4 和棘轮 3 保持接触。摇杆 1 和棘轮 3 的回转轴线重合。

当摇杆 1 逆时针摆动时，驱动棘爪 2 插入棘轮 3 的齿槽中，推动棘轮转过一定角度，而制动爪 4 则在棘轮的齿背上滑过。当摇杆顺时针摆动时，驱动棘爪 2 在棘轮的齿背上滑过，而制动爪 4 则阻止棘轮作顺时针转动，使棘轮静止不动。因此，当摇杆作连续的往复摆动时，棘轮将作单向间歇转动。

10.1.2 棘轮机构的类型、特点及应用

按照结构特点，常用棘轮机构可分为齿啮式和摩擦式两大类。

1. 齿啮式棘轮机构

齿啮式棘轮机构是靠棘爪和棘轮齿啮合传动，结构简单、制造方便、转角准确、运动可靠。但棘轮转角只能进行有级调节，且棘爪在齿背上滑行易引起噪声、冲击和磨损，故不宜用于高速。

(1) 单动式棘轮机构　如图 10.1 所示为单向外啮合齿式棘轮机构。

(2) 双动式棘轮机构　如图 10.2 所示，其棘爪 3 可制成平头撑杆(图 10.2a)或钩头拉杆(图 10.2b)。

当主动摇杆 1 往复摇摆一次时，能使棘轮 2 沿同一方向作两次间歇运动。这种棘轮机构每次停歇的时间较短，棘轮每次的转角也较小。

(3) 可变向棘轮机构　图 10.3a 所示，它的棘轮齿形为对称梯形，当棘爪在实线位置时，主动杆与棘爪将使棘轮作逆时针方向间歇运动；当棘爪翻到虚线位置时，主动杆与棘爪将使棘轮作顺时针方向间歇运动。图 10.3b 所示为另一种可变向棘轮机构。其棘轮 2 齿形为矩形，棘爪 1 背面为斜面，棘爪顺时针转动时，它可从棘齿上滑过。当棘爪处在图示位置时，棘轮将作逆时针方向单向间歇转动；若将棘爪提起并绕其轴线转 180°后放下，则可实现棘轮沿顺时针的单向间歇转动；若将棘爪提起并绕其轴线转 90°后，使棘爪搁置在壳体的平台上，则

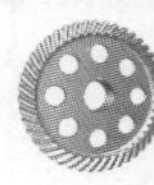

棘爪和棘轮脱开。主动杆往复摇摆时，棘轮静止不动。

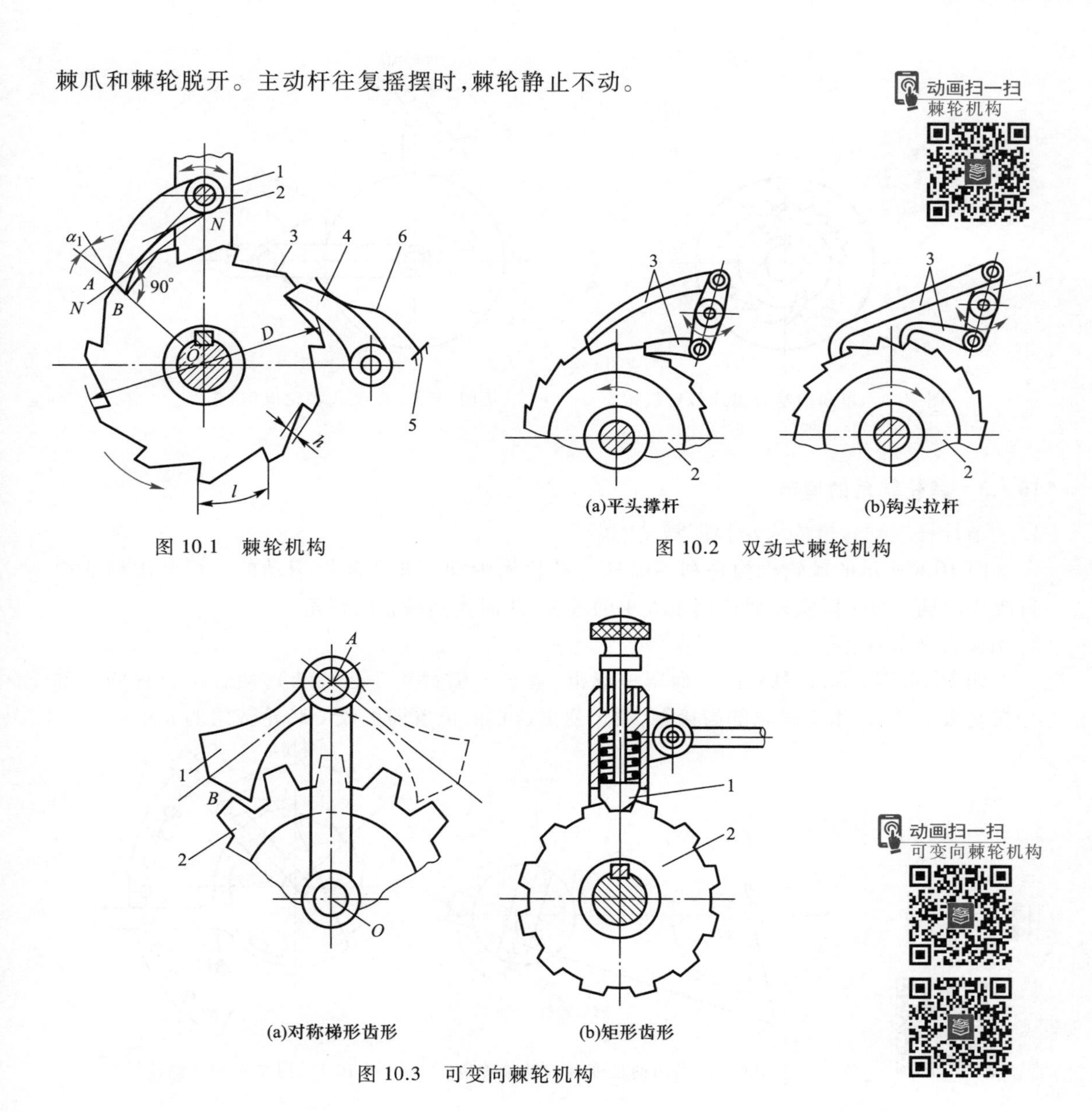

动画扫一扫
棘轮机构

图 10.1　棘轮机构

(a)平头撑杆

(b)钩头拉杆

图 10.2　双动式棘轮机构

动画扫一扫
可变向棘轮机构

(a)对称梯形齿形

(b)矩形齿形

图 10.3　可变向棘轮机构

齿啮式棘轮机构按啮合方式分为外啮合（图 10.1）及内啮合（图 10.4）两种形式。内啮合棘轮机构由棘轮 1、棘爪 3 和 4 以及轴 2 组成，如图 10.4 所示。

2. 摩擦式棘轮机构

摩擦式棘轮机构如图 10.5 所示，棘轮上无棘齿。它靠棘爪 1、3 和棘轮 2 之间的摩擦力传动，棘轮转角可作无级调节，且平稳转动，无噪声。但因靠摩擦力传动，其接触表面容易发生滑动，一方面可起过载保护作用，另一方面因传动精度不高，故适用于低速、轻载的场合。

棘轮机构结构简单、制造容易、运动可靠，而且棘轮的转角可在很大范围内调节。但工作时有较大的冲击与噪声、运动精度不高，所以常用于低速轻载的场合。棘轮机构还常用作防止机构逆转的停止器。这类停止器广泛用于卷扬机、提升机以及运输机中。

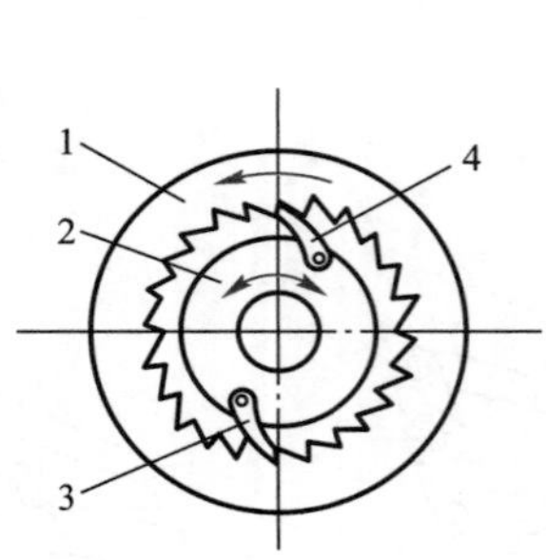

图 10.4 单向内啮合齿式棘轮机构

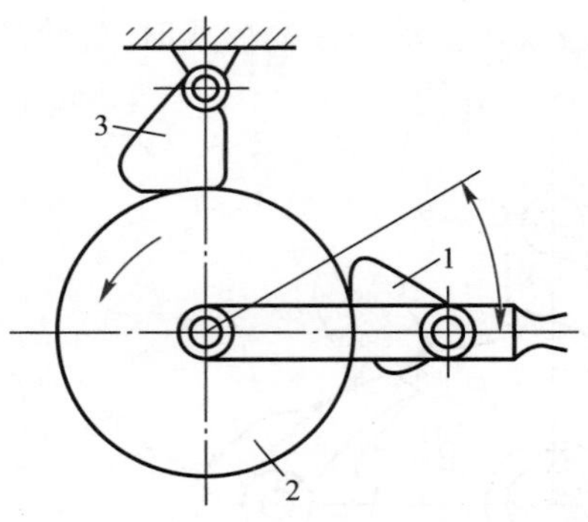

图 10.5 摩擦式棘轮机构

10.1.3 棘轮转角的调节

1. 调节摇杆摆动角度的大小控制棘轮的转角

图 10.6 所示的棘轮机构是利用曲柄摇杆机构带动棘轮作间歇运动的。可利用调节螺钉改变曲柄长度 r 以实现摇杆摆角大小的改变,从而控制棘轮的转角。

2. 用遮板调节棘轮转角

如图 10.7 所示,在棘轮的外面罩一遮板(遮板不随棘轮一起转动),使棘爪行程的一部分在遮板上滑过,不与棘轮的齿接触,通过变更遮板的位置即可改变棘轮转角的大小。

动画扫一扫
用遮板调节棘轮转角

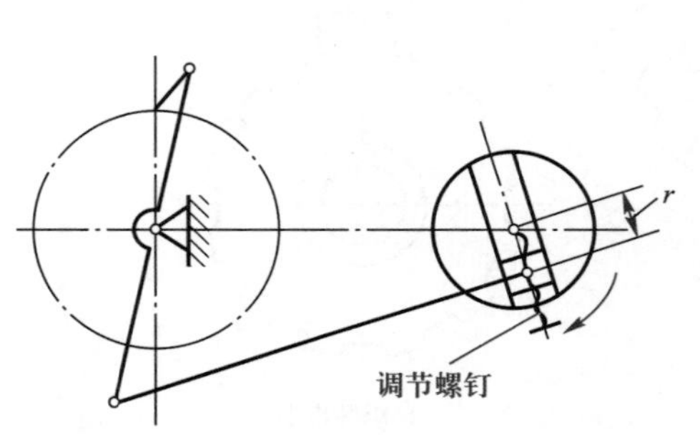

图 10.6 改变曲柄长度调节棘轮转角

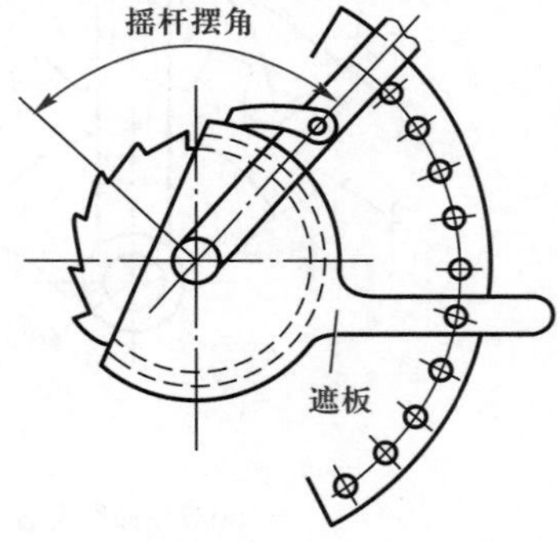

图 10.7 用遮板调节棘轮转角

10.2 槽轮机构

10.2.1 槽轮机构的组成及工作原理

典型的槽轮机构如图 10.8 所示,主要由带有拨销 A 的主动拨盘 1、具有若干径向开口槽的从动槽轮 2 和机架等组成。

图 10.8 所示为槽轮机构(又称马氏机构),它由主动拨盘 1、从动槽轮 2 及机架 3 等组成。拨盘 1 以等角速度 ω_1 作连续回转,槽轮 2 作间歇运动。当拨盘上的圆柱销 A 没有进入槽轮的径向槽时,槽轮 2 的内凹锁止弧面 β 被拨盘 1 上的外凸锁止弧面 α 卡住,槽轮 2 静止不动。当圆柱销 A 进入槽轮的径向槽时,锁止弧面被松开,则圆柱销 A 驱动槽轮 2 转动。当

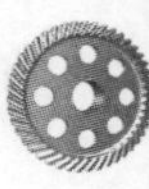

拨盘上的圆柱销离开径向槽时，下一个锁止弧面又被卡住，槽轮又静止不动。由此将主动件的连续转动转换为从动槽轮的间歇运动。

10.2.2　槽轮机构的类型、特点及应用

槽轮机构有外啮合槽轮机构（图 10.8）和内啮合槽轮机构（图 10.9）两种类型。依据机构中圆销的数目，外啮合槽轮机构又有单圆销（图 10.8）、双圆销（图 10.10）和多圆销槽轮机构之分。单圆销外啮合槽轮机构工作时，拨盘转一周，槽轮反向转动一次；双圆销外啮合槽轮机构工作时，拨盘转一周，槽轮反向转动两次；内啮合槽轮机构的槽轮转动方向与拨盘转向相同。

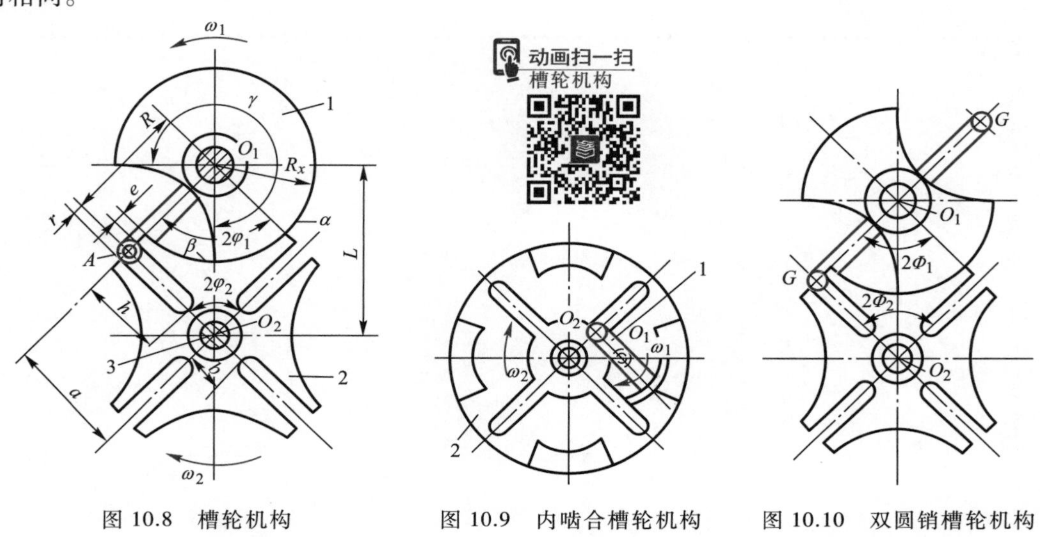

图 10.8　槽轮机构　　图 10.9　内啮合槽轮机构　　图 10.10　双圆销槽轮机构

槽轮机构的优点是结构简单、制造容易、转位迅速、工作可靠，但制造与装配精度要求较高，且转角大小不能调节，转动时有冲击，故不适用于高速，一般用于转速不很高的自动机械、轻工机械或仪器仪表中。例如，图 10.11 所示的转塔车床的刀架转位机构，刀架 3 上装有六种刀具，槽轮 2 上有六个径向槽。当拨盘 1 回转一周时，圆销进入槽轮一次，驱使槽轮转过 60°，刀架也随着转过 60°，从而将下一工序所需刀具转换到工作位置。

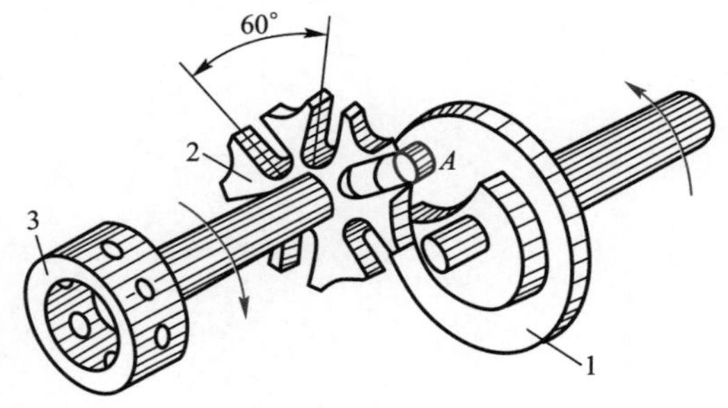

图 10.11　转塔车床的刀架转位机构

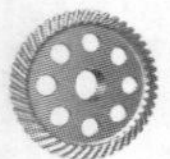

复习题

10.1　常见的棘轮机构有哪几种类型？它们分别有什么特点？适用于什么场合？

10.2　棘轮机构除常用来实现间歇运动的功能外，还用来实现什么功能？

10.3　观察自行车后轮轴上的棘轮机构和牛头刨床用于进给的棘轮机构，分别说出它们分别是哪种棘轮机构及其工作原理。

10.4　常见的槽轮机构有哪几种类型？它们分别有什么特点？适用于什么场合？

10.5　槽轮机构中槽轮槽数与拨盘上圆柱销数应满足什么关系？为什么要在拨盘上加上锁止弧？

第 11 章

11

螺纹连接

为了便于机器的制造、安装、维修和运输，在机器和设备的各零、部件间广泛采用各种连接。连接分可拆连接和不可拆连接两大类。不损坏连接中的任一零件就可将被连接件拆开的连接称为可拆连接，这类连接经多次装拆仍无损于使用性能，如螺纹连接、键连接和销连接等。利用螺纹零件构成的可拆连接称为螺纹连接。不可拆连接是指至少必须毁坏连接中的某一部分才能拆开的连接，如焊接、铆钉连接和粘接等。

本章主要讨论螺纹连接的结构设计、预紧与防松，并简单地介绍螺栓的强度计算，从而得出螺栓连接的设计方法与步骤。

11.1 螺纹连接的基本知识

螺纹连接是可拆连接,其特点是结构简单、装卸方便、互换性好、成本低廉、工作可靠和形式多样等。

11.1.1 螺纹的类型

螺纹有外螺纹和内螺纹之分,二者共同组成螺纹副用于连接和传动。螺纹有米制和英制两种,我国除管螺纹外都采用米制螺纹。

螺纹轴向剖面的形状称为螺纹的牙型,常用的螺纹牙型有三角形、矩形、梯形和锯齿形等,如图 11.1 所示。其中三角形螺纹主要用于连接,其余则多用于传动。

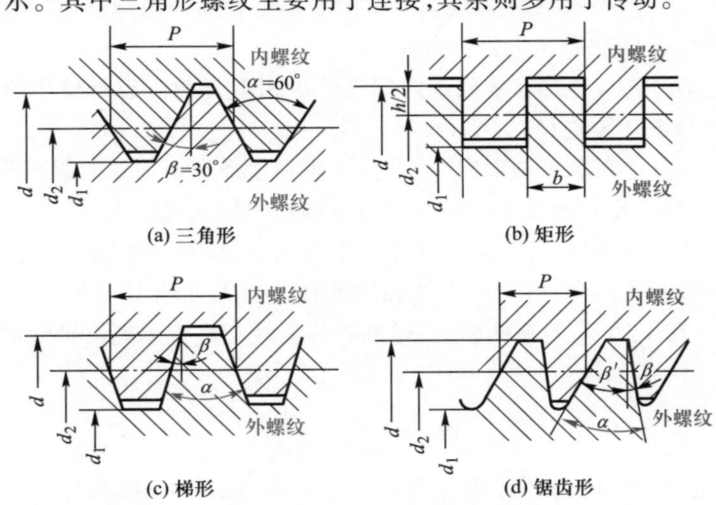

图 11.1 螺纹的牙型

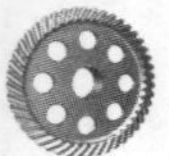

按螺旋线绕行方向的不同，螺纹可分为右旋螺纹和左旋螺纹，如图 11.2 所示。机械制造中常用右旋螺纹。

根据螺旋线的数目，还可将螺纹分为单线（单头）螺纹和多线螺纹，如图 11.3 所示。

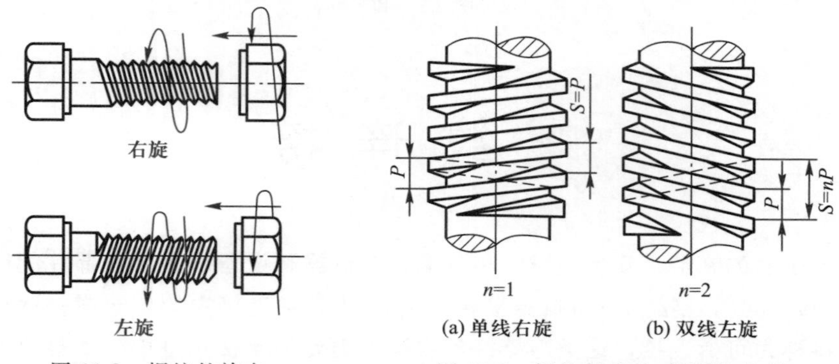

图 11.2 螺纹的旋向

图 11.3 螺纹的线数、螺距和导程

11.1.2 螺纹的主要参数

现以图 11.4 所示的圆柱普通螺纹为例说明螺纹的主要几何参数。

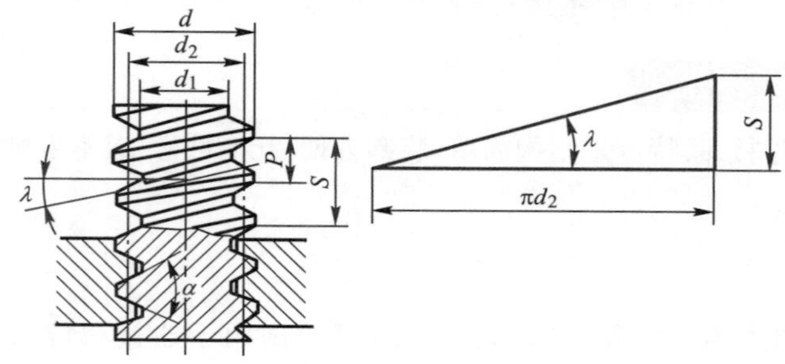

图 11.4 螺纹的主要组合参数

（1）大径 $d(D)$　与外螺纹牙顶或内螺纹牙底相重合的假想圆柱体的直径，是螺纹的最大直径，在有关螺纹的标准中称为公称直径。

（2）小径 $d_1(D_1)$　与外螺纹牙底或内螺纹牙顶相重合的假想圆柱体的直径，是螺纹的最小直径，常作为强度计算直径。

（3）中径 $d_2(D_2)$　在螺纹的轴向剖面内，牙厚和牙槽宽相等处的假想圆柱体的直径。

（4）螺距 P　螺纹相邻两牙在中径线上对应两点间的轴向距离。

（5）导程 S　同一条螺旋线上相邻两牙在中径线上对应两点间的轴向距离。设螺纹线数为 n，则对于单线螺纹有 $S=P$；对于多线螺纹则有 $S=nP$，如图 11.3 所示。

（6）升角 λ　在中径 d_2 的圆柱面上，螺旋线的切线与垂直于螺纹轴线的平面间的夹角，由图 11.4 可得

$$\tan\lambda=\frac{S}{\pi d_2}=\frac{nP}{\pi d_2}$$

（7）牙型角 α、牙型斜角 β　在螺纹的轴向剖面内，螺纹牙型相邻两侧边的夹角称为牙

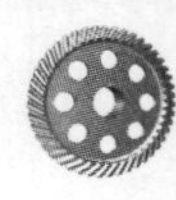

型角 α。牙型侧边与螺纹轴线的垂线间的夹角称为牙型斜角 β,对称牙型的 $\beta=\frac{\alpha}{2}$,如图 11.1 所示。

螺纹的基本尺寸可查附表 1～附表 3。

11.1.3　螺纹连接的基本类型

根据被连接件的特点或连接的功用,螺纹连接可分为 4 种基本类型:螺栓连接、双头螺柱连接、螺钉连接和紧定螺钉连接。

1. 螺栓连接

螺栓连接是将螺栓穿过被连接件上的光孔并用螺母锁紧。这种连接结构简单、装拆方便、应用广泛。

螺栓连接有普通螺栓连接和铰制孔用螺栓连接两种。图 11.5a 所示为普通螺栓连接,其结构特点是螺栓杆与被连接件孔壁之间有间隙,工作载荷只能使螺栓受拉伸。图 11.5b 所示为铰制孔用螺栓连接,被连接件上的铰制孔和螺栓的光杆部分多采用基孔制过渡配合,螺栓杆受剪切和挤压。

2. 双头螺柱连接

图 11.6 所示为双头螺柱连接。这种连接用于被连接件之一较厚,不宜制成通孔,而将其制成螺纹盲孔,另一薄件制通孔。拆卸时,只需拧下螺母而不必从螺纹孔中拧出螺柱即可将被连接件分开,可用于经常拆卸的场合。

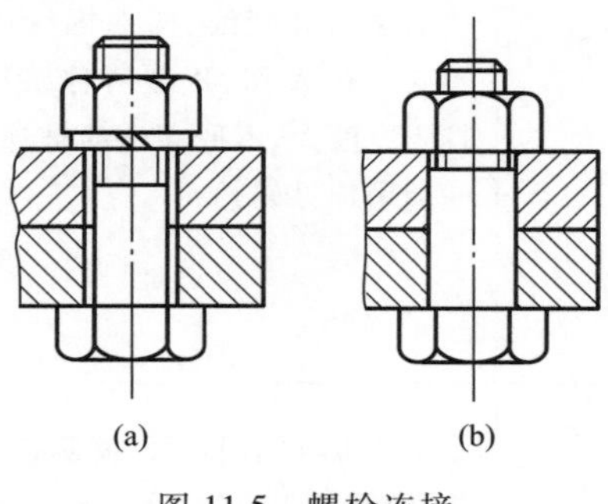

图 11.5　螺栓连接

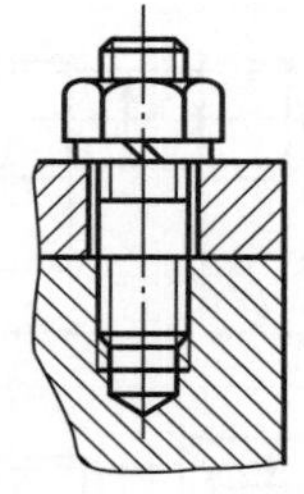

图 11.6　双头螺柱连接

3. 螺钉连接

图 11.7 所示为螺钉连接。这种连接不需用螺母,适用于一个被连接件较厚,不便钻成通孔,且受力不大、不需经常拆卸的场合。

4. 紧定螺钉连接

图 11.8 所示为紧定螺钉连接。将紧定螺钉旋入一零件的螺纹孔中,并用螺钉端部顶住或顶入另一个零件,以固定两个零件的相对位置,并可传递不大的力或转矩。紧定螺钉的端部有平端、锥端和圆柱端等。

11.1.4　标准螺纹连接件

螺纹连接件的类型很多,在机械制造中常见的螺纹连接件有螺栓、双头螺柱、螺钉、螺母和垫圈等。这类零件大多已标准化,设计时可根据有关标准选用。表 11.1 列出了标准螺纹连接件的图例、结构特点及应用。

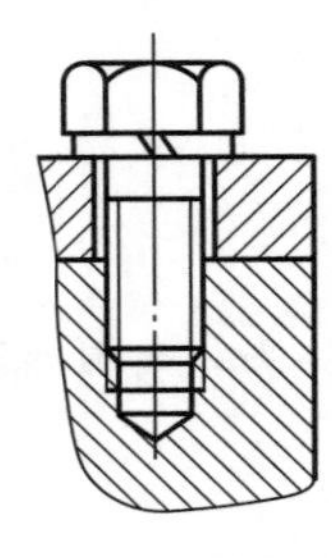

图 11.7　螺钉连接

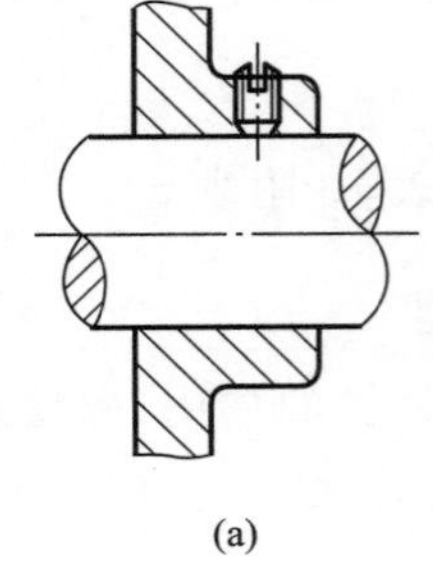

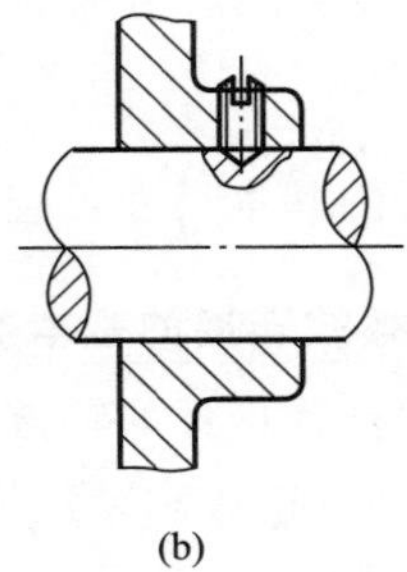

图 11.8　紧定螺钉连接

表 11.1　常用标准螺纹连接件

名　称	图　例	结构特点及应用
六角头螺栓		螺栓产品等级可分为精密、中等、粗糙(C)三种，通常多用粗糙级，杆部可以全部是螺纹或只有一段螺纹
双头螺柱		两端均有螺纹，两端螺纹可相同或不同。有 A 型、B 型两种结构。一端拧入厚度大、不便穿透的被连接件，另一端用螺母旋紧
螺钉		头部形状有圆头、扁圆头、内六角头、圆柱头和沉头等。起子槽有一字槽、十字槽、内六角孔等。十字槽强度高，便于用机动工具，内六角孔用于要求结构紧凑的地方
紧定螺钉		常用的紧定螺钉末端形状有锥端、平端和圆柱端。锥端用于被紧定件硬度低、不常拆卸的场合；平端常用于紧定硬度较高的平面或用于经常拆卸的场合；圆柱端压入轴上的凹坑中，适用于紧定空心轴上的零件

续表

名　称	图　例	结构特点及应用
六角螺母		按厚度分为标准、薄型两种。螺母的制造精度与螺栓的制造精度对应，分 A、B、C 三级，分别与同级别的螺栓配用
圆螺母		圆螺母常与止退垫圈配用，装配时垫圈内舌嵌入轴槽内，外舌嵌入螺母槽内，即可防螺母松脱。常作滚动轴承轴向固定用
垫圈	平垫圈　斜垫圈	垫圈放在螺母与被连接件之间用以保护支承面。平垫圈按加工精度分 A、C 两级。用于同一螺纹直径的垫圈又分 4 种大小，特大的用于铁木结构。斜垫圈用于倾斜的支承面

11.2　螺纹连接的预紧与防松

11.2.1　螺纹连接的预紧

一般螺纹连接在装配时都必须拧紧，以增强连接的可靠性、紧密性和防松能力。连接件在承受工作载荷之前就预加上的作用力称为预紧力。如果预紧力过小，则会使连接不可靠；如果预紧力过大，又会导致连接过载甚至连接件被拉断的后果。

对于一般的连接，可凭经验来控制预紧力 F_0 的大小，但对重要的连接就要严格控制其预紧力，可采用测力矩扳手来旋紧螺母，所控制的力矩 T 可以在刻度上读出，如图 11.9 所示。

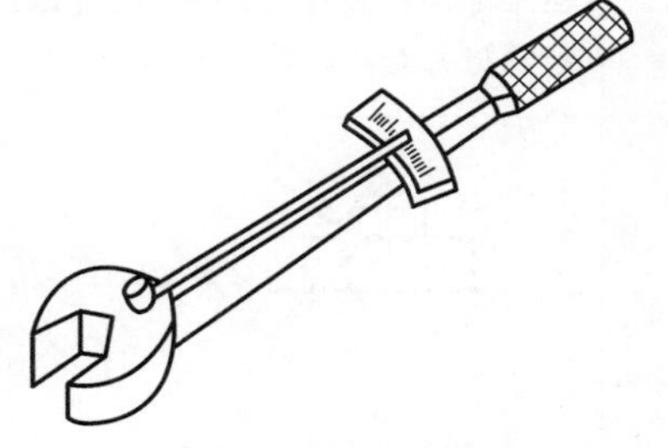

图 11.9　测力矩扳手

11.2.2　螺纹连接的防松

连接中常用的单线普通螺纹和管螺纹都能满足自锁条件，在静载荷或冲击振动不大、温度变化不大时不会自行松脱。但在冲击、振动或变载荷的作用下，或当温度变化较大时，螺纹连接会产生自动松脱现象。因此，设计螺纹连接必须考虑防松问题。

螺纹连接防松的根本问题在于要防止螺旋副的相对转动。防松的方法很多，按其工作原理可分为摩擦防松、机械防松、永久防松和化学防松四大类。常用的防松方法见表 11.2。

表 11.2　常用的防松方法

类别			
利用附加摩擦力防松	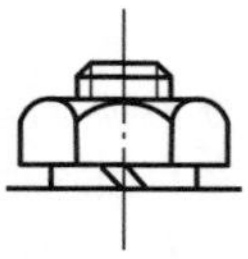 弹簧垫圈	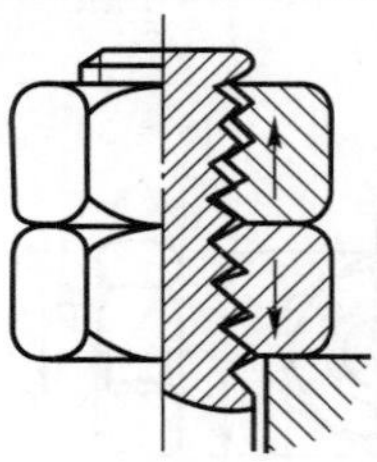 对顶螺母	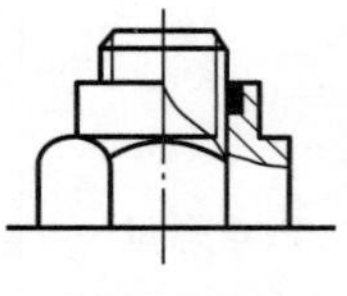 尼龙圈锁紧螺母
	弹簧垫圈材料为弹簧钢,装配后垫圈被压平,其反弹力能使螺纹间保持压紧力和摩擦力	利用两螺母的对顶作用使螺栓始终受到拉力和附加摩擦力的作用。结构简单,可用于低速重载场合	螺母中嵌有尼龙圈,拧上后尼龙圈内孔被胀大而箍紧螺栓
采用专门防松元件防松	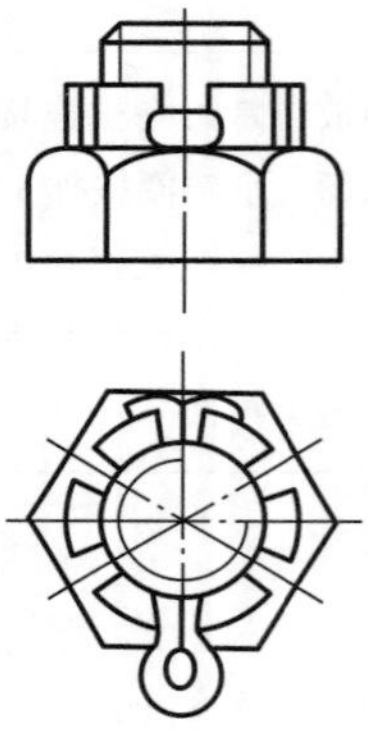 槽型螺母和开口销	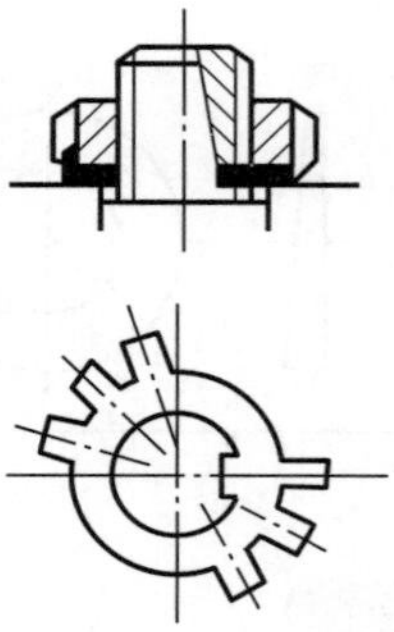 圆螺母用带翅垫片	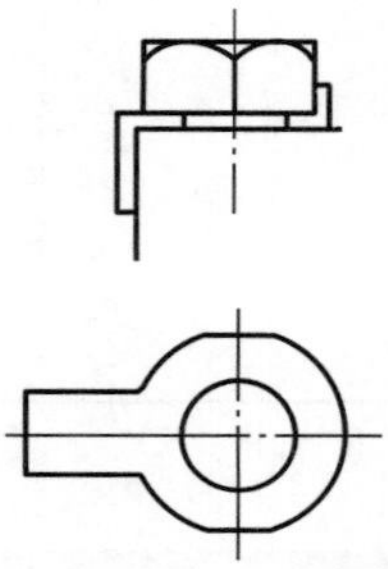 止动垫片
	槽型螺母拧紧后,用开口销穿过螺栓尾部小孔和螺母的槽,也可以用普通螺母拧紧后再配钻开口销	使垫片内翅嵌入螺栓(轴)的槽内,拧紧螺母后将垫片外翅之一折嵌于螺母的一个槽内	将垫片折边以固定螺母和被连接件的相对位置
其他方法防松	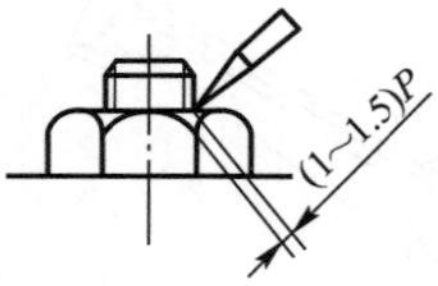 (1~1.5)P 冲点法防松　用冲头冲2~3点	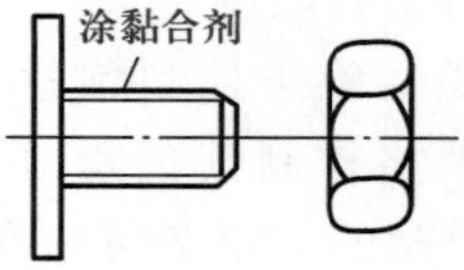 涂黏合剂 黏合法防松	用黏合剂涂于螺纹旋合表面,拧紧螺母后黏合剂能自行固化,防松效果良好
	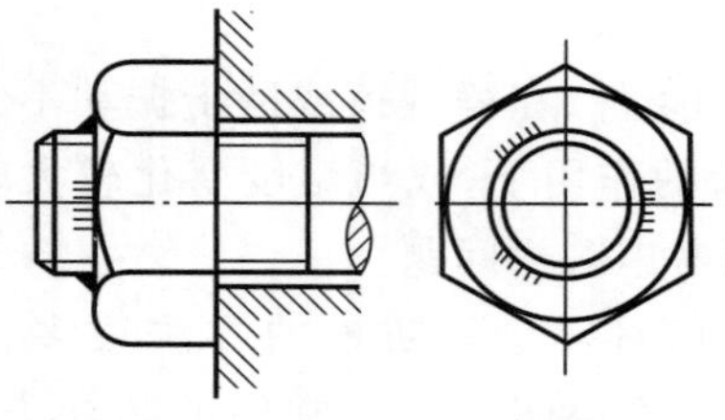 永久防松　焊接	用于螺栓组、螺钉组连接的防松	

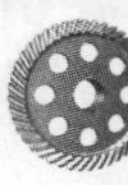

11.3　螺栓组连接的结构设计

机械设备中螺栓连接大多是成组使用的。螺栓组连接应根据载荷情况确定连接接合面的几何形状和螺栓布置形式，尽量使各螺栓受力均匀，避免螺栓产生附加载荷，便于加工和装配。设计时应遵循如下几点原则：

（1）螺栓在连接接合面上应按单轴或双轴对称布置，如图 11.10 所示，使接合面受力比较均匀。几何形状通常设计成轴对称的简单几何形状，这样使螺栓组的对称中心和连接接合面的形心重合，同时也便于加工制造。

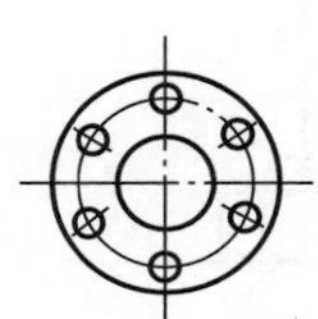
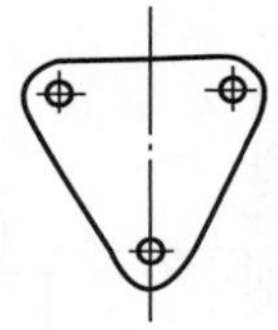

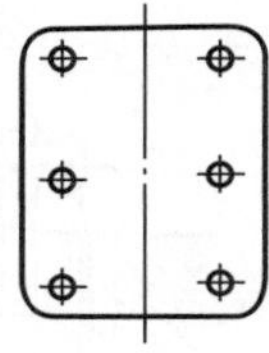

图 11.10　螺栓在连接接合面的布置方式

（2）对于承受弯矩或扭矩的螺栓组连接，应尽量将螺栓布置在靠近接合面的边缘，远离回转中心或对称轴线，以减少螺栓受力，如图 11.11 所示。

对于承受横向载荷（即为垂直于螺栓轴线的载荷）的普通螺栓连接，为了减少预紧力，可采用卸载装置，如图 11.12 所示螺栓连接卸载装置。当采用铰制孔用螺栓组连接承受横向载荷时，由于被连接件为弹性体，在载荷作用方向上，其两端的螺栓所受载荷大于中间的螺栓，因此沿载荷方向布置的螺栓数目每列不宜超过 6~8 个。

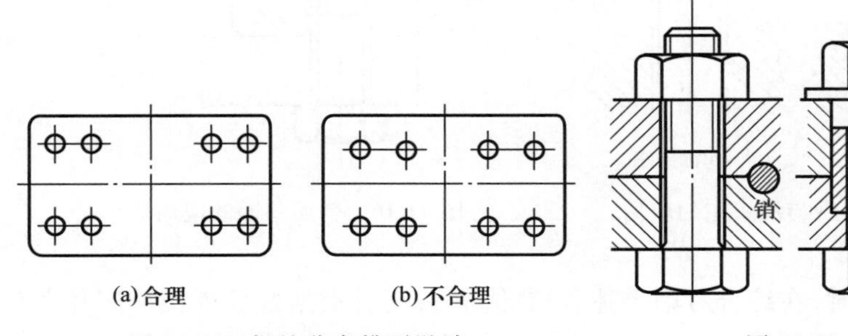

图 11.11　螺栓分布排列设计

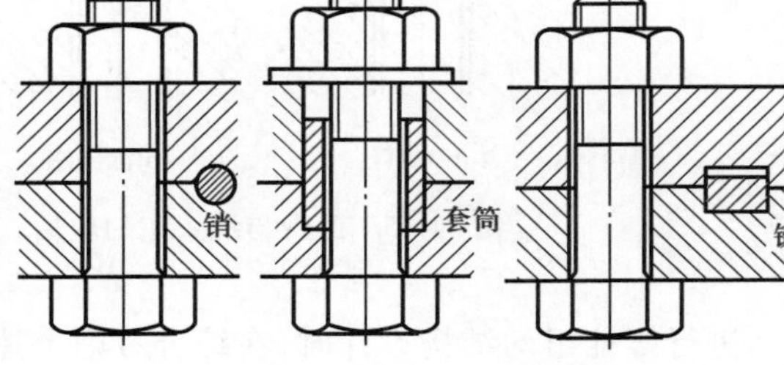

图 11.12　螺栓连接卸载装置

（3）螺栓组中的螺栓数目可按经验或类比方法初步确定，通常分布在同一圆周上的螺栓数目取 3、4、6、8 等易于分度的数目，以便于钻孔；沿外力作用方向不要成排地布置 8 个以上的螺栓，以免受载过于不均匀。

（4）布置螺栓安装位置时，螺栓中心线与机体壁之间的最小距离，应根据扳手活动所需空间尺寸确定，如图 11.13 所示，扳手活动空间尺寸可查阅机械设计手册。

（5）要避免螺栓承受偏心载荷，如图 11.14 所示，要减小载荷相对于螺栓轴心线的偏距。保证螺母或螺栓头部支承面平整并与螺栓轴线相垂直，被连接件上应设置凸台、沉头座或采用斜面垫圈，如图 11.15 及图 11.16 所示。

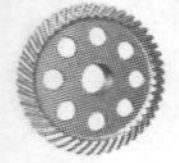

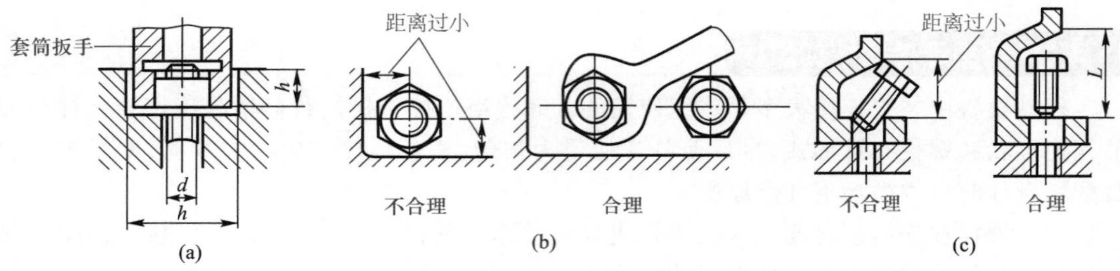

图 11.13 扳手空间尺寸

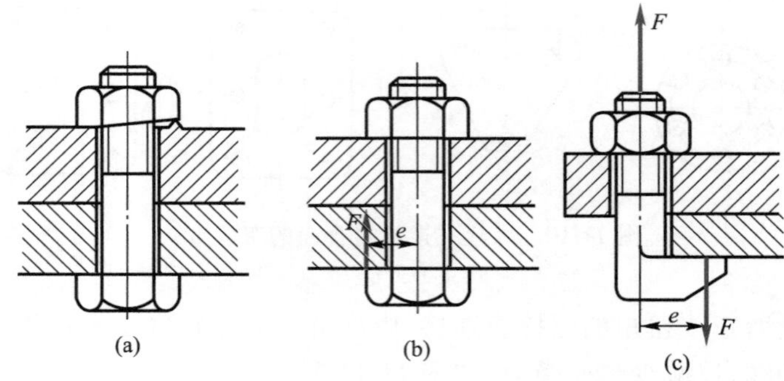

图 11.14 螺栓承受偏心载荷

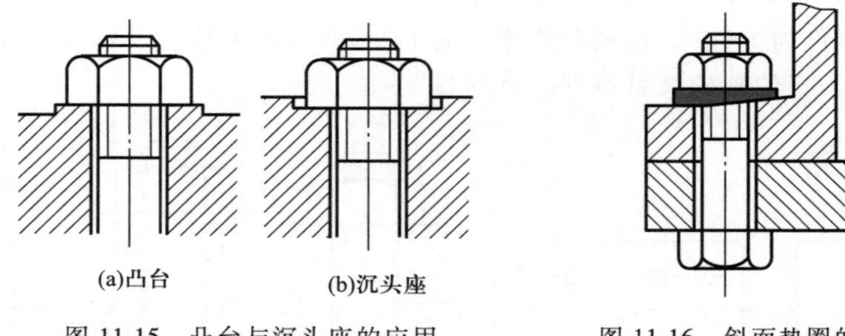

图 11.15 凸台与沉头座的应用　　图 11.16 斜面垫圈的应用

进行螺栓组的结构设计时，在综合考虑上述各项的同时，还要根据螺栓连接的工作条件合理地选择防松装置。

11.4 螺栓的强度计算

螺栓连接可分为松螺栓连接（在承受工作载荷前，螺栓不旋紧）和紧螺栓连接（在承受工作载荷前，螺栓旋紧，已受预紧力）两大类。一般螺栓连接在装配时都必须拧紧，以增强连接的可靠性、紧密性和防松能力。不同类型的连接，可承受不同的工作载荷，产生不同的失效形式（拉断、塑性变形、剪断、挤压等）。

现以图 11.17 所示的气缸盖螺栓组连接为例说明，螺栓组连接为紧连接，承受轴向载荷，其载荷 F_Q 的作用线平行于螺栓轴线并通过螺栓组的对称中心。假定各螺栓平均受载，则每个螺栓所受的轴向工作载荷为

$$F=\frac{F_Q}{z}$$

式中：z 为连接螺栓的个数。

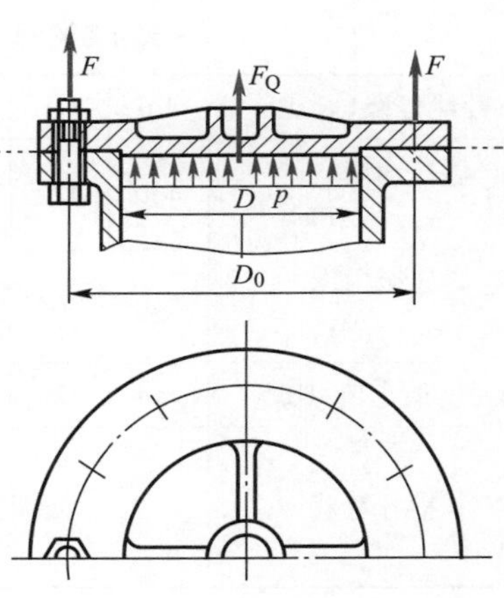

图 11.17　受轴向载荷螺栓组

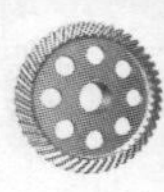

求出 F 后，就可确定每个螺栓所受的总拉力 F_Σ，经分析得出

$$F_\Sigma=F+F_0' \tag{11.1}$$

式中：F_0' 为残余预紧力。

根据工作要求提出 F_0' 值，现要求连接具有紧密性，在接合处不能泄漏，故取 $F_0'=1.8F$。对其他的工作要求，可从有关资料中查出 F_0' 值，如一般的连接 $F_0'=0.2F$。

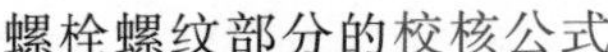

螺栓螺纹部分的校核公式

$$\sigma=\frac{1.3F_\Sigma}{\frac{\pi d_1^2}{4}}\leqslant[\sigma] \tag{11.2}$$

设计公式为

$$d_1\geqslant\sqrt{\frac{4\times1.3F_\Sigma}{\pi[\sigma]}} \tag{11.3}$$

式中：$[\sigma]$ 为紧螺栓连接的许用拉应力，可查表 11.6 得出。其他各符号的含义同前。

11.5　螺纹连接件的常用材料、等级和许用应力

11.5.1　螺纹连接件的常用材料、等级

一般工作条件下的螺纹连接件的常用材料为低碳钢和中碳钢，如 Q215、Q235、15、35 和 45 等钢；受冲击、振动和变载荷作用的螺纹连接件可采用合金钢，如 15Cr、40Cr、30CrMnSi 和 15CrVB 等；有耐腐、防磁、导电、耐高温等特殊要求时采用 1Cr13、2Cr13、CrNi2、1Cr18Ni9Ti 和黄铜 H62、H62（防磁）、HPb62、HPb62（防磁）及铝合金 2B11（原 LY8）、2A10（原 LY10）等。螺纹连接件常用材料的力学性能见表 11.3。

表 11.3　螺纹连接件常用材料的力学性能

（摘自 GB/T 700—2006、GB/T 699—2015、GB/T 3077—2015）　　MPa

钢号	Q215（A2）	Q235（A3）	35	45	40Cr
强度极限 σ_b	335～410	375～460	530	600	980
屈服极限 σ_s（$d\leqslant16$～100 mm）	185～215	205～235	315	355	785

按材料的力学性能的不同，国家标准规定螺纹连接件的材料分成若干强度等级，称为机械性能等级，见表 11.4 和表 11.5。

表 11.4　螺栓的性能等级(摘自 GB/T 3098.1—2010)

性能等级(标记)	4.6	4.8	5.6	5.8	6.8	8.8	9.8	10.9	12.9
抗拉强度极限 σ_{bmin}/MPa	400	420	500	520	600	800	900	1 040	1 220
屈服极限 σ_{smin}/MPa	240	300	340	420	480	640	720	940	1 100
硬度最小值/HBW	114	124	147	152	181	245	286	316	380
推荐材料	低碳钢或中碳钢					中碳钢,淬火并回火		中碳钢,低、中碳合金钢,淬火并回火,合金钢	合金钢

注:规定性能等级的螺栓、螺母在图纸中只标出性能等级,不应标出材料牌号。

表 11.5　螺母的性能等级(摘自 GB/T 3098.2—2015)

性能等级(标记)	4	5	6	8	9	10	12
抗拉强度极限 σ_{bmin}/MPa	510 ($d \geqslant 16 \sim 39$)	520 ($d \geqslant 3 \sim 4$,右同)	600	800	900	600	1 150
推荐材料	易切削钢		低碳钢或中碳钢	中碳钢,低、中碳合金钢,淬火并回火			
相配螺栓的性能等级	3.6,4.6,4.8 ($d>16$)	3.6,4.6,4.8 ($d \leqslant 16$);5.6,5.8	6.8	8.8	8.8($d>16 \sim 39$) 9.8($d \leqslant 16$)	10.9	12.9

注:硬度 $HRC_{max}=30$。

11.5.2　螺栓连接的许用应力

螺栓连接的许用应力$[\sigma]$和安全系数 s 见表 11.6 和表 11.7。

表 11.6　螺栓连接的许用应力和安全系数

连接情况	受载情况	许用应力$[\sigma_s]$和安全系数 s
松连接	轴向静载荷	$[\sigma]=\dfrac{\sigma_s}{s}$。$s=1.2 \sim 1.7$(未淬火钢取小值)
紧连接	轴向静载荷 横向静载荷	$[\sigma]=\dfrac{\sigma_s}{s}$。控制预紧力时 $s=1.2 \sim 1.5$; 不控制预紧力时,s 查表 11.7
铰制孔用螺栓连接	横向静载荷	$[\tau]=\sigma_s/2.5$。被连接件为钢时, $[\sigma_p]=\sigma_s/1.25$;被连接件为铸铁时,$[\sigma_p]=\sigma_b/(2 \sim 2.5)$
	横向变载荷	$[\tau]=\sigma_s/(3.5 \sim 5)$ $[\sigma_p]$按静载荷的$[\sigma_p]$值降低 20%~30%计算

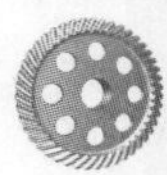

表 11.7　紧螺栓连接的安全系数 s(不控制预紧力时)

材料	静载荷			变载荷	
	M6～M16	M16～M30	M30～M60	M6～M16	M16～M30
碳素钢	4～3	3～2	2～1.3	10～6.5	6.5
合金钢	5～4	4～2.5	2.5	7.5～5	5

11.5.3　设计与选用时应注意的问题

(1) 确定螺纹小径 d_1 后,一定要选定标准值。

(2) 螺栓组连接的结构设计一定要重视,决不能忽视。

(3) 试算法　因为螺栓连接在选用前还不知道螺栓的直径,因此无法查取安全系数 s。故需用试算法。可根据工作经验和载荷大小,先假设螺栓直径的范围,然后查取安全系数 s,确定许用应力,计算出螺栓的直径;如螺栓的直径在假设螺栓直径的范围内,则所选螺栓合适;若螺栓的直径不在假设的螺栓直径的范围内,则必须重新假设螺栓直径的范围,再进行选择。

11.6　螺栓连接的设计计算及实例分析

连接的设计计算包括连接件的选择与被连接件接合面形状、尺寸设计。常用的设计方法有以下两种:设计计算方法和类比法。

11.6.1　设计计算方法

具体步骤如下:

(1) 选定连接件的类型及被连接件的结构设计。

(2) 根据连接的工作条件,找出受力最大的一个螺栓、危险截面、失效形式,确定强度(校核)计算,求出螺纹的小径 d_1。

(3) 检查以上计算的合理性,修改结构与尺寸。

(4) 根据 d_1 值查国标得出大径 d(标准值),列出螺纹连接件的标注。

标注示例:六角头螺栓 GB/T 5782　Md×L

说明:螺栓连接中所有的螺栓的大小、材料、预紧力等均取相同值。螺栓的其他部位及螺母、垫圈等尺寸,一般可从手册中查出,不必再进行强度计算。

11.6.2　类比法

在现场,类比法是常用的一种螺栓连接的设计计算方法。它的优点为简便、迅速、可靠。缺点为凭经验,有一定盲目性。

具体步骤如下:

(1) 根据所设计的连接条件,选择与其相近的螺栓连接形式。

(2) 选择螺栓连接的类型及接合面形式,确定螺孔大小及布置等。

(3) 螺栓直径选为比孔径小 1 mm 的,并取标准值,即为螺纹的公称直径。

螺栓标注示例:六角头螺栓 GB/T 5782　Md×L

说明:在现场,螺栓的直径确定后,一般不作强度计算。

11.6.3 实例分析

例 试分析以下两种防松装置的安装:

(1) 对顶螺母;

(2) 弹簧垫圈。

解

(1) 对顶螺母 先将主螺母拧紧后,再拧紧副螺母,然后再将主螺母反向旋一下,这样才能真正起到防松作用。

(2) 弹簧垫圈 装配后垫圈必须被压平,其反弹力能使螺纹间保持压紧力和摩擦力;尽量不采用镀锌的弹簧垫圈,而采用黑色的氧化(发蓝)的弹簧垫圈,因为在工作时镀锌的弹簧垫圈容易发生断裂,破坏连接的正常工作。

复习题

11.1 螺纹的主要参数有哪些?怎样计算?

11.2 螺纹的导程和螺距有何区别?螺纹的导程 S 和螺距 P 与螺纹线数 n 有何关系?

11.3 为什么螺纹连接通常要采用防松措施?常用的防松方法和装置有哪些?

11.4 松螺栓连接与紧螺栓连接的区别何在?

11.5 螺栓连接的结构设计要求螺栓组对称布置于连接接合面的形心,理由是什么?

第 12 章

12

齿轮传动

齿轮传动是现代机械中应用最广泛的一种传动形式，它用来传递任意两轴之间的运动和动力。

本章将重点介绍渐开线直齿圆柱齿轮传动，对于斜齿圆柱齿轮传动以及直齿锥齿轮传动只作一般性的介绍。本章内容包括齿轮啮合原理、强度设计计算、结构设计及使用、维护等。

12.1 齿轮传动的特点和基本类型

12.1.1 齿轮传动的特点

齿轮传动用来传递任意两轴之间的运动和动力，其圆周速度可达到 300 m/s，传递功率可达 1×10^5 kW，齿轮直径可从 1 mm 到 150 m 以上，是现代机械中应用最广泛的一种机械传动。齿轮传动与摩擦轮传动和带轮传动相比主要有以下优点：

(1) 传递动力大、效率高。

(2) 寿命长，工作平稳，可靠性高。

(3) 能保证恒定的传动比，能传递成任意夹角两轴间的运动。

它的主要缺点有：

(1) 制造、安装精度要求较高，因而成本也较高。

(2) 不宜作轴间距离过大的传动。

12.1.2 齿轮传动的基本类型

按照一对齿轮传动的角速比是否恒定，可将齿轮传动分为非圆齿轮传动(角速比变化)及圆形齿轮传动(角速比恒定)两大类。本章只研究圆形齿轮传动，如图 12.1 所示和表 12.1 所列。

目前齿轮的分类方法有很多种，为了便于研究其传动原理和设计，还可按下述几种方法来分类。

按照轮齿齿廓曲线的不同齿轮又可分为渐开线齿轮、圆弧齿轮、摆线齿轮等，本章仅讨论制造、安装方便、应用最广的渐开线齿轮。

按照工作条件的不同，齿轮传动又可分为开式齿轮传动和闭式齿轮传动两种。前者轮齿外露，灰尘易于落于齿面，后者轮齿封闭在箱体内。

按照齿廓表面的硬度可分为软齿面(硬度 $\leqslant$ 350 HBW)齿轮传动和硬齿面(硬度 $>$350 HBW)齿轮传动两种。

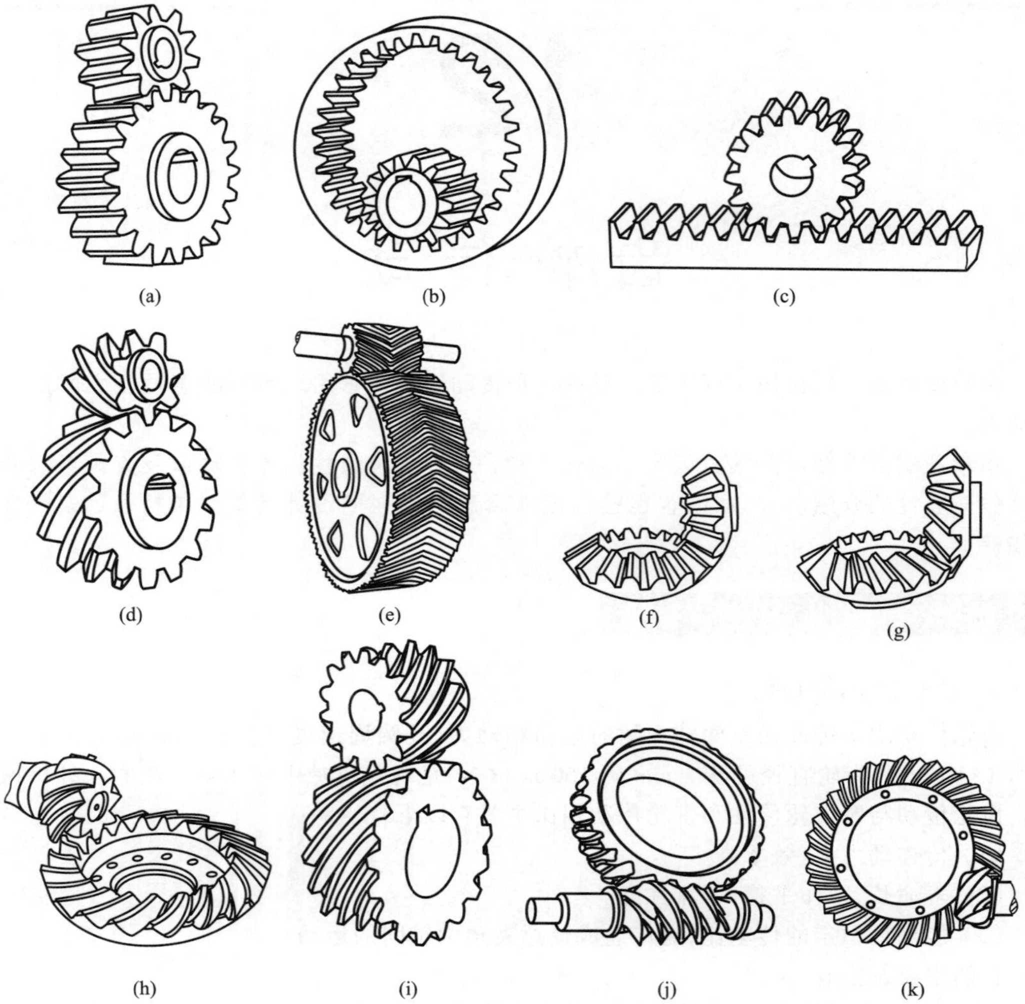

(a)　(b)　(c)

(d)　(e)　(f)　(g)

(h)　(i)　(j)　(k)

图 12.1　圆形齿轮传动的类型

表 12.1　圆形齿轮传动的类型

相对运动形式	轴线的相对位置	齿线的形状	啮合方式	图例
平面齿轮传动	平行轴	直齿圆柱齿轮传动	外啮合	图 12.1a
			内啮合	图 12.1b
			齿轮齿条	图 12.1c
		斜齿圆柱齿轮传动	外啮合	图 12.1d
			内啮合	
			齿轮齿条啮合	
		人字齿轮传动		图 12.1e

续表

相对运动形式	轴线的相对位置	齿线的形状	啮合方式	图例
空间齿轮传动	相交轴	直齿锥齿轮传动		图 12.1f
		斜齿锥齿轮传动		图 12.1g
		曲线齿锥齿轮传动		图 12.1h
	交错轴	交错轴斜齿轮传动		图 12.1i
		蜗杆传动		图 12.1j
		准双曲面齿轮传动		图 12.1k

12.2　渐开线齿轮的齿廓及其啮合特性

12.2.1　渐开线的形成

如图 12.2a 所示，一条直线 nn 沿一个半径为 r_b 圆的圆周作纯滚动，该直线上任一点 K 的轨迹 AK 称为该圆的渐开线。这个圆称为基圆，该直线称为渐开线的发生线。渐开线上任一点 K 的向径 OK 与起始点 A 的向径 OA 间的夹角 $\angle AOK$（$\angle AOK=\theta_K$）称为渐开线（AK 段）的展角。

12.2.2　渐开线的性质

根据渐开线的形成，可知渐开线具有如下性质：

（1）发生线在基圆上滚过的长度等于基圆上被滚过的弧长，即 $NK=\overset{\frown}{NA}$。

（2）因为发生线在基圆上作纯滚动，所以它与基圆的切点 N 就是渐开线上 K 点的瞬时速度中心，发生线 NK 就是渐开线在 K 点的法线，同时它也是基圆在 N 点的切线。

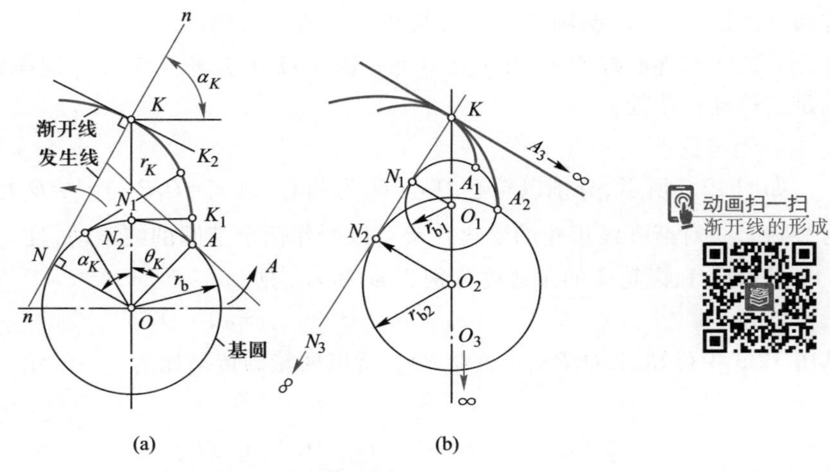

图 12.2　渐开线的形成

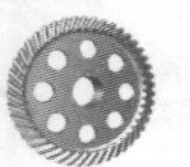

（3）切点 N 是渐开线上 K 点的曲率中心，NK 是渐开线上 K 点的曲率半径。离基圆越近，曲率半径越小，如图 12.2a 所示，$N_1K_1<N_2K_2$。

（4）渐开线的形状取决于基圆的大小。如图 12.2b 所示，基圆越大，渐开线越平直，当基圆半径无穷大时，渐开线为直线。

（5）基圆内无渐开线。

12.2.3　渐开线齿廓的啮合特性

一对齿轮传动是靠主动轮齿廓依次推动从动轮齿廓来实现的。两轮的瞬时角速度之比称为传动比。在工程中要求传动比是定值。

$$i_{12}=\frac{\omega_1}{\omega_2} \tag{12.1}$$

通常主动轮用“1”表示，从动轮用“2”表示。ω_1 为主动轮的角速度，ω_2 为从动轮的角速度。在一般情况下为降速的，故 $i>1$。上式中 i_{12} 只表示其大小，而不考虑两轮的转动方向。

啮合特性如下所述：

1. 四线合一

如图 12.3 所示，一对渐开线齿廓在任意点 K 啮合，过 K 点作两齿廓的公法线 N_1N_2，根据渐开线性质，该公法线就是两基圆的内公切线。当两齿廓转到 K' 点啮合时，过 K' 点所作公法线也是两基圆的公切线。由于齿轮基圆的大小和位置均固定，公法线 nn 是唯一的。因此不管齿轮在哪一点啮合，啮合点总在这条公法线上，该公法线又可称为啮合线。由于两个齿轮啮合传动时其正压力是沿着公法线方向的，因此对渐开线齿廓的齿轮传动来说，啮合线、过啮合点的公法线、基圆的内公切线和正压力作用线四线合一。该线与连心线 O_1O_2 的交点 P 是一固定点，P 点称为节点。这就说明了渐开线齿廓能满足定传动比传动。

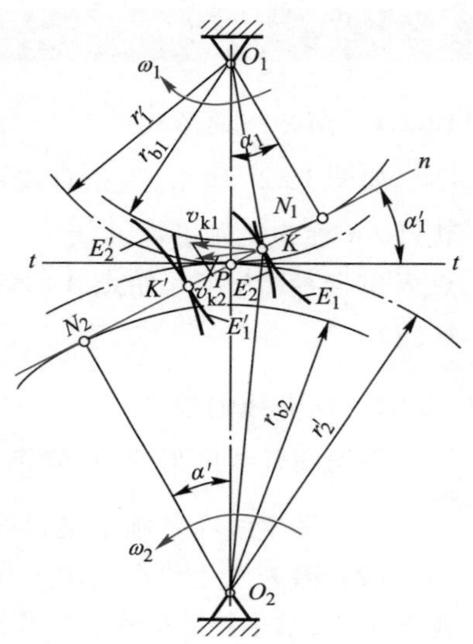

图 12.3　渐开线齿轮的啮合

2. 中心距可分性

如图 12.3 所示，分别以轮心 O_1 与 O_2 为圆心，以 $r_1'=O_1P$ 与 $r_2'=O_2P$ 为半径所作的圆，称为节圆。一对渐开线齿轮的啮合传动可以看作两个节圆的纯滚动，且 $v_{P1}=v_{P2}$。

设齿轮 1、齿轮 2 的角速度分别为 ω_1 和 ω_2，则

$$v_{P1}=\omega_1 \cdot O_1P=v_{P2}=\omega_2 \cdot O_2P \tag{12.2}$$

从图 12.3 中可知，$\triangle O_1PN_1 \backsim \triangle O_2PN_2$，所以两轮的传动比为

$$i_{12}=\frac{\omega_1}{\omega_2}=\frac{O_2P}{O_1P}=\frac{r_2'}{r_1'}=\frac{r_{b2}}{r_{b1}} \tag{12.3}$$

由上式可知渐开线齿轮的传动比是常数。齿轮一经加工完毕，基圆大小就确定了，因此在安装时若中心距略有变化也不会改变传动比的大小，此特性称为中心距可分性。该特性使渐开线齿轮对加工、安装的误差及轴承的磨损不敏感，这一点对齿轮传动十分

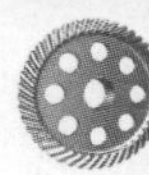

重要。

3. 啮合角不变

啮合线与两节圆公切线所夹的锐角称为啮合角，用 α'表示，它就是渐开线在节圆上的压力角。显然齿轮传动时啮合角不变，力作用线方向不变。若传递的扭矩不变，其压力大小也保持不变，因而传动较平稳。

4. 齿面的滑动

如图 12.3 所示，在节点啮合时，两个节圆作纯滚动，齿面上无滑动存在。在任意点 K 啮合时，由于两轮在 K 点的线速度（v_{K1}、v_{K2}）不重合，必会产生沿着齿面方向的相对滑动，造成齿面的磨损等。

12.3　渐开线标准直齿圆柱齿轮的主要参数及几何尺寸计算

12.3.1　齿轮各部分的名称和符号

图 12.4 所示为直齿圆柱齿轮的一部分，图 12.4a 为外齿轮，图 12.4b 为内齿轮，图 12.4c 为齿条。由图可知，轮齿两侧齿廓是形状相同、方向相反的渐开线曲面。

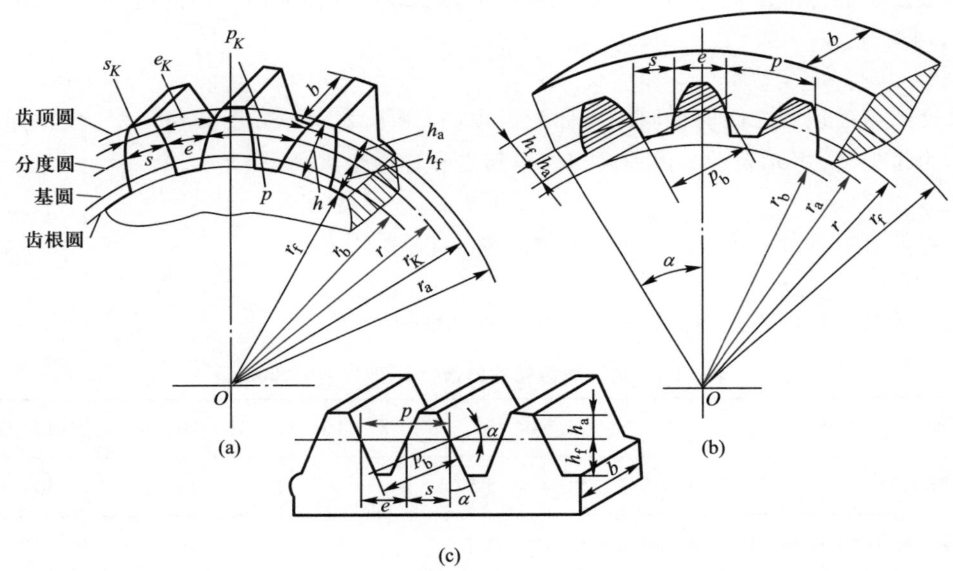

图 12.4　齿轮各部分的名称和符号

现以图 12.4a 为例说明齿轮各部分的名称和符号，所述如下：

1. 齿数

圆周上均匀分布的轮齿总数称为齿数，用 z 表示。

2. 齿槽、齿根圆、齿顶圆

相邻两齿间的空间称为齿槽。过所有齿槽底部的圆称为齿根圆，半径用 r_f 表示。过所有轮齿顶部的圆称为齿顶圆，半径 r_a 用表示。从图 12.4a、b 可见，外齿轮的齿顶圆大于齿根圆，而内齿轮则相反。

3. 齿厚、齿槽宽、齿距

在任意半径 r_K 的圆周上，同一轮齿两侧齿廓间的弧长称为该圆上的齿厚，用 s_K 表示。相邻两齿齿间的弧长称为该圆上的齿槽宽，用 e_K 表示。相邻两齿同侧齿廓间的弧长称为该圆上的齿距（又称周节），用 p_K 表示，$p_K = s_K + e_K$。基圆上的齿距又称为基节，用 p_b 表示。

4. 模数

由齿距定义可知，$p_K z = d_K \pi$，则 $d_K = z p_K / \pi = z m_K$，式中 $m_K = \dfrac{p_K}{\pi}$，称为该圆上的模数。

5. 压力角

渐开线齿廓上各点的压力角是不同的。

6. 分度圆

为使设计制造方便，人为取定一个圆，使该圆上的模数为标准值（一般是一些简单的有理数），并使该圆上的压力角也为标准值，这个圆称为分度圆。分度圆上的所有参数不带下标，如分度圆上的模数为 m，直径为 d，压力角为 α 等。

$$d = mz \tag{12.4}$$

我国规定的标准压力角为 20°，标准模数见表 12.2。其他各国常用的压力角除 20°外，还有 15°、14.5°等。

7. 齿顶高、齿根高、全齿高

分度圆与齿顶圆之间的径向距离称为齿顶高，用 h_a 表示。分度圆与齿根圆之间的径向距离称为齿根高，用 h_f 表示。齿顶高与齿根高之和称为全齿高，用 h 表示。

8. 齿宽

齿轮的有齿部分沿齿轮轴线方向的宽度称为齿宽，用 b 表示。

9. 中心距

啮合的两齿轮中心之间的距离称为中心距，用 a 表示。

表 12.2　渐开线齿轮的模数（GB/T 1357—2008）　　mm

第一系列	1	1.25	1.5	2	2.5	3	4	5	6	8	10	12	16	20	25	32	40	50
第二系列	1.75	2.25	2.75	(3.25)	3.5	(3.75)	4.5	5.5	(6.5)	7	9	(11)	14	18	22	28	(30)	36	45

注：1. 选取时优先采用第一系列，括号内的模数尽可能不用。

2. 对斜齿轮，该表所示为法向模数。

当基圆半径趋向无穷大时，渐开线齿廓变成直线齿廓，齿轮变成齿条，齿轮上的各圆都变成齿条上相应的线。如图 12.4c 所示，齿条上同侧齿廓互相平行，所以齿廓上任意点的齿距都相等，但只有在分度线上齿厚与齿槽宽才相等，即 $s = e = \pi m/2$。齿条齿廓上各点的压力角都相等，均为标准值。齿廓的倾斜角称为齿形角，其大小与压力角相等。

12.3.2　标准直齿圆柱齿轮的基本参数及几何尺寸计算

标准直齿圆柱齿轮的基本参数有 5 个：z、m、α、h_a^*、c^*，其中 h_a^* 称为齿顶高系数，c^* 称为顶隙系数。我国规定的标准值为 $h_a^* = 1$，$c^* = 0.25$。标准直齿圆柱齿轮的所有尺寸均可用上

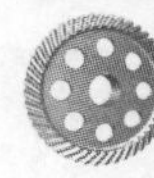

述 5 个参数来表示，几何尺寸的计算公式列于表 12.3 中。

如果一个齿轮的 m、α、h_a^*、c^* 均为标准值，并且分度圆上 $s=e$，则该齿轮称为标准齿轮。

表 12.3　标准直齿圆柱齿轮几何尺寸的计算公式

序号	名称	符号	计算公式
1	齿顶高	h_a	$h_a=h_a^* m=m$
2	齿根高	h_f	$h_f=(h_a^*+c^*)m=1.25m$
3	齿全高	h	$h=h_a+h_f=(2h_a^*+c^*)m=2.25m$
4	顶隙	c	$c=c^* m=0.25m$
5	分度圆直径	d	$d=mz$
6	基圆直径	d_b	$d_b=d\cos\alpha$
7	齿顶圆直径	d_a	$d_a=d\pm 2h_a=m(z\pm 2h_a^*)$
8	齿根圆直径	d_f	$d_f=d\mp 2h_f=m(z\mp 2h_a^*\mp 2c^*)$
9	齿距	p	$p=\pi m$
10	齿厚	s	$s=\dfrac{p}{2}=\dfrac{\pi m}{2}$
11	齿槽宽	e	$e=\dfrac{p}{2}=\dfrac{\pi m}{2}$
12	标准中心距	a	$a=\dfrac{1}{2}(d_2\pm d_1)=\dfrac{1}{2}m(z_2\pm z_1)$

注：表中正负号处，上面符号用于外齿轮，下面符号用于内齿轮。

直齿圆柱齿轮内齿轮（图 12.4b）的其他参数和几何尺寸与直齿圆柱齿轮相同。

国际上有少数国家不采用模数制，而采用径节制，径节（DP）和模数成倒数关系。径节 DP 的单位为 1/in，可由下式将径节换算成模数

$$m=\frac{25.4}{\mathrm{DP}}$$

12.4　渐开线直齿圆柱齿轮的啮合传动

12.4.1　渐开线直齿圆柱齿轮的正确啮合条件

如图 12.5 所示，设相邻两齿同侧齿廓与啮合线 N_1N_2（同时为啮合点的法线）的交点分别为 K_1 和 K_2，线段 K_1K_2 的长度称为齿轮的法向齿距。显然，要使两轮正确啮合，它们的法向齿

距必须相等。由渐开线的性质可知,法向齿距等于两轮基圆上的齿距,因此要使两轮正确啮合,必须满足 $p_{b1}=p_{b2}$,而 $p_b=\pi m\cos\alpha$,故可得

$$\pi m_1\cos\alpha_1=\pi m_2\cos\alpha_2$$

由于渐开线齿轮的模数 m 和压力角 α 均标准值,所以两轮的正确啮合条件为

$$\left.\begin{aligned}m_1=m_2=m\\ \alpha_1=\alpha_2=\alpha\end{aligned}\right\}\tag{12.5}$$

即两轮的模数和压力角分别相等。

于是,一对渐开线直齿圆柱齿轮的传动比又可表达为

$$i_{12}=\frac{\omega_1}{\omega_2}=\frac{r_2'}{r_1'}=\frac{r_{b2}}{r_{b1}}=\frac{r_2\cos\alpha}{r_1\cos\alpha}=\frac{r_2}{r_1}=\frac{z_2}{z_1}\tag{12.6}$$

即其传动比不仅与两轮的基圆、节圆、分度圆直径成反比,而且与两轮的齿数成反比。

12.4.2　渐开线齿轮传动的重合度

一对齿轮传动若要连续传动就必须在前一对齿即将退出啮合时,后面已有齿对进入啮合。如图 12.6 所示,齿轮 1 为主动轮,齿轮 2 为从动轮,齿轮的啮合是从主动轮的齿根推动从动轮的齿顶开始的,因此初始点是从动轮齿顶与啮合线的交点 B_2点,一直啮合到主动轮的齿顶与啮合线的交点 B_1点为止。当 B_1B_2恰好等于 p_b 时,即前一对齿在 B_1点即将脱离,后一对齿刚好在 B_2点接触,齿轮传动能保证连续传动。由此可见,齿轮连续传动的条件为

$$\varepsilon=\frac{B_1B_2}{p_b}\geqslant 1\tag{12.7}$$

式中 ε 称为重合度,它表明同时参与啮合轮齿的对数。ε 大表明同时参与啮合轮齿的对数多,每对齿的负荷小,负荷变动量也小,传动平稳。对于 $\alpha=20°$,$h_a^*=1$ 的标准直齿圆柱齿轮,其重合度 $\varepsilon_{max}=1.981$。

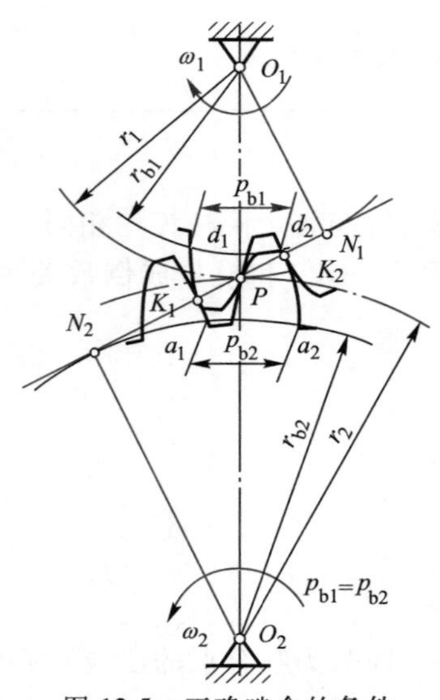

图 12.5　正确啮合的条件

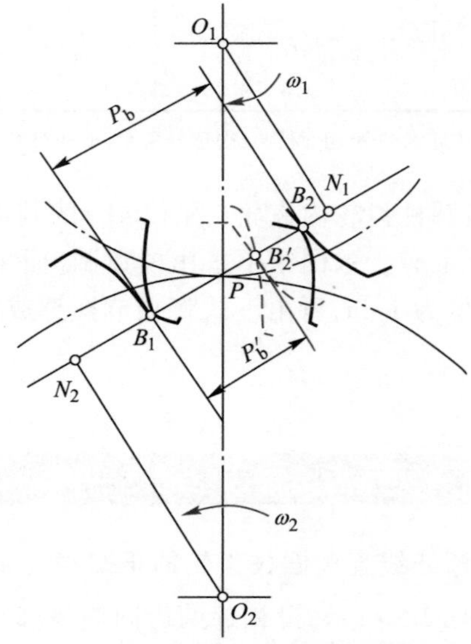

图 12.6　齿轮传动的重合度

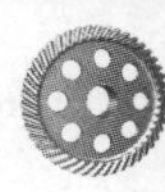

12.4.3　渐开线齿轮的无侧隙啮合

1. 外啮合传动

为了避免冲击、振动、噪声等，理论上齿轮传动应为无隙啮合。如图 12.7 所示，齿轮啮合时相当于一对节圆作纯滚动，齿轮的侧隙 Δ 可表示为$\Delta=e_1'-s_2'=0$。标准齿轮分度圆上的齿厚等于齿槽宽，即 $s=e=\pi m/2$，而两轮要正确啮合必须保证 $m_1=m_2$，所以要保证无侧隙啮合，就要求分度圆与节圆重合。

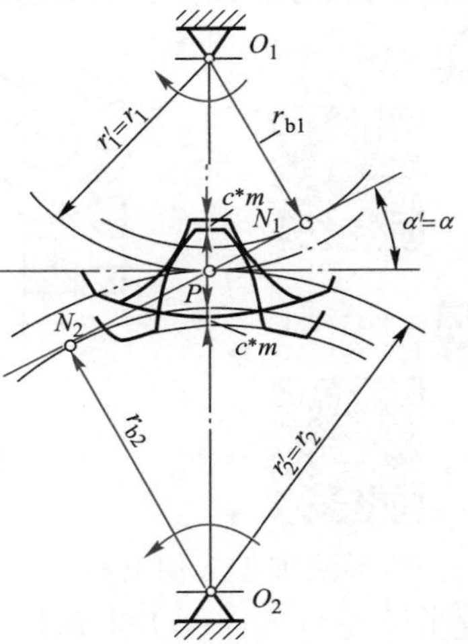

图 12.7　外啮合传动

2. 安装

安装时，当标准齿轮的分度圆与节圆重合时，为标准安装，此时的中心距称为标准中心距。

$$a=r_1'+r_2'=r_1+r_2=m(z_1+z_2)/2 \tag{12.8}$$

此时两齿轮在径向方向留有间隙 c，其值为一齿轮的齿根高减去另一齿轮的齿顶高，即 $c=(h_a^*+c^*)m-h_a^*m=c^*m$，$c$ 称为标准顶隙。

当安装中心距不等于标准中心距（即非标准安装）时，节圆半径要发生变化，但分度圆半径是不变的，这时分度圆与节圆不重合。啮合线位置变化，啮合角也不再等于分度圆上的压力角。此时的中心距 a' 为

$$a'=r_1'+r_2'=\frac{r_{b1}}{\cos\alpha_1'}+\frac{r_{b2}}{\cos\alpha_2'}=(r_1+r_2)\frac{\cos\alpha}{\cos\alpha'}=a\frac{\cos\alpha}{\cos\alpha'} \tag{12.9}$$

但无论是标准安装，还是非标准安装，其传动比 i_{12} 均符合式(12.6)，其值为一恒值。

3. 齿轮齿条啮合

当齿轮齿条啮合时，相当于齿轮的节圆与齿条的节线作纯滚动，如图 12.8 所示。当采用标准安装时，齿条的节线与齿轮的分度圆相切，此时 $\alpha'=\alpha$。当齿条远离或靠近齿轮时（相当于齿轮中心距改变），由于齿条的齿廓是直线，所以啮合线位置不变，啮合角不变，节点位置不变，所以不管是否为标准安装，齿轮与齿条啮合时齿轮的分度圆永远与节圆重合，啮合角恒等于压力角。但只有在标准安装时，齿条的分度线才与节线重合。

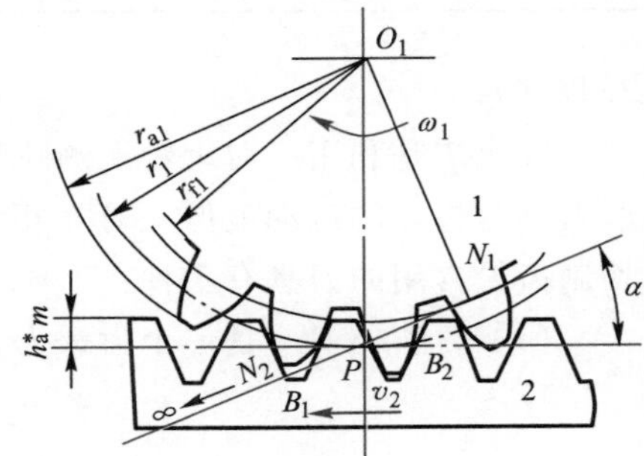

图 12.8　齿轮齿条啮合

必须指出，为了保证齿面润滑，避免轮齿因摩擦发生热膨胀而产生卡死现象，以及为了补偿加工误差等，齿轮传动应留有很小的侧隙。此侧隙一般在制造齿轮时由齿厚负偏差来保证，而在设计计算齿轮尺寸时仍按无侧隙计算。

12.5　渐开线齿廓切削加工的原理

加工渐开线齿轮的方法分为仿形法和展成法两类。

1. 仿形法

仿形法是在普通铣床上用轴向剖面形状与被切齿轮齿槽形状完全相同的铣刀切制齿轮的方法。常用的刀具有图 12.9a 所示的盘状铣刀和图 12.9b 所示的指状铣刀两种。铣完一个齿槽后，分度头将齿坯转过 360°/z，再铣下一个齿槽，直到铣出所有的齿槽。

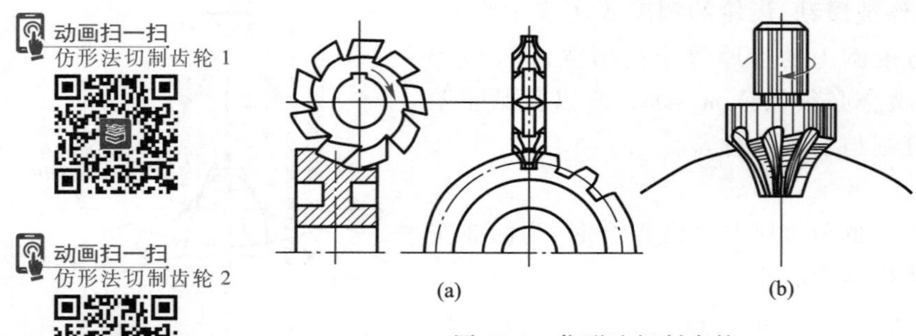

图 12.9　仿形法切制齿轮

仿形法加工方便易行，但精度难以保证。由于渐开线齿廓形状取决于基圆的大小，而基圆半径 $r_b=(mz\cos\alpha)/2$，故齿廓形状与 m、z、α 有关。欲加工精确齿廓，对模数和压力角相同、齿数不同的齿轮，应采用不同的刀具，而这在实际生产中是不可能的。生产中通常用同一号铣刀切制同模数、不同齿数的齿轮，故所得齿形通常是近似的。表 12.4 列出了 1～8 号圆盘铣刀加工齿轮的齿数范围。

表 12.4　盘状铣刀加工齿数的范围

刀号	1	2	3	4	5	6	7	8
加工齿数范围	12～13	14～16	17～20	21～25	26～34	35～54	55～134	135 以上

2. 展成法

展成法是利用一对齿轮无侧隙啮合时两轮的齿廓互为包络线的原理加工齿轮的。加工时刀具与齿坯的运动就像一对互相啮合的齿轮，最后刀具将齿坯切出渐开线齿廓。展成法切制齿轮常用的刀具有三种：

(1) 齿轮插刀　是一个齿廓为刀刃的外齿轮，如图 12.10 所示。

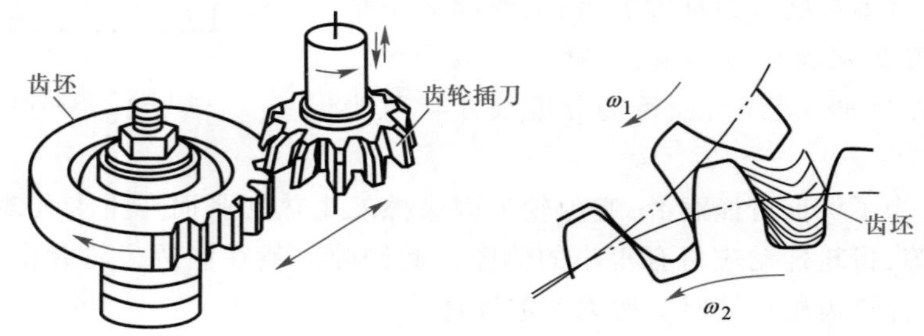

图 12.10　用齿轮插刀插齿

(2) 齿条插刀　是齿廓为刀刃的齿条，如图 12.11 所示。

(3) 齿轮滚刀　像梯形螺纹的螺杆，轴向剖面齿廓为精确的直线齿廓，滚刀转动时相当

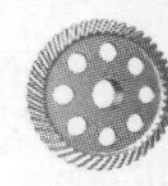

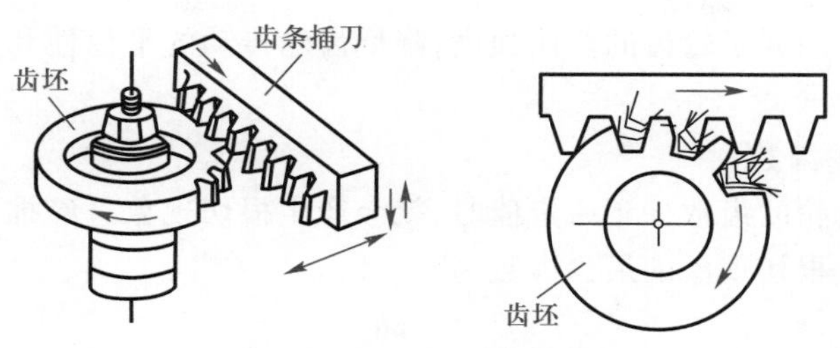

图 12.11　用齿条插刀插齿

于齿条在移动。可以实现连续加工，生产率较高，如图 12.12 所示。

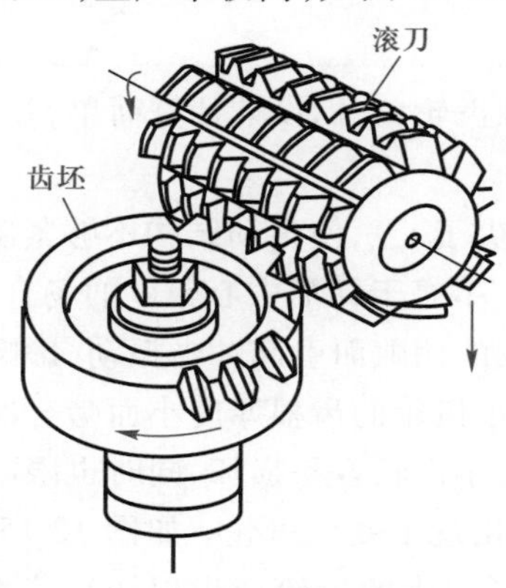

图 12.12　滚刀切制齿轮

用展成法加工齿轮时，只要刀具与被加工齿轮的模数和压力角相同，不管被加工齿轮的齿数是多少，都可以用同一把刀具来加工，这给生产带来了很大的方便，因此展成法得到了广泛的应用。

12.6　渐开线齿廓的根切现象和最少齿数

1. 根切现象

用展成法加工齿轮时，若齿数过少，刀具的齿顶线（或齿顶圆）超过啮合极限点 N 时，如图 12.13 所示，被加工齿轮齿根附近的渐开线齿廓将被切去一部分，这种现象称为根切，如图 12.14 所示。

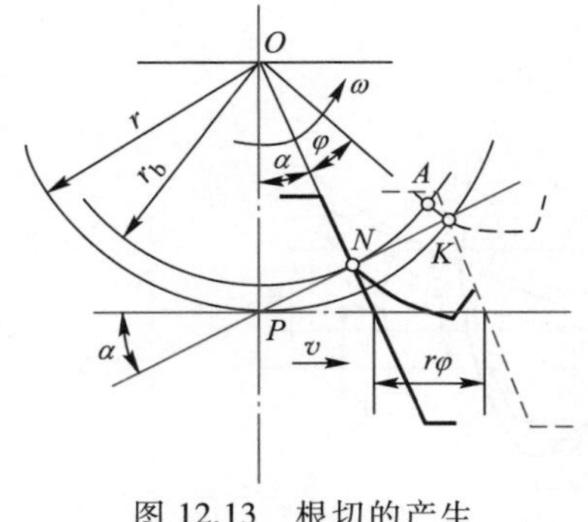

图 12.13　根切的产生

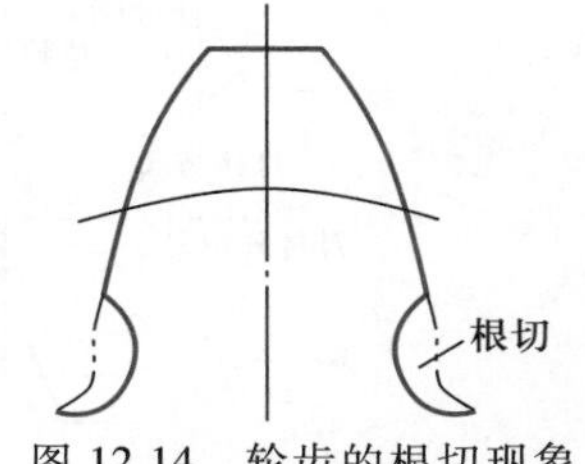

图 12.14　轮齿的根切现象

轮齿的根切大大削弱了轮齿的弯曲强度，降低齿轮传动的平稳性和重合度，因此应力求避免。

2. 不产生根切的最少齿数

当被加工标准齿轮的齿数少到一定值时，就会产生根切现象。经推导得出，用滚刀加工标准外齿轮而不产生根切现象的最少齿数为

$$z_{\min}=\frac{2h_a^*}{\sin^2\alpha} \tag{12.10}$$

当 $\alpha=20°$、$h_a^*=1$ 时，$z_{\min}=17$。

12.7　变位齿轮传动简介

前面讨论的都是渐开线标准齿轮，它们设计计算简单，互换性好。但标准齿轮传动仍存在着一些局限性：

（1）受根切限制，齿数不得少于 $z_{\min}$，使传动结构不够紧凑。

（2）不适用于安装中心距 a' 不等于标准中心距 a 的场合。当 $a'<a$ 时无法安装，当 $a'>a$ 时，虽然可以安装，但会产生过大的侧隙而引起冲击振动，影响传动的平稳性。

（3）一对标准齿轮传动时，小齿轮的齿根厚度小而啮合次数又较多，故小齿轮的强度较低，齿根部分磨损也较严重，因此小齿轮容易损坏，同时也限制了大齿轮的承载能力。

为了改善齿轮传动的性能，出现了变位齿轮。如图 12.15 所示，当齿条插刀按虚线位置安装时，齿顶线超过极限点 N_1，切出来的齿轮产生根切。若将齿条插刀远离轮心 O_1 一段距离（xm）至实线位置，齿顶线不再超过极限点，则切出来的齿轮不会发生根切，但此时齿条的分度线与齿轮的分度圆不再相切。这种改变刀具与齿坯相对位置后切制出来的齿轮称为变位齿轮，刀具移动的距离 xm 称为变位量，x 称为变位系数。刀具远离轮心的变位称为正变位，此时 $x>0$；刀具移近轮心的变位称为负变位，此时 $x<0$。标准齿轮就是变位系数 $x=0$ 的齿轮。由图可知，正变位齿轮齿根部分的齿厚增大，提高了齿轮的抗弯强度，但齿顶减薄，负变位齿轮则与其相反。

具体的变位齿轮传动设计等问题可查阅有关教材。

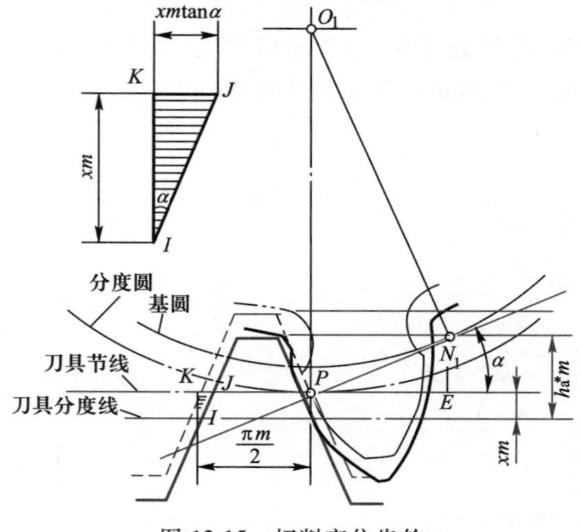

图 12.15　切削变位齿轮

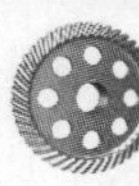

12.8　齿轮的失效形式及改善措施

齿轮传动的失效主要是指轮齿的失效。在实际应用中常会出现各种不同的失效形式。分析、研究失效形式有助于建立齿轮设计的准则，提出防止和减轻失效的措施。

12.8.1　轮齿常见的失效形式

常见的失效形式有轮齿折断、齿面点蚀、齿面胶合、齿面磨损和齿面塑性变形等 5 种形式。

1. 轮齿折断

轮齿像一个悬臂梁，受载后以齿根部产生的弯曲应力为最大，而且是交变应力。当轮齿单侧受载时，应力按脉动循环变化；当轮齿双侧受载时，应力按对称循环变化。轮齿受变化的弯曲应力的反复作用，又由于齿根过渡部分存在应力集中，当应力值超过材料的弯曲疲劳极限时，齿根处产生疲劳裂纹，裂纹逐渐扩展致使轮齿折断。这种折断称为疲劳折断，如图 12.16a 所示。

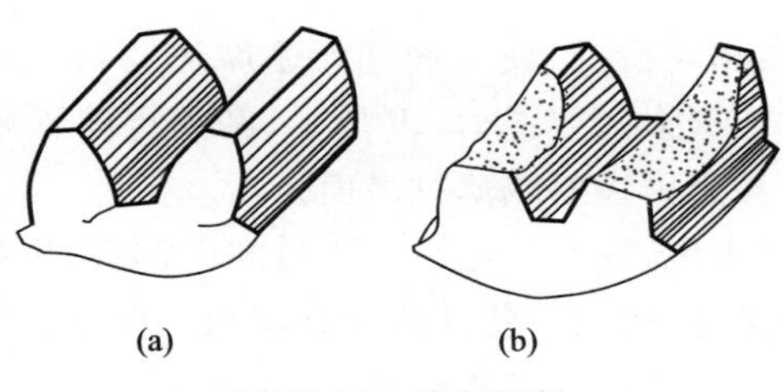

图 12.16　轮齿折断

当轮齿突然过载，或经严重磨损后齿厚过薄时，也会发生轮齿折断，称为过载折断。

如果轮齿宽度过大，由于制造、安装的误差使其局部受载过大时，会造成局部折断，如图 12.16b 所示。在斜齿圆柱齿轮传动中，轮齿工作面上的接触线为一斜线，轮齿受载后如有载荷集中时，就会发生局部折断。若轴的弯曲变形过大而引起轮齿局部受载过大时，也会发生局部折断。

改善与提高的措施：增大齿根圆角半径，消除该处的加工刀痕以降低齿根的应力集中；增大轴及支承的刚度以减轻齿面局部过载的程度；对轮齿进行喷丸、碾压等冷作处理以提高齿面硬度、保持芯部的韧性等。

2. 齿面点蚀

轮齿进入啮合时，齿面接触处产生很大的接触应力，脱离啮合后接触应力即消失。对齿廓工作面上某一固定点来说，它受到的是近似于脉动变化的接触应力。如果接触应力超过了轮齿材料的接触疲劳极限时，齿面上产生裂纹，裂纹扩展致使表层金属微粒剥落，形成小麻点，这种现象称为齿面点蚀，如图 12.17 所示。实践表明，点蚀首先出现在闭式传动中齿根表面靠近节线处。点蚀结果使传动振动，噪声加大，承载能力降低，最终导致传动失效。而对于开式齿轮传动，由于磨损严重，一般不出现点蚀。

改善与提高的措施：提高齿面硬度、降低表面粗糙度值、增大润滑油黏度，以及采用使啮合角增大的正变位齿轮等措施。

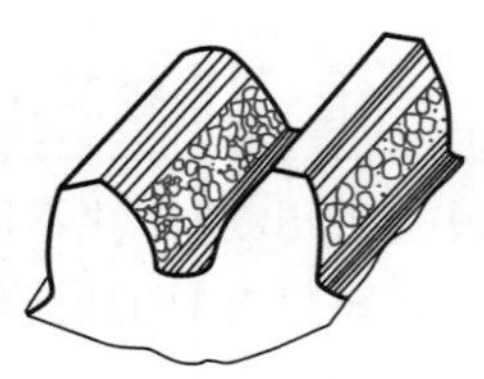

图 12.17　齿面点蚀

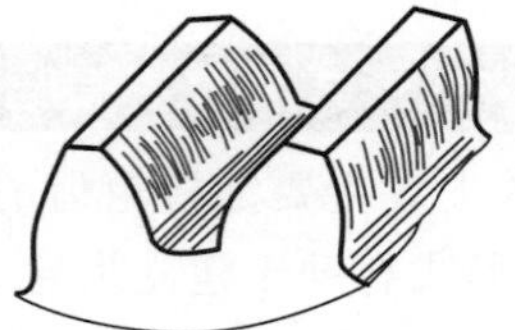

图 12.18　齿面胶合

3. 齿面胶合

在高速重载的齿轮传动中,齿面间的高压、高温使油膜破裂,局部金属互相粘连继而又相对滑动,金属从表面被撕落下来,而在齿面上沿滑动方向出现条状伤痕,称为胶合,如图 12.18 所示。低速重载的传动因不易形成油膜,也会出现胶合。发生胶合后,齿廓形状改变了,不能正常工作。

改善与提高的措施:在实际中采用提高齿面硬度、降低齿面粗糙度值、限制油温、增加润滑油的黏度、选用加有抗胶合添加剂的合成润滑油等方法,可以防止胶合的产生。

4. 齿面磨损

轮齿在啮合过程中存在相对滑动,使齿面间产生摩擦磨损。如果有金属微粒、砂粒、灰尘等进入轮齿间,将引起磨粒磨损。如图 12.19 所示,磨损将破坏渐开线齿形,并使侧隙增大而引起冲击和振动,严重时甚至因齿厚减薄过多而折断。

对于新的齿轮传动装置来说,在开始运转一段时间内,会发生跑合磨损。这对传动是有利的,使齿面表面粗糙度值降低,提高了传动的承载能力。但跑合结束后,应更换润滑油,以免发生磨粒磨损。

对于开式传动,齿面磨损是主要失效形式。

改善与提高的措施:采用闭式传动、提高齿面硬度、降低齿面粗糙度值及采用清洁的润滑油等,均可以减轻齿面磨损。

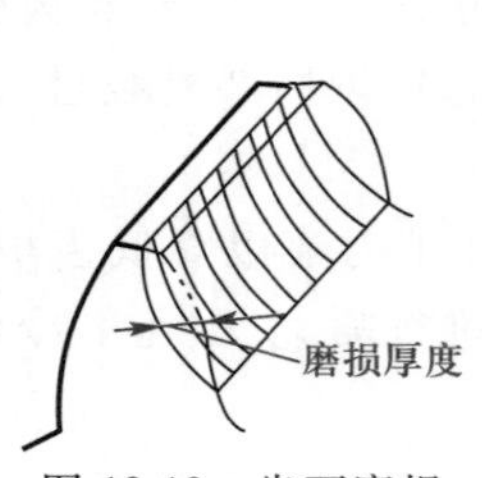

图 12.19　齿面磨损

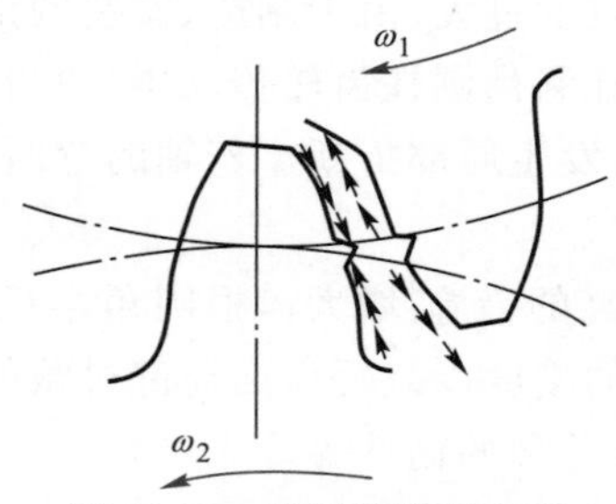

图 12.20　齿面的塑性变形

5. 齿面塑性变形

当齿轮材料较软而载荷较大时,轮齿表层材料将沿着摩擦力方向发生塑性变形,导致主动轮齿面节线处出现凹沟,从动轮齿面节线处出现凸棱(图 12.20),齿形被破坏,影响齿轮的正常啮合。

改善与提高的措施:可采用提高齿面硬度、选用黏度较高的润滑油等方法。

12.8.2　齿轮传动设计准则

设计齿轮传动时应根据齿轮传动的工作条件、失效情况等,合理地确定设计准则,以保证齿轮传动有足够的承载能力。工作条件、齿轮的材料不同,轮齿的失效形式就不同,设计

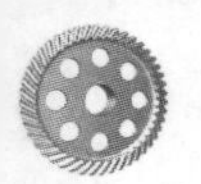

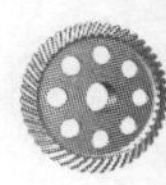

准则、设计方法也不同。

对于闭式软齿面齿轮传动,齿面点蚀是主要的失效形式,应先按齿面接触疲劳强度进行设计计算,确定齿轮的主要参数和尺寸,然后再按弯曲疲劳强度校核齿根的弯曲强度。闭式硬齿面齿轮传动常因齿根折断而失效,故通常先按齿根弯曲疲劳强度进行设计计算,确定齿轮的模数和其他尺寸,然后再按接触疲劳强度校核齿面的接触强度。

对于开式齿轮传动中的齿轮,齿面磨损为其主要失效形式,故通常按照齿根弯曲疲劳强度进行设计计算,确定齿轮的模数,考虑磨损因素,再将模数增大 10%~20%,而无须校核接触强度。

12.9　齿轮的常用材料及许用应力

12.9.1　齿轮材料的基本要求

由轮齿的失效分析可知,对齿轮材料的基本要求为:

(1) 齿面应有足够的硬度,以抵抗齿面磨损、点蚀、胶合以及塑性变形等。

(2) 齿芯应有足够的强度和较好的韧性,以抵抗齿根折断和冲击载荷。

(3) 应有良好的加工工艺性能及热处理性能,使之便于加工且便于提高其力学性能。

12.9.2　齿轮常用的材料及其热处理

最常用的齿轮材料是钢,此外还有铸铁及一些非金属材料等。

1. 锻钢

锻钢因具有强度高、韧性好、便于制造、便于热处理等优点,大多数齿轮都用锻钢制造。

下面介绍软齿面齿轮和硬齿面齿轮常用的材料。

(1) 软齿面齿轮　软齿面齿轮的齿面硬度≤350 HBW,常用中碳钢和中碳合金钢,如 45 钢、40Cr、35 SiMn 等材料,进行调质或正火处理。这种齿轮适用于强度、精度要求不高的场合,轮坯经过热处理后进行插齿或滚齿加工,生产便利、成本较低。

在确定大、小齿轮硬度时应注意使小齿轮的齿面硬度比大齿轮的齿面硬度高 30~50 HBW。这是因为小齿轮受载荷次数比大齿轮多,为使两齿轮的轮齿接近等强度,所以小齿轮的齿面要比大齿轮的齿面硬一些。

(2) 硬齿面齿轮　硬齿面齿轮的齿面硬度>350 HBW,常用的材料为中碳钢或中碳合金钢经表面淬火处理,硬度可达 40~55 HRC。若采用低碳钢或低碳合金钢,如 20 钢、20 Cr、20 CrMnTi 等,齿面需渗碳淬火,其硬度可达 56~62 HRC。热处理后需磨齿,如内齿轮不便于磨削,可采用渗氮处理(采用这种方法,在热处理过程中齿的变形较小)。

2. 铸钢

当齿轮的尺寸较大(大于 400~600 mm)而不便于锻造时,可用铸造方法制成铸钢齿坯,再进行正火处理以细化晶粒。

3. 铸铁

低速、轻载场合的齿轮可以制成铸铁齿坯。当尺寸大于 500 mm 时可制成大齿圈,或制成轮辐式齿轮。铸铁齿轮的加工性能、抗点蚀、抗胶合性能均较好,但强度低,耐磨性能、抗冲击性能差。为避免局部折断,其齿宽应取得小些。

球墨铸铁的力学性能和抗冲击能力比灰铸铁高,可代替铸钢铸造大直径齿轮。

4. 非金属材料

非金属材料的弹性模量小,传动时轮齿的变形可减轻动载荷和噪声,适用于高速轻载、精度要求不高的场合,常用的有夹布胶木,工程塑料等。

齿轮常用材料的力学性能及应用范围见表 12.5。

表 12.5　齿轮的常用材料及其力学性能

材料	牌号	热处理	硬度	强度极限 σ_b/MPa	屈服极限 σ_s/MPa	应用范围
优质碳素钢	45	正火	169~217 HBW	580	290	低速轻载
		调质	217~255 HBW	650	360	低速中载
		表面淬火	48~55 HRC	750	450	高速中载或低速重载冲击很小
	50	正火	180~220 HBW	620	320	低速轻载
合金钢	40Cr	调质	240~269 HBW	700	550	中速中载
		表面淬火	45~55 HRC	900	650	高速中载,无剧烈冲击
	42 SiMn	调质 表面淬火	217~260 HBW 48~55 HRC	750	470	高速中载,无剧烈冲击
	20 Cr	渗碳淬火	56~62 HRC	650	400	高速中载,承受冲击
	20CrMnTi	渗碳淬火	56~62 HRC	1 100	850	
铸钢	ZG310-570	正火 表面淬火	160~210 HBW 40~50 HRC	570	320	中速、中载、大直径
	ZG340-640	正火	170~230 HBW	650	350	
		调质	240~270 HBW	700	380	
球墨铸铁	QT600-2 QT500-5	正火	220~280 HBW 140~241 HBW	600 500		低、中速轻载,有小的冲击
灰铸铁	HT200 HT300	人工时效(低温退火)	170~230 HBW 187~235 HBW	200 300		低速轻载,冲击很小

12.9.3　许用应力

齿轮的许用应力$[\sigma]$是以试验齿轮在特定的条件下经疲劳试验测得的试验齿轮的疲劳极限应力 σ_{lim},并对其进行适当的修正得出的。修正时主要考虑应力循环次数的影响和可靠度。

齿面接触疲劳许用应力为

$$[\sigma_H]=\frac{Z_{NT}\sigma_{\text{Hlim}}}{s_H} \tag{12.11}$$

齿根弯曲疲劳许用应力为

$$[\sigma_F]=\frac{Y_{NT}\sigma_{\text{Flim}}}{s_F} \tag{12.12}$$

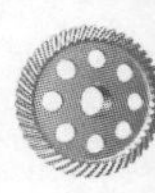

式中带 lim 下标的应力是试验齿轮在持久寿命期内失效概率为 1%的疲劳极限应力。因为材料的成分、性能、热处理的结果和质量都不能均一，故该应力值不是一个定值，有很大的离散区。在一般情况下，可取中间值，即 MQ 线。按齿轮材料和齿面硬度，接触疲劳极限 σ_{Hlim} 可由图 12.21 查得，弯曲疲劳极限 σ_{Flim} 可由图 12.22 查得，其值已计入应力集中的影响。应注意：① 若硬度超出线图中范围，可近似地按外插法查取 σ_{lim} 值；② 当轮齿承受对称循环应力时，对于弯曲应力将图 12.22 中的 σ_{Flim} 值乘以 0.7；s_{H}、s_{F} 分别为齿面接触疲劳强度安全系

表 12.6　安全系数 s_{H} 和 s_{F}

安全系数	软齿面（≤350 HBW）	硬齿面（>350 HBW）	重要的传动、渗碳淬火齿轮或铸造齿轮
s_{H}	1.0～1.1	1.1～1.2	1.3
s_{F}	1.3～1.4	1.4～1.6	1.6～2.2

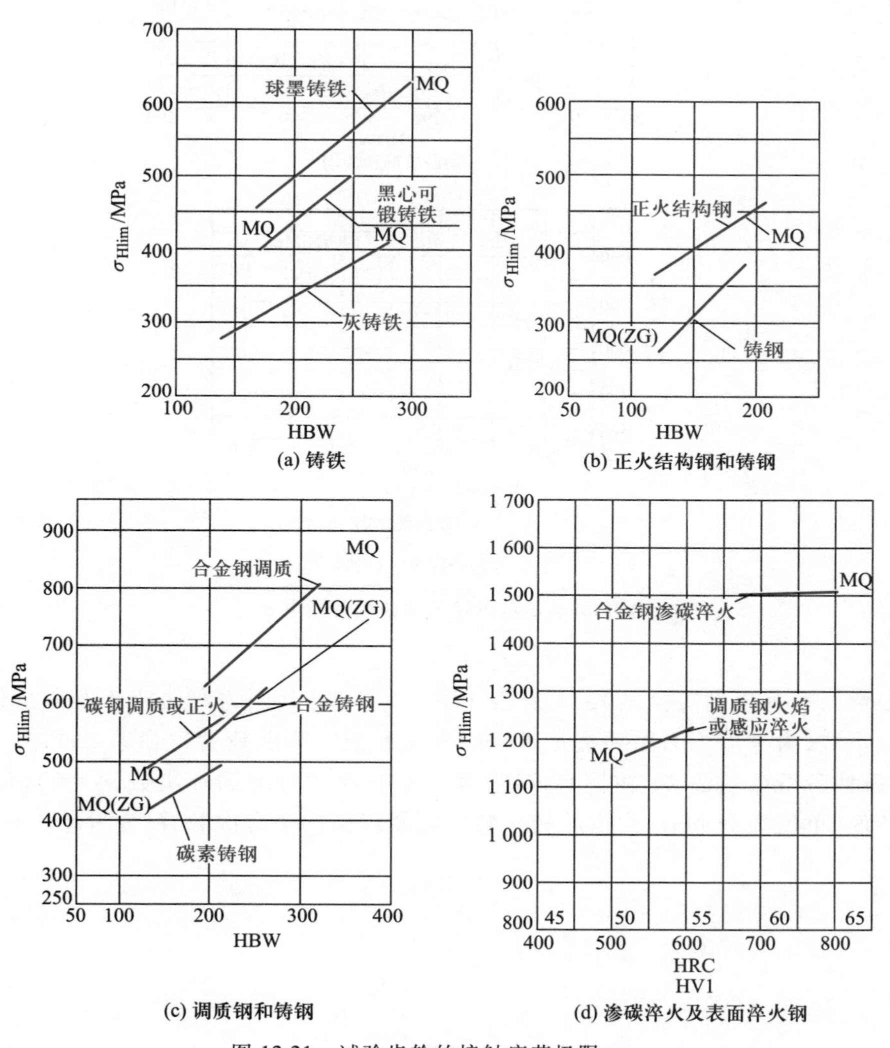

(a) 铸铁

(b) 正火结构钢和铸钢

(c) 调质钢和铸钢

(d) 渗碳淬火及表面淬火钢

图 12.21　试验齿轮的接触疲劳极限 σ_{Hlim}

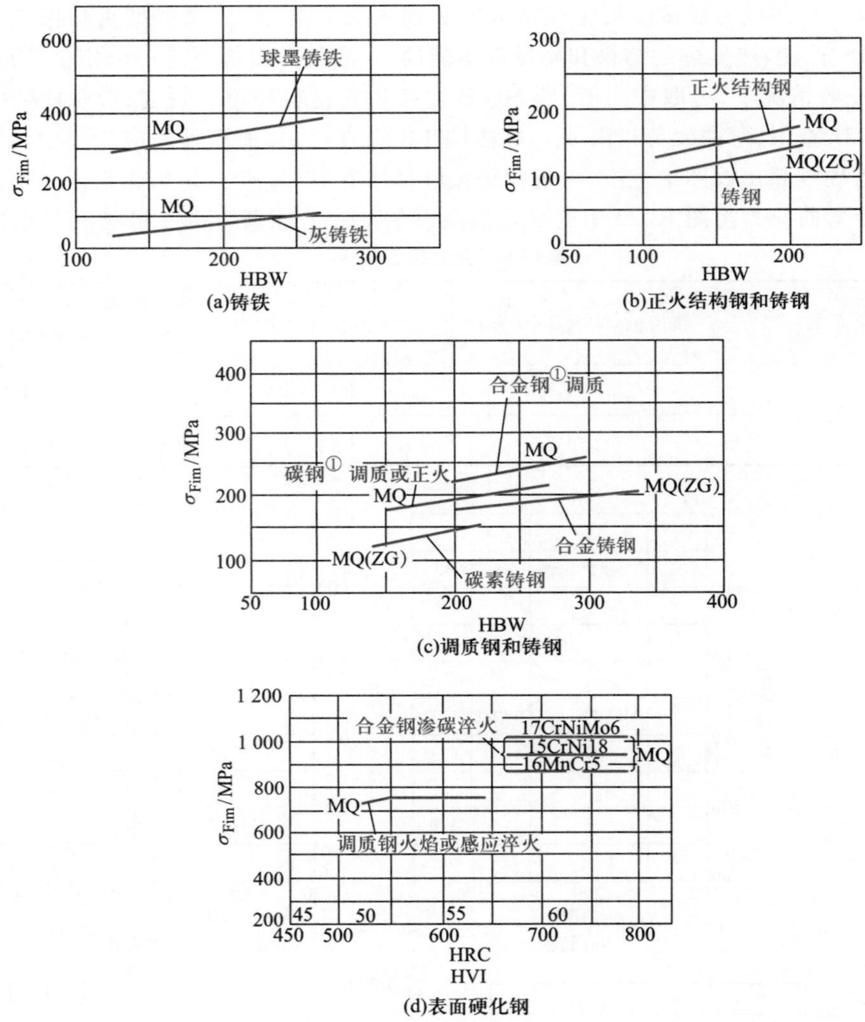

(a)铸铁

(b)正火结构钢和铸钢

(c)调质钢和铸钢

(d)表面硬化钢

① 含碳量>0.32%

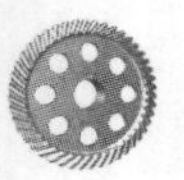

图 12.22　试验齿轮的弯曲疲劳极限 σ_{Flim}

数和齿根弯曲疲劳强度安全系数，可查表 12.6。Y_{NT}、Z_{NT} 分别为弯曲疲劳寿命系数和接触疲劳寿命系数，为考虑应力循环次数影响的寿命系数。弯曲疲劳寿命系数 Y_{NT} 由图 12.23 查得；接触疲劳寿命系数 Z_{NT} 由图12.24查得。图中 N 为应力循环次数，$N=60njL_{\mathrm{h}}$，其中 n 为齿轮转速，单位为 r/min；j 为齿轮转一转时同侧齿面的啮合次数；L_{h} 为齿轮工作寿命，单位为 h。

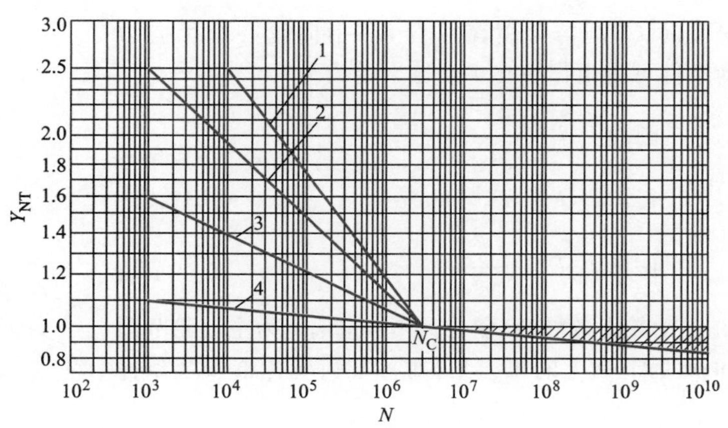

图 12.23　弯曲疲劳寿命系数 Y_{NT}

1—调质钢，球墨铸铁（珠光体、贝氏体），珠光体可锻铸铁；2—渗碳淬火的渗碳钢，火焰或感应表面淬火的钢、球墨铸铁；3—渗氮的渗氮钢，球墨铸铁（铁素体），结构钢、灰铸铁；4—碳氮共渗的调质钢、渗碳钢

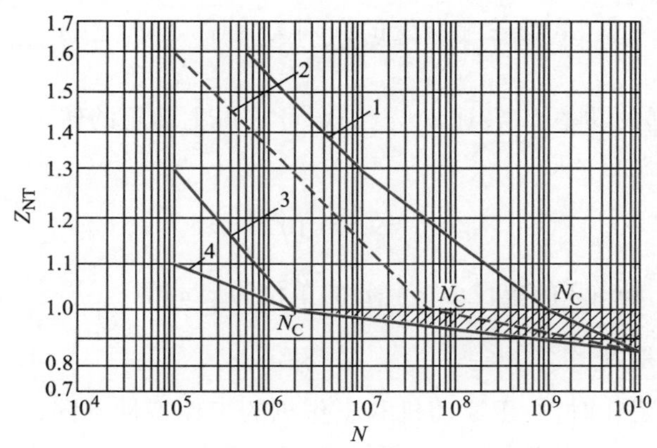

图 12.24　接触疲劳寿命系数 Z_{NT}

1—允许一定点蚀时的结构钢，调质钢，球墨铸铁（珠光体、贝氏体）珠光体可锻铸铁，渗碳淬火的渗碳钢；2—材料同 1，不允许出现点蚀；火焰或感应表面淬火的钢；3—灰铸铁，球墨铸铁（铁素体），渗氮的渗氮钢，调质钢、渗碳钢；4—碳氮共渗的调质钢、渗碳钢

12.10　渐开线标准直齿圆柱齿轮传动的强度计算

12.10.1　轮齿的受力分析

为计算轮齿的强度、设计轴和轴承，必须首先分析轮齿上的作用力，齿面间的作用力有两个：

（1）摩擦力　由试验得出摩擦力对轮齿面强度的影响不大，故可略去不计。

（2）正压力　又称法向力 F_n，是沿着齿宽接触线上均布的，受力分析时，常作为集中力来对待。

一对齿廓啮合时，根据啮合特性可得出正压力总是沿着两齿廓接触点的公法线方向，即啮合线方向，与齿廓曲面相垂直。现进行受力分析时，一方面认为在节点 P 处啮合，另一方面分析其作用在主动轮上的力，如图 12.25 所示。

法向力为 F_{n1}，F_{n1} 在节圆上可分解成两个互相垂直的分力，即圆周力 F_{t1}（切于节圆，对于

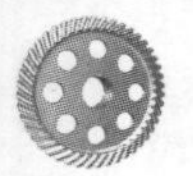

标准齿轮标准安装时，节圆与分度圆重合）和指向轮心的径向力 F_{r1}。根据力平衡条件可得出作用在主动轮上的力为

$$\left.\begin{aligned}&\text{圆周力}\ F_{t1}=\frac{2T_1}{d_1}\\&\text{径向力}\ F_{r1}=F_{t1}\cdot\tan\alpha'\\&\text{法向力}\ F_{n1}=\frac{F_{t1}}{\cos\alpha'}\end{aligned}\right\}\tag{12.13}$$

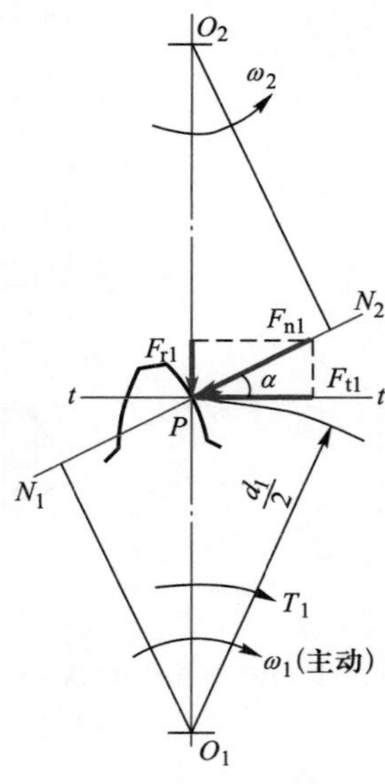

图 12.25　直齿圆柱齿轮传动的受力分析

式中：T_1为作用在主动轮上的转矩，单位为 N · mm；d_1为主动轮节圆直径，单位为 mm；α'为节圆上的压力角，对标准齿轮标准安装条件下 $\alpha'=\alpha(=20°)$。

各分力方向为：主动轮上所受的圆周力方向与其旋转方向相反，为阻力；径向力方向为指向轮心（对内齿轮是背离轮心）。

作用在从动轮上的力可根据作用与反作用定律得出：$F_{t1}=-F_{t2}$；$F_{r1}=-F_{r2}$；$F_{n1}=-F_{n2}$。从动轮上所受的圆周力为驱动力，它的方向与转动方向相同。

一般，主动轮传递的功率 P、转速 n_1为已知，可求得主动轮的转矩 T_1为

$$T_1=9.55\times10^6\ \frac{P}{n_1}\tag{12.14}$$

式中：T_1的单位为 N · mm；P 的单位为 kW；n 的单位为 r/min。

12.10.2　轮齿的计算载荷

齿轮传动在实际工作时，由于原动机和工作机的工作特性不同，会产生附加的动载荷。齿轮、轴、轴承的加工、安装误差及弹性变形会引起载荷集中，使实际载荷增加。法向力 F_n为名义载荷，考虑各种实际情况，通常用计算载荷 KF_n取代名义载荷 F_n，K 为载荷系数，由表 12.7 查取。计算载荷用符号 F_{nc}表示，即

$$F_{nc}=KF_n\tag{12.15}$$

表 12.7　载荷系数 *K*

工作机械	载荷特性	原动机		
		电动机	多缸内燃机	单缸内燃机
均匀加料的运输机和加料机、轻型卷扬机、发电机、机床辅助传动	均匀、轻微冲击	1～1.2	1.2～1.6	1.6～1.8
不均匀加料的运输机和加料机、重型卷扬机、球磨机、机床主传动	中等冲击	1.2～1.6	1.6～1.8	1.8～2.0
冲床、钻机、轧机、破碎机、挖掘机	大的冲击	1.6～1.8	1.9～2.1	2.2～2.4

注：斜齿、圆周速度低、精度高、齿宽系数小、齿轮在两轴承间对称布置时取小值。直齿、圆周速度高、精度低、齿宽系数大，齿轮在两轴承间不对称布置时取大值。

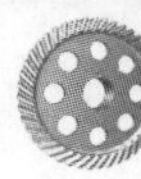

12.10.3　齿面接触疲劳强度计算

根据齿面疲劳点蚀的失效分析，节线附近的齿根面上最易发生点蚀。同时在节点啮合时，往往为一对齿在啮合，故在强度计算中以节点作为计算点，较为安全。

齿面点蚀是因为接触应力过大而引起，其最大接触应力可由弹性力学中赫兹应力公式（Hertz）计算（读者可查阅有关资料），如图 12.26 所示。因此，一般以节点处的接触应力来计算齿面的接触疲劳强度。经推导可得出一对外啮合渐开线标准直齿轮的齿面接触疲劳强度校核计算和设计计算公式。

校核计算公式为

$$\sigma_{\mathrm{H}}=3.52Z_{\mathrm{E}}\sqrt{\frac{KT_1(u\pm1)}{bd_1^2u}}\leqslant[\sigma_{\mathrm{H}}]\qquad(12.16)$$

设计计算公式为

$$d_1\geqslant\sqrt[3]{\frac{KT_1(u\pm1)}{\psi_{\mathrm{d}}u}\left(\frac{3.52Z_{\mathrm{E}}}{[\sigma_{\mathrm{H}}]}\right)^2}\qquad(12.17)$$

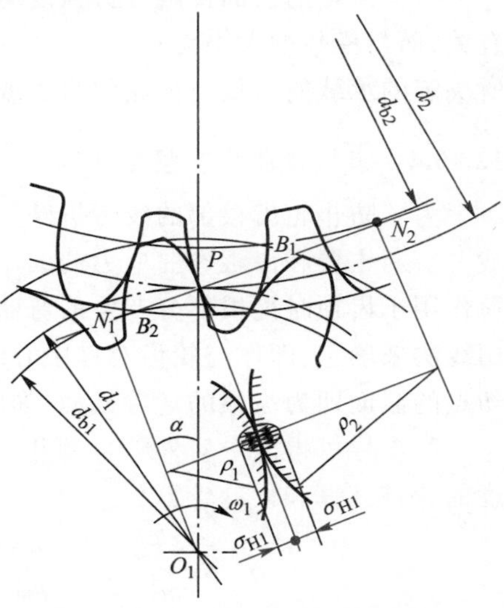

图 12.26　齿轮接触强度计算简图

式中：Z_{E} 为材料的弹性系数，其值见表 12.8；齿宽系数 $\psi_{\mathrm{d}}=\dfrac{b}{d}$；$u$ 为齿数比 $\left(=\dfrac{z_2}{z_1}=\dfrac{d_2}{d_1}\right)$；"+"号用于外啮合，"-"号用于内啮合；$b$ 为轮齿的接触宽度，mm；$[\sigma_{\mathrm{H}}]$ 为齿轮材料的许用接触应力，MPa。

表 12.8　弹性系数 Z_{E}　　$\sqrt{\mathrm{MPa}}$

齿轮 2 材料	锻钢	铸钢	球墨铸铁	灰铸铁
弹性模量 E/MPa	20.6×10^4	20.2×10^4	17.3×10^4	11.8×10^4
泊松比 μ / 齿轮 1 材料	0.3	0.3	0.3	0.3
锻　钢	189.8	188.9	181.4	162.0
铸　钢		188.0	180.5	161.4
球墨铸铁	—	—	173.9	156.6
灰铸铁			—	143.7

若两齿轮材料都选用锻钢时，由表 12.8 查得 $Z_{\mathrm{E}}=189.8\sqrt{\mathrm{MPa}}$，将其分别代入校核公式（12.16）和设计公式（12.17），可得一对钢齿轮的设计公式为

$$d_1\geqslant76.43\sqrt[3]{\frac{KT_1(u\pm1)}{\psi_{\mathrm{d}}u[\sigma_{\mathrm{H}}]^2}}\qquad(12.18)$$

校核公式为

$$\sigma_{\mathrm{H}}=668\sqrt{\frac{KT_1(u\pm1)}{bd_1^2u}}\leqslant[\sigma_{\mathrm{H}}]\qquad(12.19)$$

应用上述公式时应注意以下几点：

（1）两齿轮齿面的接触应力 σ_{H1} 与 σ_{H2} 大小相同。

（2）两齿轮的许用接触应力 $[\sigma_H]_1$ 与 $[\sigma_H]_2$ 一般不同，进行强度计算时应选用较小值。

（3）齿轮的齿面接触疲劳强度与齿轮的直径或中心距的大小有关，即与 m 与 z 的乘积有关，而与模数的大小无关。当一对齿轮的材料、齿宽系数、齿数比一定时，由齿面接触强度所决定的承载能力仅与齿轮的直径或中心距有关。

12.10.4　齿根弯曲疲劳强度计算

为了防止轮齿根部的疲劳折断，在进行齿轮设计时要计算齿根弯曲疲劳强度。轮齿的疲劳折断主要和齿根弯曲应力的大小有关。为简化计算，假定全部载荷由一对齿承受，且载荷作用于齿顶时齿根部分产生的弯曲应力最大。计算时将轮齿看作悬臂梁，危险截面用 30°切线法来确定，即作与轮齿对称中心线成 30°角并与齿根过渡曲线相切的两条直线，连接两切点的截面即为齿根的危险截面，如图 12.27 所示。

经推导可得出一对外啮合渐开线标准直齿轮的齿根弯曲疲劳强度的校核计算和设计计算公式为

$$\sigma_F=\frac{2KT_1}{bmd_1}Y_FY_S=\frac{2KT_1}{bm^2z_1}Y_FY_S\leqslant[\sigma_F] \tag{12.20}$$

$$m\geqslant 1.26\sqrt[3]{\frac{KT_1Y_FY_S}{\psi_d z_1^2[\sigma_F]}} \tag{12.21}$$

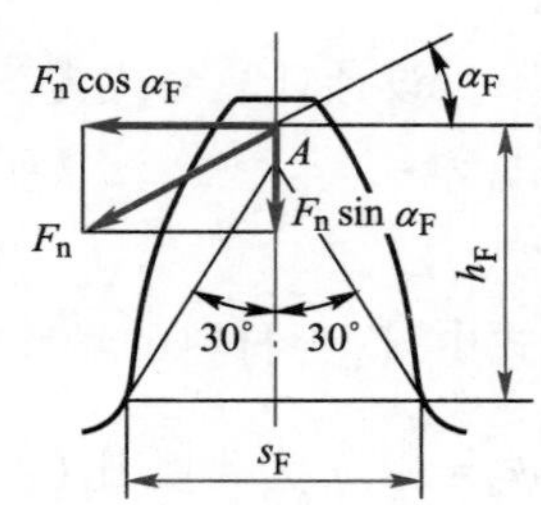

图 12.27　危险截面的确定

式中：Y_F 为齿形系数，它是考虑齿形对齿根弯曲应力影响的系数，可由表 12.9 查得；Y_S 为应力修正系数，由表 12.10 查得；$[\sigma_F]$ 为轮齿的许用弯曲应力，单位为 MPa，可由式（12.12）确定。

表 12.9　标准外齿轮的齿形系数 Y_F

z	12	14	16	17	18	19	20	22	25	28	30	35	40	45	50	60	80	100	≥200
Y_F	3.47	3.22	3.03	2.97	2.91	2.85	2.81	2.75	2.65	2.58	2.54	2.47	2.41	2.37	2.35	2.30	2.25	2.18	2.14

注：$\alpha=20°$、$h_a^*=1$、$c^*=0.25$。

表 12.10　标准外齿轮的应力修正系数 Y_S

z	12	14	16	17	18	19	20	22	25	28	30	35	40	45	50	60	80	100	≥200
Y_S	1.44	1.47	1.51	1.53	1.54	1.55	1.56	1.58	1.59	1.61	1.63	1.65	1.67	1.69	1.71	1.73	1.77	1.80	1.88

注：$\alpha=20°$、$h_a^*=1$、$c^*=0.25$、$\rho_f=0.38\ m$，ρ_f 为齿根圆角曲率半径。

应注意，通常两个相啮合齿轮的齿数是不相同的，故齿形系数 Y_F 和应力修正系数 Y_S 都不相等，而且齿轮的许用应力 $[\sigma_F]$ 也不一定相等，因此必须分别校核两齿轮的齿根弯曲疲劳强度。在设计计算时，应将两齿轮的 $\frac{Y_FY_S}{[\sigma_F]}$ 值进行比较，取其中较大者代入式（12.21）中计算，计算所得模数应圆整成标准值。

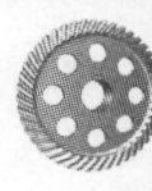

12.11　平行轴斜齿圆柱齿轮传动

12.11.1　齿廓曲面的形成及其啮合特点

简单地说,斜齿圆柱齿轮是由直齿圆柱齿轮演变而成的。假想将一个渐开线直齿圆柱齿轮垂直于轮轴切成许多等宽的薄片并将每片依次转过相同的角度所得的这种齿轮称为阶级齿轮,如图 12.28a 所示。当薄片切成无穷多片时,便形成一个连续轮齿的斜齿圆柱齿轮,其端面(垂直于轮轴的剖面)的齿廓仍为渐开线曲面,如图 12.28b 所示。因此,从端面上看,一对斜齿圆柱齿轮传动就相当于一对渐开线直齿圆柱齿轮传动。

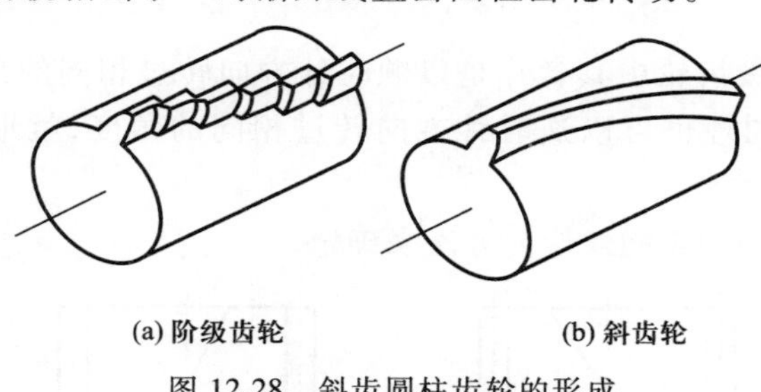

(a) 阶级齿轮　　(b) 斜齿轮

图 12.28　斜齿圆柱齿轮的形成

12.11.2　斜齿圆柱齿轮传动的啮合特性

与直齿圆柱齿轮传动相比,斜齿圆柱齿轮传动具有下述几点的啮合特性:

(1) 直齿圆柱齿轮啮合时,齿面的接触线均平行于齿轮轴线。因此轮齿是沿整个齿宽同时进入直齿、同时脱离啮合的,如图 12.29a 所示。而斜齿圆柱齿轮啮合时接触线为倾斜线,接触线的长度由零逐渐增加,又逐渐缩短,直至脱离接触,如图 12.29b 所示。这样载荷不会突然加上或卸下的,因此斜齿轮传动工作较平稳。

(2) 重合度大,一对斜齿轮轮齿在前端面(相当于直齿轮)即将退出啮合时,其后端面的轮齿部分还在啮合中。因此斜齿轮除了具有相当于直齿轮的那部分重合度外,还具有由于轮齿倾斜一个螺旋角所产生的重合度。

(3) 传动时产生轴向力,这对传动和支承都是不利的。

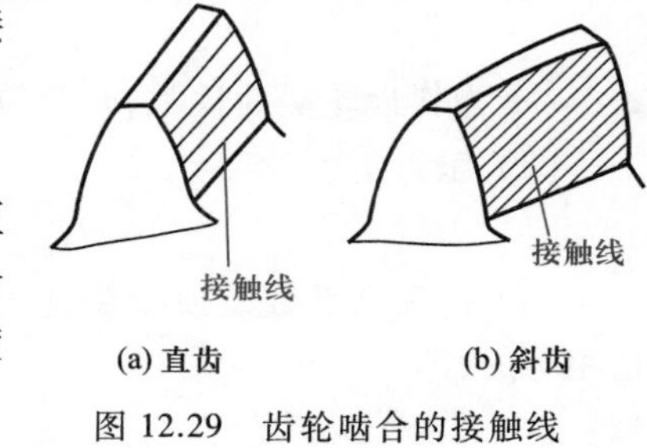

(a) 直齿　　(b) 斜齿

图 12.29　齿轮啮合的接触线

由于斜齿圆柱齿轮具有以上啮合特性,因而斜齿轮传动平稳,承载能力强,更宜重载场合中,其缺点为产生轴向力。

12.11.3　斜齿轮的基本参数和几何尺寸计算

斜齿轮的齿廓曲面为渐开线螺旋面在垂直于齿轮轴线的端面(下标以 t 表示)和垂直于齿廓螺旋面的法面(下标以 n 表示)上有不同的参数。斜齿轮的端面是标准的渐开线,但从斜齿轮的加工和受力角度看,斜齿轮的法面参数应为标准值。因此,必须规定出在这两平面内各个参数的关系。

由于斜齿轮在加工时,刀具的进刀方向垂直于法面。因此,齿轮的法向模数和压力角与刀具相同,故规定斜齿轮法向模数、法向压力角、法向齿顶高系数及法向顶隙系数均为标准值。

1. 基本参数

斜齿轮的基本参数为 z、m_n、α_n、h_{an}^*、c_n^*,还有一个分度圆上螺旋角 β。

(1) 螺旋角　螺旋角 β 是斜齿轮不同于直齿轮的最基本的标志。斜齿轮的齿廓曲面为渐开线螺旋面,它与各圆柱面的交线均为螺旋线,而各螺旋线的螺旋角是不等的,通常以分度圆柱面上的螺旋角称为斜齿轮的公称螺旋角 β。β 角增大,斜齿轮的优点越明显。当然产生的轴向力也越大。此外,β 角过大,制造上也有困难。因此,一般选用 β 值在 8°~15°范围内。

图 12.28 所示的阶级齿轮中其各片是以顺时针方向转过相同的角度,就形成右旋斜齿轮,如图 12.30a 所示。同理也可以逆时针方向转过相同的角度,就形成左旋斜齿轮,如图 12.30b所示。

斜齿轮旋向还可应用确定螺纹旋向方法来确定。

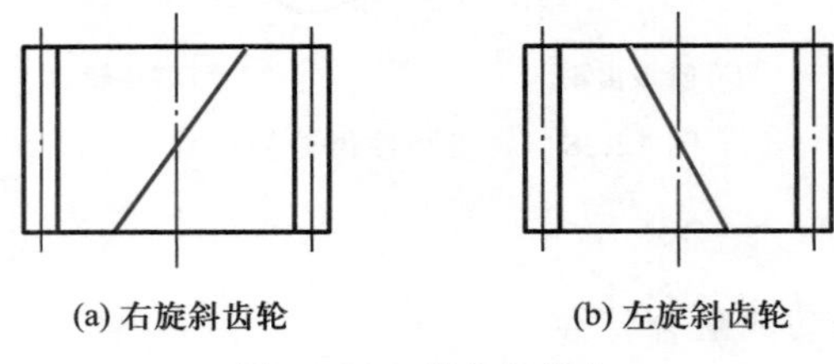

(a) 右旋斜齿轮　　(b) 左旋斜齿轮

图 12.30　斜齿轮旋向

(2) 模数　经推导得出,斜齿轮法面模数与端面模数的关系为

$$m_n = \pi m_t \cos\beta \tag{12.22}$$

式中:m_n为斜齿轮法面模数;m_t为端面模数;β 为公称螺旋角。

(3) 压力角

$$\tan\alpha_n = \tan\alpha_t \cdot \cos\beta \tag{12.23}$$

(4) 齿顶高系数及顶隙系数　斜齿轮的齿顶高和齿根高不论从端面还是从法面来看都是相等的,即

$$h_{an}^* m_n = h_{at}^* m_t \text{ 及 } c_n^* m_n = c_t^* m_t$$

将式(12.22)代入以上两式即得

$$\left.\begin{aligned} h_{at}^* &= h_{an}^* \cos\beta \\ c_t^* &= c_n^* \cos\beta \end{aligned}\right\} \tag{12.24}$$

2. 斜齿轮的几何尺寸计算

斜齿轮的啮合在端面上相当于一对直齿轮的啮合,因此将斜齿轮的端面参数代入直齿轮的计算公式,就可得到斜齿轮的相应尺寸,可查表 12.11。

表 12.11　外啮合标准斜齿圆柱齿轮传动的几何尺寸计算公式

名称	符号	计算公式
分度圆直径	d	$d = m_t z = (m_n/\cos\beta)z$

续表

名称	符号	计算公式
齿顶高	h_a	$h_a = m_n$
齿顶圆直径	d_a	$d_a = d+2h_a$
齿根高	h_f	$h_f = 1.25m_n$
齿根圆直径	d_f	$d_f = d-2h_f$
全齿高	h	$h = h_a+h_f = 2.25m_n$
标准中心距	a	$a=\frac{1}{2}(d_1+d_2)=\frac{1}{2}m_t(z_1+z_2)=\frac{m_n}{2\cos\beta}(z_1+z_2)$

由表 12.11 可知，斜齿轮传动的中心距与螺旋角 β 有关。当一对斜齿轮的模数、齿数一定时，可以通过改变其螺旋角 β 的大小来圆整中心距。也就是当中心距取一标准值（或整数值）时，其螺旋角 β 值就为导出值。

12.11.4　斜齿轮传动的啮合传动

1. 正确啮合条件

一对外啮合平行轴斜齿轮传动的正确啮合条件为：

（1）两斜齿轮的法面模数相等，$m_{n1}=m_{n2}=m_n$。

（2）两斜齿轮的法面压力角相等，$\alpha_{n1}=\alpha_{n2}=\alpha_n$。

（3）两斜齿轮的螺旋角大小相等，方向相反，即 $\beta_1=-\beta_2$。

若不满足条件（3），就成为交错轴斜齿轮传动。在此不作讨论，可查阅有关资料。

2. 斜齿轮传动的重合度

斜齿轮传动的重合度要比直齿轮大，所以斜齿轮传动较平稳。

3. 斜齿圆柱齿轮的当量齿数

在进行强度计算以及用仿形法加工斜齿轮选择铣刀时，必须知道斜齿轮的法面齿形。所以要找出一个与斜齿轮法面齿形相当的直齿轮，如图 12.31 所示。这假想的直齿轮称为斜齿圆柱齿轮的当量齿轮，其齿数称为当量齿数，用 z_v 表示。

$$z_v=\frac{z}{\cos^3\beta} \tag{12.25}$$

标准斜齿轮不发生根切的最少齿数为

$$z_{min}=z_{vmin}\cos^3\beta \tag{12.26}$$

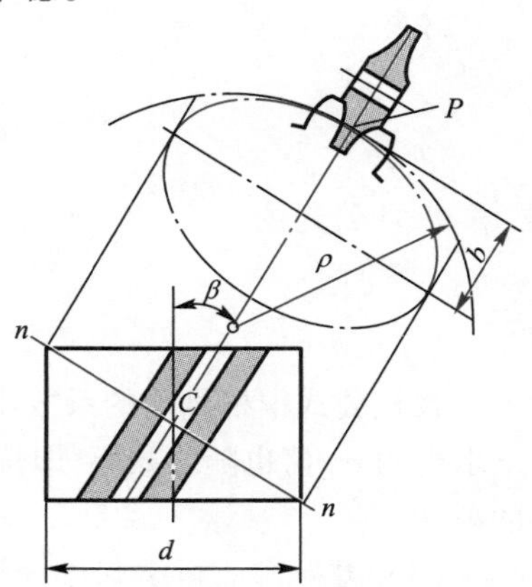

图 12.31　斜齿轮的当量齿数

由于 $\cos\beta<1$，所以斜齿轮的最少齿数比直齿轮要少，因而斜齿轮机构更加紧凑。

12.11.5 斜齿圆柱齿轮的强度计算

1. 受力分析

图 12.32 为斜齿圆柱齿轮传动中主动轮上的受力分析图。图中 F_{n1} 作用在齿面的法面内，忽略摩擦力的影响，F_{n1} 可分解成三个互相垂直的分力，即圆周力 F_{t1}、径向力 F_{r1} 和轴向力 F_{a1}，其值分别为

$$\left.\begin{aligned}&\text{圆周力}\quad F_{t1}=\frac{2T_1}{d_1}\\&\text{径向力}\quad F_{r1}=F_{t1}\frac{\tan\alpha_n}{\cos\beta}\\&\text{轴向力}\quad F_{a1}=F_{t1}\tan\beta\end{aligned}\right\}\tag{12.27}$$

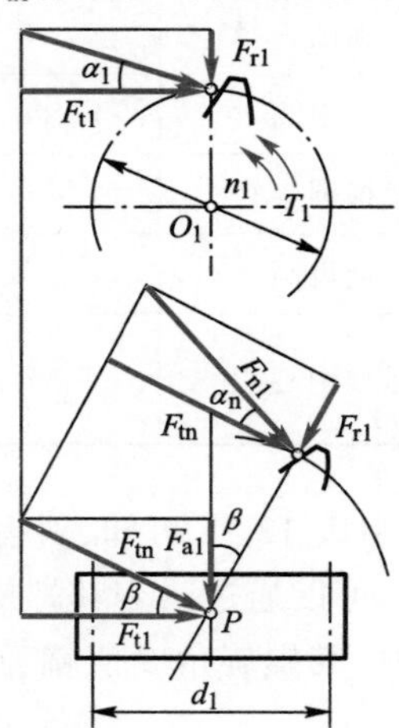

图 12.32 斜齿圆柱齿轮的受力分析

式中：T_1 为主动轮传递的转矩，N · mm；d_1 为主动轮分度圆直径，mm；β 为分度圆上的螺旋角；α_n 为法面压力角。

作用于主动轮上的圆周力和径向力方向的判定方法与直齿圆柱齿轮相同，轴向力的方向可根据左右手法则判定，即右旋斜齿轮用右手、左旋斜齿轮用左手判定，弯曲的四指表示齿轮的转向，拇指的指向即为轴向力的方向。

作用于从动轮上的力可根据作用与反作用定律来判定。

2. 斜齿圆柱齿轮传动的强度计算

斜齿圆柱齿轮传动的强度计算方法与直齿圆柱齿轮相似，但由于斜齿轮啮合时齿面接触线的倾斜以及传动重合度的增大等因素的影响，使斜齿轮的接触应力和弯曲应力降低。其强度计算公式可表示为：

（1）齿面接触疲劳强度计算

校核公式为

$$\sigma_H=3.17Z_E\sqrt{\frac{KT_1(u\pm1)}{bd_1^2u}}\leqslant[\sigma_H]\tag{12.28}$$

设计公式为

$$d_1\geqslant\sqrt[3]{\frac{KT_1(u\pm1)}{\psi_d u}\left(\frac{3.17Z_E}{[\sigma_H]}\right)^2}\tag{12.29}$$

校核公式中根号前的系数比直齿轮计算公式中的系数小，所以在受力条件等相同的情况下求得的 σ_H 值也随之减小，即接触应力减小。这说明斜齿轮传动的接触强度要比直齿轮传动的高。

（2）齿根弯曲疲劳强度计算

校核公式为

$$\sigma_F=\frac{1.6KT_1}{bm_nd_1}Y_FY_S=\frac{1.6KT_1\cos\beta}{bm_n^2z_1}Y_FY_S\leqslant[\sigma_H]\tag{12.30}$$

设计公式为

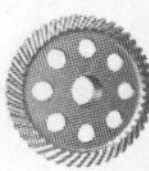

$$m_n \geqslant 1.17\sqrt[3]{\frac{KT_1\cos^2\beta Y_F Y_S}{\psi_d z_1^2[\sigma_F]}} \tag{12.31}$$

设计时应将 $Y_{F1}Y_{S1}/[\sigma_F]_1$和 $Y_{F2}Y_{S2}/[\sigma_F]_2$两比值中的较大值代入上式，并将计算所得的法面模数 m_n按标准模数圆整。Y_F、Y_S应按斜齿轮的当量齿数 z_v查取。

有关直齿轮传动的设计方法和参数选择原则对斜齿轮传动基本上都是适用的。

12.12　标准直齿锥齿轮传动简介

12.12.1　锥齿轮传动概述

锥齿轮传动用来传递相交两轴的运动和动力。锥齿轮的轮齿分布在圆锥体上，从大端到小端逐渐减小，如图 12.33a 所示。一对锥齿轮的运动可以看成是两个锥顶共点的圆锥体相互作纯滚动，这两个锥顶共点的圆锥体就是节圆锥。此外，与圆柱齿轮相似，锥齿轮还有基圆锥、分度圆锥、齿顶圆锥、齿根圆锥。

图 12.33b 所示为一对正确安装的标准锥齿轮，其分度圆锥与节圆锥重合，两齿轮的分度圆锥角分别为 δ_1和 δ_2，大端分度圆半径分别为 r_1、r_2，齿数分别为 z_1、z_2。两齿轮的传动比为

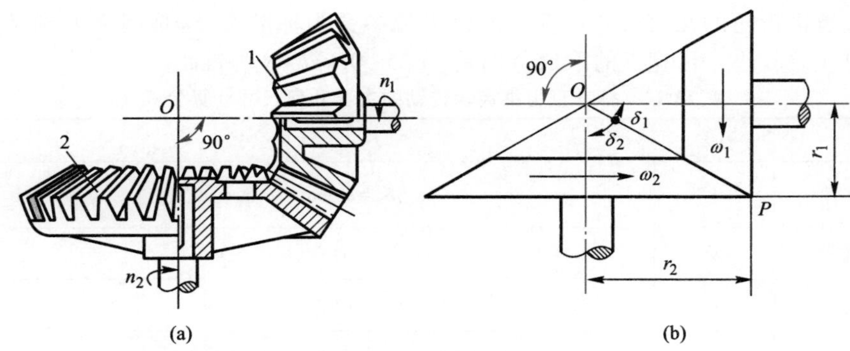

图 12.33　直齿锥齿轮传动

$$i=\frac{\omega_1}{\omega_2}=\frac{n_1}{n_2}=\frac{z_2}{z_1}=\frac{r_2}{r_1} \tag{12.32}$$

当 $\delta_1+\delta_2=90°$时

$$i=\tan\delta_2=\cot\delta_1 \tag{12.33}$$

12.12.2　直齿锥齿轮的类型

直齿锥齿轮的类型有两种：一类如图 12.34a 所示为不等顶隙收缩齿锥齿轮，其顶锥顶点、根锥顶的点与节锥顶点重合，且两轴交角为 90°；另一类如图 12.34b 所示为等顶隙收缩齿锥齿轮。目前，常用的为等顶隙收缩齿锥齿轮。

12.12.3　直齿锥齿轮传动的几何尺寸计算

标准直齿锥齿轮各部分名称及几何尺寸计算公式见表 12.12。

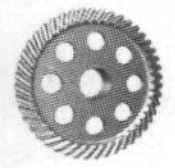

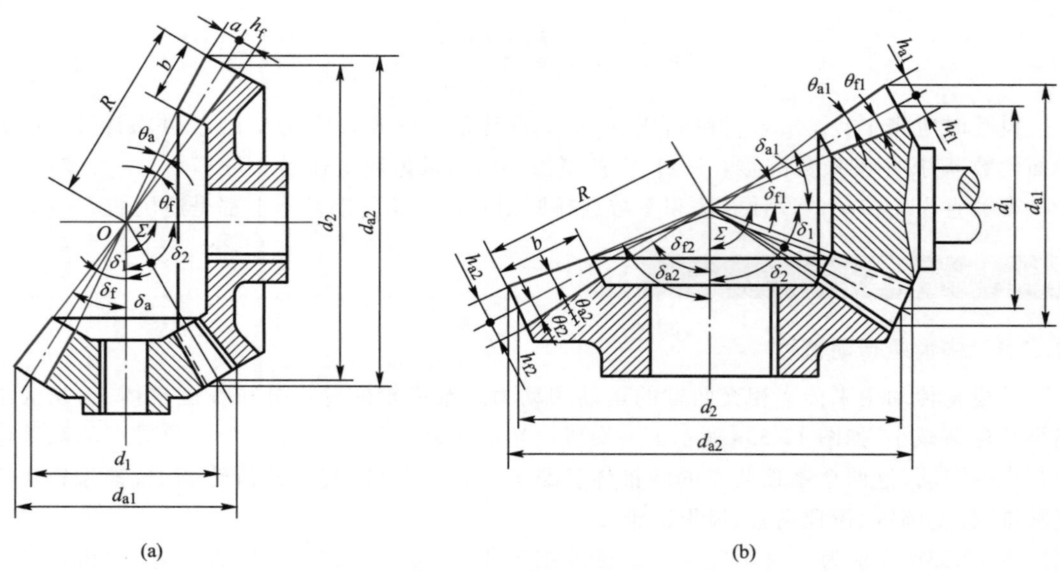

图 12.34　直齿锥齿轮的几何尺寸

进行直齿锥齿轮的几何尺寸计算一般以大端参数为标准值,这是因为大端尺寸计算和测量的相对误差较小。齿宽 b 的取值范围是$(0.25\sim0.3)R$,R 为锥距。

表 12.12　标准直齿锥齿轮传动的主要几何尺寸计算公式

名称	符号	计算公式
分度圆锥角	δ	$\delta_1=\operatorname{arccot}\dfrac{z_2}{z_1},\delta_2=90°-\delta_1$
分度圆直径	d	$d_1=mz_1,d_2=mz_2$
齿顶高	h_a	$h_{a1}=h_{a2}=h_a^*m$
齿根高	h_f	$h_{f1}=h_{f2}=(h_a^*+c^*)m$
齿顶圆直径	d_a	$d_{a1}=d_1+2h_a\cos\delta_1,d_{a2}=d_2+2h_a\cos\delta_2$
齿根圆直径	d_f	$d_{f1}=d_1+2h_f\cos\delta_1,d_{f2}=d_2+2h_f\cos\delta_2$
锥距	R	$R=\dfrac{1}{2}\sqrt{d_1^2+d_2^2}$
齿宽	b	$b\leqslant\dfrac{1}{3}R$
齿顶角	θ_a	不等顶隙收缩齿 $\theta_{a1}=\theta_{a2}=\arctan\dfrac{h_a}{R}$;等顶隙收缩齿:$\theta_{a1}=\theta_{f2},\theta_{a2}=\theta_{f1}$
齿根角	θ_f	$\theta_{f1}=\theta_{f2}=\arctan\dfrac{h_f}{R}$
齿顶圆锥角	δ_a	$\delta_{a1}=\delta_1+\theta_{a1},\delta_{a2}=\delta_2+\theta_{a2}$
齿根圆锥角	δ_f	$\delta_{f1}=\delta_1-\theta_{f1},\delta_{f2}=\delta_2-\theta_{f2}$
当量齿数	z_v	$z_{v1}=\dfrac{z_1}{\cos\delta_1},z_{v2}=\dfrac{z_2}{\cos\delta_2}$

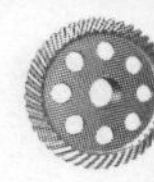

直齿锥齿轮的正确啮合条件可从当量圆柱齿轮的正确啮合条件得到，即两齿轮的大端模数必须相等，压力角也必须相等，即 $m_1 = m_2 = m, \alpha_1 = \alpha_2 = \alpha$。

12.13　齿轮的结构设计

齿轮的结构设计主要包括选择合理适用的结构型式，依据经验公式确定齿轮的轮毂、轮辐、轮缘等各部分的尺寸及绘制齿轮的零件图等。

常用的齿轮结构型式有以下几种：

1. 齿轮轴

当圆柱齿轮的齿根圆至键槽底部的距离 $x \leqslant (2 \sim 2.5) m_n$，或当锥齿轮小端的齿根圆至键槽底部的距离 $x \leqslant (1.6 \sim 2) m$ 时，应将齿轮与轴制成一体，称为齿轮轴，如图 12.35 所示。

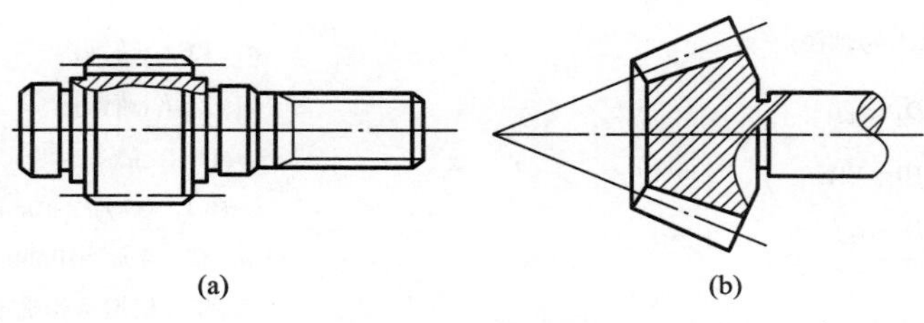

图 12.35　齿轮轴

2. 实体式齿轮

当齿轮的齿顶圆直径 $d_a \leqslant 200$ mm，可采用实体式结构，如图 12.36 所示。这种结构型式的齿轮常用锻钢制造。

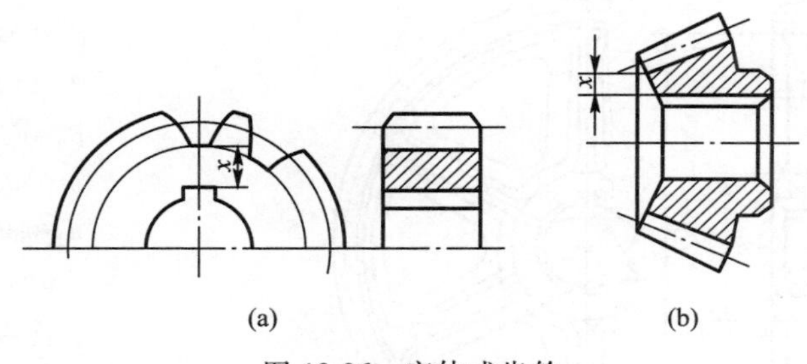

图 12.36　实体式齿轮

3. 腹板式齿轮

当齿轮的齿顶圆直径 $d_a = 200 \sim 500$ mm 时，可采用腹板式结构，如图 12.37 所示。这种结构的齿轮一般多用锻钢制造，其各部分尺寸由图中经验公式确定。

4. 轮辐式齿轮

当齿轮的齿顶圆直径 $d_a > 500$ mm 时，可采用轮辐式结构，如图 12.38 所示。这种结构的齿轮常采用铸钢或铸铁制造，其各部分尺寸按图中经验公式确定。

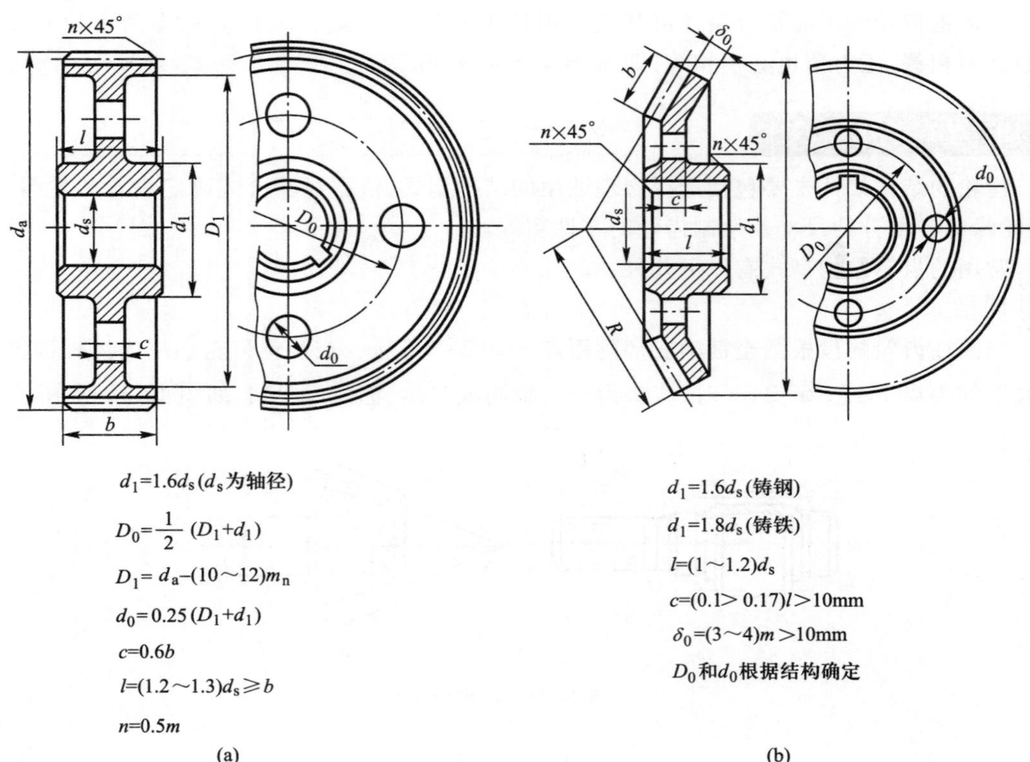

图 12.37　腹板式圆柱、锥齿轮

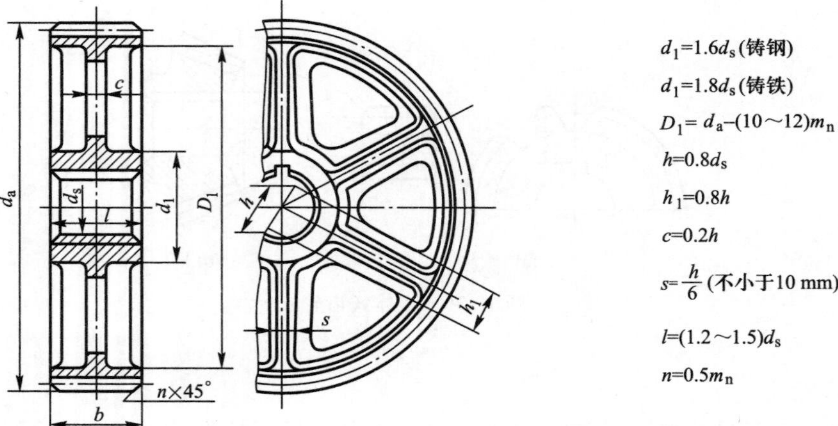

图 12.38　铸造轮辐式圆柱齿轮

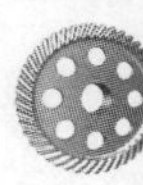

12.14　标准齿轮传动的设计计算

12.14.1　主要参数的选择

1. 传动比 i

$i<8$ 时可采用一级齿轮传动。如果传动比过大时采用一级传动，将导致结构庞大，所以这种情况下要采用分级传动。如果总传动比 i 为 8～40，可分成二级传动；如果总传动比 i 大于 40，可分为三级或三级以上传动。

一般取每对直齿圆柱齿轮的传动比 $i<3$，最大可达 5；斜齿圆柱齿轮的传动比可大些，取 $i\leqslant 5$，最大可达 8；直齿锥齿轮的传动比 $i\leqslant 3$，最大可达 7.5。

传动比的分配是一个较为复杂的问题，在此不作讨论。

2. 齿数 z

一般设计中取 $z>z_{min}$。齿数多，则重合度大、传动平稳，且能改善传动质量、减少磨损。若分度圆直径不变，增加齿数使模数减小，从而减少了切齿的加工量且减少了工时。但模数减小会导致轮齿的弯曲强度降低。具体设计时，在保证弯曲强度的前提下，应取较多的齿数为宜。

在闭式软齿面齿轮传动中，齿轮的弯曲强度总是足够的，因此齿数可取多些，推荐取 z_1 = 24～40。

在闭式硬齿面齿轮传动中，齿根折断为主要的失效形式，因此可适当地减少齿数以保证模数取值的合理。

在开式传动中，为保证轮齿在经受相当的磨损后仍不会发生弯曲破坏，z 不宜取太多，一般取 $z_1=17\sim20$。

对于周期性变化的载荷，为避免最大载荷总是作用在某一对或某几对轮齿上面使磨损过于集中，z_1、z_2 应互为质数。这样实际传动比可能与要求的传动比有出入，但一般情况下传动比误差在±5%内是允许的。

3. 模数

模数的大小影响轮齿的弯曲强度。设计时应在保证弯曲强度的条件下取较小的模数。但对传递动力的齿轮应保证 $m\geqslant 1.5\sim2$ mm。

4. 齿宽系数 ψ_d

齿宽系数 $\psi_d=b/d_1$，当 d_1 一定时，增大齿宽系数必然增大齿宽，可提高齿轮的承载能力。但齿宽越大，载荷沿齿宽的分布越不均匀，造成偏载而降低了传动能力。因此设计齿轮传动时应合理选择 ψ_d。一般取 $\psi_d=0.2\sim1.4$，见表 12.13。

表 12.13　齿宽系数 ψ_d

齿轮相对于轴承的位置	齿面硬度	
	软齿面(≤350 HBW)	硬齿面(>350 HBW)
对称布置	0.8～1.4	0.4～0.9
不对称布置	0.6～1.2	0.3～0.6
悬臂布置	0.3～0.4	0.2～0.25

注：1. 对于直齿圆柱齿轮取较小值；斜齿轮可取较大值；人字齿轮可取更大值。

2. 载荷平稳、轴的刚性较大时，取值应大一些；变载荷、轴的刚性较小时，取值应小一些。

在一般精度的圆柱齿轮减速器中，为补偿加工和装配的误差，应使小齿轮比大齿轮宽一些，小齿轮的齿宽取 $b_1=b_2+(5\sim10)$ mm。所以齿宽系数 ψ_d 实际上为 b_2/d_1。齿宽 b_1 和 b_2 都应圆整为整数，最好个位数为 0 或 5。

标准减速器中齿轮的齿宽系数也可表示为 $\psi_a=b/a$，其中 a 为中心距。对于一般减速器可取 $\psi_a=0.4$；开式传动可取 $\psi_a=0.1\sim0.3$。

5. 螺旋角 β

如果 β 太小则会失去斜齿轮传动的优点；如果 β 太大则齿轮的轴向力也大，从而增大了轴承及整个传动的结构尺寸，从经济角度不可取，且传动效率也下降。

一般情况下高速、大功率传动的场合，β 宜取大些；低速、小功率传动的场合，β 宜取小些。一般在设计时常取 $\beta=8°\sim15°$，β 的计算值应精确到(′)。

12.14.2　齿轮精度等级的选择

渐开线圆柱齿轮精度按 GB/T 10095.1—2008，GB/T 10095.2—2008 执行，此标准替代 GB/T 10095—2001，规定了 13 个精度等级，其中 0～2 级齿轮要求非常高，属于未来发展级；3～5 级称为高精度等级；6～8 级为最常用的中精度等级；9 级为较低精度等级；10～12 级为低精度等级。展成法粗滚、仿形铣等都属于低精度齿轮的加工方法，而较高精度(7 级以上)的齿轮需在精密机床上用精插或精滚方法加工，对淬火齿轮需进行磨齿或研齿加工。

选择精度等级的主要依据是齿轮的用途、使用要求和工作条件，一般有计算法和类比法。类比法是参考同类产品的齿轮精度，结合所设计齿轮的具体要求来确定精度等级。表 12.14 为多年从实践中搜集到的齿轮精度使用情况，可供参考。

表 12.14　各类机械设备的齿轮精度等级

应用范围	精度等级	应用范围	精度等级
测量齿轮	2～5	拖拉机	6～10
汽轮机、减速器	3～6	一般用途的减速器	6～9
金属切削机床	3～8	轧钢设备小齿轮	6～10
内燃机与电气机车	6～7	矿用绞车	8～10
轻型汽车	5～8	起重机机构	7～10
重型汽车	6～9	农业机械	8～12
航空发动机	4～7		

中等速度和中等载荷的一般齿轮精度等级通常按分度圆处圆周速度来确定精度等级，具体选择参考表 12.15 来确定。

各精度等级对应的各项偏差值可查国标或有关设计手册。

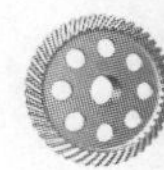

表 12.15　齿轮精度等级的适用范围

精度等级	圆周速度 v		工作条件与适用范围
	直齿	斜齿	
4	20 m/s<v≤35m/s	40 m/s<v≤70 m/s	1. 特精密分度机构或在最平稳、无噪声的极高速下工作的传动齿轮 2. 高速透平传动齿轮 3. 检测 7 级齿轮的测量齿轮
5	16 m/s<v≤20 m/s	30 m/s<v≤40 m/s	1. 精密分度机构或在极平稳、无噪声的高速下工作的传动齿轮 2. 精密机构用齿轮 3. 透平齿轮 4. 检测 8 级和 9 级齿轮的测量齿轮
6	10 m/s<v≤16 m/s	15 m/s<v≤30 m/s	1. 最高效率、无噪声的高速下平稳工作的齿轮传动 2. 特别重要的航空、汽车齿轮 3. 读数装置用的特别精密传动齿轮
7	6 m/s<v≤10 m/s	10 m/s<v≤15 m/s	1. 增速和减速用齿轮传动 2. 金属切削机床进给机构用齿轮 3. 高速减速器齿轮 4. 航空、汽车用齿轮 5. 读数装置用齿轮
8	4 m/s<v≤6 m/s	4 m/s<v≤10 m/s	1. 一般机械制造用齿轮 2. 分度链之外的机床传动齿轮 3. 航空、汽车用的不重要齿轮 4. 起重机构用齿轮、农业机械中的重要齿轮 5. 通用减速器齿轮
9	v≤4 m/s	v≤4 m/s	不提出精度要求的粗糙工作齿轮

注:关于锥齿轮精度等级可查 GB/T 11365—89。

12.14.3　齿轮传动的效率

齿轮传动中的功率损失,主要包括啮合中的摩擦损失、轴承中的摩擦损失和搅动润滑油的功率损失。进行有关齿轮的计算时通常使用的是齿轮传动的平均效率。

当齿轮轴上装有滚动轴承,并在满载状态下运转时,传动的平均总效率 η 列于表 12.16 中,供设计传动系统时参考。

表 12.16　装有滚动轴承的齿轮传动的平均总效率

传动形式	圆柱齿轮传动	锥齿轮传动
6 级或 7 级精度的闭式传动	0.98	0.97
8 级精度的闭式传动	0.97	0.96
开式传动	0.95	0.94

12.14.4　设计计算的步骤

（1）根据题目提供的工况等条件，确定传动形式，选定合适的齿轮材料和热处理方法，查表确定相应的许用应力。

（2）根据设计准则，设计计算 m 或 d_1。

（3）选择齿轮的主要参数。

（4）主要几何尺寸计算。

（5）根据设计准则校核接触强度或弯曲强度。

（6）校核齿轮的圆周速度，选择齿轮传动的精度等级和润滑方式等。

（7）绘制齿轮零件图。

例 12.1　设计一单级直齿圆柱齿轮减速器中的齿轮传动。已知：传递功率 $P=10$ kW，电动机驱动，小齿轮转速 $n_1=955$ r/min，传动比 $i=4$，单向运转，载荷平稳。使用寿命 10 年，单班制工作。

解　（1）选择齿轮材料及精度等级

小齿轮选用 45 钢调质，硬度为 220～250 HBW；大齿轮选用 45 钢正火，硬度为 170～210 HBW。因为是普通减速器，由表 12.14 选 8 级精度，要求齿面粗糙度 $Ra \leqslant 3.2 \sim 6.3\ \mu m$。

（2）按齿面接触疲劳强度设计

因两齿轮均为钢质齿轮，可应用式(12.18)求出 d_1 值。确定有关参数与系数：

① 转矩 T_1。

$$T_1 = 9.55\times10^6 \frac{P}{n_1} = 9.55\times10^6 \frac{10}{955}\ \text{N}\cdot\text{mm} = 10^5\ \text{N}\cdot\text{mm}$$

② 载荷系数 K。查表 12.7 取 $K=1.1$。

③ 齿数 z_1 和齿宽系数 ψ_d。小齿轮的齿数 z_1 取为 25，则大齿轮齿数 $z_2=100$。因单级齿轮传动为对称布置，而齿轮齿面又为软齿面，由表 12.13 选取 $\psi_d=1$。

④ 许用接触应力 $[\sigma_H]$。由图 12.21 查得

$$\sigma_{Hlim1}=560\ \text{MPa},\ \sigma_{Hlim2}=530\ \text{MPa}$$

由表 12.6 查得 $S_H=1$。

$$N_1 = 60njL_h = 60\times955\times1\times(10\times52\times40) = 1.19\times10^9$$

$$N_2 = N_1/i = 1.19\times10^9/4 = 2.98\times10^8$$

查图 12.24 得 $Z_{NT1}=1$，$Z_{NT2}=1.06$。

由式(12.11)可得

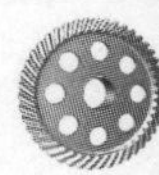

$$[\sigma_H]_1=\frac{Z_{NT1}\sigma_{Hlim1}}{S_H}=\frac{1\times560}{1}\text{MPa}=560\ \text{MPa}$$

$$[\sigma_H]_2=\frac{Z_{NT2}\sigma_{Hlim2}}{S_H}=\frac{1.06\times530}{1}\text{MPa}=562\ \text{MPa}$$

故

$$d_1\geqslant76.43\sqrt[3]{\frac{KT_1(u+1)}{\psi_d u[\sigma_H]^2}}=76.43\sqrt[3]{\frac{1.1\times10^5\times5}{1\times4\times560^2}}\ \text{mm}=58.1\ \text{mm}$$

$$m=\frac{d_1}{z_1}=\frac{58.1}{25}\ \text{mm}=2.32\ \text{mm}$$

由表 12.2 取标准模数 $m=2.5$ mm。

(3) 主要尺寸计算

$$d_1=mz_1=2.5\times25\ \text{mm}=62.5\ \text{mm}$$

$$d_2=mz_2=2.5\times100\ \text{mm}=250\ \text{mm}$$

$$b=\psi_d\cdot d_1=1\times62.5\ \text{mm}=62.5\ \text{mm}$$

经圆整后取 $b_2=65$ mm。

$$b_1=b_2+5\ \text{mm}=70\ \text{mm}$$

$$a=\frac{1}{2}m(z_1+z_2)=\frac{1}{2}\times2.5(25+100)\ \text{mm}=156.25\ \text{mm}$$

(4) 按齿根弯曲疲劳强度校核

由式(12.20)得出 σ_F，如 $\sigma_F\leqslant[\sigma_F]$则校核合格。

确定有关系数与参数：

① 齿形系数 Y_F。查表 12.9 得 $Y_{F1}=2.65$，$Y_{F2}=2.18$。

② 应力修正系数 Y_S。查表 12.10 得 $Y_{S1}=1.59$，$Y_{S2}=1.80$。

③ 许用弯曲应力$[\sigma_F]$。由图 12.22 查得 $\sigma_{Flim1}=210$ MPa，$\sigma_{Flim2}=190$ MPa；由表 12.6 查得 $S_F=1.3$；由图 12.23 查得 $Y_{NT1}=Y_{NT2}=1$。

由式(12.12)可得

$$[\sigma_F]_1=\frac{Y_{NT1}\sigma_{Flim1}}{S_F}=\frac{210}{1.3}\ \text{MPa}=162\ \text{MPa}$$

$$[\sigma_F]_2=\frac{Y_{NT2}\sigma_{Flim2}}{S_F}=\frac{190}{1.3}\text{MPa}=146\ \text{MPa}$$

故

$$\sigma_{F1}=\frac{2KT_1}{bm^2z_1}Y_FY_S=\frac{2\times1.1\times10^5}{65\times2.5^2\times25}\times2.65\times1.59\ \text{MPa}=91\ \text{MPa}<[\sigma_F]_1=162\ \text{MPa}$$

$$\sigma_{F2}=\sigma_{F1}\frac{Y_{F2}Y_{S2}}{Y_{F1}Y_{S1}}=91\times\frac{2.18\times1.8}{2.65\times1.59}\ \text{MPa}=85\ \text{MPa}<[\sigma_F]_2=146\ \text{MPa}$$

齿根弯曲强度校核合格。

（5）验算齿轮的圆周速度 v

$$v=\frac{\pi d_1 n_1}{60\times1\ 000}=\frac{\pi\times62.5\times955}{60\times1\ 000}\ \text{m/s}=3.13\ \text{m/s}$$

由表 12.15 可知，选 8 级精度是合适的。

（6）几何尺寸计算及绘制齿轮零件图（略）

12.15　齿轮传动的维护、保养及实例分析

齿轮传动的维护、保养常作以下几项工作：

（1）对于新制齿轮必须进行磨合（又称跑合）后，才能正式投入运行，其工作最好在试验台上进行。磨合结束后，必须将齿轮清洗干净，清除污物，更换润滑油。

（2）在正常运行时，应经常注意齿轮运转及润滑状态，如发现异常的声音和振动，应立刻停机检查，决不能拖延，应从各组成的零部件工作状态、油面高度及油泵压力逐个检查。润滑对于齿轮传动是十分重要的。它不仅可减少摩擦、减轻磨损，还可起到冷却、防锈、降低噪声、改善齿轮的工作状态、延缓轮齿失效和延长齿轮使用寿命等作用。

对于闭式传动，润滑方式有飞溅润滑和喷油润滑两种，一定要检查油箱内储存的油量，并按规定选用润滑油的牌号。例如图 12.39a 所示，一般齿轮浸入油中的深度至少为 10 mm；又如图 12.39b 所示的喷油油泵应具有一定的油压，这样才能将油经喷嘴喷到啮合齿面上。

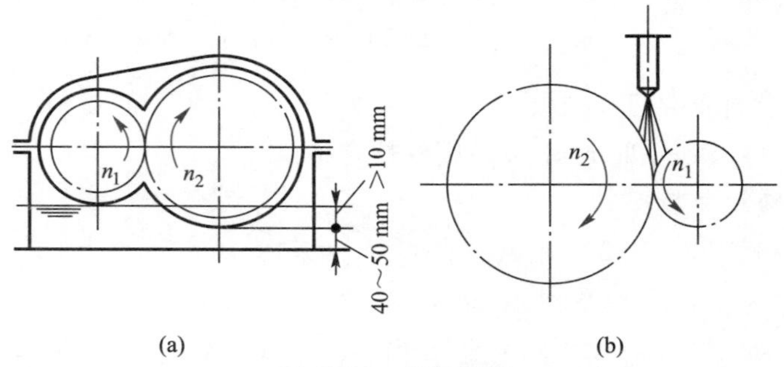

图 12.39　齿轮润滑

对于开式传动，由于其转速较低，通常采用人工定期加入润滑油或润滑脂。如采用油润滑可按表 12.17 查得黏度值，再根据选定的黏度值确定油的牌号。

表 12.17　齿轮传动润滑油黏度荐用值

齿轮材料	强度极限 σ_B/MPa	圆周速度 v/(m·s^{-1})						
		<0.5	0.5～1	1～2.5	2.5～5	5～12.5	12.5～25	>25
		运动黏度 $\nu_{50℃}(\nu_{100℃})$/(mm^2·s^{-1})						
塑料、青铜、铸铁	—	180(23)	120(1.5)	85	60	45	34	—
钢	450～1 000	270(34)	180(23)	120(15)	85	60	45	34
	1 000～1 250	270(34)	270(34)	180(23)	120(15)	85	60	45
渗碳或表面淬火钢	1 250～1 580	450(53)	270(34)	270(34)	180(23)	120(15)	85	60

注：1. 多级齿轮传动按各级所选润滑油黏度的平均值来确定润滑油。

2. 对于 σ_B>800 MPa 的镍铬钢制齿轮（不渗碳），润滑油黏度取高一挡的数值。

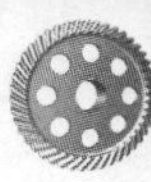

例 12.2　为了修配两个损坏的标准直齿圆柱齿轮 A、B，现测得：齿轮 A 的齿高 $h=9$ mm，齿顶圆直径 $d_a=324$ mm；齿轮 B 的 $d_a=88$ mm，齿距 $p=12.56$ mm。试计算齿轮 A 和 B 的模数 m 和齿数 z。

解　（1）对于齿轮 A

因为　$h=h_a+h_f=(2h_a^*+c^*)m$，所以

$$m=\frac{h}{2h_a^*+c^*}=\frac{9\ \text{mm}}{2\times1+0.25}=4\ \text{mm}$$

因为　$d_a=d+2h_a=m(z+2h_a^*)$，所以

$$z=\frac{d_a}{m}-2h_a^*=\frac{324\ \text{mm}}{m}-2\times1=79$$

（2）对于齿轮 B

因为
$$p=m\pi$$

$$m=\frac{p}{\pi}=\frac{12.56\ \text{mm}}{3.14}=4\ \text{mm}$$

$$z=\frac{d_a}{m}-2h_a^*=\frac{88}{4}-2\times1=20$$

例 12.3　某齿轮传动的小齿轮已丢失，但已知与之相配的大齿轮为标准齿轮，其齿数 $z_2=52$，齿顶圆直径 $d_a=135$ mm，标准安装中心距 $a=112.5$ mm。试求丢失的小齿轮的模数，齿数，分度圆直径，齿顶圆直径，齿根圆直径。

解　（1）小齿轮的模数

因为　$d_{a2}=d_2+2h_a=m(z_2+2h_a^*)$，所以

$$m=\frac{d_{a2}}{z_2+2h_a^*}=\frac{135\ \text{mm}}{52+2\times1}=2.5\ \text{mm}$$

（2）小齿轮的齿数

因为　$a=\dfrac{m(z_1+z_2)}{2}$，所以

$$z_1=\frac{2a}{m}-z_2=\frac{2\times112.5}{2.5}-52=38$$

（3）小齿轮的分度圆直径

$$d_1=mz_1=2.5\times38\ \text{mm}=95\ \text{mm}$$

（4）小齿轮的齿顶圆直径

$$d_{a1}=d_1+2h_a=(95+2\times1\times2.5)\ \text{mm}=100\ \text{mm}$$

（5）小齿轮的齿根圆直径

$$d_{f1}=d_1-2h_f=d_1-2(h_a^*+c^*)m=95\ \text{mm}-2\times(1+0.25)\times2.5\ \text{mm}=88.75\ \text{mm}$$

例 12.4　今有一对磨损严重的直齿圆柱齿轮，数得齿数 $z_1=20$，$z_2=80$，并量得 $d_{a1}=66$ mm，$d_{a2}=246$ mm，两轮中心距 $a=150$ mm，估计 $\alpha=20°$。需重新配制一对直齿圆柱齿

轮，试确定齿轮的基本参数。

解　（1）齿轮的模数

因为

$$a=\frac{m(z_1+z_2)}{2},$$

所以

$$m=\frac{2a}{z_1+z_2}=\frac{2\times150\text{mm}}{20+80}=3\ \text{mm}$$

（2）齿轮的齿顶高系数

对于齿轮1：

因为

$$d_{a1}=d_1+2h_a=m(z_1+2h_a^*),$$

所以

$$h_a^*=\frac{1}{2}\left(\frac{d_{a1}}{m}-z_1\right)=\frac{1}{2}\times\left(\frac{66}{3}-20\right)=1$$

对于齿轮2：

因为

$$d_{a2}=d_2+2h_a=m(z_2+2h_a^*),$$

所以

$$h_a^*=\frac{1}{2}\left(\frac{d_{a2}}{m}-z_2\right)=\frac{1}{2}\times\left(\frac{246}{3}-80\right)=1$$

由上述计算可知：重新配制的齿轮为一对正常齿制标准直齿圆柱齿轮，齿轮的模数是3 mm，齿数 $z_1=20, z_2=80$。

复习题

12.1　何谓齿轮中的分度圆？何谓节圆？二者的直径是否一定相等或一定不相等？

12.2　一对标准外啮合直齿圆柱齿轮传动，已知 $z_1=19, z_2=68, m=2$ mm，$\alpha=20°$，计算小齿轮的分度圆直径、齿顶圆直径、齿根圆直径、基圆直径、齿距以及齿厚和齿槽宽。

12.3　一对直齿圆柱齿轮，传动比 $i=3, \alpha=20°, m=10$ mm，安装中心距为300 mm，试设计这对齿轮传动。

12.4　齿轮的失效形式有哪些？采取什么措施可减缓失效发生？

12.5　齿轮强度设计准则是如何确定的？

12.6　已知一对斜齿圆柱齿轮传动，$z_1=25, z_2=100, m_n=4$ mm，$\beta=15°, \alpha=20°$。试计算这对斜齿轮的主要几何尺寸。

12.7　一闭式直齿圆柱齿轮传动，已知：传递功率 $P=4.5$ kW，转速 $n_1=960$ r/min，模数 $m=3$ mm，齿数 $z_1=25, z_2=75$，齿宽 $b_1=75$ mm，$b_2=70$ mm。小齿轮材料为45钢调质，大齿轮材料为ZG310～570正火。载荷平稳，电动机驱动，单向转动，预期使用寿命10年（按1年300天，每天两班制工作考虑）。试问这对齿轮传动能否满足强度要求而安全工作。

第 13 章

13

蜗 杆 传 动

本章主要介绍普通圆柱蜗杆传动中的阿基米德蜗杆传动的主要参数、几何尺寸计算以及结构设计、安装与维护等。由于齿面间相对滑动速度大，蜗杆传动在设计计算方面有很多特点，在此也只能作简化的论述。

13.1 蜗杆传动的类型和特点

蜗杆传动用来传递空间两交错轴之间的运动和动力，一般两轴交角为 90°，如图 13.1 所示。

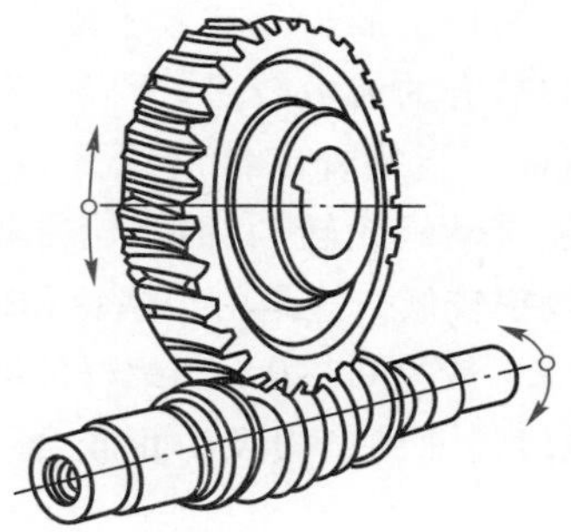

图 13.1　蜗杆传动

蜗杆传动由蜗杆与蜗轮组成。一般为蜗杆主动、蜗轮从动，具有自锁性，作减速运动。蜗杆传动广泛应用于各种机械和仪器设备之中。

13.1.1　蜗杆传动的类型

按蜗杆形状的不同，蜗杆传动可分为圆柱蜗杆运动（图13.2a）、环面蜗杆传动（图 13.2b）和锥蜗杆传动（图 13.2c）。其中圆柱蜗杆传动应用最广。

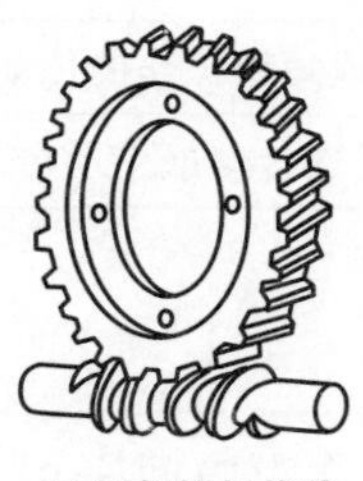

(a) 圆柱蜗杆传动

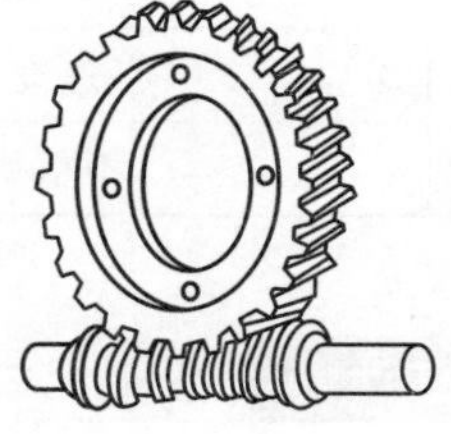

(b) 环面蜗杆传动

(c) 锥蜗杆传动

图 13.2　蜗杆传动的类型

圆柱蜗杆传动可分为普通圆柱蜗杆传动和圆弧圆柱蜗杆传动两类。

普通圆柱蜗杆传动的蜗杆按刀具加工位置的不同又可分为阿基米德蜗杆（ZA 型）、渐开线蜗杆（ZI 型）、法向直廓蜗杆（ZN 型）等，括号中 Z 表示圆柱蜗杆，A、I、N 为蜗杆齿形标记。其中阿基米德蜗杆由于加工方便，其应用最为广泛，如图 13.3 所示。

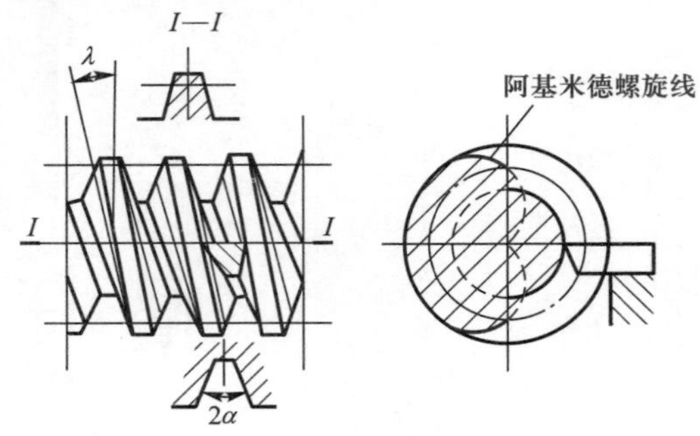

图 13.3　阿基米德蜗杆

图 13.3 所示为阿基米德蜗杆，其端面齿廓为阿基米德螺旋线，轴向齿廓为直线，加工方法与普通梯形螺纹相似，应使刀刃顶平面通过蜗杆轴线。

本章仅讨论阿基米德蜗杆传动。

13.1.2　蜗杆传动的特点

（1）蜗杆传动的最大特点是结构紧凑、传动比大　一般传动比 $i=10\sim50$，最大可达 100。若只传递运动（如分度运动），其传动比可达 1 000。

（2）传动平稳、噪声小　由于蜗杆上的齿是连续不断的螺旋齿，蜗轮轮齿和蜗杆是逐渐进入啮合并逐渐退出啮合的，同时啮合的齿数较多，所以传动平稳、噪声小。

（3）可制成具有自锁性的蜗杆　当蜗杆的螺旋线升角小于啮合面的当量摩擦角时，蜗杆传动具有自锁性，即蜗杆主动能带动蜗轮转动，而蜗轮主动时不能带动蜗杆转动。

（4）蜗杆传动的主要缺点是效率较低　这是由于蜗轮和蜗杆在啮合处有较大的相对滑动，因而发热量大，效率较低。传动效率一般为 0.7~0.8，当蜗杆传动具有自锁性时，效率小于 0.5。

（5）蜗轮的造价较高　为减轻齿面的磨损及防止胶合，蜗轮一般多用青铜制造，因此造价较高。

13.1.3　蜗杆传动的精度

圆柱蜗杆、蜗轮精度按 GB/T 10089—1988 标准执行。蜗杆传动规定了 1~12 个精度级，1 级最高，12 级最低，一般动力传动常用 7~9 级精度。蜗杆传动的精度等级主要根据蜗轮圆周速度、使用条件及传动功率等选定，可按表 13.1 选取。

表 13.1　蜗杆传动精度等级的选择

精度等级	蜗轮圆周速度/($m\cdot s^{-1}$)	使用范围
7	≤7.5	中等精度的机械及动力蜗杆传动
8	≤3	速度较低或短期工作的传动
9	≤1.5	不重要的低速传动或手动传动

13.2　蜗杆传动的主要参数和几何尺寸计算

如图 13.4 所示，通过蜗杆轴线并垂直于蜗轮轴线的平面称为中间平面。在中间平面上，蜗轮与蜗杆的啮合相当于渐开线齿轮与齿条的啮合。因此，设计蜗杆传动时，其参数和

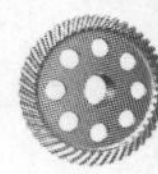

尺寸均在中间平面内确定，并沿用渐开线圆柱齿轮传动的计算公式。

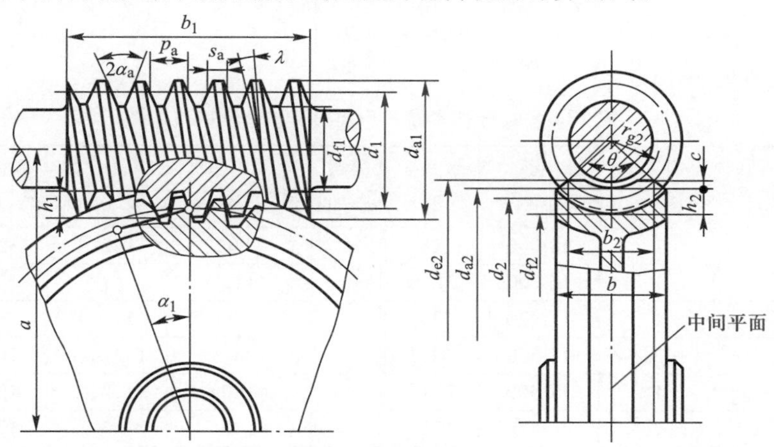

图 13.4　蜗杆传动的主要参数和几何尺寸

13.2.1　蜗杆传动的主要参数及其选择

1. 蜗杆头数 z_1、蜗轮齿数 z_2 和传动比 i

蜗杆头数（齿数）z_1 即为蜗杆螺旋线的数目，蜗杆的头数 z_1 一般取 1、2、4。当传动比大于 40 或要求蜗杆自锁时，取 $z_1=1$；当传递功率较大时，为提高传动效率、减少能量损失，常取 z_1 为 2、4。蜗杆头数越多，加工精度越难保证。

通常情况下取蜗轮齿数 $z_2=28\sim80$。若 $z_2<28$，会使传动的平稳性降低，且易产生根切；若 z_2 过大，蜗轮直径增大，与之相应蜗杆的长度增加，刚度减小，从而影响啮合的精度。

通常蜗杆为主动件，蜗杆传动的传动比 i 等于蜗杆与蜗轮的转速之比。当蜗杆转一周时，蜗轮转过 z_1 个齿，即转过 z_1/z_2 周，所以可得出下式为

$$i=\frac{n_1}{n_2}=\frac{1}{z_1/z_2}=\frac{z_2}{z_1} \tag{13.1}$$

式中：n_1、n_2 分别为蜗杆、蜗轮的转速，r/min；z_1、z_2 可根据传动比 i 按表 13.2 选取。

表 13.2　蜗杆头数 z_1、蜗轮齿数 z_2 推荐值

传动比 $i=\frac{z_2}{z_1}$	7～13	14～27	28～40	>40
蜗杆头数 z_1	4	2	2、1	1
蜗轮齿数 z_2	28～52	28～54	28～80	>40

值得提出的是蜗杆传动的传动比 i 仅与 z_1 和 z_2 有关，而不等于蜗轮与蜗杆分度圆直径之比，即 $i=z_2/z_1\neq d_2/d_1$。

2. 模数 m 和压力角 α

如前所述，在中间平面上蜗杆与蜗轮的啮合可看作齿条与齿轮的啮合（图 13.4），蜗杆的轴向齿距 p_{a1} 应等于蜗轮的端面齿距 p_{t2}，即蜗杆的轴向模数 m_{a1} 应等于蜗轮的端面模数 m_{t2}，蜗杆的轴向压力角 α_{a1} 应等于蜗轮的端面压力角 α_{t2}。规定中间平面上的模数和压力角为标准值，则

$$\left.\begin{aligned} m_{a1} &= m_{t2} = m \\ \alpha_{a1} &= \alpha_{t2} = 20^\circ \end{aligned}\right\} \tag{13.2}$$

标准模数值见表 13.3。

表 13.3　蜗杆基本参数（GB/T 10085—1988）

模数 m/mm	分度圆直径 d_1/mm	蜗杆头数 z_1	直径系数 q	m^2d_1/mm^3	模数 m/mm	分度圆直径 d_1/mm	蜗杆头数 z_1	直径系数 q	m^2d_1/mm^3
1	18	1	18.000	18	6.3	(80)	1,2,4	12.698	3 175
1.25	20	1	16.000	31.25		112	1	17.778	4 445
	22.4	1	17.920	35	8	(63)	1,2,4	7.875	4 032
1.6	20	1,2,4	12.500	51.2		80	1,2,4,6	10.000	5 376
	28	1	17.500	71.68		(100)	1,2,4	12.500	6 400
2	(18)	1,2,4	9.000	72		140	1	17.500	8 960
	22.4	1,2,4,6	11.200	89.6	10	(71)	1,2,4	7.100	7 100
	(28)	1,2,4	14.000	112		90	1,2,4,6	9.000	9 000
	35.5	1	17.750	142		(112)	1,2,4	11.200	11 200
2.5	(22.4)	1,2,4	8.960	140		160	1	16.000	16 000
	28	1,2,4,6	11.200	175	12.5	(90)	1,2,4	7.200	14 062
	(35.5)	1,2,4	14.200	221.9		112	1,2,4	8.960	17 500
	45	1	18.000	281		(140)	1,2,4	11.200	21 875
3.15	(28)	1,2,4	8.889	278		200	1	16.000	31 250
	35.5	1,2,4,6	11.27	352	16	(112)	1,2,4	7.000	28 672
	45	1,2,4	14.286	447.5		140	1,2,4	8.750	35 840
	56	1	17.778	556		(180)	1,2,4	11.250	46 080
4	(31.5)	1,2,4	7.875	504		250	1	15.625	64 000
	40	1,2,4,6	10.000	640	20	(140)	1,2,4	7.000	56 000
	(50)	1,2,4	12.500	800		160	1,2,4	8.000	64 000
	71	1	17.750	1 136		(224)	1,2,4	11.200	89 600
5	(40)	1,2,4	8.000	1 000		315	1	15.750	126 000
	50	1,2,4,6	10.000	1 250	25	(180)	1,2,4	7.200	112 500
	(63)	1,2,4	12.600	1 575		200	1,2,4	8.000	125 000
	90	1	18.000	2 250		(280)	1,2,4	11.200	175 000
6.3	(50)	1,2,4	7.936	1 985		400	1	16.000	250 000
	63	1,2,4,6	10.000	2 500					

注：1. 表中模数均系第一系列，$m<1$mm 的未列入，$m>25$mm 的还有 31.5 mm、40mm 两种。属于第二系列的模数有 1.5 mm、3 mm、3.5 mm、4.5 mm、5.5 mm、6 mm、7 mm、12 mm、14 mm。

2. 表中蜗杆分度圆直径 d_1 均属第一系列，$d_1<18$mm 的未列入，此外还有 355 mm。属于第二系列的有：30 mm、38 mm、48 mm、53 mm、60 mm、67 mm、75 mm、85 mm、95 mm、106 mm、118 mm、132 mm、144 mm、170 mm、190 mm、300mm。

3. 模数和分度圆直径均应优先选用第一系列。括号中的数字尽可能不采用。

3. 蜗杆螺旋线升角 λ

蜗杆螺旋面与分度柱面的交线为螺旋线。如图 13.5 所示，将蜗杆分度圆柱展开，其螺旋线与端面的夹角即为蜗杆分度圆柱上的螺旋线升角 λ，或称蜗杆的导程角。可推导得出

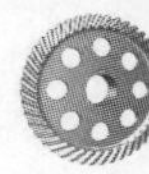

$$\tan\lambda=\frac{S}{\pi d_1}=\frac{z_1\pi m}{\pi d_1}=\frac{z_1 m}{d_1} \tag{13.3}$$

与螺纹相似，蜗杆螺旋线也有左旋、右旋之分，确定的方法同螺纹，一般情况下多为右旋。

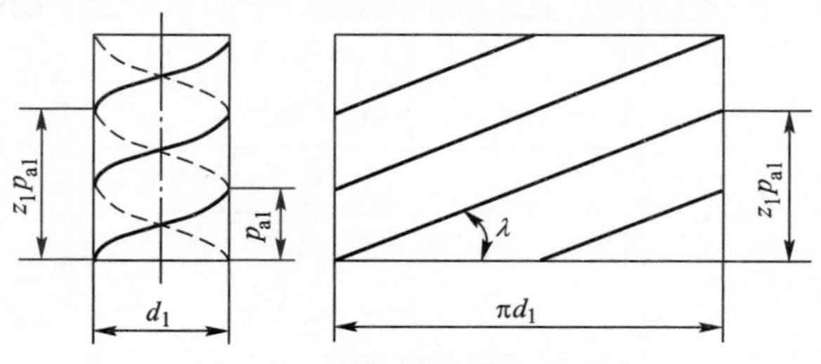

图 13.5　蜗杆分度圆柱展开图

通常蜗杆螺旋线的升角 $\lambda=3.5°\sim27°$，升角小时传动效率低，但可实现自锁（$\lambda=3.5°\sim4.5°$）；升角大时传动效率高，但蜗杆的车削加工较困难。

4. 蜗杆分度圆直径 d_1

加工蜗杆时，蜗杆滚刀的参数应与相啮合的蜗杆完全相同，几何尺寸基本相同。由式（13.3）蜗杆的分度圆直径可写为

$$d_1=m\frac{z_1}{\tan\lambda} \tag{13.4}$$

则蜗杆的分度圆直径 d_1 不仅与模数 m 有关，而且与 z_1 和 λ 有关。即同一模数的蜗杆，由于 z_1、λ 的不同，d_1 随之变化，致使滚刀数目较多，很不经济。为了减少滚刀的数量，有利于标准化，GB/T 10085—1988 规定对应于每一个模数 m，规定了一至四种蜗杆分度圆直径 d_1 并已标准化，见表 13.3。现令 $q=\frac{d_1}{m}$，q 称为蜗杆直径系数（q 值为导出量，不一定是整数）。即

$$\tan\lambda=\frac{z_1 m}{d_1}=\frac{z_1}{q} \tag{13.5}$$

5. 中心距 a

蜗杆传动的中心距为

$$a=\frac{d_1+d_2}{2}=\frac{d_1+mz_2}{2} \tag{13.6}$$

13.2.2　蜗杆传动的几何尺寸计算

标准圆柱蜗杆传动的几何尺寸计算公式见表 13.4。

表 13.4　圆柱蜗杆传动的几何尺寸计算

名称	计算公式	
	蜗杆	蜗轮
齿顶高	$h_{a1}=m$	$h_{a2}=m$
齿根高	$h_{f1}=1.2m$	$h_{f2}=1.2m$
分度圆直径	$d_1=mq$	$d_2=mz_2$

续表

名称	计算公式	
	蜗杆	蜗轮
齿顶圆直径	$d_{a1}=m(q+2)$	$d_{a2}=m(z_2+2)$
齿根圆直径	$d_{f1}=m(q-2.4)$	$d_{f2}=m(z_2-2.4)$
顶隙	$c=0.2m$	
蜗杆轴向齿距 蜗轮端面齿距	$p_{a1}=p_{t2}=\pi m$	
蜗杆分度圆柱的导程角	$\lambda=\arctan\dfrac{z_1}{q}$	
蜗轮分度圆上轮齿的螺旋角		$\beta=\lambda$
中心距	$a=\dfrac{m}{2}(q+z_2)$	
蜗杆螺纹部分长度	$z_1=1、2,b_1\geqslant(11+0.06\ z_2)m$ $z_1=4,b_1\geqslant(12.5+0.09\ z_2)m$	
蜗轮咽喉母圆半径		$r_{g2}=a-\dfrac{1}{2}d_{a2}$
蜗轮最大外圆直径		$z_1=1,d_{e2}\leqslant d_{a2}+2m$ $z_1=2,d_{e2}\leqslant d_{a2}+1.5m$ $z_1=4,d_{e2}\leqslant d_{a2}+m$
蜗轮轮缘宽度		$z_1=1、2,b\leqslant 0.75d_{a1}$ $z_1=4,b\leqslant 0.67d_{a1}$
蜗轮轮齿包角		$\theta=2\arcsin\dfrac{b_2}{d_1}$ 一般动力传动 $\theta=70°\sim90°$ 高速动力传动 $\theta=90°\sim130°$ 分度传动 $\theta=45°\sim60°$

13.2.3 蜗杆传动的正确啮合条件

在图 13.4 所示的蜗杆蜗轮机构的中间平面内，蜗轮、蜗杆的齿距相等。即蜗轮的端面模数等于蜗杆的轴面模数，蜗轮的端面压力角等于蜗杆的轴面压力角。对于轴交角 90°的蜗杆传动还应满足 $\lambda=\beta_2$，即蜗杆与蜗轮的螺旋线方向相同。

$$\left.\begin{aligned} m_{a1}&=m_{t2}=m\\ \alpha_{a1}&=\alpha_{t1}=\alpha\\ \lambda&=\beta_2 \end{aligned}\right\} \tag{13.7}$$

式中：β_2 为蜗轮螺旋角。

13.3 蜗杆传动的常用材料

由蜗杆传动的失效形式可知，蜗杆、蜗轮的材料不仅要求具有足够的强度，更重要的是

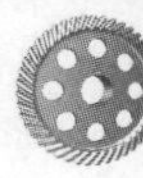

要有良好的跑合性、耐磨性和抗胶合能力。

1. 蜗杆材料

蜗杆一般用碳钢和合金钢制成，常用材料为 40、45 钢或 40Cr 并经淬火。高速重载蜗杆常用 15Cr 或 20Cr，并经渗碳淬火（硬度为 40～55HRC）和磨削。对于速度不高、载荷不大的蜗杆可采用 40、45 钢调质处理，硬度为 220～250HBW。

2. 蜗轮材料

蜗轮常用材料为青铜和铸铁。锡青铜耐磨性能及抗胶合性能较好，但价格较贵，常用的有 ZCuSn10P1（铸锡磷青铜）、ZCuSn5Pb5Zn5（铸锡锌铅青铜）等，用于滑动速度较高的场合。铝铁青铜的力学性能较好，但抗胶合性略差，常用的有 ZCuAl9Fe4Ni4Mn2（铸铝铁镍青铜）等，用于滑动速度较低的场合。灰铸铁只用于滑动速度 $v \leqslant 2$m/s 的传动中。

常用蜗杆蜗轮的配对材料见表 13.5。

表 13.5　蜗杆蜗轮配对材料

相对滑动速度 v_s/(m · s^{-1})	蜗轮材料	蜗杆材料
≤25	ZCuSn10P1	20CrMnTi 渗碳淬火，56～62HRC 20Cr
≤12	ZCuSn5Pb5Zn5	45 高频淬火，40～50HRC 40Cr　50～55HRC
≤10	ZCuAl9Fe4Ni4Mn2 ZCuAl9Mn2	45 高频淬火，45～50HRC 40Cr　50～55HRC
≤2	HT150 HT200	45 调质　220～250HBW

13.4　蜗杆传动的强度计算与热平衡计算

13.4.1　蜗杆传动的强度计算

1. 蜗杆、蜗轮的转动方向确定

蜗杆、蜗轮转动方向的确定可借助于螺母和螺杆的相对运动来确定，即将蜗杆看成螺杆，将与蜗杆啮合的蜗轮部分看成螺母。当螺杆转动时，看螺母是前进还是后退就可以确定蜗轮的回转方向。具体的方法是采用左右手法则来确定，即为：右旋蜗杆用右手，左旋蜗杆用左手，四指弯曲方向与蜗杆转向一致，此时大拇指指向的反方向即为蜗轮上节点处线速度的方向，由此就可确定出蜗轮的转向。如图 13.6a 所示，蜗杆 1 为主动件、右旋，按图示方向转动，根据上述的方法就可确定蜗轮 2 为逆时针转向。

2. 蜗杆传动的受力分析

蜗杆传动的受力分析与斜齿圆柱齿轮相似。图 13.6 所示为一下置蜗杆传动，以蜗杆为主动件，作用在蜗杆齿面上的法向力 F_n 可分解为三个互相垂直的分力：圆周力 F_{t1}、径向力 F_{r1} 和轴向力 F_{a2}。图 13.6b 所示为蜗杆、蜗轮的受力情况及转向。其分力的方向判定如下：圆周力 F_{t1} 与转向相反；径向力 F_{r1} 的方向由啮合点指向蜗杆中心；轴向力 F_{a2} 的方向取决于螺旋线的旋向和蜗杆的转向，按“主动轮左右手法则”来确定。

作用于蜗轮上的力可根据作用与反作用定律来确定。

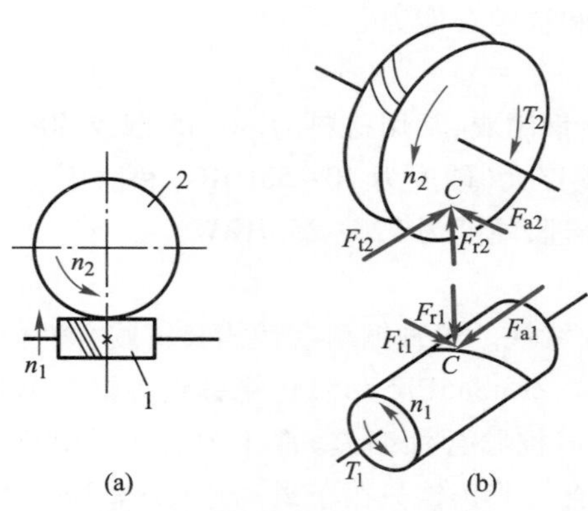

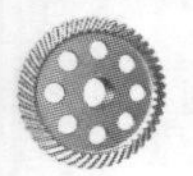

图 13.6　蜗杆传动的受力分析

各分力的大小可按下式计算

$$\left.\begin{aligned}&F_{t1}=\frac{2T_1}{d_1}=-F_{a2}\\&F_{a1}=-F_{t2}\\&\left(F_{t2}=\frac{2T_2}{d_2}\right)\\&F_{r1}=-F_{r2}\\&(F_{r2}=F_{t2}\tan\alpha)\end{aligned}\right\}\tag{13.8}$$

式中：T_1、T_2 分别为作用在蜗杆和蜗轮上的转矩，N · mm；$T_2=T_1 i\eta$，i 为传动比，η 为蜗杆传动的效率；d_1、d_2 分别为蜗杆和蜗轮的分度圆直径，mm；α 为压力角，$\alpha=20°$。

由于蜗杆与蜗轮轴交错成 90°角，根据作用与反作用定律，蜗杆的圆周力 F_{t1} 与蜗轮的轴向力 F_{a2}，蜗杆的轴向力 F_{a1} 与蜗轮的圆周力 F_{t2}、蜗杆的径向力 F_{r1} 与蜗轮的径向力 F_{r2} 分别存在着大小相等、方向相反的关系。

3. 蜗杆传动的失效形式和计算准则

(1) 轮齿的失效形式　在蜗杆传动中，由于材料及结构的原因，蜗杆轮齿的强度高于蜗轮轮齿的强度，所以失效常常发生于蜗轮的轮齿上。由于蜗杆、蜗轮的齿廓间相对滑动速度较大，发热量大而效率低，因此传动的主要失效形式为胶合、磨损和齿面点蚀等。当润滑条件差及散热不良时，闭式传动极易出现胶合。开式传动以及润滑油不清洁的闭式传动中，轮齿磨损的速度很快，为主要失效形式。

(2) 蜗杆传动的计算准则　目前对于胶合和磨损的计算还缺乏成熟的方法，因此通常只是参照圆柱齿轮传动的计算方法，进行齿面接触疲劳强度和齿根弯曲疲劳强度的条件性计算，在选取材料的许用应力时适当考虑胶合和磨损的影响。

实践中，对于闭式传动，由于齿根弯曲疲劳强度所限定的承载能力，大多超过齿面接触疲劳强度所限定的承载能力，故只要进行齿面接触疲劳强度计算。

对于开式传动中或在受强烈冲击的传动，蜗轮采用脆性材料时，才需按齿根弯曲疲劳强度进行设计。这时，可查阅有关资料。

4. 蜗轮齿面接触疲劳强度计算

阿基米德蜗杆传动在中间平面上相当于直齿条与齿轮的啮合传动，而蜗轮本身又相当

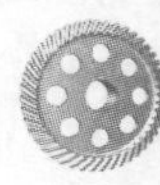

于一个斜齿圆柱齿轮。所以,蜗轮齿面接触疲劳强度的计算可以参照齿轮的计算方法进行,可以推导出蜗轮齿面接触疲劳强度的校核公式为

$$\sigma_H = 480\sqrt{\frac{KT_2}{d_1 d_2^2}} = 480\sqrt{\frac{KT_2}{m^2 d_1 z_2^2}} \leqslant [\sigma_H] \tag{13.9}$$

上式适用于钢制蜗杆对青铜或铸铁蜗轮。经整理得蜗轮齿面接触疲劳强度的设计公式为

$$m^2 d_1 \geqslant KT_2\left(\frac{480}{z_2[\sigma_H]}\right)^2 \tag{13.10}$$

式中:K 为载荷系数,$K=1\sim1.4$,当载荷平稳,$v_s \leqslant 3$m/s,7 级以上精度时取小值,否则取大值;T_2 为蜗轮转矩,N · mm;$[\sigma_H]$为蜗轮材料的许用接触应力,MPa;其余符号的意义同前。

当按式(13.10)算出 $m^2 d_1$ 值后,可由表 13.3 查到适当的 m 和 d_1 值。

5. 蜗轮材料的许用接触应力$[\sigma_H]$

蜗轮材料的许用接触应力$[\sigma_H]$由材料的抗失效能力决定。如蜗轮材料为锡青铜时,其失效形式主要为疲劳点蚀,许用接触应力的大小与应力循环次数有关,其计算公式为

$$[\sigma_H] = [\sigma_H]' K_{HN} \tag{13.11}$$

式中:$[\sigma_H]'$为蜗轮的基本许用接触应力,可从表 13.6 中查到;K_{HN}为寿命系数,$K_{HN}=\sqrt[8]{\frac{10^7}{N}}$,其中 N 为应力循环次数,$N=60n_2 jL_h$,n_2 为蜗轮转速,单位为 r/min,L_h为工作寿命,单位为 h,j 为蜗轮每转一周单个轮齿参与啮合的次数。当 $N=10^7$ 时,$K_{HN}=1$;$N>25\times10^7$ 时,取 $N=25\times10^7$;$N<2.6\times10^5$ 时,取 $N=2.6\times10^5$。如蜗轮材料为铸铝铁青铜或铸铁时,其失效形式为胶合,此时接触强度计算为条件性计算,许用应力可根据材料和滑动速度由表 13.7 查得,其值与应力循环次数无关。

表 13.6　铸锡青铜蜗轮的基本许用接触应力$[\sigma_H]'$($N=10^7$)　　MPa

蜗轮材料	铸造方法	适用的滑动速度 v_s/(m · s^{-1})	蜗杆齿面硬度	
			350HBW	>45HRC
铸锡磷青铜 ZCuSn10P1	砂　型 金属型	≤12 ≤25	180 200	200 220
铸锡锌铅青铜 ZCuSn5Pb5Zn5	砂　型 金属型	≤10 ≤12	110 135	125 150

表 13.7　铸铝铁青铜及铸铁蜗轮的许用接触应力$[\sigma_H]$　　MPa

蜗轮材料	蜗杆材料	滑动速度 v_s/(m · s^{-1})						
		0.5	1	2	3	4	6	8
ZCuAl10Fe3	淬火钢	250	230	210	180	160	120	90
HT150 HT200	渗碳钢	130	115	90	—	—	—	—
HT150	调质钢	110	90	70	—	—	—	—

注:蜗杆未经淬火时,需将表中$[\sigma_H]$值降低 20%。

13.4.2　蜗杆传动的热平衡计算

由于蜗杆传动的啮合齿面上相对滑动速度很大、磨损大、传动效率较低，在工作时会产生大量的热量。若传动装置散热条件较差，会使装置（箱体）温度上升，润滑恶化，导致齿面胶合，这时，必须进行热平衡计算，使温度限制在规定的范围内，这种计算称为热平衡计算。这是蜗杆传动所特有的一种设计计算的方法。

对于新设计的传动装置必须要考虑此项计算，但对于旧装置来说，就不必进行热平衡计算，只要保养、维修适当，油温就不会超过规定值。如需要计算时，可查阅有关资料。

13.5　蜗杆和蜗轮的结构

蜗杆的直径较小，常和轴制成一个整体（图 13.7）。螺旋部分常用车削加工，也可用铣削加工。车削加工时需有退刀槽，因此刚性较差。

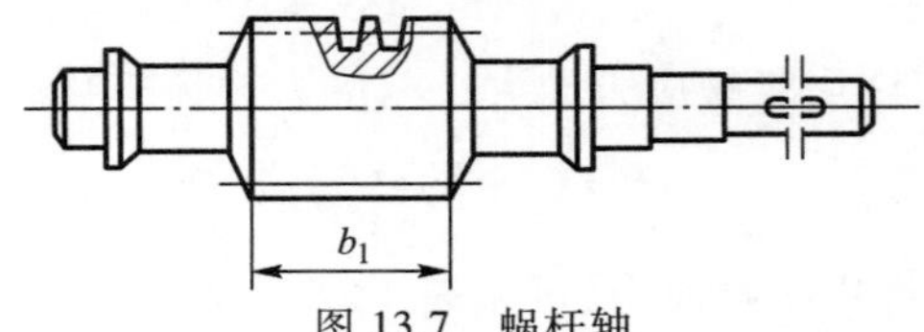

图 13.7　蜗杆轴

按材料和尺寸的不同蜗轮的结构分为多种型式，如图 13.8 所示。

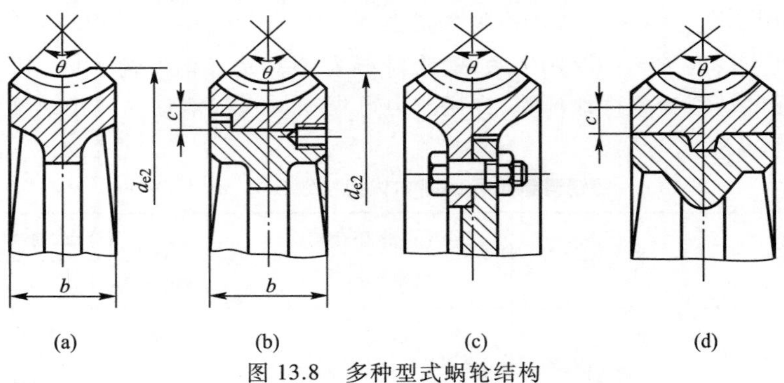

图 13.8　多种型式蜗轮结构

1. 整体式蜗轮（图 13.8a）

主要用于直径较小的青铜蜗轮或铸铁蜗轮。

2. 齿圈式蜗轮（图 13.8b）

为了节约贵重金属，直径较大的蜗轮常采用组合结构，齿圈用青铜材料，轮芯用铸铁或铸钢制造。两者采用 H7/r6 配合，并用 4～6 个直径为（1.2～1.5）m 的螺钉加固，m 为蜗轮模数。为便于钻孔，应将螺孔中心线向材料较硬的轮芯部分偏移 2～3mm。这种结构用于尺寸不太大而且工作温度变化较小的场合。

3. 螺栓连接式蜗轮（图 13.8c）

这种结构的齿圈与轮芯由普通螺栓或铰制孔用螺栓连接，由于装拆方便，常用于尺寸较大或磨损后需更换蜗轮齿圈的场合。

4. 镶铸式蜗轮（图 13.8d）

将青铜轮缘铸在铸铁轮芯上，轮芯上制出榫槽，以防轴向滑动。

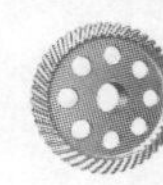

图 13.9 所示为蜗杆的结构及其尺寸，图 13.10 所示为蜗轮的结构及其尺寸。

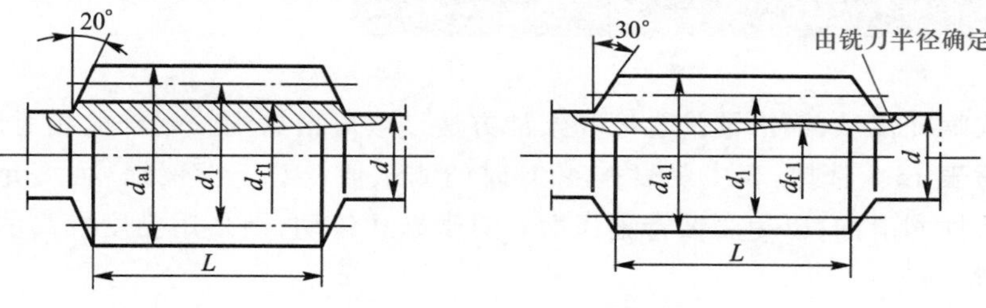

(a)车制($d_f-d\geqslant 2\sim 4$ mm)　　(b)铣制(d可大于d_f)

$L\geqslant 2m\sqrt{z_2+1}$(不变位)；$L\geqslant\sqrt{d_{a2}^2+d_2^2}$(变位)；$d_{a2}$— 蜗轮顶圆直径；$m$— 模数；$d_2$— 蜗轮分度圆直径

图 13.9　蜗杆的结构及其尺寸

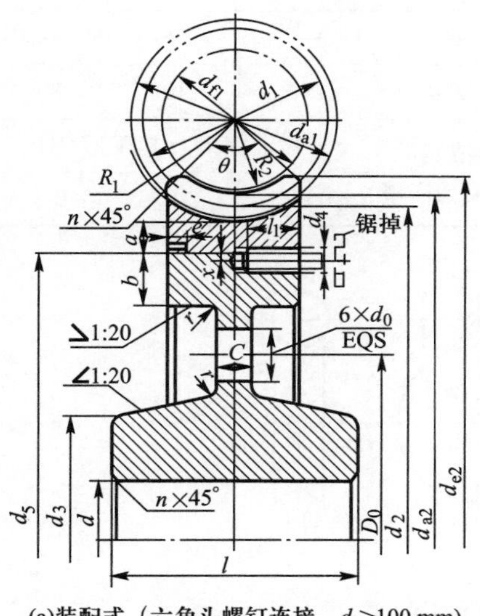

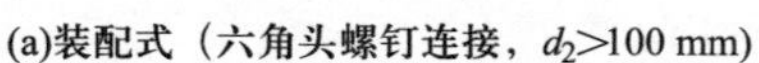

(a)装配式（六角头螺钉连接，d_2>100 mm）

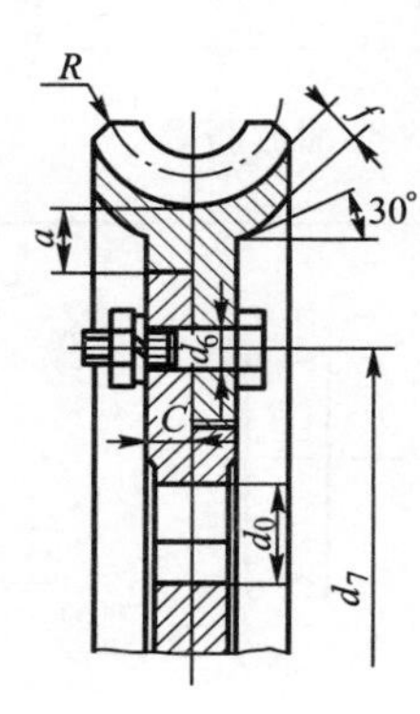

(b)装配式（铰制孔用螺栓连接）

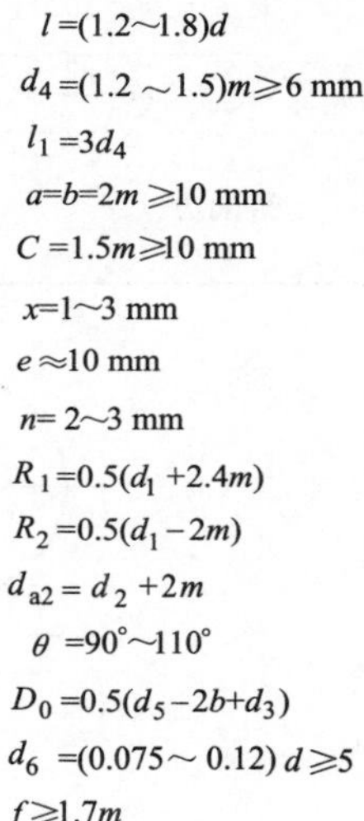

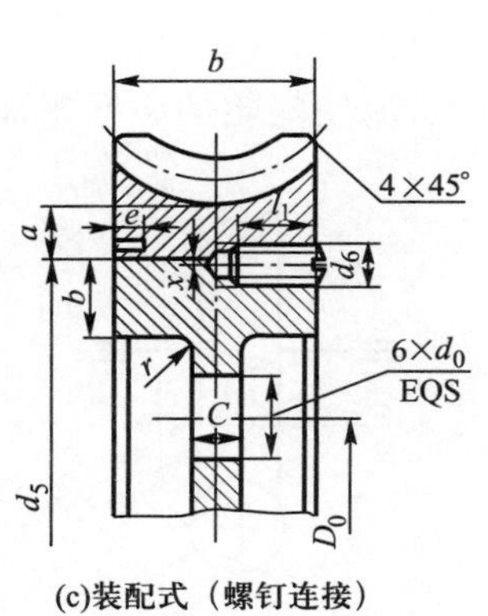

(c)装配式（螺钉连接）

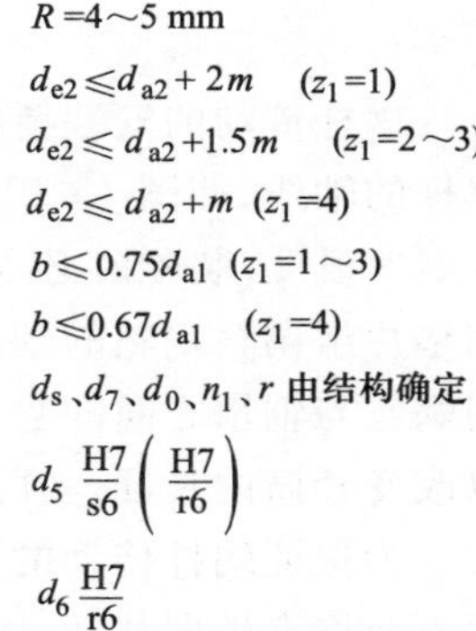

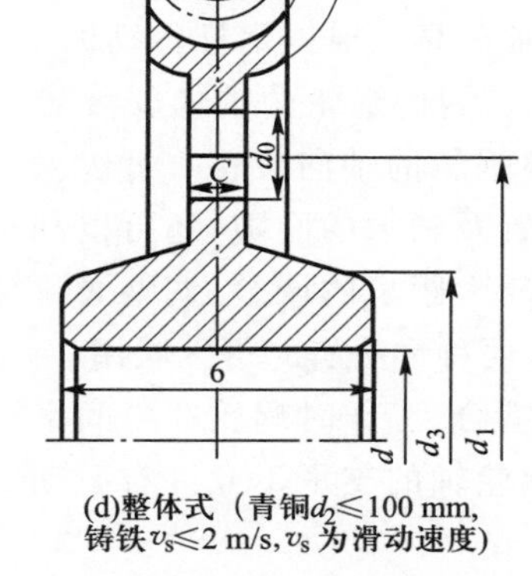

(d)整体式（青铜$d_2\leqslant 100$ mm，铸铁$v_s\leqslant 2$ m/s，v_s为滑动速度）

$R=4\sim5$ mm

$d_{e2}\leqslant d_{a2}+2m$　($z_1=1$)

$d_{e2}\leqslant d_{a2}+1.5m$　($z_1=2\sim3$)

$d_{e2}\leqslant d_{a2}+m$　($z_1=4$)

$b\leqslant 0.75d_{a1}$　($z_1=1\sim3$)

$b\leqslant 0.67d_{a1}$　($z_1=4$)

d_s、d_7、d_0、n_1、r 由结构确定

$d_5\ \frac{H7}{s6}\left(\frac{H7}{r6}\right)$

$d_6\ \frac{H7}{r6}$

图 13.10　蜗轮的结构及其尺寸

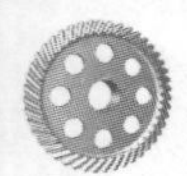

13.6　阿基米德蜗杆传动的安装、维护及实例分析

1. 蜗杆传动的润滑

对于闭式蜗杆传动，润滑油的黏度和给油方法一般可根据蜗轮蜗杆的相对滑动速度、载荷类型等参考表 13.8 选择，表中黏度是 40℃ 时的测试值。对于青铜蜗轮，不允许采用抗胶合能力强的活性润滑油，以免腐蚀青铜齿面。对于开式传动，则采用黏度较高的齿轮油或润滑脂进行润滑。

对闭式蜗杆传动采用油池润滑时，在搅油损失不致过大的情况下，应使油池保持适当的油量，以利于蜗杆传动的散热。当 $v_s \leqslant 5$ m/s 时，一般应采用下置式蜗杆传动（图 13.11a），其浸油深度约为蜗杆的一个齿高，但油面不得超过蜗杆轴承的最低滚动体中心；当 $v_s > 5$ m/s 时，搅油损失太大，一般应为上置式蜗杆传动（图 13.11b），其浸油深度约为蜗轮外径的 1/3。

表 13.8　蜗杆传动的润滑油黏度及给油方法

滑动速度 v_s/(m·s^{-1})	<1	<2.5	<5	>5～10	>10～15	>15～25	>25
工作条件	重载	重载	中载	—	—	—	—
运动黏度 $\nu_{40℃}$/(mm^2·s^{-1})	900	500	350	220	150	100	80
给油方法	油池润滑			油池润滑或喷油润滑	压力喷油润滑及其压力/MPa		
					0.07	0.2	0.3

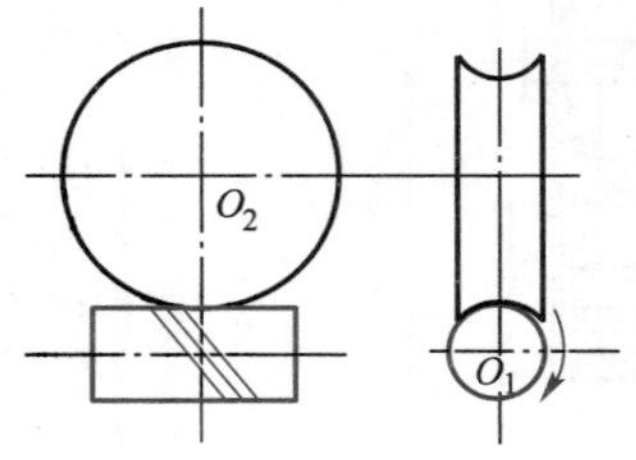

(a)蜗杆下置

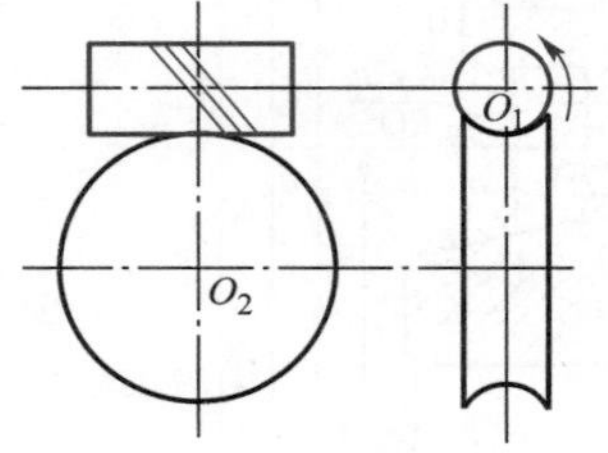

(b)蜗杆上置

图 13.11　蜗杆的置式

2. 蜗杆传动的安装

蜗杆传动的安装精度要求很高。根据蜗杆传动的啮合特点，应使蜗轮的中间平面通过蜗杆的轴线，如图 13.12 所示。因此蜗轮的轴向安装定位要求很准，装配时必须调整蜗轮的轴向位置。可以采用垫片组调整蜗轮的轴向位置及轴承的间隙，还可以利用蜗轮与轴承之间的套筒作较大距离的调整，调整时可以改变套筒的长度，实际中这两种方法有时可以联用。

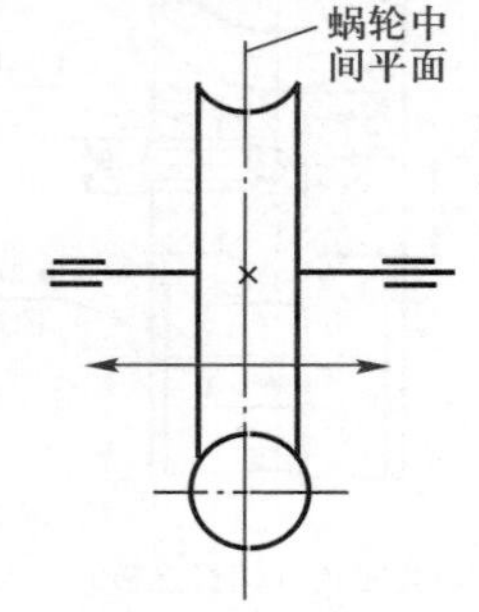

图 13.12　蜗杆传动的安装位置要求

为保证蜗杆传动的正确啮合，工作时蜗轮的中间平面不允许有轴向移动，因此蜗轮轴的支承不允许有游动端，应采用两端固定的支承方式。

由于蜗杆轴的支承跨距大，轴的热伸长大，其支承

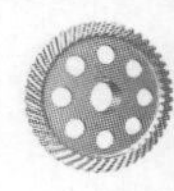

多采用一端固定另一端游动的支承方式。支承的固定端一般采用套杯结构，以便于固定轴承，游动端根据具体需要确定是否采用套杯。对于支承跨距较短（$L\leqslant 300$mm）、传动功率小的上置式蜗杆，或间断工作、发热量不大的蜗杆传动，蜗杆轴的热伸长较小，此时也可采用两端固定的支承方式。

蜗杆传动装配后要进行跑合，以使齿面接触良好。跑合时采用低速运转（通常 $n_1=50\sim100$r/min），逐步加载至额定载荷跑合 1～5h。若发现蜗杆齿面上粘有青铜应立即停车，用细砂纸打去后再继续跑合。跑合完成后应清洗全部零件，更换润滑油。

3. 蜗杆传动的维护

蜗杆传动的维护很重要。由于蜗杆传动的发热量大，应随时注意周围的通风散热条件是否良好。蜗杆传动工作一段时间后应测试油温，如果超过油温的允许范围应停机或改善散热条件。还要经常检查蜗轮齿面是否保持完好。润滑对于保证蜗杆传动的正常工作及延长其使用期限很重要。蜗杆置于下方时应设法使蜗轮能得到润滑，如采用加刮油板、溅油轮等方法。蜗杆浸油润滑时油面不宜太高，为防止过多的油进入轴承，轴承内侧应设挡油环。当蜗杆圆周速度较大（$v>4$m/s）时可采用蜗杆上置式。

4. 实例分析

例 13.1　在现场，有时会采用齿轮滚刀加工蜗轮，这样的做法行吗？

答　根据蜗杆传动的啮合原理，可得出在切制蜗轮轮齿时，所用滚刀直径和齿形参数必须与该蜗轮相啮合的蜗杆一致。为了减少蜗杆滚刀的数目，国标中规定了在同一个模数下有几把分度圆直径不同的滚刀，如表 13.3 所列。此蜗轮滚刀也就是与其蜗轮相啮合的蜗杆。

在有些工厂中，采用齿轮滚刀加工蜗轮，通常这样做法是不妥的。因为齿轮滚刀的分度圆直径不是按国标规定的选取，更不会按相啮合的蜗杆直径取得的。其结果不能实现正确的啮合。如果真的去加工蜗轮，其后果是只能凑着用、能动，使传动不平稳、噪音大、承载能力低。只有当齿轮滚刀的参数（模数、分度圆直径、导程角等）与蜗杆相同时，就能替代蜗轮滚刀来加工蜗轮。

例 13.2　为了确保蜗轮中间的平面与蜗杆传动的中间平面相重合，如何调整蜗轮轴向位置？

答　在现场，蜗轮轴向位置的调正方法如下所述：

（1）测得箱体零件为合格品。

（2）根据传动装置的工况等选择轴承的类型。一般采用向心角接触轴承（如向心角接触球轴承、圆锥滚子轴承）。当轴向力较小时，可采用深沟球轴承。不同类型的轴承，其调正方法也不同。

（3）确定轴承安装形式。常用的为轴承对称安装、成对使用的正装形式。

（4）参考有关类似的结构，进行轴承组合设计，实现轴承的轴向固定。一般采用全固支承形式。

（5）做蜗轮中间位置的调整，使与蜗杆传动的中间平面重合，然后将蜗轮轴向固定。

对于蜗杆的轴向固定，可查阅轴承组合设计进行。

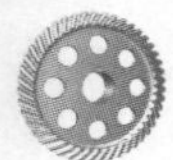

复习题

13.1 蜗杆传动的特点及使用条件是什么?

13.2 蜗杆传动的传动比如何计算?能否用分度圆直径之比表示传动比?为什么?

13.3 何谓蜗杆传动的中间平面?中间平面上的参数在蜗杆传动中有何重要意义?

13.4 试述蜗杆直径系数的意义,为何要引入蜗杆直径系数 q?

13.5 蜗杆传动的设计准则是什么?

13.6 常用的蜗轮、蜗杆的材料组合有哪些?设计时如何选择材料?

13.7 试分析图示的蜗杆传动中,蜗杆、蜗轮的转动方向及所受各分力的方向。

13.8 设计起重设备用闭式蜗杆传动。蜗杆轴的输入功率 $P_1 = 7.5\text{kW}$,蜗杆转速 $n_1 = 960\text{r/min}$,蜗轮转速 $n_2 = 48\text{r/min}$,间歇工作,每天工作 4h,预定寿命为 10 年。

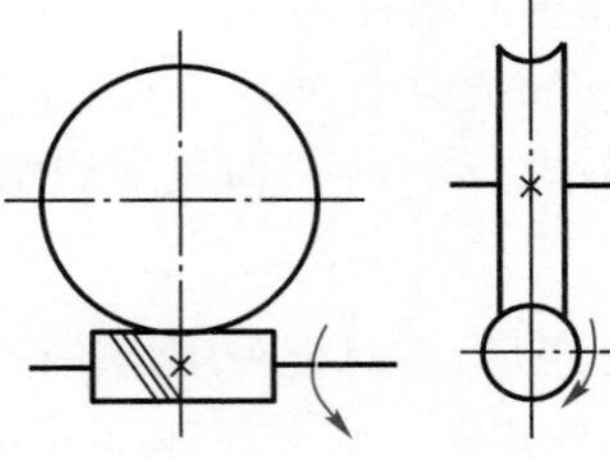

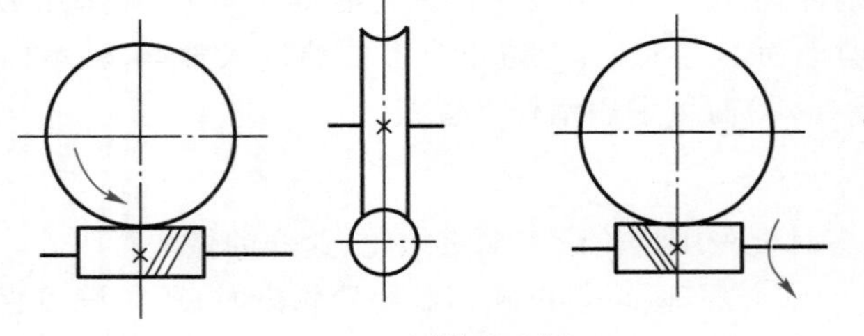

题 13.7 图

第 14 章

14

轮系和减速器

在现代机械中，为了满足不同的工作要求只用一对齿轮传动往往是不够的，通常用一系列齿轮共同传动。这种由一系列齿轮组成的传动系统称为齿轮系。

本章主要讨论定轴齿轮系的传动比计算和转向确定，并简要介绍减速器基本结构。

14.1 轮系的分类

一个轮系中可以同时包括圆柱齿轮、锥齿轮、蜗杆蜗轮等各种类型的齿轮机构。如果齿轮系中各齿轮的轴线互相平行，则称为平面齿轮系，否则称为空间齿轮系。

根据齿轮系运转时齿轮的轴线位置相对于机架是否固定，又可将齿轮系分为两大类：定轴齿轮系和周转齿轮系。

14.2 定轴齿轮系及其传动比

如果齿轮系运转时各齿轮的轴线相对于机架保持固定，则称为定轴齿轮系，如图 14.1 所示。定轴齿轮系又分为平面定轴齿轮系（图 14.1a）和空间定轴齿轮系（图 14.1b）两种。

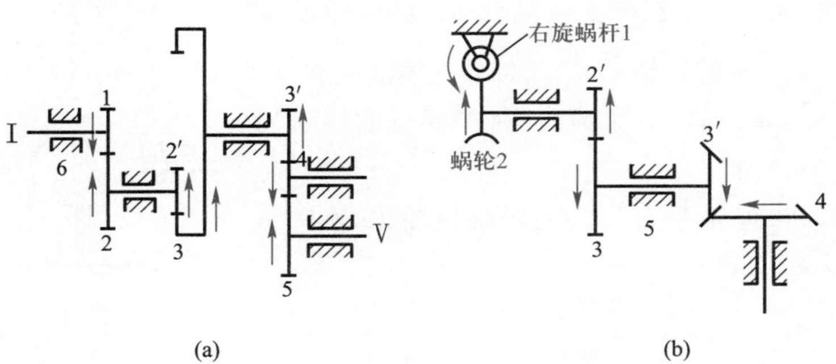

图 14.1　定轴齿轮系

1. 平面定轴齿轮系传动比的计算

设齿轮系中首齿轮的角速度为 ω_A，末齿轮的角速度为 ω_K，ω_A 与 ω_K 的比值用 i_{AK} 表示，即 $i_{AK}=\omega_A/\omega_K$，则 i_{AK} 称为该齿轮系的传动比。

如图 14.1a 所示的齿轮系，设齿轮 1 为首齿轮，齿轮 5 为末齿轮，z_1、z_2、z_2'、z_3、z_3'、z_4 及 z_5 分别为各齿轮的齿数，ω_1、ω_2、ω_2'、ω_3、ω_3'、ω_4 及 ω_5 分别为各齿轮的角速度。该齿轮系的传动比 i_{15} 可由各对齿轮的传动比求出。

一对齿轮的传动比大小为其齿数的反比。若考虑转向关系,外啮合时两齿轮的转向相反,传动比取“-”号;内啮合时两齿轮的转向相同,传动比取“+”号,则各对齿轮的传动比为

$$i_{12}=\frac{\omega_1}{\omega_2}=-\frac{z_1}{z_2},\quad i_{2'3}=\frac{\omega_2'}{\omega_3}=\frac{z_3}{z_2'},\quad i_{3'4}=\frac{\omega_3'}{\omega_4}=-\frac{z_4}{z_3'},\quad i_{45}=\frac{\omega_4}{\omega_5}=\frac{z_5}{z_4}$$

其中 $\omega_2=\omega_2'$,$\omega_3=\omega_3'$。将以上各式两边连乘可得

$$i_{12}i_{2'3}i_{3'4}i_{45}=\frac{\omega_1\omega_2'\omega_3'\omega_4}{\omega_2\omega_3\omega_4\omega_5}=(-1)^3\frac{z_2z_3z_4z_5}{z_1z_2'z_3'z_4}$$

所以

$$i_{15}=\frac{\omega_1}{\omega_5}=i_{12}i_{2'3}i_{3'4}i_{45}=(-1)^3\frac{z_2z_3z_5}{z_1z_2'z_3'}$$

上式表明,平面定轴齿轮系的传动比等于组成齿轮系的各对齿轮传动比的连乘积,也等于从动轮齿数的连乘积与主动轮齿数的连乘积之比。首末两齿轮转向相同还是相反,取决于齿轮系中外啮合齿轮的对数。

此外,在该齿轮系中齿轮 4 同时与齿轮 3′和末齿轮 5 啮合,其齿数可在上述计算式中消去,即齿轮 4 不影响齿轮系传动比的大小,只起到改变转向的作用,这种齿轮称为“惰轮”。

将上述计算式推广,若以 A 表示首齿轮,K 表示末齿轮,m 表示圆柱齿轮外啮合的对数,则平面定轴齿轮系传动比的计算式为

$$i_{AK}=\frac{\omega_A}{\omega_K}=(-1)^m\frac{\text{各对齿轮从动轮齿数的连乘积}}{\text{各对齿轮主动轮齿数的连乘积}}\tag{14.1}$$

首末两齿轮转向可用 $(-1)^m$ 来判别,i_{AK} 为负号时,说明首、末齿轮转向相反;i_{AK} 为正号时则转向相同。

2. 空间定轴齿轮系传动比的计算

一对空间齿轮传动比的大小也等于两齿轮齿数的反比,故也可用式(14.1)来计算空间齿轮系传动比的大小。但由于各齿轮轴线不都互相平行,所以不能用 $(-1)^m$ 的正负来确定首末齿轮的转向,而要采用在图上画箭头的方法来确定,如图 14.1b 所示。

例 图 14.2 所示的齿轮系中,已知 $z_1=16$,$z_2=32$,$z_2'=20$,$z_3=40$,$z_3'=2$(右旋),$z_4=40$。若 $n_1=1\ 000$ r/min,其转向如图所示,求蜗轮的转速 n_4 的大小及各轮的转向。

解 由图知该齿轮系为一空间定轴齿轮系,利用式(14-1)计算传动比的大小

$$i_{14}=\frac{n_1}{n_4}=\frac{z_2z_3z_4}{z_1z_2'z_3'}=\frac{32\times40\times40}{16\times20\times2}=80$$

因齿轮 1、2、3 的模数相等,故它们之间的中心距关系为

$$\frac{m}{2}(z_1+z_2)=\frac{m}{2}(z_3-z_4)$$

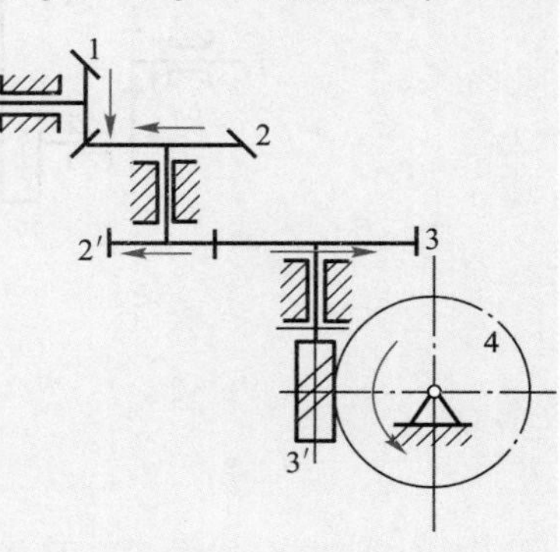

图 14.2 定轴齿轮系传动比计算

所以

$$n_4=\frac{n_1}{i_{14}}=\frac{1\ 000}{80}\ \text{r/min}=12.5\ \text{r/min}$$

由于轮系中含有锥齿轮和蜗杆蜗轮等空间齿轮传动,且首、末两轮的轴线又是不平行的,故此各轮的转向如图中箭头所示。

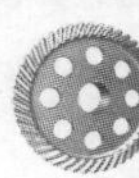

14.3　周转齿轮系的概述

如轮系中最少有一轮的几何轴线绕位置固定的几何轴线转动，则这种齿轮系称为周转齿轮系。如图 14.3a 所示为一周转齿轮系，内齿轮 3 以角速度 ω_3 绕固定轴线 O_1-O_1 转动，H 称为系杆，在系杆 H 上空套齿轮 2，系杆 H 带着齿轮 2 以角速度 ω_H 绕固定的几何轴线 O_1-O_1 转动，因为齿轮 2 同时和 1、3 齿轮啮合，所以齿轮 1 便在 ω_3 及 ω_H 这两种运动的共同作用下以 ω_1 的角速度绕固定的几何轴线 O_1-O_1 转动。从上可看出，在这个周转轮系中必须有两个主动件，当这两个主动件的运动确定后，该机构中其他各构件的运动才完全确定，把这种周转轮系称为差动轮系。

如果在此轮系中使内齿轮 3 固定不动（$\omega_H = 0$），那么只需知道系杆 H 的运动规律，即能完全确定齿轮 1 的运动。也就是说只需有一个主动件，则机构其余各构件的运动便完全确定。把这种周转轮系称为简单行星轮系，如图 14.3b 所示。

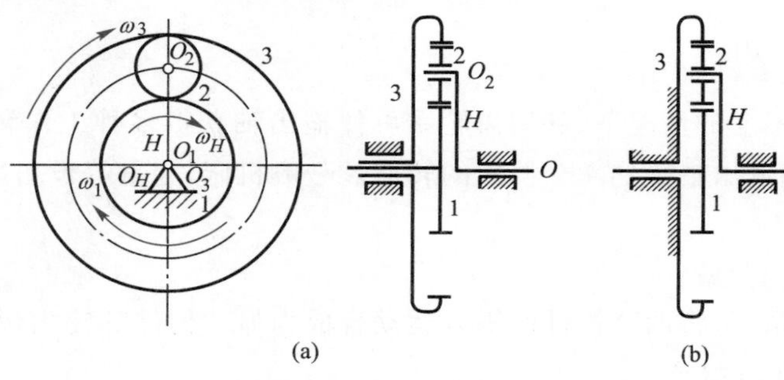

图 14.3　周转齿轮系

14.4　轮系的应用

1. 传递相距较远的两轴间的运动和动力

当两轴间的距离较大时，如仅用一对齿轮传动，就会使这两轮的尺寸很大，现改为轮系传动，就可减小单个齿轮的大小。

2. 获得大的传动比

通常一对齿轮的传动比不宜大于 5～7。因此，当需要获得较大的传动比时，可用周转轮系来达到目的。不仅外廓尺寸小，且小齿轮不易损坏。

3. 实现换向传动

在输入轴转向不变的情况下，利用惰轮可以改变输出轴的转向。

如图 14.4 所示车床上走刀丝杆的三星轮换向机构，扳动手柄 a 可实现如图 14.4a、图 14.4b 所示的两种传动方案。由于两方案仅相差一次外啮合，故从动轮 4 相对于主动轮 1 有两种输出转向。

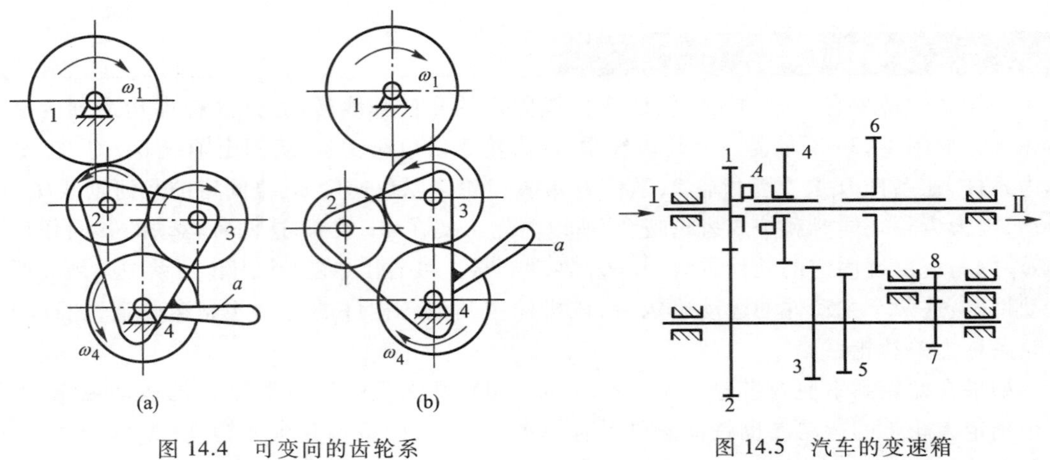

图 14.4　可变向的齿轮系　　图 14.5　汽车的变速箱

4. 实现变速传动

在输入轴转速不变的情况下，利用齿轮系可使输出轴获得多种工作转速。图 14.5 所示的汽车变速箱，可使输出轴得到 4 个档次的转速。一般机床、起重等设备上也都需要这种变速传动。

5. 实现运动的合成与分解

应用差动齿轮系，可将两个构件的输入运动合成为另一构件的输出运动，如滚齿机的差动齿轮系，如图 14.6 所示。

应用简单行星轮系，可将一个构件的输入运动，根据一些附加条件分解为两个构件的输出运动，如汽车后桥的差速器，如图 14.7 所示。

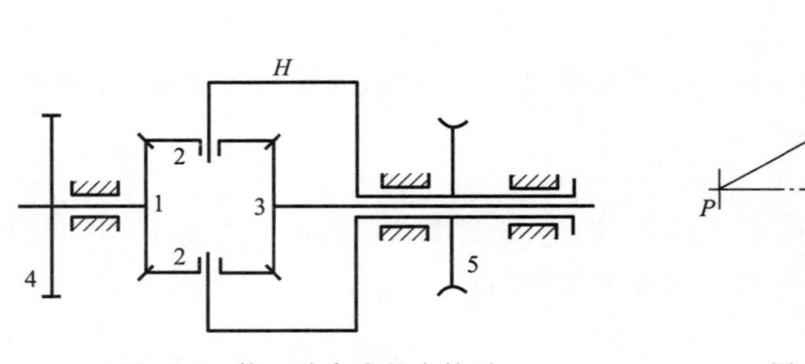

图 14.6　使运动合成的齿轮系

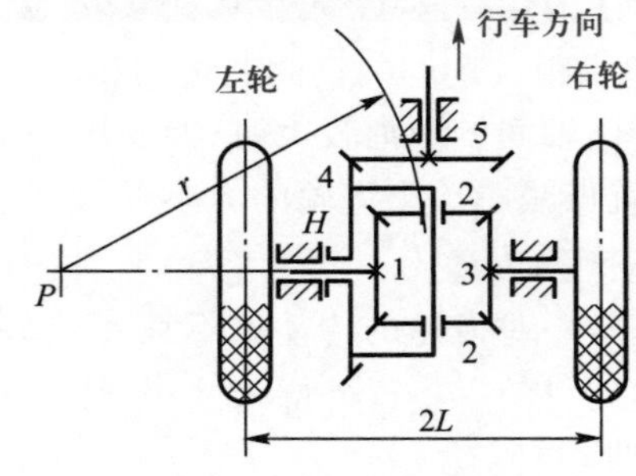

图 14.7　汽车后桥差速器

14.5　减速器

1. 概述

减速器是一种由封闭在刚性壳体内的齿轮传动、蜗杆传动、齿轮-蜗杆传动所组成的独立部件，常用作原动机与工作机之间的减速传动装置。在少数场合也可用作增速的传动装置，这时就称为增速器。

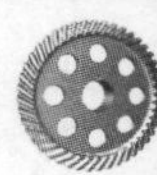

减速器的种类很多。常用的齿轮及蜗杆减速器按其传动及结构特点，大致可分为三类：

(1) 齿轮减速器　主要有圆柱齿轮减速器、锥齿轮减速器和圆锥-圆柱齿轮减速器三种。

(2) 蜗杆减速器　主要有圆柱蜗杆减速器、圆弧齿蜗杆减速器、锥蜗杆减速器和蜗杆-齿轮减速器等。

(3) 行星减速器　主要有渐开线行星齿轮减速器、摆线针轮减速器和谐波齿轮减速器等。

2. 减速器的结构

图 14.8 所示为单级直齿圆柱齿轮减速器，它主要由齿轮（或蜗杆）、轴、轴承和箱体等组成。箱体必须有足够的刚度，为保证箱体的刚度及散热，常在箱体外壁上制有加强肋。为方便减速器的制造、装配及使用，还在减速器上设置一系列附件，如检查孔、透气孔、油标尺或油面指示器、吊钩及起盖螺钉等。

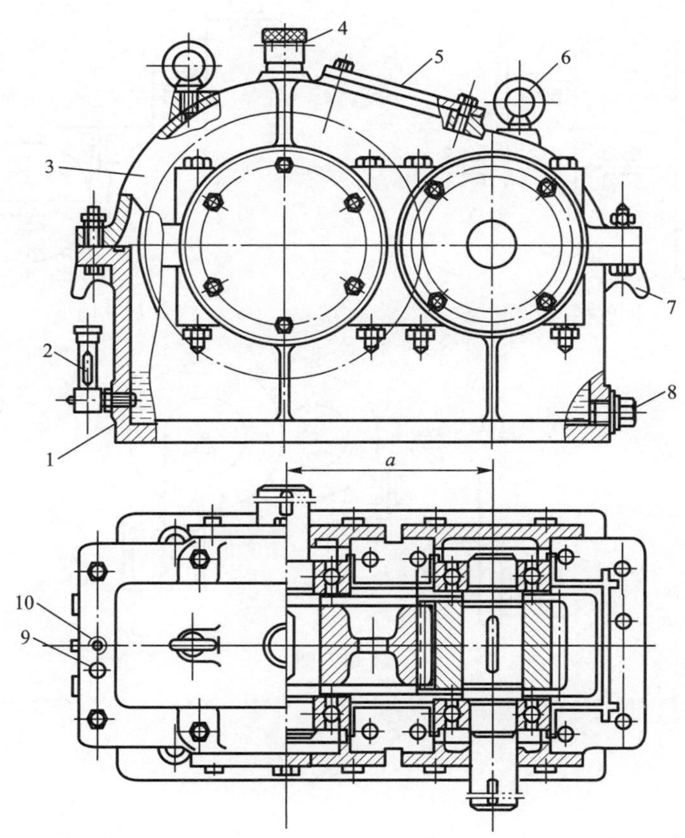

图 14.8　减速器

1—下箱体；2—油面指示器；3—上箱体；4—透气孔；5—检查孔盖；6—吊环螺钉；7—吊钩；8—油塞；9—定位销钉；10—起盖螺钉孔（带螺纹）

复习题

14.1 定轴齿轮系与周转齿轮系的主要区别是什么？

14.2 各种类型齿轮系的转向如何确定？$(-1)^m$ 方法适用于何种类型的齿轮系？

14.3 题 14.3 图示的轮系中，已知各齿轮齿数 $z_1=z_2=20, z_3=60, z_3'=26, z_4=22, z_4'=22, z_5=34$。试求传动比 i_{15}。

14.4 题 14.4 图示的轮系中，已知各齿轮齿数 $z_1=15, z_2=25, z_2'=15, z_3=30, z_3'=15, z_4=30, z_4'=2$（右旋），$z_5=60, z_5'=20$（$m=4$ mm），若 $n_1=500$ r/min，求齿条 6 的线速度 v 的大小和方向。

14.5 题 14.5 图示的手摇提升装置中，已知各齿轮齿数 $z_1=20, z_2=50, z_3=15, z_3=30$，蜗杆 $z_5=1$（右旋），$z_6=40, z_7=18, z_8=51$，试求传动比 i_{18}，并指出提升重物时手柄的转向。

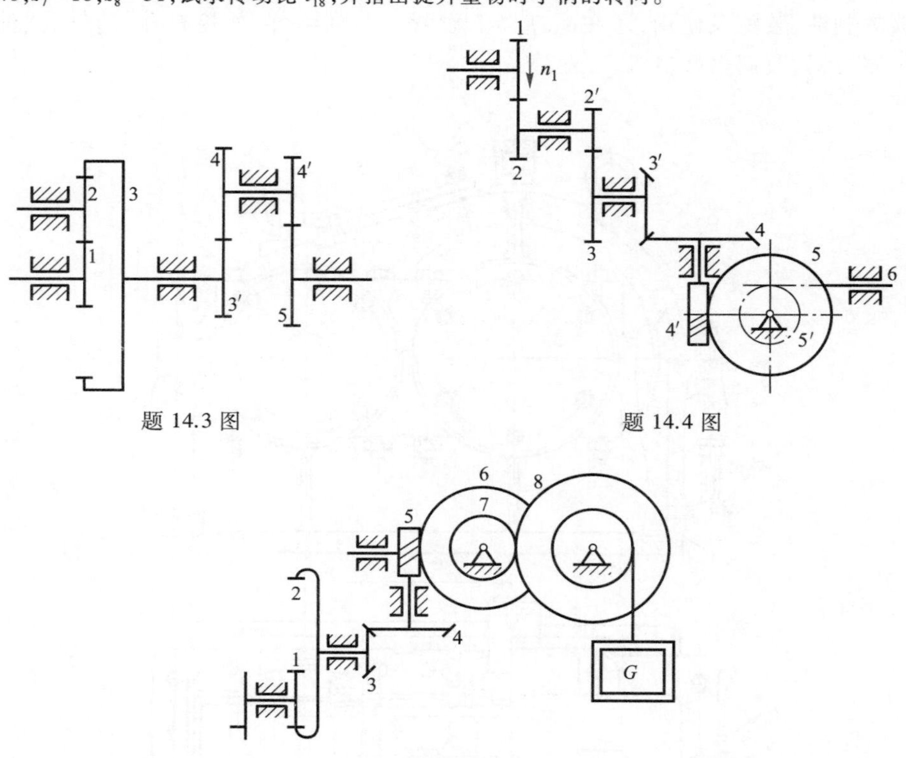

题 14.3 图　　题 14.4 图

题 14.5 图

第 15 章

15

带 传 动

带传动是一种常用的机械传动形式，它的主要作用是传递转矩和转速。大部分带传动是依靠挠性传动带与带轮间的摩擦力来传递运动和动力的。本章介绍带传动的类型和应用，受力和应力分析，着重讨论带轮的结构、普通 V 带传动、安装与维护等，对于 V 带传动的设计计算也作一定的介绍。同时又提出平带传动的标准与计算。

15.1 概述

如图 15.1 所示，带传动一般是由主动轮 1、从动轮 2、紧套在两轮上的传动带 3 及机架 4 组成。当原动机驱动带轮 1(即主动轮)转动时，由于带与带轮间摩擦力的作用，使从动轮 2 一起转动，从而实现运动和动力的传递。

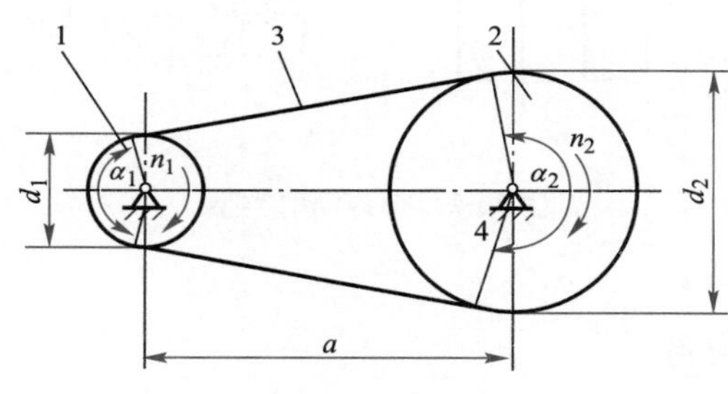

图 15.1 带传动

15.1.1 带传动的类型

1. 按传动原理分

(1) 摩擦带传动 靠传动带与带轮间的摩擦力实现传动，如 V 带传动、平带传动等。

(2) 啮合带传动 靠带内侧凸齿与带轮外缘上的齿槽相啮合实现传动，如同步带传动。

2. 按用途分

(1) 传动带 传递动力用。

(2) 输送带 输送物品用。

本章仅讨论传动带。

3. 按传动带的截面形状分

(1) 平带 如图 15.2a 所示，平带的截面形状为矩形，内表面为工作面。常用的平带有胶带、编织带和强力锦纶带等。

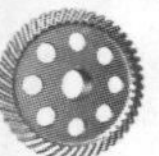

（2）V 带　V 带的截面形状为梯形，两侧面为工作表面，如图 15.2b 所示。传动时，V 带与轮槽两侧面接触，在同样压紧力的作用下，V 带的摩擦力比平带大，传递功率也较大，且结构紧凑。

（3）多楔带　如图 15.2c 所示，它是在平带基体上由多根 V 带组成的传动带。多楔带结构紧凑，可传递很大的功率。

（4）圆形带　如图 15.2d 所示，横截面为圆形，只适用于小功率传动。

（5）同步带　带的截面为齿形，如图 15.2e 所示。同步带传动是靠传动带与带轮上的齿互相啮合来传递运动和动力，除保持了摩擦带传动的优点外，还具有传递功率大，传动比准确等优点，多用于要求传动平稳、传动精度较高的场合。

目前在一般机械传动中，应用最为广泛的为 V 带传动。

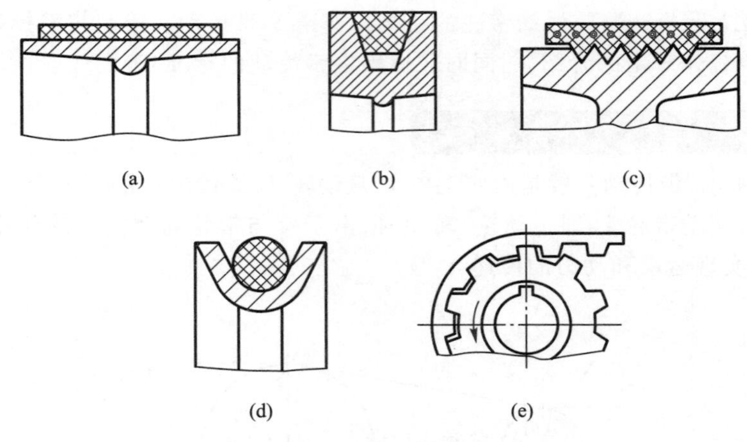

图 15.2　带传动的类型

15.1.2　带传动的特点和应用

带传动属于挠性传动，传动平稳、噪声小、可缓冲吸振。过载时，带会在带轮上打滑，从而起到保护其他传动件免受损坏的作用。带传动允许较大的中心距，结构简单，制造、安装和维护较方便，且成本低廉。但由于带与带轮之间存在滑动，传动比不能严格保持不变。带传动的传动效率较低，带的寿命一般较短，不宜在易燃、易爆场合下工作。

一般情况下，带传动传递的功率 $P \leqslant 100\mathrm{kW}$，带速 $v = 5 \sim 25\mathrm{m/s}$，平均传动比 $i \leqslant 5$，传动效率为 94%～97%，高速带传动的带速可达 60～100m/s，传动比 $i \leqslant 7$。

带传动的主要形式及各种形式对各带型的适用性见表 15.1。本章重点讨论开口传动形式的普通 V 带传动。

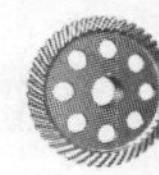

表 15.1　带传动的主要形式及对各带型的适用性

传动形式	简图	允许带速 $v/(m\cdot s^{-1})$	传动比 i	安装条件	工作特点	V 带		平带			特殊带		
						普通V带	窄V带	胶帆布平带	锦纶片复合平带	高速环形带	多楔带	圆形带	同步带
开口传动		25~50	≤5	两轮轮宽对称面应重合	平行轴、双向、同旋向传动	√	√	√	√	√	√	√	√
交叉传动		15	≤6		平行轴、双向、反旋向传动，交叉处有摩擦，中心距大于 20 倍带宽	×	×	√	○	×	×	√	×
半交叉传动		15	≤3	一轮宽对称面通过另一轮带的绕出点	交错轴、单向传动	○	○	√	√	×	×	√	×
有张紧轮的平行轴传动		25~50	≤10	同开口传动，张紧轮在松边接近小带轮处，接头要求高	平行轴、单向、同旋向传动，用于 i 大和 a 小的场合	√	√	√	√	√	√	√	√
有导轮的相交轴传动		15	≤4	两轮轮宽对称面应与导轮圆柱面相切	交错轴、双向传动	×	×	√	○	×	×	√	×
多从动轮传动		25	≤6	各轮宽对称面重合	带的曲绕次数多、寿命短	√	√	√	√	○	√	√	√

注：√—适用，○—可用，×—不可用。

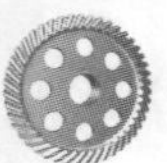

15.2　V 带和 V 带轮的结构

V 带有普通 V 带、窄 V 带、宽 V 带、汽车 V 带、大楔角 V 带等。普通 V 带和窄 V 带应用较广。

15.2.1　普通 V 带的结构和尺寸标准

标准 V 带都制成无接头的环形带，其横截面结构如图 15.3 所示。V 带和 V 带轮有两种尺寸制，即基准宽度制和有效宽度制，我国采用基准宽度制。在美国等国家标准生产的 V 带系列为有效宽度制。

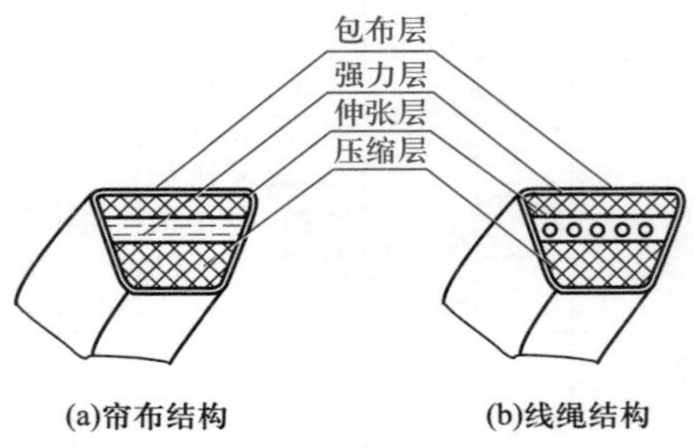

图 15.3　V 带的结构

普通 V 带的尺寸已标准化，按截面尺寸由小至大的顺序分为 Y、Z、A、B、C、D、E 7 种型号(表 15.2)。在同样条件下，截面尺寸大则传递的功率就大。

V 带绕在带轮上产生弯曲，外层受拉伸变长，内层受压缩变短，两层之间存在一长度不变的中性层。中性层面称为节面，节面的宽度称为节宽 b_p(表 15.2 中插图)。普通 V 带的截面高度 h 与其节宽 b_p 的比值已标准化(为 0.7)。V 带装在带轮上，和节宽 b_p 相对应的带轮直径称为基准直径，用 d_d 表示，基准直径系列见表 15.3。V 带在规定的张紧力下，位于带轮基准直径上的周线长度称为基准长度 L_d，它用于带传动的几何计算。V 带的基准长度 L_d 已标准化，见表 15.4。

表 15.2　V 带(基准宽度制)的截面尺寸(GB/T 11544—2012)　　mm

普通 V 带	节宽 b_p	基本尺寸		
		顶宽 b	带高 h	楔角 θ
Y	5.3	6	4	40°
Z (旧国标 O 型)	8.5	10	6 8	
A	11.0	13	8 10	
B	14.0	17	11 14	
C	19.0	22	14 18	
D	27.0	32	19	
E	32.0	38	23	

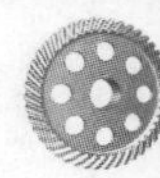

表 15.3　V 带轮的基准直径系列　　mm

基准直径 d_d	带型						
	Y	Z	A	B	C	D	E
	外径 d_a						
20	23.2						
22.4	25.6						
25	28.2						
28	31.2						
31.5	34.7						
35.5	38.7						
40	43.2						
45	48.2						
50	53.2	+54					
56	59.2	+60					
63	66.2	67					
71	74.2	75					
75		79	+80.5				
80	83.2	84	+85.5				
85			+90.5				
90	93.2	94	95.5				
95			100.5				
100	103.2	104	105.5				
106			111.5				
112	115.2	116	117.5				
118			123.5				
125	128.2	129	130.5	+132			
132		136	137.5	+139			
140		144	145.5	147			
150		154	155.5	157			
160		164	165.5	167			
170				177			
180		184	185.5	187			
200		204	205.5	207	+209.6		
212				219	+221.6		

续表

基准直径 d_d	带型						
	Y	Z	A	B	C	D	E
	外径 d_a						
224				231	233.6		
236		228	229.5	243	245.6		
250		254	255.5	257	259.6		
265					274.6		
280		284	285.5	287	289.6		
315		319	320.5	322	324.6		
355		359	360.5	362	364.6	371.2	
375						391.2	
400		404	405.5	407	409.6	416.2	
425						441.2	
450			455.5	457	459.6	466.2	
475						491.2	
500		504	505.5	507	509.6	516.2	519.2
530							549.2
560			565.5	567	569.6	576.2	579.2
630		634	635.5	637	639.6	646.2	649.2
710			715.5	717	719.6	726.2	729.2
800			805.5	807	809.6	816.2	819.2
900				907	909.6	916.2	919.2
1 000				1 007	1 009.6	1 016.2	1 019.2
1 120				1 127	1 129.6	1 136.2	1 139.2
1 250					1 259.6	1 266.2	1 269.2
1 600						1 616.2	1 619.2
2 000						2 016.2	2 019.2
2 500							2 519.2

注：1. 有“+”号的外径只用于普通 V 带。

2. 直径的极限偏差：基准直径按 c11，外径按 h12。

3. 没有外径值的基准直径不推荐采用。

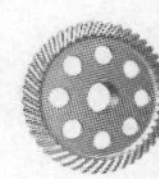

表 15.4　V 带(基准宽度制)的基准长度系列及长度修正系数

基准长度 L_d/mm	K_L						
	普通 V 带						
	Y	Z	A	B	C	D	E
200	0.81						
224	0.82						
250	0.84						
280	0.87						
315	0.89						
355	0.92						
400	0.96	0.87					
450	1.00	0.89					
500	1.02	0.91					
560		0.94					
630		0.96	0.81				
710		0.99	0.82				
800		1.00	0.85				
900		1.03	0.87	0.81			
1 000		1.06	0.89	0.84			
1 120		1.08	0.91	0.86			
1 250		1.11	0.93	0.88			
1 400		1.14	0.96	0.90			
1 600		1.16	0.99	0.92	0.83		
1 800		1.18	1.01	0.95	0.86		
2 000			1.03	0.98	0.88		
2 240			1.06	1.00	0.91		
2 500			1.09	1.03	0.93		
2 800			1.11	1.05	0.95	0.83	
3 150			1.13	1.07	0.97	0.86	
3 550			1.17	1.09	0.99	0.89	
4 000			1.19	1.13	1.02	0.91	0.90
4 500				1.15	1.04	0.93	0.92
5 000				1.18	1.07	0.96	0.95
5 600					1.09	0.98	0.97
6 300					1.12	1.00	1.00
7 100					1.15	1.03	1.02
8 000					1.18	1.06	1.05
9 000					1.21	1.08	1.07
10 000					1.23	1.11	

平带的横截面为短扁平形,其工作面为内表面,如图 15.2a 所示,常用平带为橡胶布带,现已标准化了,它为有端的,使用时两端必须连接起来,连接方法有金属连接法(又称皮带

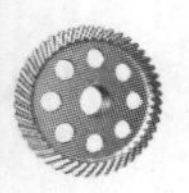

扣）和缝合法两种，金属连接法方便又可靠。

普通 V 带的标记由带型、基准长度和标准号组成。例如，A 型普通 V 带，基准长度为 1 400mm，其标记为

A—1400　GB/T 11544

带的标记通常压印在带的外表面上，以便选用和识别。

15.2.2　普通 V 带轮的结构

1. V 带轮的设计要求

带轮应具有足够的强度和刚度，无过大的铸造内应力；质量小且分布均匀，结构工艺性好，便于制造；带轮工作表面应光滑，以减少带的磨损。当 5 m/s$<v<$25 m/s 时，带轮要进行静平衡，$v>$25 m/s 时带轮则应进行动平衡。

2. 带轮的材料

带轮材料常采用铸铁、钢、铝合金或工程塑料等，灰铸铁应用最广。当带速 $v\leqslant$25m/s 时采用 HT150；当 v=25～30 m/s 时采用 HT200；当 $v\geqslant$25～45 m/s 时则应采用球墨铸铁、铸钢或锻钢，也可以采用钢板冲压后焊接带轮。小功率传动时带轮可采用铸铝或塑料等材料。

3. 带轮的结构

带轮由轮缘 1、腹板（轮辐）2 和轮毂 3 三部分组成，如图 15.4b 所示。轮槽尺寸见表 15.5。

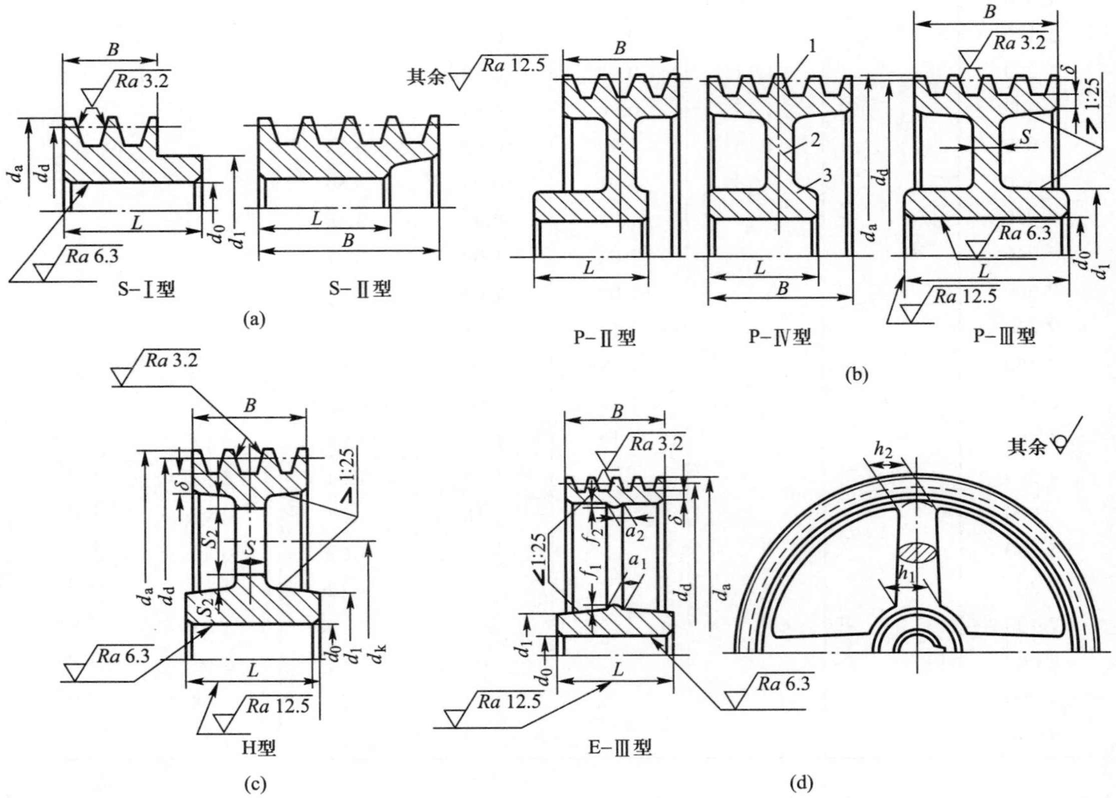

(a) S–Ⅰ型　S–Ⅱ型

(b) P–Ⅱ型　P–Ⅳ型　P–Ⅲ型

(c) H型

(d) E–Ⅲ型

图 15.4　V 带轮的结构

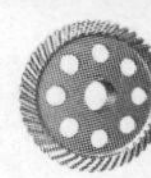

表 15.5　基准宽度制 V 带轮的轮槽尺寸（摘自 GB/T 13575.1—2008）　mm

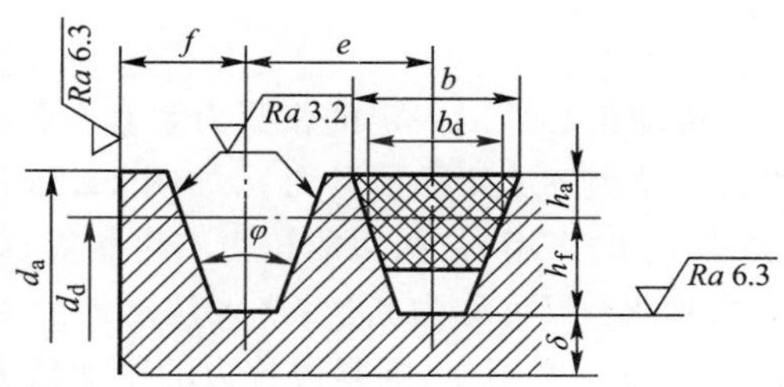

<table>
<tr><th colspan="2" rowspan="2">项目</th><th rowspan="2">符号</th><th colspan="7">槽型</th></tr>
<tr><th>Y</th><th>Z</th><th>A</th><th>B</th><th>C</th><th>D</th><th>E</th></tr>
<tr><td colspan="2">基准宽度</td><td>b_d</td><td>5.3</td><td>8.5</td><td>11.0</td><td>14.0</td><td>19.0</td><td>27.0</td><td>32.0</td></tr>
<tr><td colspan="2">基准线上槽深</td><td>h_{amin}</td><td>1.6</td><td>2.0</td><td>2.75</td><td>3.5</td><td>4.8</td><td>8.1</td><td>9.6</td></tr>
<tr><td colspan="2">基准线下槽深</td><td>h_{fmin}</td><td>4.7</td><td>7.0
9.0</td><td>8.7
11.0</td><td>10.8
14.0</td><td>14.3
19.0</td><td>19.9</td><td>23.4</td></tr>
<tr><td colspan="2">槽间距</td><td>e</td><td>8±0.3</td><td>12±0.3</td><td>15±0.3</td><td>19±0.4</td><td>25.5±0.5</td><td>37±0.6</td><td>44.5±0.7</td></tr>
<tr><td colspan="2">槽边距</td><td>f_{min}</td><td>6</td><td>7</td><td>9</td><td>11.5</td><td>16</td><td>23</td><td>28</td></tr>
<tr><td colspan="2">最小轮缘厚</td><td>δ_{min}</td><td>5</td><td>5.5</td><td>6</td><td>7.5</td><td>10</td><td>12</td><td>15</td></tr>
<tr><td colspan="2">圆角半径</td><td>r_1</td><td colspan="7">0.2～0.5</td></tr>
<tr><td colspan="2">带轮宽</td><td>B</td><td colspan="7">$B=(z-1)e+2f$，z——轮槽数</td></tr>
<tr><td colspan="2">外径</td><td>d_a</td><td colspan="7">$d_a=d_d+2h_a$</td></tr>
<tr><td rowspan="5">轮槽角 φ</td><td>32°</td><td rowspan="4">相应的基准直径 d_d</td><td>≤60</td><td>—</td><td>—</td><td>—</td><td>—</td><td>—</td><td>—</td></tr>
<tr><td>34°</td><td>—</td><td>≤80</td><td>≤118</td><td>≤190</td><td>≤315</td><td>—</td><td>—</td></tr>
<tr><td>36°</td><td>>60</td><td>—</td><td>—</td><td>—</td><td>—</td><td>≤475</td><td>≤600</td></tr>
<tr><td>38°</td><td>—</td><td>>80</td><td>>118</td><td>>190</td><td>>315</td><td>>475</td><td>>600</td></tr>
<tr><td colspan="2">极限偏差</td><td colspan="7">±30′</td></tr>
</table>

注：槽间距 e 的极限偏差适用于任何两个轮槽对称中心面的距离，不论相邻还是不相邻。

V 带轮按腹板（轮辐）结构的不同分为以下几种型式：（1）S 型——实心带轮，如图 15.4a 所示；（2）P 型——腹板带轮，如图 15.4b 所示；（3）H 型——孔板带轮，如图 15.4c 所示；（4）E 型——椭圆轮辐带轮，如图 15.4d 所示。每种型式还根据轮毂相对于腹板（轮辐）位置的不同分为Ⅰ、Ⅱ、Ⅲ、Ⅳ等几种，如图 15.4 所示。

V 带轮的结构形式及腹板（轮辐）厚度的确定可参阅有关设计手册。

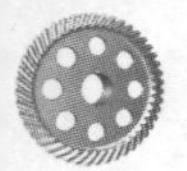

15.3 带传动的工作能力分析

15.3.1 带传动的受力分析

为保证带传动正常工作，传动带必须以一定的张紧力紧套在带轮上。当传动带静止时，带两边承受相等的拉力，称为初拉力 F_0（又称预紧力），如图 15.5a 所示。当传动带传动时，由于带和带轮接触面间摩擦力 F_f 的作用，带两边的拉力不再相等，如图 15.5b 所示。绕入主动轮的一边被拉紧，拉力由 F_0增大到 F_1，称为紧边；绕入从动轮的一边被放松，拉力由 F_0减少为 F_2，称为松边。设环形带的总长度不变，则紧边拉力的增加量 F_1-F_0应等于松边拉力的减少量 F_0-F_2，即

$$F_0=\frac{1}{2}(F_1+F_2) \tag{15.1}$$

带两边的拉力之差 F 称为带传动的有效拉力。实际上 F 是带与带轮之间摩擦力的总和，在最大静摩擦力范围内，带传动的有效拉力 F 与总摩擦力相等，F 同时也是带传动所传递的圆周力，即

$$F=F_1-F_2 \tag{15.2}$$

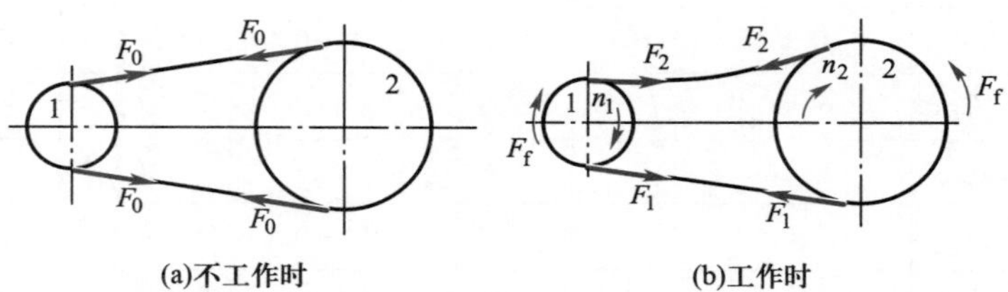

图 15.5　带传动的工作原理图

带传动所传递的功率为

$$P=\frac{Fv}{1\ 000} \tag{15.3}$$

式中：P 为传递的功率，kW；F 为有效圆周力，N；v 为带的速度，m/s。

在一定的初拉力 F_0作用下带与带轮接触面间摩擦力的总和有一极限值。当带所传递的圆周力超过这一极限值时，带在带轮上发生明显的相对滑动，这种现象称为打滑。带打滑时从动轮转速急剧下降，使传动失效，同时也加剧了带的磨损，因此应避免出现带的打滑现象。

经推导可得出带传动在不发生打滑条件下所能传递的最大有效拉力为

$$F_{max}=2F_0\frac{e^{f\alpha}-1}{e^{f\alpha}+1} \tag{15.4}$$

上式表明，带所传递的最大有效拉力与摩擦系数 f、包角 α 和初拉力 F_0有关。初拉力 F_0越大，带所能传递的有效拉力也越大。

15.3.2 带传动的应力分析

带传动工作时，带中的应力由以下三部分组成：

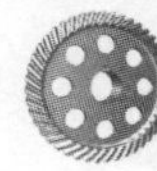

1. 由拉力产生的拉应力

紧边拉应力　　$\sigma_1 = \dfrac{F_1}{A}$

松边拉应力　　$\sigma_2 = \dfrac{F_2}{A}$

式中：A 为带的横截面面积。

2. 由离心力产生的离心拉应力 σ_c

工作时，绕在带轮上的传动带随带轮作圆周运动，产生离心拉力 F_c，F_c 的计算公式为

$$F_c = qv^2$$

式中：q 为传动带单位长度的质量，kg/m，各种型号 V 带的 q 值见表 15.6；v 为传动带的速度，m/s。

F_c 作用于带的全长上，产生的离心拉应力为

$$\sigma_c = \frac{F_c}{A} = \frac{qv^2}{A}$$

表 15.6　基准宽度制 V 带每米长的质量 q 及带轮最小基准直径 d_{dmin}

带型	Y	Z	A	B	C	D	E
q/(kg/m)	0.02	0.06	0.10	0.17	0.30	0.62	0.90
d_{dmin}/mm	20	50	75	125	200	355	500

3. 弯曲应力 σ_b

传动带绕过带轮时发生弯曲，从而产生弯曲应力。由材料力学得带的弯曲应力为

$$\sigma_b \approx E\frac{h}{d}$$

式中：E 为带的弹性模量，MPa；h 为带的高度，mm；d 为带轮直径，mm，对于 V 带轮，则为其基准直径。

显然，带绕在小带轮上产生的弯曲应力 σ_{b1} 要大于绕在大带轮上时的弯曲应力 σ_{b2}，$\sigma_{b1} > \sigma_{b2}$。如图 15.6 所示为带的应力分布情况。带上的最大应力发生在带的紧边绕上小带轮的接触处，其值为

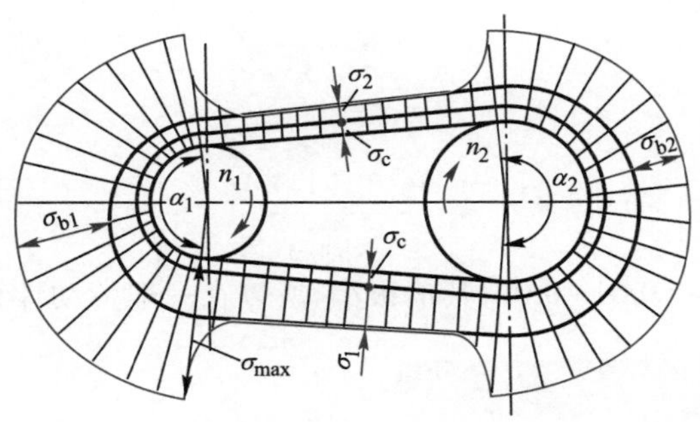

图 15.6　带的应力分布

$$\sigma_{max}=\sigma_1+\sigma_c+\sigma_{b1} \tag{15.5}$$

由图 15.6 可知，带是在交变应力状态下工作的。带每绕两带轮转一周，作用在带内某点的应力经过 4 次峰值变化。当应力循环次数达到一定值后，带将会产生疲劳破坏。

为保证带具有足够的疲劳寿命，应满足

$$\sigma_{max}=\sigma_1+\sigma_c+\sigma_{b1}\leqslant[\sigma] \tag{15.6}$$

式中$[\sigma]$为带的许用应力。$[\sigma]$是在 $\alpha_1=\alpha_2=180°$，规定的带长和应力循环次数，载荷平稳等条件下通过试验确定的。

15.3.3　带传动的弹性滑动和传动比

传动带是弹性体，受到拉力后会产生弹性伸长，伸长量随拉力大小的变化而改变。带由紧边绕过主动轮进入松边时，带内拉力由 F_1 减小为 F_2，其弹性伸长量也由 δ_1 减小为 δ_2。这说明带在绕经带轮的过程中，相对于轮面向后收缩了 $\Delta\delta$（$\Delta\delta=\delta_1-\delta_2$），带与带轮轮面间出现局部相对滑动，导致带的速度逐渐小于主动轮的圆周速度，如图 15.7 所示。同样，当带由松边绕过从动轮进入紧边时，拉力增加，带逐渐被拉长，沿轮面产生向前的弹性滑动，使带的速度逐渐大于从动轮的圆周速度。这种由于带的弹性变形而产生的带与带轮间的滑动称为弹性滑动。

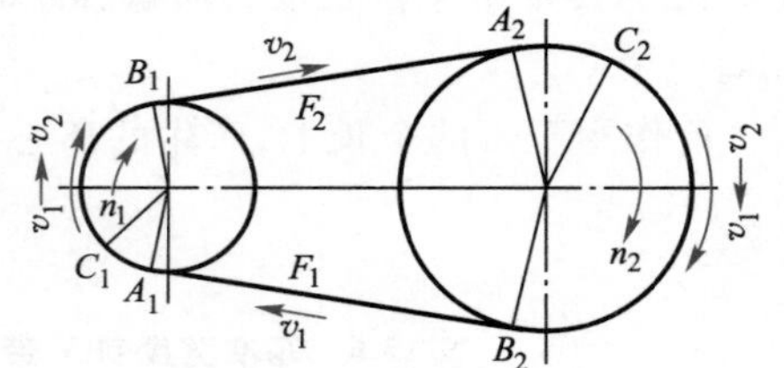

图 15.7　带传动的弹性滑动

弹性滑动和打滑是两个截然不同的概念。打滑是指过载引起的全面滑动，是可以避免的。而弹性滑动是由拉力差引起的，只要传递圆周力，就必然会发生弹性滑动，所以，弹性滑动是不可避免的。

带的弹性滑动使从动轮的圆周速度 v_2 低于主动轮的圆周速度 v_1，其速度的降低率用滑动率 ε 表示，即

$$\varepsilon=\frac{v_1-v_2}{v_1}=\frac{\pi d_1n_1-\pi d_2n_2}{\pi d_1n_1}\times100\%$$

式中：n_1、n_2 分别为主动轮、从动轮的转速，r/min；d_1、d_2 分别为主动轮、从动轮的直径，mm；对 V 带传动则为带轮的基准直径 d_{d1}、d_{d2}。由上式得带传动的传动比为

$$i=\frac{n_1}{n_2}=\frac{d_{d2}}{d_{d1}(1-\varepsilon)} \tag{15.7}$$

从动轮的转速为

$$n_2=\frac{n_1d_{d1}(1-\varepsilon)}{d_{d2}} \tag{15.8}$$

因带传动的滑动率 $\varepsilon=0.01\sim0.02$，其值很小，所以在一般传动计算中可不予考虑。

15.4　普通 V 带传动的设计计算

15.4.1　带传动的几何尺寸计算

带传动的主要几何尺寸参数包括小、大带轮基准直径 d_{d1} 和 d_{d2}，包角 α_1、α_2，带的基准长

度 L_d 和中心距 a。

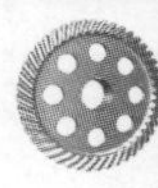

如图 15.8 所示，带与带轮接触弧所对的中心角称为带在带轮上的包角 α，小轮的为 α_1、大轮的为 α_2。

带的基准长度为

$$L_d = 2a+\frac{\pi}{2}(d_1+d_2)+\frac{(d_2-d_1)^2}{4a} \qquad (15.9)$$

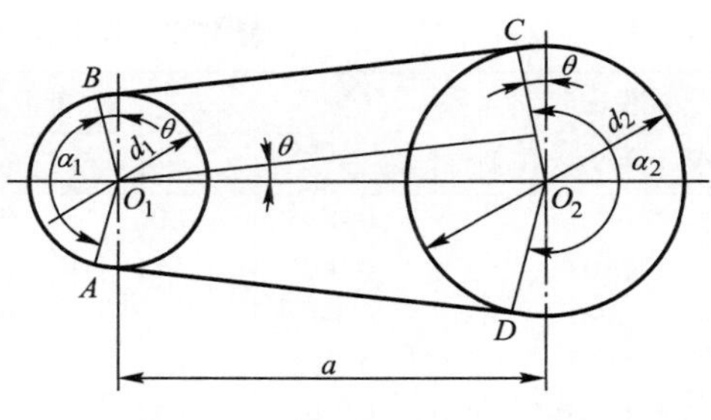

图 15.8　带传动的几何尺寸

在已知带长的情况下，可得带传动的中心距

$$a=\frac{2L_d-\pi(d_1+d_2)+\sqrt{[2L_d-\pi(d_1+d_2)]^2-8(d_2-d_1)^2}}{8} \qquad (15.10)$$

以上式(15.9)、式(15.10)同样适用于平带传动。

15.4.2　带传动的失效形式和设计准则

由带传动的工作情况分析可知，带传动的主要失效形式有带与带轮之间的磨损、打滑和带的疲劳破坏(如脱层、撕裂或拉断)等。因此，带传动的设计准则是：在传递规定功率时不打滑，同时具有足够的疲劳强度和一定的使用寿命，即满足式(15.4)和式(15.6)。

15.4.3　单根 V 带传递的功率

在包角 $\alpha=180°$，特定带长，工作平稳的条件下，单根普通 V 带的基本额定功率 P_0 可查表15.7～表 15.13。

表 15.7　Y 型单根 V 带的基本额定功率 P_0　　kW

小带轮转速 $n_1/(\mathrm{r \cdot min^{-1}})$	小带轮基准直径 d_{d1}/mm								带速 $v/(\mathrm{m \cdot s^{-1}})$
	20	25	28①	31.5①	35.5①	40①	45	50	
400	—	—	—	—	—	—	0.04	0.05	
730	—	—	—	0.03	0.04	0.04	0.05	0.06	
800	—	0.03	0.03	0.04	0.05	0.05	0.06	0.07	
980②	0.02	0.03	0.04	0.04	0.05	0.06	0.07	0.08	
1 200	0.02	0.03	0.04	0.05	0.06	0.07	0.08	0.09	
1 460②	0.02	0.04	0.05	0.06	0.06	0.08	0.09	0.11	
1 600	0.03	0.05	0.05	0.06	0.07	0.09	0.11	0.12	
2 000	0.03	0.05	0.06	0.07	0.08	0.11	0.12	0.14	5
2 400	0.04	0.06	0.07	0.09	0.09	0.12	0.14	0.16	
2 800②	0.04	0.07	0.08	0.10	0.11	0.14	0.16	0.18	
3 200	0.05	0.08	0.09	0.11	0.12	0.15	0.17	0.20	
3 600	0.06	0.08	0.10	0.12	0.13	0.16	0.19	0.22	
4 000	0.06	0.09	0.11	0.13	0.14	0.18	0.20	0.23	10
4 500	0.07	0.10	0.12	0.14	0.16	0.19	0.21	0.24	
5 000	0.08	0.11	0.13	0.15	0.18	0.20	0.23	0.25	
5 500	0.09	0.12	0.14	0.16	0.19	0.22	0.24	0.26	

① 为优先采用的基准直径。

② 为常用转速。

表 15.8 Z 型单根 V 带的基本额定功率 P_0 kW

小带轮转速 n_1/(r·min^{-1})	小带轮基准直径 d_{d1}/mm						带速 v/(m·s^{-1})
	50	56	63①	71①	80①	90	
400	0.06	0.06	0.08	0.09	0.14	0.14	
730②	0.09	0.11	0.13	0.17	0.20	0.22	
800	0.10	0.12	0.15	0.20	0.22	0.24	
980②	0.12	0.14	0.18	0.23	0.26	0.28	
1 200	0.14	0.17	0.22	0.27	0.30	0.33	5
1 460②	0.16	0.19	0.25	0.31	0.36	0.37	
1 600	0.17	0.20	0.27	0.33	0.39	0.40	
2 000	0.20	0.25	0.32	0.39	0.44	0.48	
2 400	0.22	0.30	0.37	0.46	0.50	0.54	10
2 800②	0.26	0.33	0.41	0.50	0.56	0.60	
3 200	0.28	0.35	0.45	0.54	0.61	0.64	15
3 600	0.30	0.37	0.47	0.58	0.64	0.68	
4 000	0.32	0.39	0.49	0.61	0.67	0.72	
4 500	0.33	0.40	0.50	0.62	0.67	0.73	20
5 000	0.34	0.41	0.50	0.62	0.66	0.73	
5 500	0.33	0.41	0.49	0.61	0.64	0.65	25
6 000	0.31	0.40	0.48	0.56	0.61	0.56	

① 为优先采用的基准直径。

② 为常用转速。

表 15.9 A 型单根 V 带的基本额定功率 P_0 kW

小带轮转速 n_1/(r·min^{-1})	小带轮基准直径 d_{d1}/mm								带速 v/(m·s^{-1})
	75	80	90①	100①	112①	125①	140	160	
200	0.16	0.18	0.22	0.26	0.31	0.37	0.43	0.51	
400	0.27	0.31	0.39	0.47	0.56	0.67	0.78	0.94	
730②	0.42	0.49	0.63	0.77	0.93	1.11	1.31	1.56	5
800	0.45	0.52	0.68	0.83	1.00	1.19	1.41	1.69	
980②	0.52	0.61	0.79	0.97	1.18	1.40	1.66	2.00	
1 200	0.60	0.71	0.93	1.14	1.39	1.66	1.96	2.36	10
1 460②	0.68	0.81	1.07	1.32	1.62	1.93	2.29	2.74	
1 600	0.73	0.87	1.15	1.42	1.74	2.07	2.45	2.94	
2 000	0.84	1.01	1.34	1.66	2.04	2.44	2.87	3.42	15
2 400	0.92	1.12	1.50	1.87	2.30	2.74	3.22	3.80	20
2 800②	1.00	1.22	1.64	2.05	2.51	2.98	3.48	4.06	
3 200	1.04	1.29	1.75	2.19	2.68	3.16	3.65	4.19	25
3 600	1.08	1.34	1.83	2.28	2.78	3.26	3.72	—	30
4 000	1.09	1.37	1.87	2.34	2.83	3.28	3.67	—	
4 500	1.07	1.36	1.88	2.33	2.79	3.17	—	—	
5 000	1.02	1.31	1.82	2.25	2.64	—	—	—	
5 500	0.96	1.21	1.70	2.07	—	—	—	—	
6 000	0.80	1.06	1.50	1.80	—	—	—	—	

① 为优先采用的基准直径。

② 为常用转速。

表 15.10　B 型单根 V 带的基本额定功率 P_0　　　kW

小带轮转速 $n_1/(\mathrm{r \cdot min^{-1}})$	小带轮基准直径 d_{d1}/mm								带速 $v/(\mathrm{m \cdot s^{-1}})$
	125	140①	160①	180①	200	224	250	280	
200	0.48	0.59	0.74	0.88	1.02	1.19	1.37	1.58	
400	0.84	1.05	1.32	1.59	1.85	2.17	2.50	2.89	5
730②	1.34	1.69	2.16	2.61	3.06	3.59	4.14	4.77	10
800	1.44	1.82	2.32	2.81	3.30	3.86	4.46	5.13	
980②	1.67	2.13	2.72	3.30	3.86	4.50	5.22	5.93	
1 200	1.93	2.47	3.17	3.85	4.50	5.26	6.04	6.90	15
1 460②	2.20	2.83	3.64	4.41	5.15	5.99	6.85	7.78	20
1 600	2.33	3.00	3.86	4.68	5.46	6.33	7.20	8.13	
1 800	2.50	3.23	4.15	5.02	5.83	6.73	7.63	8.46	25
2 000	2.64	3.42	4.40	5.30	6.13	7.02	7.87	8.60	
2 200	2.76	3.58	4.60	5.52	6.35	7.19	7.97	—	30
2 400	2.85	3.70	4.75	5.67	6.47	7.25	—	—	
2 800②	2.96	3.85	4.80	5.76	6.43	—	—	—	
3 200	2.94	3.83	4.80	—	—	—	—	—	
3 600	2.80	3.63	—	—	—	—	—	—	
4 000	2.51	3.24	—	—	—	—	—	—	
4 500	1.93	—	—	—	—	—	—	—	

① 为优先采用的基准直径。
② 为常用转速。

表 15.11　C 型单根 V 带的基本额定功率 P_0　　　kW

小带轮转速 $n_1/(\mathrm{r \cdot min^{-1}})$	小带轮基准直径 d_{d1}/mm								带速 $v/(\mathrm{m \cdot s^{-1}})$
	200①	224①	250①	280①	315①	355	400①	450	
200	1.39	1.70	2.03	2.42	2.86	3.36	3.91	4.51	
300	1.92	2.37	2.85	3.40	4.04	4.75	5.54	6.40	5
400	2.41	2.99	3.62	4.32	5.14	6.05	7.06	8.20	
500	2.87	3.58	4.33	5.19	6.17	7.27	8.52	9.81	10
600	3.30	4.12	5.00	6.00	7.14	8.45	9.82	11.29	
730②	3.80	4.78	5.82	6.99	8.34	9.79	11.52	12.98	15
800	4.07	5.12	6.23	7.52	8.92	10.46	12.10	13.80	
980②	4.66	5.89	7.18	8.65	10.23	11.92	13.67	15.39	20
1 200	5.29	6.71	8.21	9.81	11.53	13.31	15.04	16.59	25
1 460②	5.86	7.47	9.06	10.74	12.48	14.12	—	—	30
1 600	6.07	7.75	9.38	11.06	12.72	14.19	—	—	
1 800	6.28	8.00	9.63	11.22	12.67	—	—	—	
2 000	6.34	8.06	9.62	11.04	—	—	—	—	
2 200	6.26	7.92	9.34	—	—	—	—	—	
2 400	6.02	7.57	—	—	—	—	—	—	
2 600	5.61	—	—	—	—	—	—	—	
2 800②	5.01	—	—	—	—	—	—	—	

① 为优先采用的基准直径。
② 为常用转速。

表 15.12　D 型单根 V 带的基本额定功率 P_0　　kW

小带轮转速	小带轮基准直径 d_{d1}/mm								带速 v/
n_1/(r·min^{-1})	355①	400①	450①	500①	560①	630	710	800	(m·s^{-1})
100	3.01	3.66	4.37	5.08	5.91	6.88	8.01	9.22	
150	4.20	5.14	6.17	7.18	8.43	9.82	11.38	13.11	5
200	5.31	6.52	7.90	9.21	10.76	12.54	14.55	16.76	
250	6.36	7.88	9.50	11.09	12.97	15.13	17.54	20.18	10
300	7.35	9.13	11.02	12.88	15.07	17.57	20.35	23.39	
400	9.24	11.45	13.85	16.20	18.95	22.05	25.45	29.08	15
500	10.90	13.55	16.40	19.17	22.38	25.94	29.76	33.72	20
600	12.39	15.42	18.67	21.78	25.32	29.18	33.18	37.13	25
730②	14.04	17.58	21.12	24.52	28.28	32.19	35.97	39.26	
800	14.83	18.46	22.25	25.76	29.55	33.38	36.87	—	30
980②	16.30	20.25	24.16	27.60	31.00	—	—	—	
1 100	16.98	20.99	24.84	28.02	—	—	—	—	
1 200	17.25	21.20	24.84	—	—	—	—	—	
1 300	17.26	21.06	—	—	—	—	—	—	
1 460②	16.70	—	—	—	—	—	—	—	
1 600	15.63	—	—	—	—	—	—	—	

① 为优先采用的基准直径。

② 为常用转速。

表 15.13　E 型单根 V 带的基本额定功率 P_0　　kW

小带轮转速	小带轮基准直径 d_{d1}/mm								带速 v/
n_1/(r·min^{-1})	500①	560①	630①	710①	800	900	1 000	1 120	(m·s^{-1})
100	6.21	7.32	8.75	10.31	12.05	13.96	15.84	18.07	
150	8.60	10.33	12.32	14.56	17.05	19.76	22.44	25.58	
200	10.86	13.09	15.65	18.52	21.07	25.15	28.52	32.47	10
250	12.97	15.67	18.77	22.23	26.03	30.14	34.11	38.71	
300	14.96	18.10	21.69	25.69	30.05	34.71	39.17	44.26	15
350	16.81	20.38	24.42	28.89	33.73	38.84	43.66	49.04	20
400	18.55	22.49	26.95	31.83	37.05	42.49	47.52	52.98	
500	21.65	26.25	31.36	36.85	42.53	48.20	53.12	57.94	25
600	24.21	29.30	34.83	40.58	46.26	51.48	—	—	30
730②	26.62	32.02	37.64	43.07	47.79	—	—	—	
800	27.57	33.03	38.52	43.52	—	—	—	—	
980②	28.52	33.00	—	—	—	—	—	—	
1 100	27.30	—	—	—	—	—	—	—	

① 为优先采用的基准直径。

② 为常用转速。

当实际工作条件与所确定 P_0 值的特定条件不同时，应对查得的单根 V 带的基本额定功率 P_0 值加以修正。修正后即得实际工作条件下单根 V 带所能传递的功率 $[P_0]$，$[P_0]$ 的计算公式为

$$[P_0]=(P_0+\Delta P_0)K_\alpha K_L \tag{15.11}$$

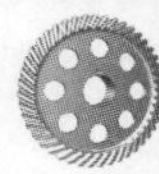

$$\Delta P_0 = K_b n_1 \left(1 - \frac{1}{K_i}\right) \tag{15.12}$$

式中：ΔP_0为功率增量；K_α为包角系数，考虑 $\alpha \neq 180°$时，α 对传递功率的影响，可查图 15.9；K_L为带长修正系数，考虑带为非特定长度时带长对传递功率的影响，可查表 15.3；K_b为弯曲影响系数，考虑 $i \neq 1$ 时不同带型弯曲应力差异的影响，可查表 15.14；n_1 为小带轮转速，r/min；K_i为传动比系数，考虑 $i \neq 1$ 时带绕经两轮的弯曲应力差异对 ΔP_0的影响，可查表 15.15。

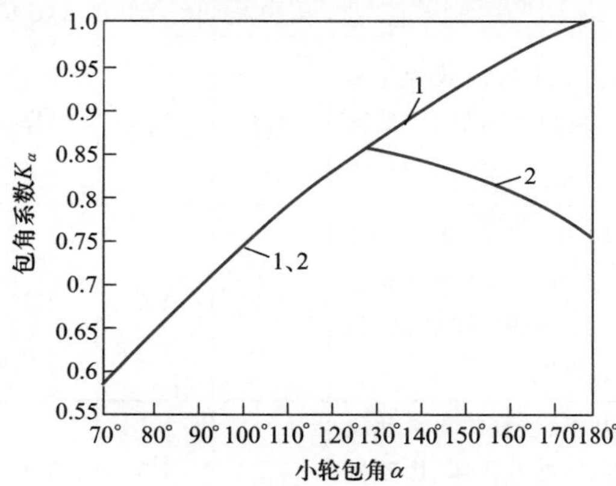

图 15.9　小带轮包角系数

1—V 带传动；2—V-平带传动

表 15.14　弯曲影响系数 K_b

带型		K_b
普通 V 带	Y	$0.020\ 4 \times 10^{-3}$
	Z	$0.173\ 4 \times 10^{-3}$
	A	$1.027\ 5 \times 10^{-3}$
	B	$2.649\ 4 \times 10^{-3}$
	C	$7.501\ 9 \times 10^{-3}$
	D	$2.657\ 2 \times 10^{-3}$
	E	$4.983\ 3 \times 10^{-3}$

表 15.15　普通 V 带传动比系数 K_i

i	K_i
1.00～1.01	1.000 0
1.02～1.04	1.013 6
1.05～1.08	1.027 6
1.09～1.12	1.041 9
1.13～1.18	1.056 7
1.19～1.24	1.071 9
1.25～1.34	1.087 5
1.35～1.51	1.103 6
≥2.00	1.137 3

15.4.4　V 带传动的设计步骤和方法

设计 V 带传动时，一般已知条件是：传动的工作情况，传递的功率 P，两轮转速 n_1、n_2（或传动比 i）以及空间尺寸要求等。具体的设计内容有：确定 V 带的型号、长度和根数，传动中心距及带轮直径，画出带轮零件图等。

1. 确定计算功率

计算功率 P_c是根据传递的额定功率（如电动机的额定功率）P，并考虑载荷性质以及每天运转时间的长短等因素的影响而确定的，即

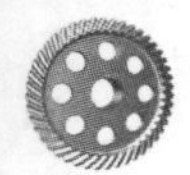

$$P_c = K_A P \tag{15.13}$$

式中 K_A 为工作情况系数,查表 15.16 可得。

表 15.16　工作情况系数 K_A

工况		K_A					
		空、轻载启动			重载启动		
		每天工作小时数					
		<10 h	10~16 h	>16 h	<10 h	10~16 h	>16 h
载荷变动微小	液体搅拌机、通风机和鼓风机(≤7.5 kW)、离心式水泵和压缩机、轻型输送机	1.0	1.1	1.2	1.1	1.2	1.3
载荷变动小	带式输送机(不均匀载荷)、通风机(>7.5kW)、旋转式水泵和压缩机(非离心式)、发电机、金属切削机床、印刷机、旋转筛、锯木机和木工机械	1.1	1.2	1.3	1.2	1.3	1.4
载荷变动较大	制砖机、斗式提升机、往复式水泵和压缩机、起重机、磨粉机、冲剪机床、橡胶机械、振动筛、纺织机械、重载输送机	1.2	1.3	1.4	1.4	1.5	1.6
载荷变动很大	破碎机(旋转式、颚式等)、磨碎机(球磨、棒磨、管磨)	1.3	1.4	1.5	1.5	1.6	1.8

注:1. 空、轻载启动:电动机(交流启动、Δ 启动、直流并励),4 缸以上的内燃机,装有离心式离合器、液力联轴器的动力机。

重载启动:电动机(联机交流启动、直流复励或串励),4 缸以下的内燃机。

2. 反复启动、正反转频繁、工作条件恶劣等场合,K_A 应乘 1.2。

3. 增速传动时 K_A 应乘下列系数:

增速比	1.25~1.74	1.75~2.49	2.5~3.49	≥3.5
系数	1.05	1.11	1.18	1.28

2. 选择 V 带的型号

根据计算功率 P_c 和主动轮转速 n_1,由图 15.10 选择 V 带型号。当所选的坐标点在图中两种型号分界线附近时,可先选择两种型号分别进行计算,然后择优选用。

3. 确定带轮基准直径 d_{d1}、d_{d2}

带轮直径小可使传动结构紧凑,但另一方面使弯曲应力大,带的寿命降低。设计时应取小带轮的基准直径 $d_{d1} \geq d_{dmin}$,d_{dmin} 的值可查表 15.6。忽略弹性滑动的影响,$d_{d2} = d_{d1}(n_1/n_2)$,d_{d1}、d_{d2} 应取标准值(查表 15.3)。

4. 验算带速 v

$$v = \frac{\pi d_{d1} n_1}{60 \times 1\ 000} \tag{15.14}$$

带速太高会使离心力增大,使带与带轮间的摩擦力减小,传动中容易打滑。另外单位时间内带绕过带轮的次数也增多,降低传动带的工作寿命。若带速太低,则当传递功率一

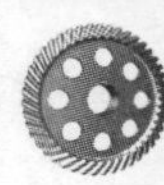

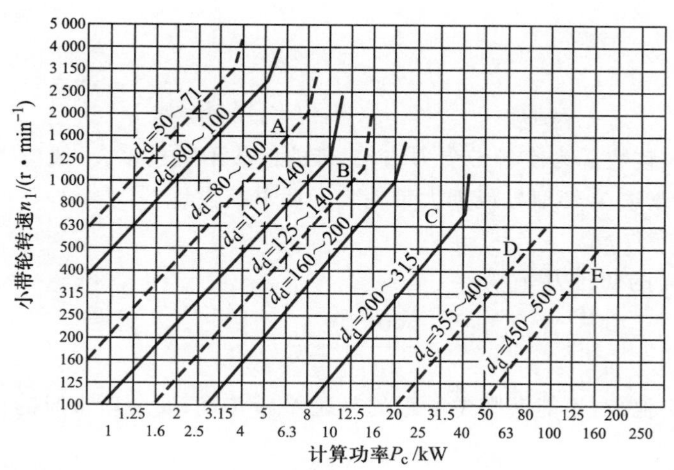

图 15.10　普通 V 带选型图

定时，使传递的圆周力增大，带的根数增多。一般应使 $v>5$ m/s，对于普通 V 带应使 $v_{max}=25\sim30$ m/s，对于窄 V 带应使 $v_{max}=35\sim40$ m/s。如带速超过上述范围，应重选小带轮直径 d_{d1}。

5. 初定中心距 a 和基准带长 L_d

传动中心距小则结构紧凑，但传动带较短，包角减小，且带的绕转次数增多，降低了带的寿命，致使传动能力降低。如果中心距过大则结构尺寸增大，当带速较高时带会产生颤动。设计时应根据具体的结构要求或按下式初步确定中心距 a_0

$$0.7(d_{d1}+d_{d2})\leqslant a_0\leqslant 2(d_{d1}+d_{d2}) \tag{15.15}$$

由带传动的几何关系可得带的基准长度计算公式

$$L_0=2a_0+\frac{\pi}{2}(d_{d1}+d_{d2})+\frac{(d_{d2}-d_{d1})^2}{4a_0} \tag{15.16}$$

L_0为带的基准长度计算值，查表 15.4 即可选定带的基准长度 L_d，而实际中心距 a 可由下式近似确定

$$a\approx a_0+\frac{L_d-L_0}{2} \tag{15.17}$$

考虑到安装调整和补偿初拉力的需要，应将中心距设计成可调式，有一定的调整范围，一般取

$$a_{min}=a-0.015L_d$$
$$a_{max}=a+0.03L_d$$

6. 校验小带轮包角 α_1

$$\alpha_1=180°-\frac{d_{d2}-d_{d1}}{a}\times57.3° \tag{15.18}$$

一般应使 $\alpha_1\geqslant120°$（特殊情况下允许$\geqslant90°$），若不满足此条件，可适当增大中心距或减小两带轮的直径差，也可以在带的外侧加压带轮，但这样做会降低带的使用寿命。

7. 确定 V 带根数 z

$$z \geqslant \frac{P_c}{[P_0]} = \frac{P_c}{(P_0 + \Delta P_0) K_\alpha K_L} \tag{15.19}$$

带的根数应取整数。为使各带受力均匀，带的根数不宜过多，一般应满足 $z<10$。如计算结果超出范围，应改选 V 带型号或加大带轮直径后重新设计。

8. 单根 V 带的初拉力 F_0

单根 V 带所需的初拉力 F_0 为

$$F_0 = \frac{500 P_c}{zv}\left(\frac{2.5}{K_\alpha} - 1\right) + qv^2 \tag{15.20}$$

由于新带易松弛，对不能调整中心距的普通 V 带传动，安装新带时的初拉力应为计算值的 1.5 倍。

9. 带传动作用在带轮轴上的压力 F_Q

V 带的张紧对轴、轴承产生的压力 F_Q 会影响轴、轴承的强度和寿命。为简化其运算，一般按静止状态下带轮两边均作用初拉力 F_0 进行计算（图 15.11），得

$$F_Q = 2F_0 z \sin\frac{\alpha_1}{2} \tag{15.21}$$

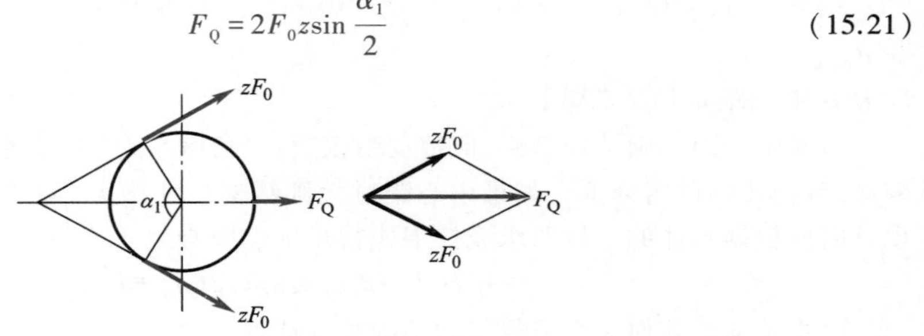

图 15.11 带传动作用在轴上的力

10. 带轮结构设计

见第 15.2.2 节。设计出带轮结构后还要绘制带轮零件图。

11. 设计结果

列出带型号、带的基准长度 L_d、带的根数 z、带轮直径 d_{d1}、d_{d2}、中心距 a，轴上压力 F_Q 等。

对于平带传动：常用传动形式有 3 种，如图 15. 12 所示，最常用的为两轴平行，转向相同的开口传动，其几何尺寸同 V 带传动、基准直径为带轮外径，如图 15. 12a 所示。其余两种传动形式（图 15.12b、c）的几何尺寸计算可查有关设计资料。

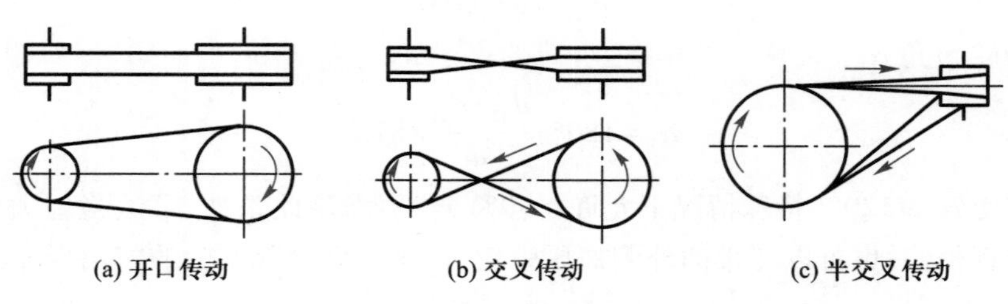

图 15.12 平带传动形式

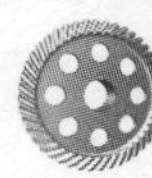

15.5　带传动的张紧、安装与维护及实例分析

15.5.1　带传动的张紧

带传动工作一段时间后就会由于塑性变形而松弛，使初拉力减小，传动能力下降，这时必须重新张紧。常用的张紧方式可分为调整中心距方式与张紧轮方式两类。

1. 调整中心距方式

（1）定期张紧　定期调整中心距以恢复张紧力。常见的有滑道式（图 15.13a）和摆架式（图 15.13）两种，一般通过调节螺钉来调节中心距。滑道式适用于水平传动或倾斜不大的传动场合。

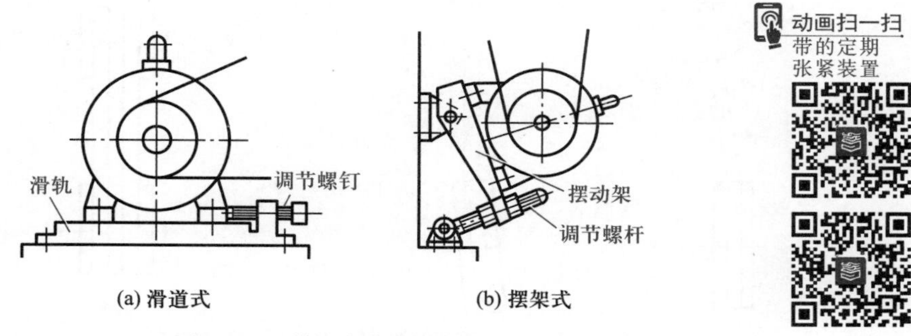

图 15.13　带的定期张紧装置

（2）自动张紧　自动张紧将装有带轮的电动机装在浮动的摆架上，利用电动机的自重张紧传动带，通过载荷的大小自动调节张紧力，如图 15.14 所示。

2. 张紧轮方式

若带传动的轴间距不可调整时，可采用张紧轮装置。

（1）调位式内张紧轮装置（图 15.15a）。

（2）摆锤式内张紧轮装置（图 15.15b）。

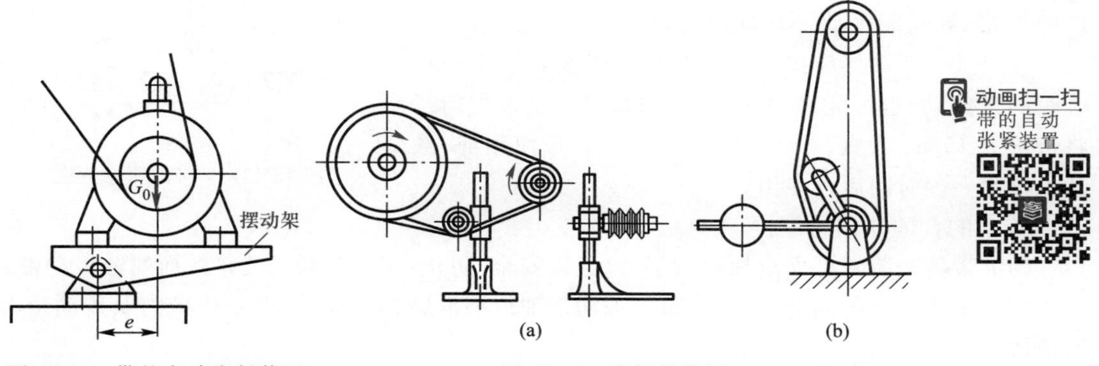

图 15.14　带的自动张紧装置　　图 15.15　张紧轮装置

张紧轮一般设置在松边的内侧且靠近大轮处。若设置在外侧时，则应使其靠近小轮，这样可以增加小带轮的包角，提高带的疲劳强度。

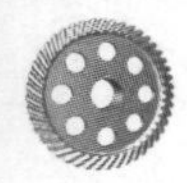

15.5.2 带传动的安装与维护

1. 带传动的安装

（1）带轮的安装

平行轴传动时，必须使两带轮的轴线保持平行，否则带侧面磨损严重，一般其偏差角不得超过±20′，如图15.16所示。各轮宽的中心线、V带轮和多楔带轮的对应轮槽中心线及平带轮面凸弧的中心线均应共面且与轴线垂直，否则会加速带的磨损，降低带的寿命，如图15.17所示。

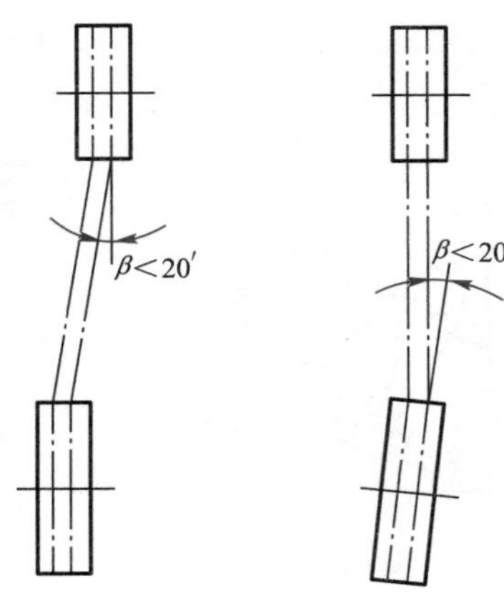

图15.16 带轮的安装要求

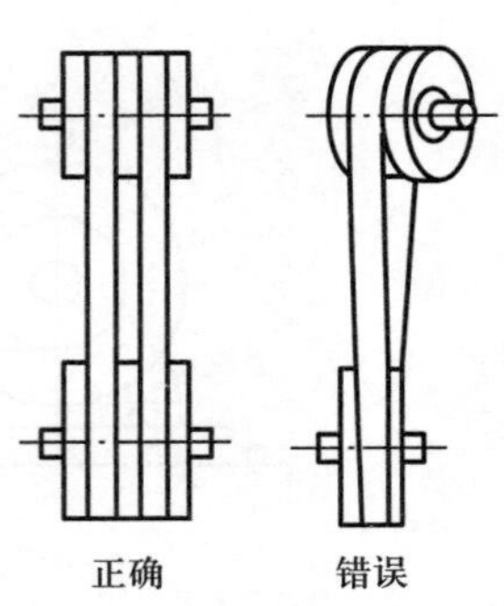

图15.17 两带轮的相对位置

（2）传动带的安装

① 通常应通过调整各轮中心距的方法来安装带和张紧。切忌硬将传动带从带轮上拔下或扳上，严禁用撬棍等工具将带强行撬入或撬出带轮。

② 在带轮轴间距不可调而又无张紧的场合下，安装聚酰胺片基平带时，应在带轮边缘垫布以防刮破传动带，并应边转动带轮边套带。安装同步带时，要在多处同时缓慢地将带移动，以保持带能平齐移动。

③ 同组使用的V带应型号相同、长度相等，不同厂家生产的V带，新与旧V带不能同组使用。

④ 安装V带时，应按规定的初拉力张紧。对于中等中心距的带传动，也可凭经验张紧，带的张紧程度以大拇指能将带按下15mm为宜，如图15.18所示。新带使用前，最好预先拉紧一段时间后再使用。

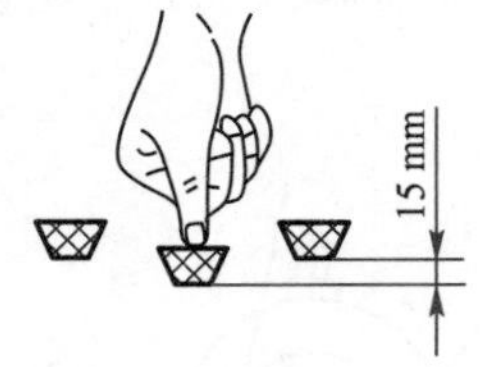

图15.18 V带的张紧程度

2. 带传动的合理使用与维护

（1）带传动装置外面应加防护罩，以保证安全，防止带与酸、碱或油接触而腐蚀传动带。

（2）带传动不需润滑，禁止往带上加润滑油或润滑脂，应及时清理带轮槽内及传动带上的油污。

（3）应定期检查胶带，如有一根松弛或损坏则应全部更换新带。

（4）带传动的工作温度不应超过60℃。

（5）装拆时不能硬撬，应先设法缩短中心距，再装拆胶带。装好后再调到合适的张紧程度。

（6）如果带传动装置需闲置一段时间后再用，应将带放松。

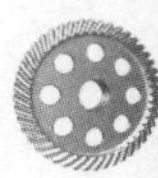

15.5.3　实例分析

例 15.1　带传动设计方法的确定。

解　常用设计方法有两种：

1. 设计计算方法

根据工作条件（空间尺寸、传动比、传递功率等）设计一带传动装置，其计算方法可按第 15.4 节进行。

2. 类比法

根据工作条件找出一个与其相近的带传动装置，进行类比，制定设计顺序。其设计步骤如下所述：

（1）根据已知的工作条件，确定带轮直径。

（2）根据初定的中心距、z、V 带型号，计算带的基准长度 L_d。

（3）带轮的结构设计。

（4）校核所传递的功率值，是否满足设计要求。

（5）确定张紧装置。

（6）绘制零部件的工作图。

以上所述的设计步骤仅供参考。在现场是常用的一种设计方法。

例 15.2　校核某煤矿空气压缩机的带传动装置中 V 带根数为什么取 10。

解　（1）校核带传动设计，测量带传动的几何尺寸，经计算得出 V 带根数为 7~8，符合理论设计要求。

（2）取 $z=10$ 的原因：

① 取 $z=10$，在规定范围内（$z=10$）。

② 由于空气压缩机为煤矿中关键设备，直接影响到工人的生命安全。

③ 在运行过程中发现有 1~2 根带工作情况不正常，带速不均，实际上只有 7~8 根在正常工作。这种现象是正常发生的。当工作中若断了一根带，还能保证设备正常运转，确保工人和设备的完全。

（3）维护　必须严格按维护法则进行维护。如有一根带发生失效，甚至断裂，一定要将所有带全部换下，确保空气压缩机正常运行。

复习题

15.1　什么是有效拉力？什么是初拉力？它们之间有何关系？

15.2　小带轮包角对带传动有何影响？为什么只给出小带轮包角 α_1 的公式？

15.3　带传动的弹性滑动和打滑是怎样产生的？它们对传动有何影响？是否可以避免？

15.4　带传动的设计准则是什么？

15.5　设计搅拌机的普通 V 带传动。已知电动机的额定功率为 4 kW，转速 $n_1=1\ 440$ r/min，要求从动轮转速 $n_2=575$ r/min，工作情况系数 $K_A=1.1$。

第 16 章

16

链 传 动

链传动靠链轮轮齿与链节的啮合来传递运动和动力。 链传动兼有啮合传动和挠性传动的特点，可在不宜采用带传动和齿轮传动的场合考虑采用链传动。 本章主要讨论套筒滚子链，着重讨论滚子链的结构、标准、参数、使用与维护等。

16.1 概述

1. 链传动的组成

链传动是由闭合的挠性环形链条和主、从动链轮所组成，如图 16.1 所示。链轮是有特殊齿形的齿，依靠链轮轮齿与链节的啮合来传递运动和动力。链传动是属于带有中间挠性件的啮合传动。

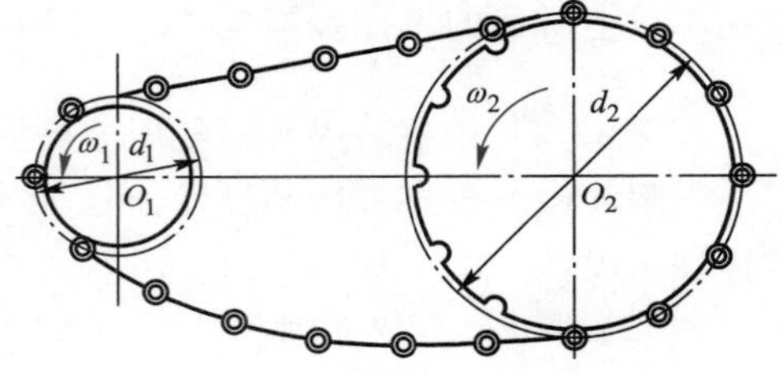

图 16.1 链传动的简图

2. 链传动的类型

按用途不同，链条可分为传动链、起重链和曳引链。起重链和曳引链主要用在起重机械和运输机械中，而在一般机械中，常用的是传动链。

3. 链传动的特点及应用

与带传动相比，链传动无弹性滑动和打滑现象，能保持准确的平均传动比，作用于轴上的径向压力较小；在同样使用条件下，链传动的结构较为紧凑。链传动能在高温及油污恶劣环境中工作。与齿轮传动相比，链传动较易安装，成本较低；在远距离传动（中心距最大可达十多米）时，其结构要比齿轮传动轻便的多。

链传动的主要缺点是：在两平行轴间只能用于同向回转的传动；运转时不能保持恒定的瞬时传动比；不宜在载荷变化很大和急速反向的传动中应用。

目前，链传动所能传递的功率一般在 100 kW 以下；润滑良好的链传动，传动效率约为 97%~98%。链传动广泛应用在机械制造业和农业、矿山、起重运输等机械中。

16.2 滚子链与链轮

1. 滚子链的结构

传动链按结构不同有套筒滚子链、齿形链两种类型。其中套筒滚子链使用最广，齿形链使用较少。本章主要讨论套筒滚子链。

套筒滚子链的结构是由内链板 1、外链板 2、销轴 3、套筒 4 和滚子 5 所组成，如图 16.2 所示。内链板与套筒之间、外链板与销轴之间均用过盈配合。滚子与套筒之间、套筒与销轴之

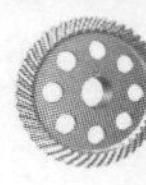

间均为间隙配合，使套筒可绕销轴转动、滚子可绕套筒转动。工作时，滚子沿链轮齿廓滚动，可减轻齿廓的磨损。链的磨损主要发生在销轴和套筒的接触面上。因此，内、外链板之间应留少许间隙，以便润滑油渗入销轴和套筒的摩擦面间。链板一般制成 8 字形，使各个横截面接近等强度并减少了链的质量和运动时的惯性力。

当传递大功率时，可采用双排链或多排链，如图 16.3 所示。

套筒滚子链的接头形式如图 16.4 所示。当链节数为偶数时，接头处可用开口销（图 16.4a）或弹簧夹（图 16.4b）来固定，一般前者用于大节距，后者用于小节距；当链节数为奇数时，采用（图 16.4c）所示的过渡链节。由于过渡链节的链板需要受附加弯矩的作用，所以在一般情况下最好不用奇数链节的闭合链。但这种链节的弹性较好，可以缓冲和吸振，在重载、有冲击、经常正反转条件下工作时可采用。

如图 16.2 所示，套筒滚子链和链轮啮合的基本参数是节距 p，滚子直径 d_1、d_2 和内链节内宽 b_1、b_2（对于多排链还有排距 p_t，如图 16.3 所示）。在链条拉直消除滚子与套筒间间隙的情况下，相邻两滚子同侧母线之间的距离，称为链条的节距。其中节距 p 是滚子链的主要参数，节距越大，链条中各部分的尺寸也越大，所能传递的功率也越大。

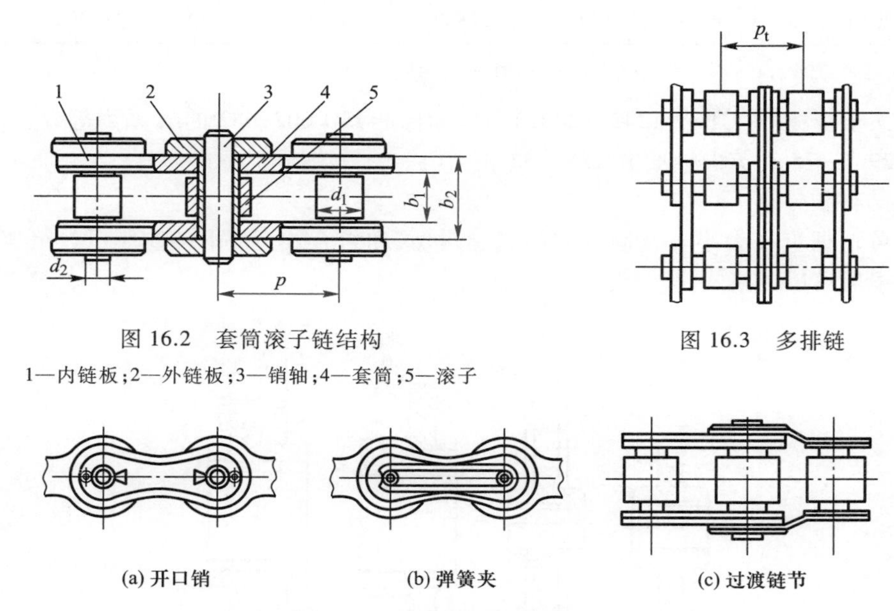

图 16.2　套筒滚子链结构

1—内链板；2—外链板；3—销轴；4—套筒；5—滚子

图 16.3　多排链

图 16.4　套筒滚子链的接头形式

滚子链已标准化，系列尺寸、极限拉伸载荷见表 16.1。

根据链条使用场合和破坏载荷的不同，套筒滚子链可分为 A、B 两种系列；A 系列用于重载、高速和重要的传动；B 系列用于一般传动。套筒滚子链的标记为

链号	-	列数	×	节数	国标号

例如：08A－1×60GB/T 1243—2006 表示：节距 12.70mm、单排、60 节、A 系列套筒滚子链。

表 16.1 A系列套筒滚子链的基本参数和尺寸(GB/T 1243—2006)

链号	节距	排距	滚子直径	内链节内宽	销轴直径	内链节外宽	内链板高度	单排极限拉伸载荷	单排每米质量
	P/mm	p_t/mm	d_{1max}/mm	b_{1min}/mm	d_{zmax}/mm	B_{2max}/mm	h_{max}/mm	F_{lim}/N	q/(kg·m^{-1})
08A	12.70	14.38	7.95	7.85	3.96	11.18	12.07	13 800	0.60
10A	15.875	18.11	10.16	9.40	5.08	13.84	15.09	21 800	1.00
12A	19.05	22.78	11.91	12.57	5.94	17.75	18.08	31 100	1.50
16A	25.40	29.29	15.88	15.75	7.92	22.61	24.13	55 600	2.60
20A	31.75	35.76	19.05	18.90	9.53	27.46	30.18	86 700	3.80
24A	38.10	45.44	22.23	25.22	11.10	35.46	36.20	124 600	5.60
28A	44.45	48.87	25.40	25.22	12.70	37.19	42.24	169 000	7.50
32A	50.80	58.55	28.58	31.55	14.27	45.21	48.26	222 400	10.10
40A	63.50	71.55	39.68	37.85	19.84	54.89	60.33	347 000	16.10
48A	76.20	87.83	47.63	47.35	23.80	67.82	72.39	500 400	22.60

注:使用过渡链节时,其极限拉伸载荷按表列数值的80%计算。A为A系列。

我国滚子链标准(GB/T 1243—2006)与国际标准ISO 602—82的A系列等效,与美国标准ANSIB29.1—75和英国标准BS228—82相当。

2. 链轮的结构和材料

链轮可根据直径大小分别制成实心式、腹板式和组合式,如图16.5所示。组合式链轮的齿圈磨损后可以更换。

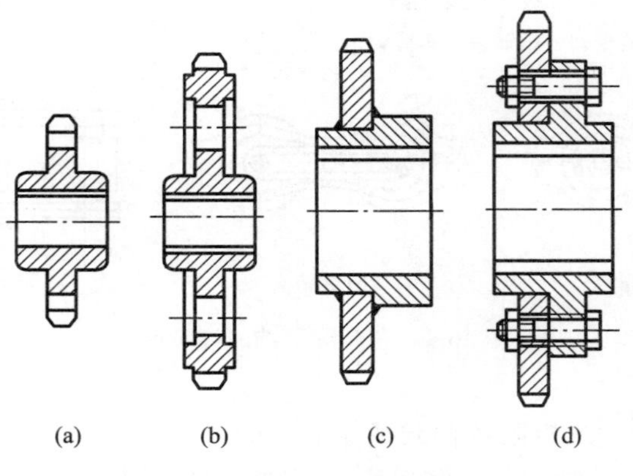

图 16.5 链轮结构

链的材料应有足够的强度、耐磨性和耐冲击性。由于小链轮的啮合次数比大链轮多,所受冲击大,磨损也较严重,所以小链轮热处理后的硬度应比大链轮高,其材料的综合机械性能也应优于大链轮。推荐的链轮材料及应用见表16.2。

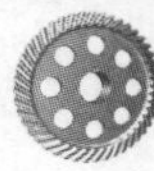

表 16.2　链轮材料及应用

链轮材料	齿面硬度	应用范围
15、20	(50~60)HRC	$z\leqslant 25$ 有冲击载荷的链轮
35	(160~200)HBW	$z>25$ 的链轮
45、45Mn、50	(40~50)HRC	无剧烈冲击的链轮
15Cr、20Cr	(50~60)HRC	$z<25$ 的大功率传动链轮
40Cr、35SiMn、35CrMo	(40~50)HRC	要求强度较高及耐磨损的重要链轮
Q235、Q275	140HBW	中速、中等功率、尺寸较大的链轮
不低于 HT200 的灰铸铁	(260~280)HBW	$z>50$ 的链轮
酚醛层压布板		$P<6$kW、速度较高、传动平稳、噪声小的链轮

16.3　链传动的设计计算

16.3.1　链传动的运动不均匀性

链由许多链节连接而成，当链与链轮啮合时，可以看作链条绕在正多边形链轮上。该正多边形的边长为链节距 p。链轮回转一周，链条移动的距离为 zp，故链的平均速度 v 为

$$v=\frac{z_1 n_1 p}{60\times 1\ 000}=\frac{z_2 n_2 p}{60\times 1\ 000} \tag{16.1}$$

式中：p 为链节距，mm；z_1、z_2 为主、从动链轮的齿数；n_1、n_2 为主、从动链轮的转速，r/min；v 为链的平均速度，m/s。

由式(16.1)可得链传动的平均传动比为

$$i=\frac{n_1}{n_2}=\frac{z_2}{z_1} \tag{16.2}$$

实际上，由于链绕在链轮上曲折成正多边形的一部分，由于多边形效应，当主动链轮匀速转动时，从动链轮的角速度以及链传动的瞬时传动比都是周期性变化的。此外，链条在垂直方向上的分速度也作周期性变化，使链条上下抖动。由于链传动的动载荷效应，链传动不宜用于高速。

16.3.2　主要参数与选择

1. 传动比 i

一般传动比 $i\leqslant 7$，当 $v\leqslant 2$ m/s 且载荷平稳时可达 10，推荐 $i=2\sim 3.5$。传动比过大则链在小链轮上包角过小，将加速轮齿的磨损，通常包角应不小于 120°。

2. 链轮齿数 z

链轮齿数不宜过多或过少。齿数过少，运动的不均匀性、动载荷和冲击载荷将增大，降低使用寿命。

建议在动力传动中，滚子链的小链轮齿数选取如下：$v=0.6\sim 3$ m/s，$z_1\geqslant 15\sim 17$；$v=3\sim 8$ m/s，$z_1\geqslant 19\sim 21$；$v>8$ m/s，$z_1>23\sim 25$。

传动比大的链传动应选取较少的链轮齿数，当链速很低时，允许最少齿数为9。链轮齿数不宜过多，链愈容易移向齿顶而脱落。因此，链轮最多齿数限制为 $z_{max}=120$。

在选取链轮齿数时还应考虑到均匀磨损的问题。建议链节数选用偶数，链轮齿数最好取奇数。

3. 链速

链速应不超过12m/s，否则会出现过大的动载荷。对高精度的链传动以及用合金钢制造的链，链速允许到20～30 m/s。

4. 链节距 p 和排数

链节距越大，则链的零件尺寸越大，承载能力越强，但传动时的不平稳性、动载荷和噪声也越大。链的排数越多，则其承载能力增强，传动的轴向尺寸也越大。因此，选择链条时应在满足承载能力要求的前提下，尽量选用较小节距的单排链，当在高速大功率时，可选用小节距的多排链。

5. 中心距和链节数

当链速不变时，中心距小、链节数少的传动，在单位时间内同一链节的屈伸次数增多，会加速链的磨损。若中心距太大，会引起从动边垂度过大，传动时造成松边颤动，使传动运行不平稳。若中心距不受其他条件限制，一般可取 $a=(30\sim50)p$，最大中心距 $a_{max}=80p$，最小中心距受小链轮包角的限制，为此，设计时可按下式限制传动的中心距 a_{min}

$$\left.\begin{aligned} a_{min}&=0.2z_1(i+1)p,(i<4)\\ a_{min}&=0.33z_1(i-1)p,(i\geqslant4)\end{aligned}\right\} \tag{16.3}$$

链的长度常用链节数 L_p 表示，其计算公式为

$$L_p=\frac{z_1+z_2}{2}+2\frac{a}{p}+\left(\frac{z_2-z_1}{2\pi}\right)^2\frac{p}{a} \tag{16.4}$$

式中：a 为链传动的中心距。

计算出的链节数 L_p 应圆整为整数，最好为偶数。然后根据圆整后的链节数用下式计算实际中心距为

$$a=\frac{p}{4}\left[\left(L_p-\frac{z_1+z_2}{2}\right)+\sqrt{\left(L_p-\frac{z_1+z_2}{2}\right)^2-8\left(\frac{z_2-z_1}{2\pi}\right)^2}\right] \tag{16.5}$$

16.3.3 滚子链传动的失效形式

实践证明，链传动的失效一般是链条的失效，其常见的失效形式有：

(1) 疲劳破坏　链在工作中受变载荷作用，链中各元件均在变应力作用下工作，经一定次数循环后元件中将产生疲劳破坏。在正常润滑条件下，一般是链板首先发生疲劳断裂。其疲劳强度是决定链传动承载能力的主要因素。

(2) 铰链磨损　受拉链条在进入啮合和退出啮合时，套筒与销轴及套筒与滚子的接触表面间产生磨损，导致实际节距 p 逐渐加大，引起脱链，使链传动失效。

(3) 冲击疲劳破坏　经常启动、反转、制动的链传动套筒与滚子会受到较大的冲击载荷，经过一定次数的冲击后产生冲击疲劳。

(4) 铰链胶合　高速或润滑不良的链传动，销轴与套筒的工作表面会因温度过高而胶合。

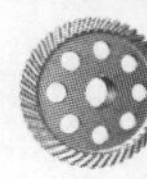

(5) 过载断裂　低速重载或有较大瞬时过载的链传动，链条可能被拉断。

一般链传动的失效形式多半为由于链的铰链内的过度磨损，使链条的节距增大，如过大，就会使链条和链轮啮合不正常，也可能由于突然冲击、过载，使链条断裂。所以对于链速 $v>0.6$ m/s时，主要失效形式为疲劳破坏；对于链速 $v<0.6$ m/s、重载的链条会发生静强度破坏。则在这两种工作条件下，其计算准则也是不同的。

16.3.4　链传动的设计计算

借助带传动设计的原理和方法，结合主要参数的选择，可进行链传动的设计计算，具体的步骤可参阅有关教材。

16.4　链传动的布置、张紧及润滑

1. 链传动的合理布置

链传动的布置是否合理，对传动的工作能力及使用寿命都有较大的影响。其布置从以下几方面考虑：

(1) 两链轮的回转平面应在同一平面内，否则易使链条脱落，或产生不正常磨损。

(2) 两链轮中心连线最好在水平面内，若需要倾斜布置时，倾角也应小于 45°(图 16.6a)。应避免垂直布置(图 16.6b)，因为过大的下垂量会影响链轮与链条的正确啮合，降低传动能力。

(3) 链传动最好紧边在上、松边在下，以防松边下垂量过大使链条与链轮轮齿发生干涉(图 16.6c)或松边与紧边相碰。

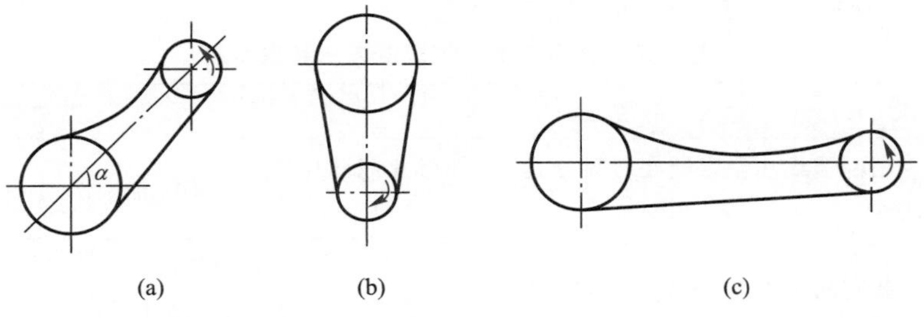

图 16.6　应避免的链传动布置

2. 链传动的张紧装置

链传动张紧的目的，主要是为了避免在链条的垂度过大时产生啮合不良和链条的震动现象；同时也为了增加链条与链轮的啮合包角。当两轮轴心连线倾斜角大于 60°时，通常设有张紧装置。

当链传动的中心距可调整时，常用移动链轮增大中心距的方法张紧。当中心距不可调时，可用张紧轮定期或自动张紧图(图 16.7a、b)。张紧轮应装在靠近小链轮的松边上。张紧轮可分为有齿和无齿两种，张紧轮的直径应与小链轮的直径相近。前者可用螺旋、偏心等装置调整，后者多用弹簧、吊重等装置自动张紧，另外还可用压板和托板张紧(图 16.7c)，特别是中心距大的链传动，用托板控制垂度更为合理。

对于如图 16.6c 所示布置的链传动，链条松边的下垂度 f 可用图 16.8 所示的方法测量，合适的松边下垂度为

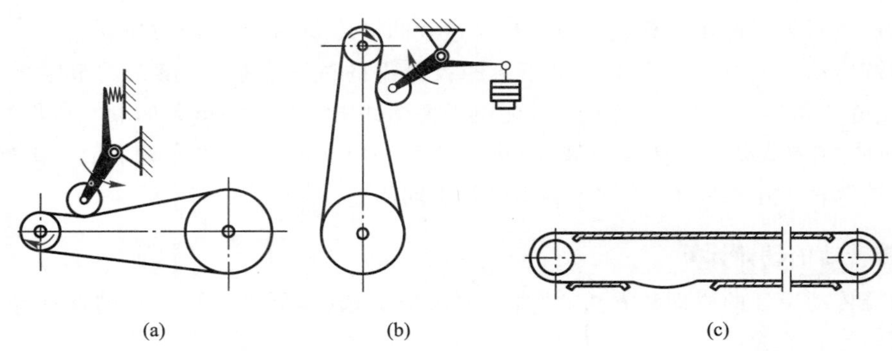

图 16.7 链传动的张紧装置

$$f=(0.015\sim0.02)a \qquad (16.6)$$

式中：a 为链传动的中心距，mm。

允许最大下垂量：对 A 系列链条，$f_{max}=2f$；对 B 系列链条，$f_{max}=3f$。当下垂量超过 f_{max} 值时，应重新调节，磨损严重以致不能调节的，应更换链条。

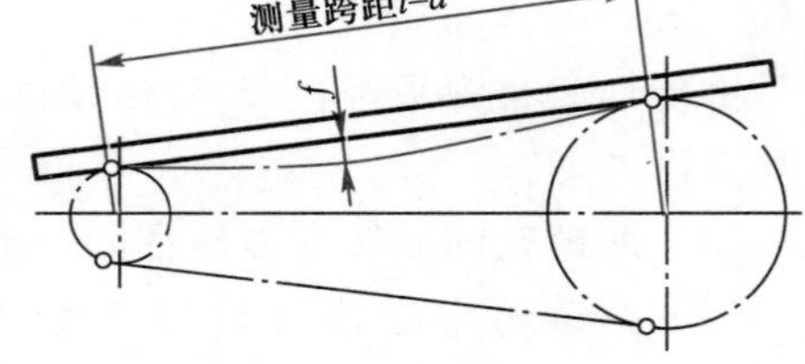

图 16.8 垂度测量

3. 链传动的润滑

链传动的润滑十分重要，良好的润滑可缓和冲击，减轻磨损，延长使用寿命。润滑油推荐采用 20、30 和 40 号机械油。环境温度高或载荷大时宜取黏度高者，反之黏度宜低。

套筒滚子链的润滑方法和供油量见表 16.3。

表 16.3 套筒滚子链的润滑方法和供油量

方式	润滑方法	供油量
人工润滑	用刷子或油壶定期在链条松边内、外链片间隙中注油	每班注油一次
滴油润滑	装有简单外壳，用油标滴油	单排链，每分钟供油 5～20 滴，速度高时取大值
油浴供油	采用不滴油的外壳，使链条从油槽中通过	链条浸入油面过深，搅油损失大，油易发热变质。一般浸油深度为 6～12mm
飞溅润滑	采用不漏油的外壳，在链条侧边安装甩油盘，飞溅润滑。甩油盘圆周速度 $v>3$m/s。当链条宽度大于 125mm 时，链轮两侧各安装一个甩油盘	甩油盘浸油深度为 12～35mm
压力供油	采用不漏油的外壳，油泵强制供油，喷油管口设在链条啮入处循环油可起冷却作用	每个喷油口供油量可根据链节距及链速大小查阅有关手册

注：开式传动和不易润滑的链传动，可定期拆下用煤油清洗，干燥后，浸入 70～80℃ 润滑油中，待铰链间隙中充满油后安装使用。

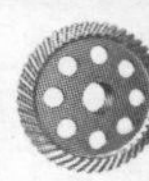

复习题

16.1　链传动与带传动相比有哪些优缺点？

16.2　在链传动、齿轮传动和带传动组成的多级传动中，链传动宜布置在哪一级？为什么？

16.3　影响传动速度不均匀性的主要参数是什么？为什么？

16.4　链传动的主要失效形式有哪些？

16.5　链传动的主要参数有哪些？如何选取？

16.6　链传动的合理布置有哪些要求？

16.7　链传动为何要适当张紧？与带传动的张紧目的有何区别？

16.8　如何确定链传动的润滑方式？

第 17 章

17

轴和轴毂连接

传动零件必须被支承起来才能进行工作，支承传动件的零件称为轴。轴本身又必须被支承起来，轴上被支承的部分称为轴颈，支承轴颈的支座称为轴承。

轴上零件与轴连接的部分称为轮毂，轮毂与轴之间的连接称为轴毂连接，常用的有键连接和花键连接，还有销连接、过盈配合连接等，这些连接均属于可拆连接。本章仅讨论阶梯轴的设计计算和键连接。

17.1 轴的类型及材料

轴是组成机器的重要零件之一，轴的主要功用是支承旋转零件、传递转矩和运动。轴工作状况的好坏直接影响到整台机器的性能和质量。

17.1.1 轴的分类

根据轴的承载性质不同可将轴分为转轴、心轴、传动轴三类。

1. 转轴

工作时既承受弯矩（支承传动零件）又承受转矩（传递动力）的轴称为转轴，如图 17.1 所示。转轴是机器中最常见的轴，通常简称为轴，如减速器中的轴。

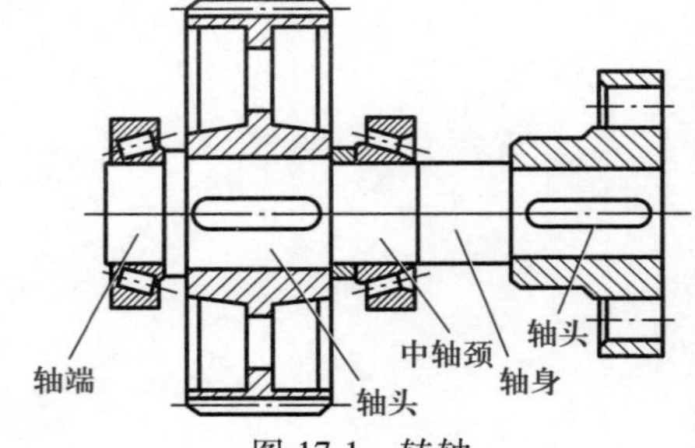

图 17.1 转轴

2. 心轴

用来支承转动零件，只承受弯矩而不传递转矩的轴称为心轴。心轴有固定心轴和转动心轴两种。固定心轴工作时不转动，轴上承受的弯曲应力是不变的（为静应力状态），如图 17.2 所示为自行车的前轮轴等。转动心轴工作时随转动件一起转动，轴上承受的弯曲应力按对称循环的规律变化，如图 17.3 所示为铁路机车的轮轴。

3. 传动轴

主要用于传递转矩而不承受弯矩，或所承受的弯矩很小的轴称为传动轴。如图 17.4 所示为汽车中连接变速箱与后桥之间的轴。

根据轴线的形状不同，轴又可分为直轴（图 17.5）、曲轴（图 17.6）和挠性钢丝轴（图 17.7）。后两种轴属于专用零件。挠性钢丝轴是由几层紧贴在一起的钢丝卷挠而成，可以不受限制地把回转运动传到空间的任何位置，常用于机械式远距离控制机构、仪表传动及小型手持电动机具等。

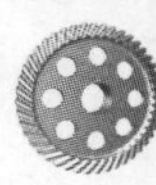

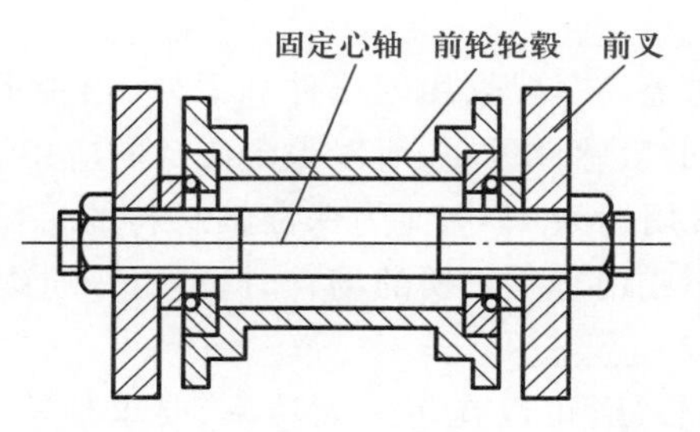

图 17.2　自行车的前轮轴

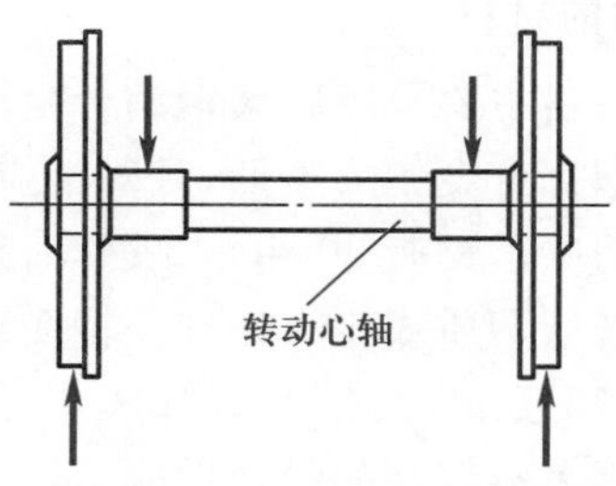

图 17.3　铁路机车的轮轴

直轴按其外形的不同又可分为光轴(图 17.5a)和阶梯轴(图 17.5b)两种。光轴形状简单、加工容易、应力集中源少,主要用作传动轴。阶梯轴各轴段截面的直径不同,这种设计使各轴段的强度相近,而且便于轴上零件的装拆和固定,因此阶梯轴在机器中的应用最为广泛。

轴一般都制成实心轴,但为了减轻重量(如大型水轮机轴、航空发动机轴)或为了满足有些机器结构上的需要(如需要在轴的中心穿过其他零件或注加润滑油),也可以采用空心轴(图 17.5c)。

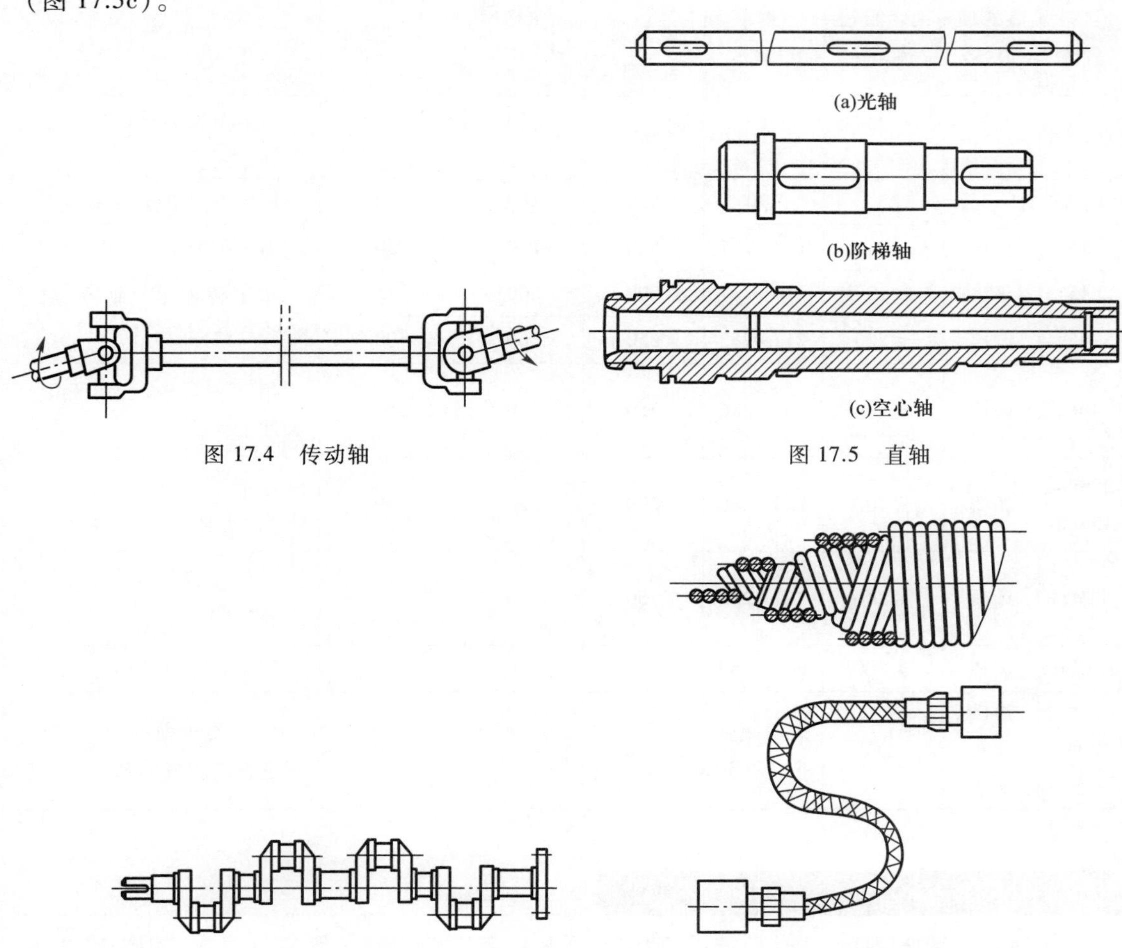

(a)光轴

(b)阶梯轴

(c)空心轴

图 17.4　传动轴

图 17.5　直轴

图 17.6　曲轴

图 17.7　挠性钢丝轴

17.1.2 轴的材料

轴的材料主要采用碳素钢和合金钢。轴的毛坯一般采用碾压件和锻件,很少采用铸件。由于碳素钢比合金钢成本低,且对于应力集中的敏感性较小,所以得到广泛的应用。

常用的碳素钢有 30、40、45 钢等,其中最常用的为 45 钢。为保证轴材料的机械性能,应对轴材料进行调质或正火处理。轴受载荷较小或用于不重要的场合时,可用普通碳素钢(如 Q235A、Q275 等)作为轴的材料。

合金钢具有较高的机械性能,可淬火性也较好,可以在传递大功率、要求减轻轴的质量和提高轴颈耐磨性时采用,如 20Cr、40Cr 等。

轴也可以采用合金铸铁或球墨铸铁制造,其毛坯是铸造成型的,所以易于得到更合理的形状。合金铸铁和球墨铸铁的吸振性高,可用热处理方法提高材料的耐磨性,材料对应力集中的敏感性也较低。但是铸造轴的质量不易控制,可靠性较差。

轴的常用材料及其部分机械性能见表 17.1。

表 17.1 轴的常用材料及其部分机械性能

材料牌号	热处理方法	毛坯直径 d/mm	硬度/HBW	抗拉强度极限 σ_b/MPa	屈服极限 σ_s/MPa	弯曲疲劳极限 σ_{-1}/MPa	应用说明
Q235A				440	240	200	用于不重要或载荷不大的轴
Q275			190	520	280	220	用于不很重要的轴
35	正火		173~187	520	270	250	用于一般轴
45	正火	≤100	170~217	600	300	275	用于较重要的轴,应用最为广泛
45	调质	≤200	217~255	650	360	300	
40Cr	调质	≤100	241~286	750	550	350	用于载荷较大,而无很大冲击的轴
35SiMn 45SiMn	调质	≤100	229~286	800	520	400	性能接近于 40Cr,用于中、小型轴
40MnB	调质	≤200	241~286	750	500	335	性能接近于 40Cr,用于重要的轴
35CrMo	调质	≤100	207~269	750	550	390	用于重载荷的轴
20Cr	渗碳淬火回火	≤60	表面硬度 56~62HRC	650	400	280	用于要求强度、韧性及耐磨性均较好的轴

17.2 轴的结构设计

轴通常由轴头、轴颈、轴肩、轴环、轴端及不装任何零件的轴段等部分组成,如图 17.8 所示。轴与轴承配合处的轴段称为轴颈,根据轴颈所在的位置又可分为端轴颈(位于轴的两

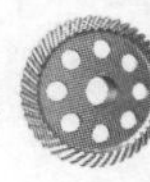

端,只承受弯矩)和中轴颈(位于轴的中间,同时承受弯矩和转矩)。根据轴颈所受载荷的方向,轴颈又可分为承受径向力的径向轴颈(简称轴颈)和承受轴向力的止推轴颈。安装轮毂的轴段称为轴头。轴头与轴颈间的轴段称为轴身(图 17.1)。

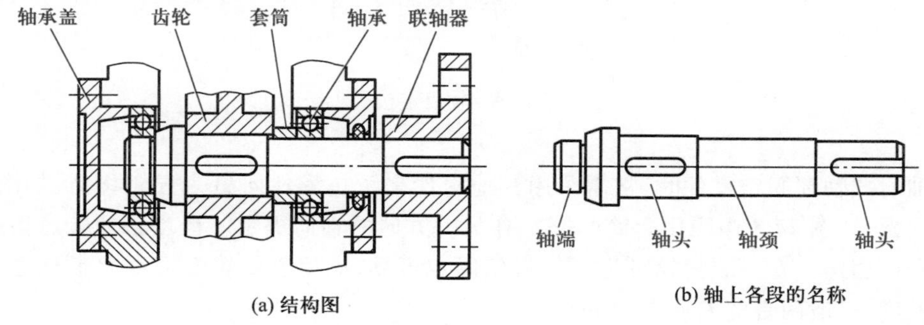

图 17.8　轴的结构及各段的名称

轴的结构设计包括定出轴的合理外形和全部结构尺寸。轴的结构没有标准形式,在进行的结构设计时,必须针对不同的情况进行具体分析,设计出合理的结构形式和尺寸。

17.2.1　拟订轴上零件的装配方案

在进行结构设计时,首先应按传动简图上所给出的各主要零件的相互位置关系拟订轴上零件的装配方案。轴上零件的装配方案不同,轴的结构形状也不同。在实际设计过程中,往往拟订几种不同的装配方案进行比较,从中选出一种最佳方案。图 17.8 所示为一单级圆柱齿轮减速器输出轴,轴上装有齿轮、联轴器和滚动轴承,其装配方案为:将齿轮、左端轴承和联轴器从轴的左端装配,右端轴承从轴的右端装配。考虑轴的加工及轴和轴上的零件的定位、装配与调整要求等,再确定轴的结构形式。

17.2.2　零件在轴上的固定

零件在轴上的固定或连接方式随零件的作用而异。固定的方法不同,轴的结构也就不同。一般情况下,为了保证零件在轴上的工作位置固定,应在周向和轴向上对零件加以固定。

1. 轴上零件的轴向定位与固定

零件在轴上应沿轴向准确地定位和可靠地固定,以使其具有确定的安装位置并能承受轴向力而不产生轴向位移。

常用的轴向固定方法有轴肩、轴环定位、螺母定位、套筒定位及轴端挡圈定位等。轴上零件的轴向定位和固定方法主要取决于轴向力的大小。当零件所受轴向力大时,常用轴肩、轴环、过盈配合等方式;受中等轴向力时,可用套筒、圆螺母、轴端挡圈、圆锥面和圆锥销钉等方式;所受的轴向力小时,可用弹簧挡圈、挡环、紧定螺钉等方式。选择时,还应考虑轴的制造及零件装拆的难易、所占位置的大小、对轴强度的影响等因素。

轴肩由定位面和内圆角组成,如图 17.9 所示。为了保证轴上零件的端面能紧靠定位面,轴肩的内圆角半径 r 应小于零件上的外圆角半径 R 或倒角 C。R 和 C 的尺寸可查有关的机械设计手册。一般取轴肩高度 $h=R(C)+(0.5\sim2)$ mm,轴环宽度 $b\approx1.4\ h$。

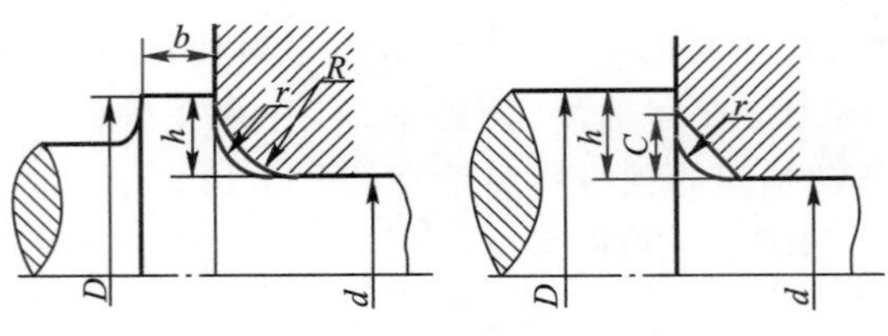

图 17.9　轴肩定位

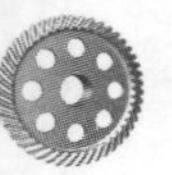

用轴肩或轴环固定零件时，常需采用其他附件来防止零件向另一方向移动，如图 17.10 中采用圆螺母，图 17.8 中采用套筒（轴套）作另一方向的轴向固定。但当轴的转速很高时不宜采用套筒固定。在安装齿轮时为了使齿轮固定可靠，应使齿轮轮毂宽度大于与之相配合的轴段长度，一般两者的差取 2~3 mm。

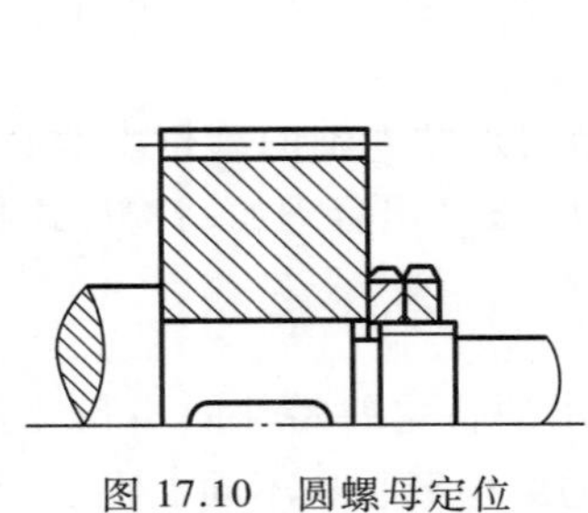

图 17.10　圆螺母定位

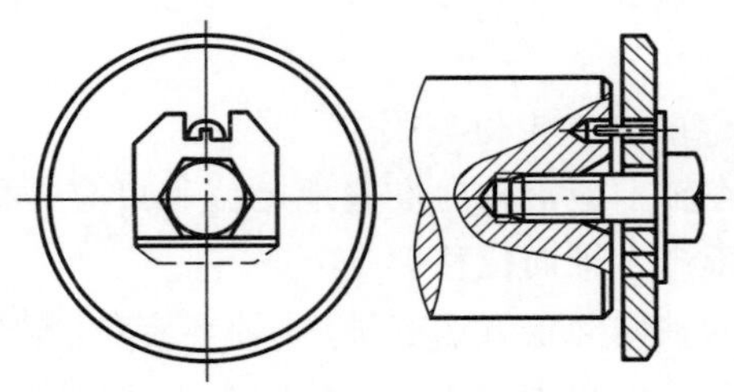

图 17.11　弹性挡圈固定

当轴向力不大而轴上零件间的距离较大时，可采用弹性挡圈固定，如图 17.11 所示。当轴向力很小，转速很低或仅为防止零件偶然沿轴向滑动时，可采用紧定螺钉固定，如图 17.12 所示。

轴向固定有方向性，是否需在两个方向上均对零件进行固定应视机器的结构、工作条件而定。

图 17.13 所示的压板是一种轴端固定装置。除压板外还有很多其他的轴端固定型式。

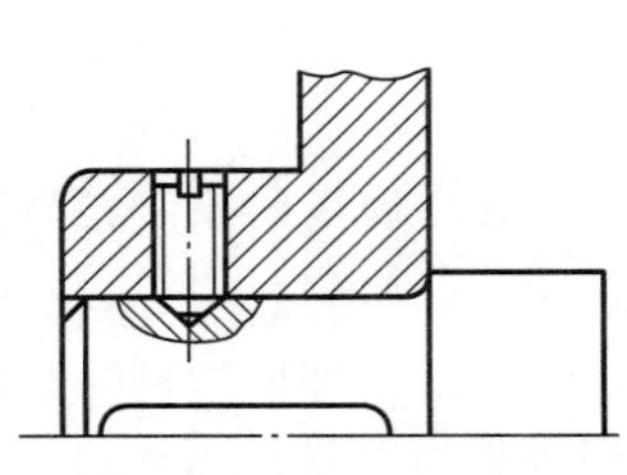

图 17.12　紧定螺钉固定

图 17.13　压板轴端固定装置

另外，为保证轴上零件有确定的工作位置，有时要求轴组件的轴向位置能进行调整，调整后再加以轴向固定。如图 17.8 所示的低速轴组件，其轴向位置依靠左右轴承盖来限制。又如在锥齿轮传动中，要使锥齿轮的锥顶交于一点，就要依靠调整轴组件的位置来实现。这些对零件在轴上位置的限制和调整通常是依靠轴承组合的设计来实现的，有关内容将在第 18 章中作进一步讨论。

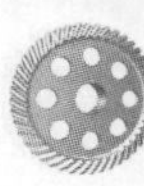

2. 轴上零件的周向固定

为了传递运动和转矩，防止轴上零件与轴作相对转动，轴和轴上零件必须可靠地沿周向固定（连接）。固定方式的选择，则要根据传递转矩的大小和性质，轮毂与轴的对中精度要求，加工的难易等因素来决定。常用的周向固定的方法有键连接、花键连接和过盈配合连接等。这些连接统称为轴毂连接，如图 17.8 所示的齿轮与轴的周向固定采用了平键连接。

17.2.3　确定各轴段的直径和长度

轴上零件的装配方案和定位方法确定之后，轴的基本形状就确定下来。轴的直径大小应该根据轴所承受的载荷来确定。在实际设计中，通常是按扭转强度条件来初步估算轴的直径，并作为轴的最小直径。然后逐步确定各轴段的直径，并根据轴上零件的轴向尺寸，各零件的相互位置关系以及零件装配所需的装配和调整空间，确定轴的各段长度。

17.2.4　轴的加工和装配工艺性

由于阶梯轴接近于等强度，而且便于加工、轴上零件的定位和拆装，所以实际轴的形状多为阶梯形，但阶梯轴的级数应尽可能少。轴颈、轴头的直径应取标准值。直径的大小由与之相配合的零件的内孔决定。轴身尺寸应取以 mm 为单位的整数，最好取为偶数或 5 进位的数。轴上各段的键槽、圆角半径、倒角、中心孔等尺寸应尽可能统一，以利于加工和检验。轴上需磨削的轴段应设计出砂轮越程槽，需车制螺纹的轴段应有退刀槽，如图 17.14 所示。当轴上有多处键槽时，应使各键槽位于轴的同一母线上（图 17.8）。为使轴便于装配，轴端应有倒角。对于阶梯轴常设计成两端小中间大的形状，以便于零件从两端装拆。轴的结构设计应使各零件在装配时尽量不接触其他零件的配合表面，轴肩高度不能妨碍零件的拆卸。

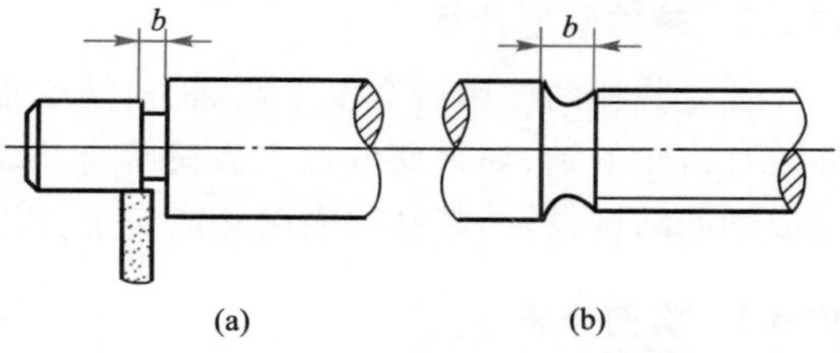

图 17.14　砂轮越程槽及螺纹退刀槽

17.3　轴的设计计算及实例分析

17.3.1　轴的强度计算

在实际设计中，轴的强度计算常用方法为按扭转强度进行的。

设轴在转矩 T 的作用下，产生剪应力 τ。对于圆截面的实心轴，其抗扭强度条件为

$$\tau=\frac{T}{W_{\mathrm{T}}}=\frac{9.55\times10^{6}P}{0.2d^{3}n}\leqslant[\tau] \tag{17.1}$$

式中：T 为轴所传递的转矩，N · mm；W_{T} 为轴的抗扭截面系数，mm^3；P 为轴所传递的功率，kW；n 为轴的转速，r/min；τ，$[\tau]$ 分别为轴的剪应力、许用剪应力，MPa；d 为轴的估算直径，mm。

轴的设计计算公式为

$$d\geqslant\sqrt[3]{\frac{T}{0.2[\tau]}}=\sqrt[3]{\frac{9.55\times10^{6}P}{0.2[\tau]n}}=C\sqrt[3]{\frac{P}{n}} \tag{17.2}$$

常用材料的[τ]值、C 值见表 17.2。[τ]值、C 值的大小与轴的材料及受载情况有关。当作用在轴上的弯矩比转矩小，或轴只受转矩时，[τ]值取较大值，C 值取较小值，否则相反。

表 17.2　常用材料的[τ]值和 C 值

轴的材料	Q235A，20	35	45	40Cr，35SiMn
[τ]/MPa	12～20	20～30	30～40	40～52
C	135～160	118～135	107～118	98～107

在复合载荷（转矩、弯矩）作用下，虽然[τ]值、C 值也考虑了受载情况，取不同的值。但为了安全起见，由式（17.2）求出的直径值，需圆整成标准直径，并作为轴的最小直径。如轴上有一个键槽，可将算得的最小直径增大 3%～5%，如有两个键槽可增大 7%～10%。

另外还有两种强度计算的方法：轴的弯扭合成强度计算、安全系数校核计算。在此不加论述。

17.3.2　轴的刚度计算

轴受载荷的作用后会发生弯曲、扭转变形，如变形过大会影响轴上零件的正常工作，例如装有齿轮的轴，如果变形过大会使啮合状态恶化。一般情况下，根据上法进行强度计算，完成轴的结构设计，其轴的刚度总能满足，不必作轴的刚度校核。

17.3.3　实例分析

例　试设计图 17.15 所示的某单级直齿圆柱齿轮减速器输出轴。

分析　题意为设计减速器输出轴。在设计时，必须全面地考虑减速器的整体（包括轴组件、润滑、密封等）设计。

首先选择一台技术参数、外形尺寸相类似的减速器作为参考资料，应用三边设计法（边绘图、边计算、边修改），可加速设计进度，完成较为合理、完善的轴的设计。

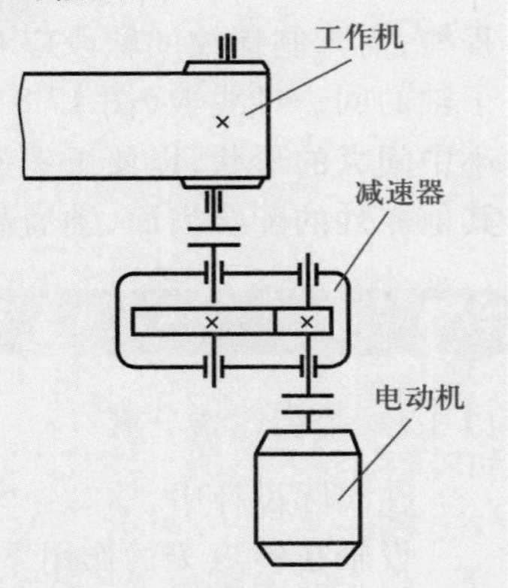

图 17.15　减速器传动原理图

解　轴的设计计算的步骤如下：

（1）应用类比法确定轴的结构形式。

（2）选定轴的材料与热处理工艺。

（3）按扭转强度估算轴的最小直径。

（4）进行轴承组合设计（具体设计方法见第 18 章）。

（5）确定各轴段的直径。

（6）确定各轴段的长度。主要根据轴上零件的毂长或轴上零件配合部分的长度确定。

（7）绘制结构草图（图 17.16）。

（8）根据结构草图（图 17.16），检查轴组件的结构，如传动零件、轴、轴承和轴上其他零件的结构是否合理，定位、固定、调整、装拆、润滑、密封是否合理，然后修改设计。

（9）绘制轴零件工作图（略）。

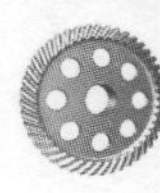

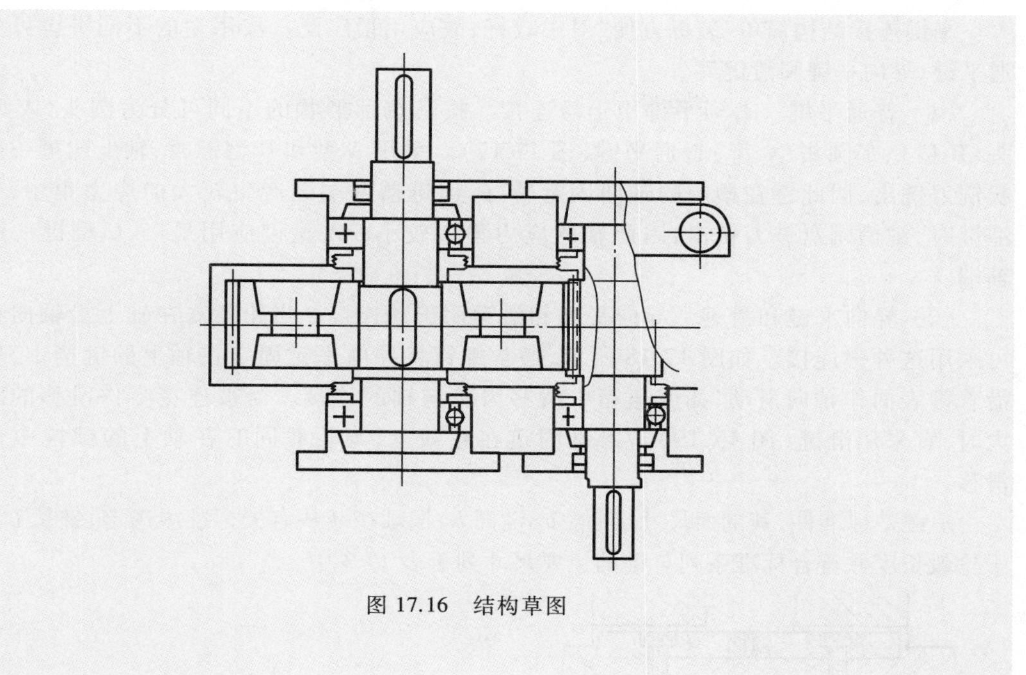

图 17.16　结构草图

17.4　键连接

常见的轴毂连接有键连接、花键连接等。轴毂连接主要是用来实现轴和轮毂（如齿轮、带轮等）之间的周向固定，并用来传递运动和转矩，有些还可以实现轴上零件的轴向固定或轴向移动（导向）。固定方式的选择主要是根据零件所传递转矩的大小和性质、轮毂与轴的对中精度要求、加工的难易程度等因素来进行。

键可分为平键、半圆键、楔键和切向键等类型，其中以平键最为常用。键已标准化，设计时首先根据工作条件和各类键的应用特点选择键的类型，再根据轴径和轮毂的长度确定键的尺寸。一般情况下，在现场不作键连接的强度计算或强度校核。

1. 平键连接

如图 17.17 所示，平键的两侧面为工作面，零件工作时靠键与键槽侧面的挤压传递运动和转矩。键的上表面为非工作面，与轮毂键槽的底面间留有间隙。因此这种连接只能用作轴上零件的周向固定。

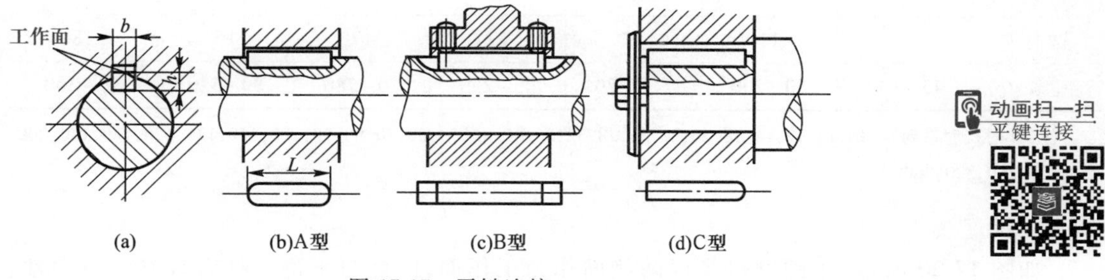

图 17.17　平键连接

平键连接结构简单、装拆方便、对中较好，故应用很广泛。按用途的不同平键可分为普通平键、导向平键和滑键等。

(1) 普通平键　普通平键用于静连接。按其端部形状的不同可分为圆头(A 型)、方头(B 型)、半圆头(C 型)普通平键(图 17.17)。采用 A 型和 C 型键时，轴上键槽一般用指状铣刀铣出，因此键在槽中的轴向固定较好，但键槽两端会产生较大的应力集中；采用 B 型键时，键槽用盘铣刀铣出，因此轴的应力集中较小。A 型键应用最广，C 型键一般用于轴端。

(2) 导向平键和滑键　导向平键和滑键用于动连接。当轮毂需在轴上沿轴向移动时可采用这种键连接。如图 17.18 所示，通常螺钉将导向平键固定在轴上的键槽中，轮毂可沿着键表面作轴向滑动，如变速箱中滑移齿轮与轴的连接。当被连接零件滑移的距离较大时，宜采用滑键(图 17.19)。滑键固定在轮毂上，与轮毂同时在轴上的键槽中作轴向滑移。

平键是标准件，其剖面尺寸(键宽 b×键高 h)按轴径 d 从有关标准中选定，键长 L 应略小于轮毂长度并符合标准系列。键的主要尺寸列于表 17.3 中。

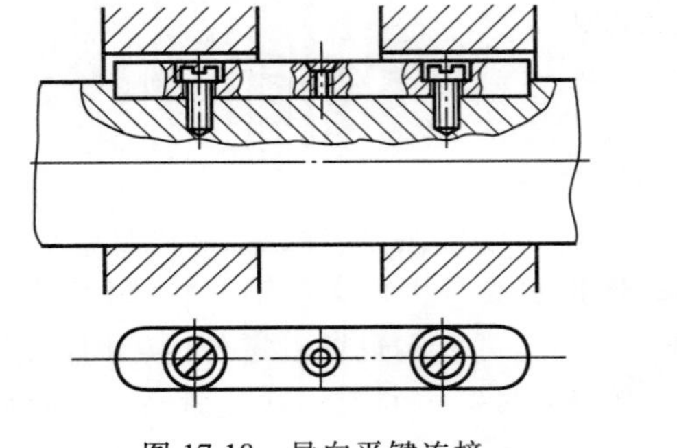

图 17.18　导向平键连接

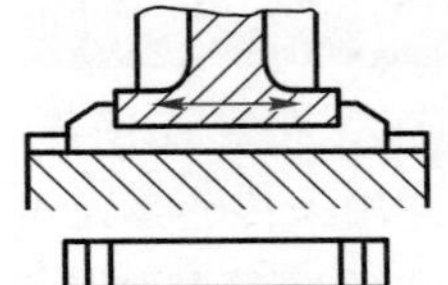

图 17.19　滑键连接

表 17.3　键的主要尺寸　　mm

轴径 d	>10~12	>12~17	>17~22	>22~30	>30~38	>38~44	>44~50
键宽 b	4	5	6	8	10	12	17
键高 h	4	5	6	7	8	8	9
键长 L	8~45	10~56	17~70	18~90	22~110	28~170	36~160
轴径 d	>50~58	>58~65	>65~75	>75~85	>85~95	>95~110	>110~130
键宽 b	16	18	20	22	25	28	32
键高 h	10	11	12	17	17	16	18
键长 L	45~180	50~200	56~220	63~250	70~280	80~320	90~360

注：键的长度系列：8，10，12，17，16，18，20，22，25，28，32，36，40，45，50，60，70，80，90，100，110，125，170，160，180，200，220，250，280，320，360。

2. 半圆键连接

如图 17.20 所示，半圆键也是以两侧面作为工作面，因此与平键一样有较好的对中性。由于键在轴上的键槽中能绕槽底圆弧的曲率中心摆动，因而能自动适应轮毂键槽底面的倾

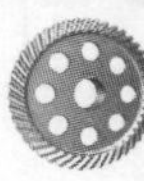

斜。半圆键的加工工艺性好，安装方便，尤其适用于锥形轴与轮毂的连接。但键槽较深，对轴的强度削弱较大，一般用于轻载场合的连接。当需装两个半圆键时，两键槽应布置在轴的同一母线上。

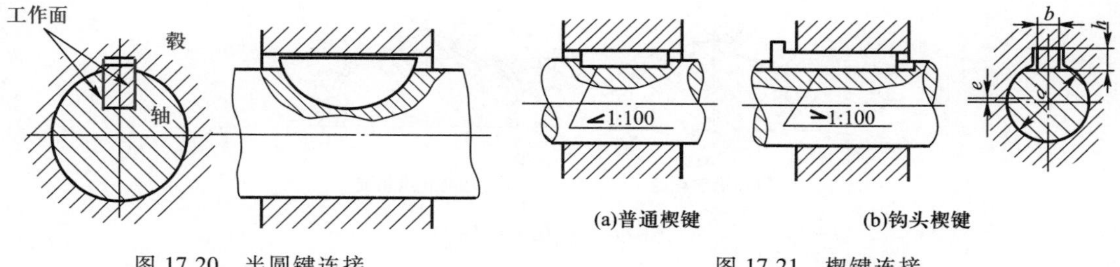

图 17.20　半圆键连接　　图 17.21　楔键连接

3. 楔键连接和切向键连接

如图 17.21 所示，楔键的上、下面是工作面，键的上表面和轮毂键槽的底面均有 1 ∶ 100 的斜度。装配时需将键打入轴和轮毂的键槽内，工作时依靠键与轴及轮毂的槽底之间、轴与毂孔之间的摩擦力传递转矩，并能轴向固定零件和传递单向轴向力。缺点是轴与毂孔容易产生偏心和偏斜，又由于是靠摩擦力工作，在冲击、振动或变载荷作用下键易松动，所以楔键连接仅用于对中要求不高、载荷平稳和低速的场合。

楔键多用于轴端的连接，以便零件的装拆。如果楔键用于轴的中段时，轴上键槽的长度应为键长的两倍以上。按楔键端部形状的不同可将其分为普通楔键（图 17.21a）和钩头楔键（图 17.21b），后者拆卸较方便。

切向键由两个斜度为 1 ∶ 100 的普通楔键组成（图 17.22），其上下两面（窄面）为工作面，其中一个工作面在通过轴心线的平面内，使工作面上的压力沿轴的切向作用，因而能传递很大的转矩。装配时两个楔键从轮毂两侧打入。一个切向键只能传递单向转矩，若要传递双向转矩则须用两个切向键，并使两键互成 120° ~ 135°。切向键主要用于轴径大于 100 mm，对中性要求不高而载荷很大的重型机械中。

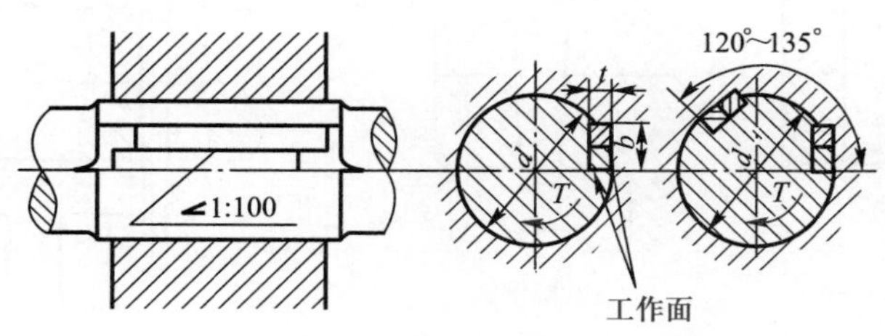

图 17.22　切向键连接

17.5　花键连接和销连接

17.5.1　花键连接

轴和轮毂孔沿圆周方向均布的多个键齿构成的连接称为花键连接，如图 17.23 所示。由于是多齿传递载荷，花键连接比平键连接的承载能力大，且定心性和导向性较好。又因为键齿浅、应力集中小，所以对轴的削弱少，适用于载荷较大、定心精度要求较高的静连接和动连接中，例如在飞机、汽车、机床中的广泛应用。但花键连接的加工需专用设备，因而成本较高。

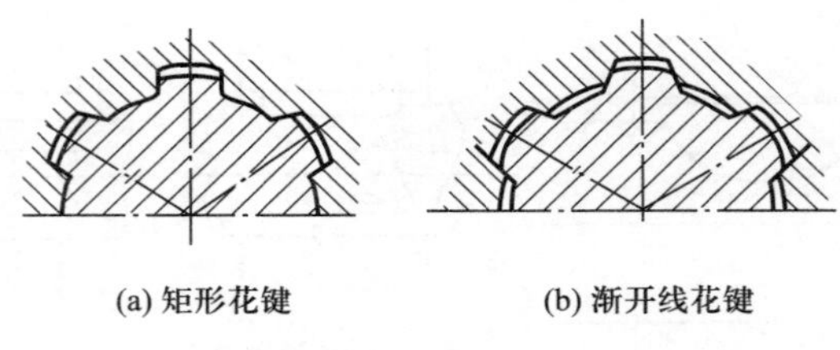
(a) 矩形花键　(b) 渐开线花键

图 17.23　花键连接

花键已标准化。按齿形的不同，花键可分为矩形花键（GB/T 1144—2001，图 17.23a），渐开线花键 GB/T 3478.1—2008，图 17.23b）。

矩形花键的规格为：N（键数）×d（小径）×D（大径）×B（键槽宽），其矩形花键标记示例为

$$6\times23\frac{\text{H7}}{\text{f7}}\times26\frac{\text{H10}}{\text{a11}}\times6\frac{\text{H11}}{\text{d10}}\qquad \text{GB/T 1144—2001}$$

矩形花键加工方便，因而应用最为广泛。矩形花键采用小径定心，渐开线花键常用齿侧定心，花键的选用方法和强度验算方法与平键连接相类似，可参见有关的机械设计手册。

17.5.2　销连接

销主要用于定位、连接或作为安全装置。如减速器上下箱体用的定位销（图 17.24），轮毂与轴用的连接销（图 17.25），安全离合器中用的安全销（图 17.26）。

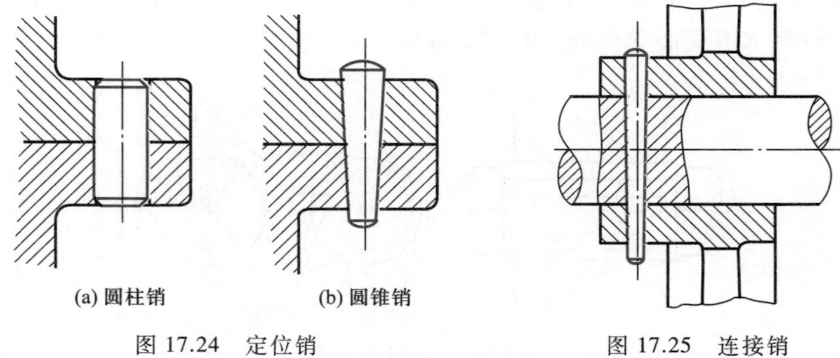
(a) 圆柱销　(b) 圆锥销

图 17.24　定位销　　图 17.25　连接销

销有圆柱销和圆锥销两种类型。圆柱销经多次装拆，其定位精度要降低。圆锥销有 1∶50 的锥度，安装比圆柱销方便，多次装拆对定位精度的影响也较小。当销孔没有开通或拆卸困难时，可在销的一端开外螺纹（图 17.27a）或内螺纹（图 17.27b），还可将销尾分开成开尾圆锥销（图 17.27c），以防止在冲击、振动或变载荷作用下出现松脱。

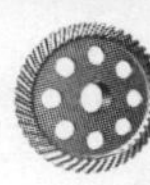

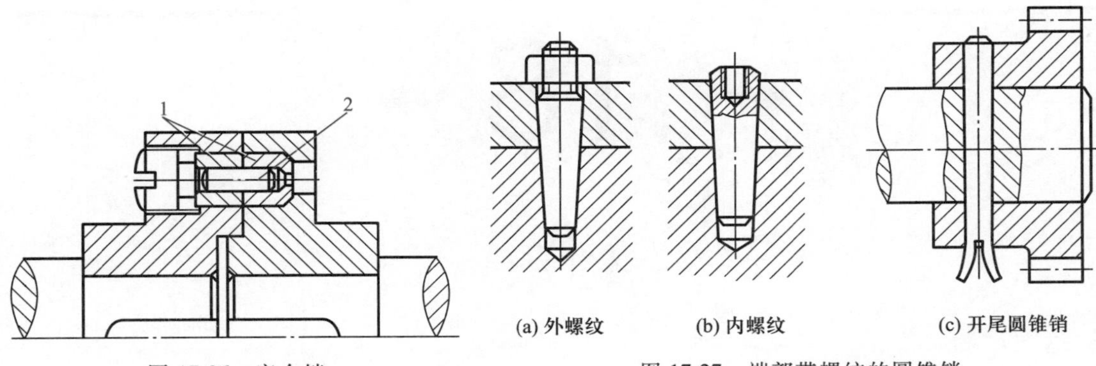

图 17.26　安全销
1—销套；2—安全销

图 17.27　端部带螺纹的圆锥销

复习题

17.1　轴按功用与所受载荷的不同分为哪三种？常见的轴大多属于哪一种？

17.2　轴的结构设计应从哪几个方面考虑？

17.3　轴上零件的周向固定有哪些方法？采用键固定时应注意什么？

17.4　轴上零件的轴向固定有哪些方法？各有何特点？

17.5　试述平键连接和楔键连接的工作特点和应用场合？

第 18 章

18

轴承

在各种机器设备中广泛使用着轴承。轴承可分为滚动轴承和滑动轴承两大类。对于滚动轴承，主要介绍轴承的类型、特点及应用，滚动轴承类型的选择、组合设计等内容；滑动轴承仅作一般性介绍。

18.1 轴承的功用和类型

轴承的功用是支承轴及轴上零件，保持轴的回转精度，减少转轴与支承之间的摩擦和磨损。

根据支承处相对运动表面的摩擦性质，轴承分为滑动摩擦轴承和滚动摩擦轴承，分别简称为滑动轴承和滚动轴承，如图 18.1 和图 18.2 所示。

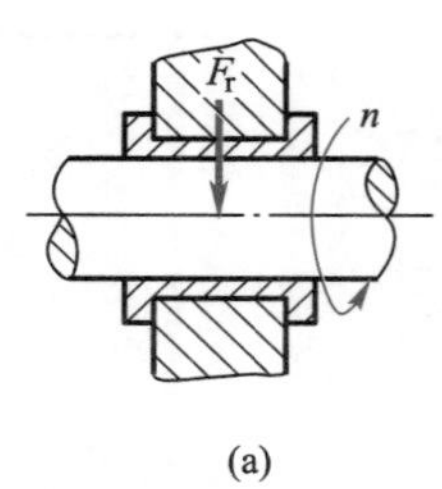

(a)

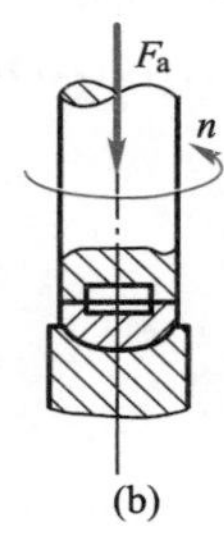

(b)

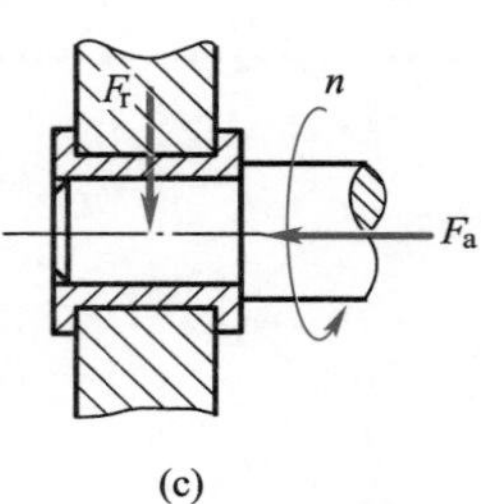

(c)

图 18.1　滑动轴承

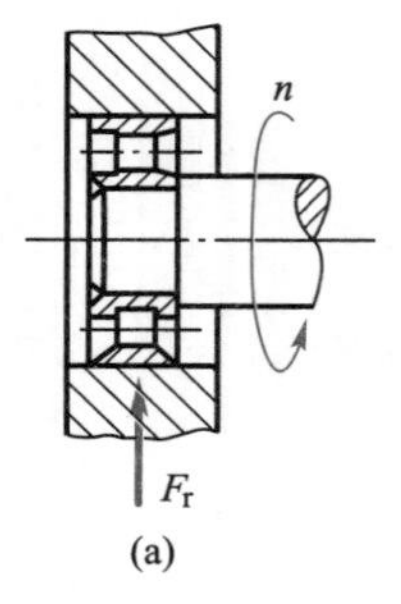

(a)

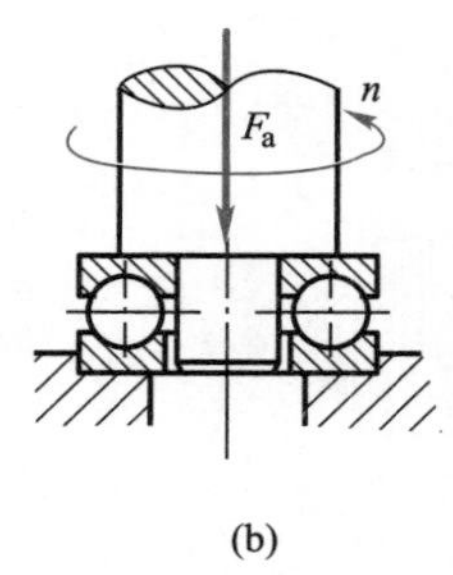

(b)

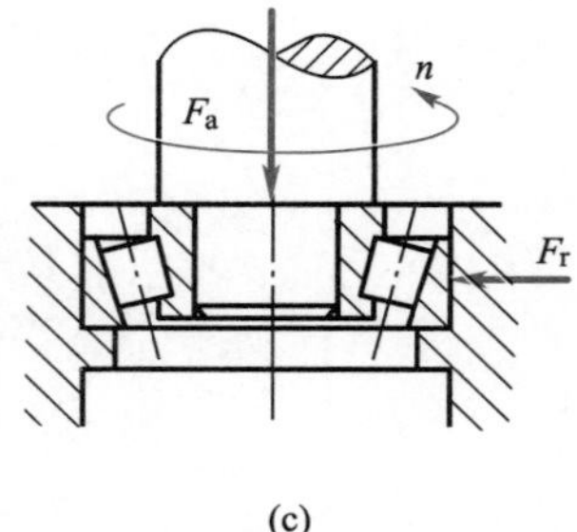

(c)

图 18.2　滚动轴承

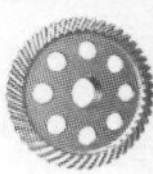

18.2 滚动轴承的组成、类型及代号

18.2.1 滚动轴承的组成

滚动轴承一般由内圈1、外圈2、滚动体3和保持架4组成，如图18.3所示。内圈装在轴颈上，外圈装在机座或零件的轴承孔内。多数情况下，外圈不转动，内圈与轴一起转动。当内外圈之间相对旋转时，滚动体沿着滚道滚动。保持架使滚动体均匀分布在滚道上，并减少滚动体之间的碰撞和磨损。

常见的滚动体有6种形状，如图18.4所示。

滚动轴承的内外圈和滚动体应具有较高的硬度和接触疲劳强度、良好的耐磨性和冲击韧性。一般用特殊轴承钢制造，常用材料有GCr15、GCr15SiMn、GCr6、GCr9等，经热处理后硬度可达60～65HRC。滚动轴承的工作滚道必须经磨削抛光，以提高其接触疲劳强度。

保持架多用低碳钢板通过冲压成型方法制造，也可采用有色金属或塑料等材料。

为适应某些特殊要求，有些滚动轴承还要附加其他特殊元件或采用特殊结构，如轴承无内圈或外圈、带有防尘密封结构或在外圈上加止动环等。

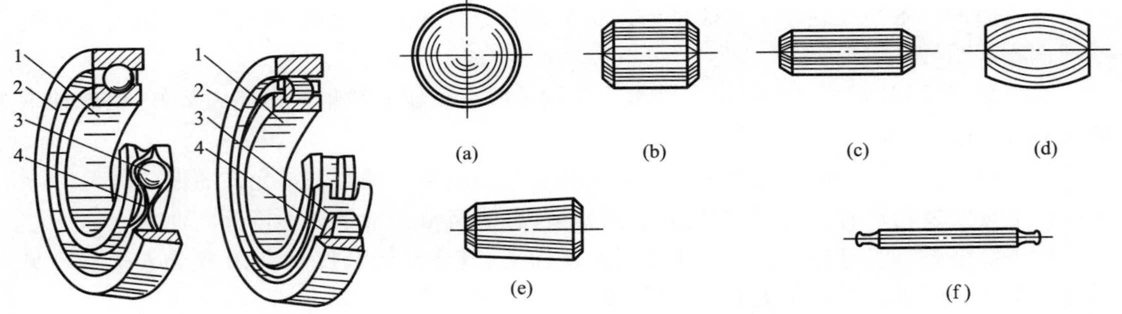

图18.3 滚动轴承的基本结构

图18.4 滚动体的种类

滚动轴承具有摩擦阻力小、启动灵敏、效率高、回转精度高、润滑简便和装拆方便等优点，广泛应用于各种机器和机构中。

滚动轴承为标准零部件，由轴承厂批量生产，设计者可以根据需要直接选用。

18.2.2 滚动轴承的类型及特点

滚动轴承按结构特点的不同有多种分类方法，各类轴承分别适用于不同载荷、转速及特殊需要。

(1) 按所能承受载荷的方向或公称接触角的不同可分为向心轴承和推力轴承(见表18.1)。

表中的α为滚动体与套圈接触处的公法线与轴承径向平面(垂直于轴承轴心线的平面)之间的夹角，称为公称接触角。

向心轴承又可分为径向接触轴承和向心角接触轴承。径向接触轴承的公称接触角$\alpha=0°$，主要承受径向载荷，有些可承受较小的轴向载荷；向心角接触轴承公称接触角α的范围为$0°\sim45°$，能同时承受径向载荷和轴向载荷。

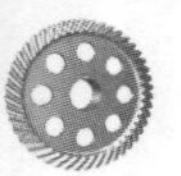

推力轴承又可分为推力角接触轴承和轴向接触轴承。推力角接触轴承 α 的范围为 45°~90°,主要承受轴向载荷,也可以承受较小的径向载荷;轴向接触轴承的 $\alpha=90°$,只能承受轴向载荷。

表 18.1 各类轴承的公称接触角

轴承种类	向心轴承		推力轴承	
	径向接触	角接触	角接触	轴向接触
公称接触角 α	$\alpha=0°$	$0°<\alpha\leqslant45°$	$45°<\alpha<90°$	$\alpha=90°$
图 例 (以球轴承为例)				

(2)按滚动体的种类可分为球轴承和滚子轴承。

球轴承的滚动体为球,球与滚道表面的接触为点接触;滚子轴承的滚动体为滚子,滚子与滚道表面的接触为线接触。按滚子的形状又可分为圆柱滚子轴承、滚针轴承、圆锥滚子轴承和调心滚子轴承。

在外廓尺寸相同的条件下,滚子轴承比球轴承的承载能力和耐冲击能力都好,但球轴承摩擦小、高速性能好。

(3)按工作时能否调心可分为调心轴承和非调心轴承。调心轴承允许的偏位角大。

(4)按安装轴承时其内、外圈可否分别安装,分为可分离轴承和不可分离轴承。

(5)按公差等级可分为 0、6、5、4、2 级滚动轴承,其中 2 级精度最高,0 级为普通级。另外还有只用于圆锥滚子轴承的 6x 公差等级。

(6)按运动方式可分为回转运动轴承和直线运动轴承。

常用滚动轴承的类型、代号及特性见表 18.2。

表 18.2 常用滚动轴承的类型、代号及特性简表

轴承名称及简图符号	结构简图	示意简图及承载方向	轴承代号			基本[①]额定动载荷比	极[②]限转速比	偏位角 δ	标准号	价格比(参考)	结构性能特点
			类型代号	尺寸系列代号	轴承基本代号						
调心球轴承			1 (1) 1 (1)	(0)2 22 (0)3 23	1200 2200 1300 2300	0.6~0.9	中	2°~3°	GB/T 281—2013	1.3	双排球,外圈内球面球心在轴线上,偏位角大,可自动调位。主要承受径向载荷,能承受较小的轴向载荷

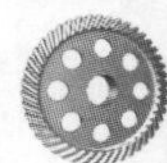

续表

轴承名称及简图符号	结构简图	示意简图及承载方向	轴承代号			基本[①]额定动载荷比	极[②]限转速比	偏位角 δ	标准号	价格比（参考）	结构性能特点
			类型代号	尺寸系列代号	轴承基本代号						
调心滚子轴承			2 2 2 2 2 2 2 2	13 22 23 30 31 32 40 41	21300 22200 22300 23000 23100 23200 24000 24100	1.8～4	低	0.5°～2°	GB/T 288—2013	5	与上述的轴承相似，但承载能力较大，而偏位角较小
圆锥滚子轴承			3 3 3 3 3 3 3 3 3 3	02 03 13 20 22 23 29 30 31 32	30200 30300 31300 32000 32200 32300 32900 33000 33100 33200	1.5～2.5	中	2′	GB/T 297—2015	1.5	接触角 α=11°～16°。外圈可分离，便于调整游隙。除能承受径向载荷外，还能承受较大的单向轴向载荷
推力球轴承：推力球轴承			5 5 5 5	11 12 13 14	51100 51200 51300 51400	1	低	～0°	GB/T 301—2015	0.9	套圈可分离，承受单向轴向载荷。高速时离心力大，故极限转速低
推力球轴承：双向推力球轴承			5 5 5	22 23 24	52200 52300 52300				GB/T 301—2015	1.8	可双向承受轴向载荷
深沟球轴承			6 6 6 6 6 6 6 6 6	17 37 18 19 (0)0 (1)0 (0)2 (0)3 (0)4	61700 63700 61800 61900 16000 6000 6200 6300 6400	1	高	8′～16′ (30′)	GB/T 276—2013	1	广泛应用，主要承受径向载荷，也能承受一定的双向轴向载荷，可用于较高转速

续表

轴承名称及简图符号		结构简图	示意简图及承载方向	轴承代号			基本①额定动载荷比	极②限转速比	偏位角 δ	标准号	价格比（参考）	结构性能特点
				类型代号	尺寸系列代号	轴承基本代号						
角接触球轴承 $\alpha=15°$(C)、25°(AC)、40°(B)				7 7 7 7 7	19 (1)0 (0)2 (0)3 (0)4	71900 7000 7200 7300 7400	1.0~1.4(C) 1.0~1.3(AC) 1.0~1.2(B)	高	2′~10′	GB/T 292—2007	1.7	可用于承受径向和较大轴向载荷，α大则可承受轴向力越大
圆柱滚子轴承				N N N N N N	10 (0)2 22 (0)3 23 (0)4	N1000 N200 N2200 N300 N2300 N400	1.5~3	高	2′~4′	GB/T 283—2007	2	有一个套圈（内、外圈）可以分离，所以不能承受轴向载荷。由于是线接触，所以能承受较大径向载荷
				NU NU NU NU NU NU	10 (0)2 22 (0)3 23 (0)4	NU1000 NU200 NU2200 NU300 NU2300 NU400						

① 基本额定动载荷比：同尺寸系列各类轴承的基本额定动载荷与深沟球轴承的基本额定动载荷之比。

② 极限转速比：同尺寸系列各类轴承的极限转速与深沟球轴承极限转速之比（脂润滑，0 级精度），比值介于 90%~100%为高，比值介于 60%~90%为中，比值<60%为低。

18.2.3 滚动轴承的代号

滚动轴承代号是表示其结构、尺寸、公差等级和技术性能等特征的产品符号，由字母和数字组成。按 GB/T 272—1993 的规定，轴承代号由基本代号、前置代号和后置代号构成，其表达方式见表 18.3。

表 18.3 轴承代号的构成

前置代号	基本代号	后置代号
字母 成套轴承的分部件	字母和数字 ××× 类型代号 ×× 宽度系列代号 直径系列代号 ×× 内径代号	字母和数字 内部结构改变 密封、防尘与外部形状变化 保持架结构、材料改变及轴承材料改变 公差等级和游隙 其他

1. 基本代号

基本代号表示轴承的基本类型、结构和尺寸，是轴承代号的基础。基本代号由轴承类型代号、尺寸系列代号及内径代号三部分构成。

(1) 类型代号　用数字或大写拉丁字母表示，见表 18.4。

表 18.4　一般滚动轴承类型代号

轴承类型	代号	原代号	轴承类型	代号	原代号
双列角接触球轴承	0	6	深沟球轴承	6	0
调心球轴承	1	1	角接触球轴承	7	6
调心滚子轴承和推力调心滚子轴承	2	3 和 9	推力圆柱滚子轴承	8	9
圆锥滚子轴承	3	7	圆柱滚子轴承	N	2
双列深沟球轴承	4	0	外球面球轴承	U	0
推力球轴承	5	8	四点接触球轴承	QJ	6

(2) 尺寸系列代号　尺寸系列代号是轴承的宽度系列(或高度系列)代号和直径系列代号的组合而成，见表 18.5，宽(高)度系列在前，直径系列在后，宽度系列代号为“0”时可省略(调心滚子轴承和圆锥滚子轴承不可省略)。宽度系列是指结构、内径和外径相同的同类轴承在宽度方面的变化系列；高度系列是指内径相同的轴向接触轴承在高度方面的变化系列；直径系列是指内径相同的同类轴承在外径和宽度方面的变化系列，如图 18.5 所示。

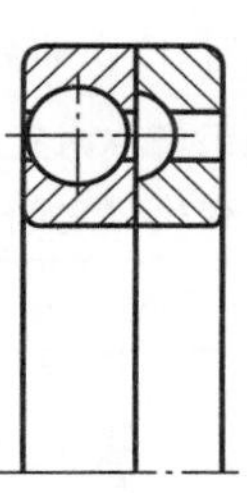

(a)宽度系列　(b)直径系列

图 18.5　轴承的尺寸系列

表 18.5　向心轴承、推力轴承尺寸系列代号

直径系列代号(外径→)	向心轴承								推力轴承			
	宽度系列代号(宽度→)								高度系列代号(高度→)			
	8	0	1	2	3	4	5	6	7	9	1	2
	尺寸系列号											
7	—	—	17	—	37	—	—	—	—	—	—	—
8	—	08	18	28	38	48	58	68	—	—	—	—
9	—	09	19	29	39	49	59	69	—	—	—	—
0	—	00	10	20	30	40	50	60	70	90	10	—
1	—	01	11	21	31	41	51	61	71	91	11	—
2	82	02	12	22	32	42	52	62	72	92	12	22
3	83	03	13	23	33	—	—	—	73	93	13	23
4	—	04	—	24	—	—	—	—	74	94	14	24
5	—	—	—	—	—	—	—	—	—	95	—	—

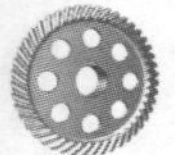

（3）内径代号　表示轴承的内径尺寸，见表 18.6。

表 18.6　轴承内径代号

轴承公称内径/mm		内径代号	示　　例
0.6 到 10（非整数）		直接用公称内径毫米数表示，在其与尺寸系列代号之间用“/”分开	深沟球轴承 618/2.5　$d=2.5$ mm
1 到 9（整数）		直接用公称内径毫米数表示，对深沟球轴承及角接触球轴承 7、8、9 直径系列，内径与尺寸系列代号之间用“/”分开	深沟球轴承 62 5　618/5　$d=5$mm
10 到 17	10 12 15 17	00 01 02 03	深沟球轴承　62　00　$d=10$ mm
20 到 480（22，28，32 除外）		用公称内径除以 5 的商数表示，商数为一位数时，需在商数左边加“0”，如 08	调心滚子轴承 232　08　$d=40$ mm
大于和等于 500 以及 22，28，32		直接用公称内径毫米数表示，但在其与尺寸系列代号之间用“/”分开	调心滚子轴承 230/500　$d=500$ mm 深沟球轴承 62/22　$d=22$ mm
例：调心滚子轴承 23224　2—类型代号，32—尺寸系列代号，24—内径代号，$d=120$ mm			

2. 前置代号和后置代号

前置代号和后置代号是当轴承的结构形状、尺寸、公差、技术要求等有改变时，在轴承基本代号左右添加的补充代号。

前置代号用字母表示，用以说明成套轴承部件的特点，一般轴承无特殊说明，则前置代号可以省略。

后置代号用字母或字母加数字的组合来表示，按不同的情况可以紧接在基本代号之后或者用“—”、“/”符号隔开。

内部结构代号表示同一类型轴承的不同内部结构，用字母紧跟基本代号表示。如角接触球轴承，分别用 C、AC 和 B 表示其接触角相应为 15°、25°和 45° 的不同内部结构。

公差等级代号分为 2 级、4 级、5 级、6X 级、6 级和 0 级，共 6 个级别，精度依次由高到低，其代号分别表示为/P2、/P4、/P5、/P6X、/P6 和 P0，其中 0 级为普通级，在轴承代号中可省略不标，6X 级仅适用于圆锥滚子轴承。

代号及其含义可查阅轴承样本手册或 GB/T 272—1993。

滚动轴承代号示例：

（1）71908/P5：7——轴承类型为角接触球轴承；19——尺寸系列代号。1 为宽度系列代号，9 为直径系列代号；08——内径代号，$d=40$ mm；P5——公差等级为 5 级。

（2）6204：6——轴承类型为深沟球轴承；（0）2——尺寸系列代号，宽度系列代号为 0（省略），2 为直径系列代号；04——内径代号，$d=20$ mm；公差等级为 0 级（公差等级代号/P0 省略）。

轴承代号中的基本代号最为重要，而 7 位数字中以右起头 4 位数字最为常用。

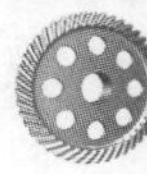

18.3 滚动轴承类型的选择

18.3.1 影响轴承承载能力的参数

1. 游隙

内、外圈滚道与滚动体之间的间隙称为游隙，即为当一个座圈固定时，另一座圈沿径向或轴向的最大移动量（通常用 u 表示），如图 18.6 所示。游隙可影响轴承的回转精度、寿命、噪声和承载能力等。

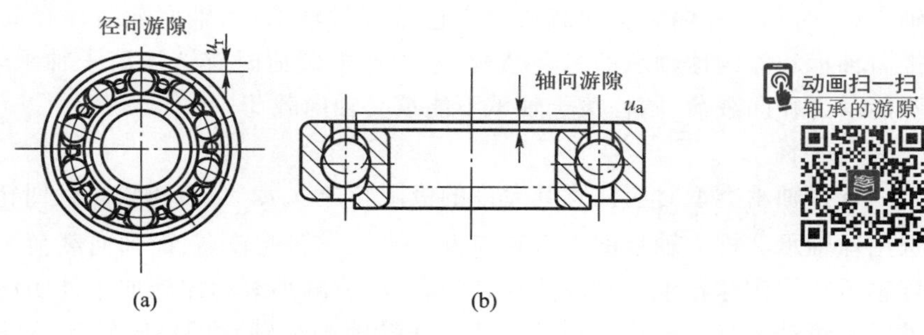

图 18.6　轴承的游隙

2. 极限转速

滚动轴承在一定载荷和润滑条件下，允许的最高转速称为极限转速。滚动轴承转速过高会使摩擦面间产生高温，使润滑失效，从而导致滚动体退火或胶合而产生破坏。各类轴承极限转速数值可查轴承手册得出。

3. 偏位角

安装误差或轴的变形等都会引起轴承内外圈中心线发生相对倾斜，其倾斜角 δ 称为偏位角，如图 18.7 所示。各类轴承的允许偏位角见表 18.2。

4. 接触角

由轴承结构类型决定的接触角称为公称接触角。当深沟球轴承（$\alpha=0°$）只承受径向力时其内外圈不会做轴向移动，故实际接触角保持不变。如果作用有轴向力 F_a 时（图 18.8），其实际接触角不再与公称接触角相同，α 增大至 α_1。对角接触轴承而言，α 值越大则轴承承受轴向载荷的能力也越大。

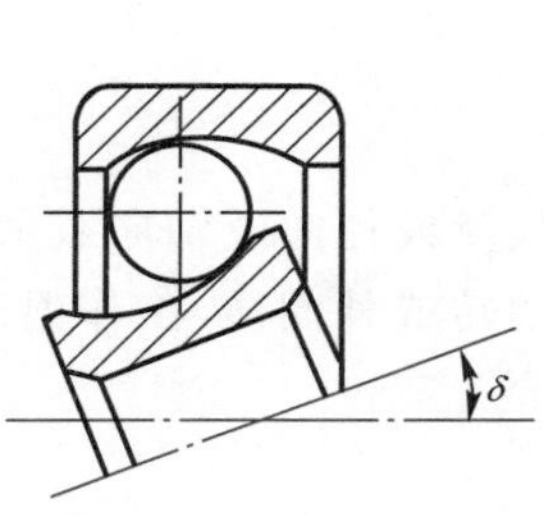

图 18.7　轴承的偏位角

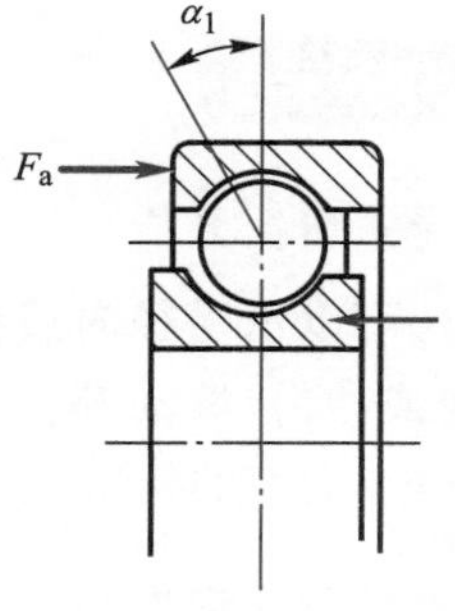

图 18.8　接触角的变化

18.3.2 滚动轴承类型的选择

各类轴承的基本特点已在表 18.2 中进行了说明。选用轴承时，首先是选择类型。选择轴承类型应考虑多种因素，如轴承所受载荷的大小、方向及性质；轴向的固定方式；转速与工作环境；调心性能要求；经济性和其他特殊要求等。滚动轴承的选型原则可概括如下。

1. 载荷条件

轴承承受载荷的大小、方向和性质是选择轴承类型的主要依据。载荷较大时应选用线接触的滚子轴承。受纯轴向载荷时通常选用推力轴承；主要承受径向载荷时应选用深沟球轴承；同时承受径向和轴向载荷时应选角接触轴承；当轴向载荷比径向载荷大很多时，常用推力轴承和深沟球轴承的组合结构；承受冲击载荷时宜选用滚子轴承。应该注意推力轴承不能承受径向载荷，圆柱滚子轴承不能承受轴向载荷。

2. 转速条件

选择轴承类型时应注意其允许的极限转速 $n_{\lim}$。当转速较高且回转精度要求较高时，应选用球轴承。推力轴承的极限转速低。当工作转速较高，而轴向载荷不大时，可采用角接触球轴承或深沟球轴承。对高速回转的轴承，为减小滚动体施加于外圈滚道的离心力，宜选用外径和滚动体直径较小的轴承。若工作转速超过轴承的极限转速，可通过提高轴承的公差等级、适当加大其径向游隙等措施来满足要求。

3. 装调性能

圆锥滚子轴承和 N 类（圆柱滚子轴承）的内外圈可分离，便于装拆。为方便安装在长轴上轴承的装拆和紧固，可选用带内锥孔和紧定套的轴承。

4. 调心性能

轴承内、外圈轴线间的偏位角应控制在极限值之内，否则会增加轴承的附加载荷而降低其寿命。对于刚度差或安装精度较差的轴组件，宜选用调心轴承，如调心球轴承、调心滚子轴承。

5. 经济性

在满足使用要求的情况下优先选用价格低廉的轴承。一般球轴承的价格低于滚子轴承。轴承的精度越高价格越高。在同精度的轴承中深沟球轴承的价格最低。同型号不同公差等级轴承的价格比为：P0 : P6 : P5 : P4≈1 : 1.5 : 1.8 : 6。选用高精度轴承时应进行性价比的分析。

18.4 滚动轴承型号的选定

18.4.1 滚动轴承的受载情况分析

滚动轴承工作时，可以承受径向载荷、轴向载荷或径向及轴向载荷的联合作用的载荷。载荷可以是大小改变或冲击、振动等；可以是内圈转或外圈转，工作温度可能是一般或较高的等。总之，各元件是在交变的接触应力下工作的。

18.4.2 滚动轴承的失效形式和寿命计算

1. 失效形式

滚动轴承的失效形式主要有三种：疲劳点蚀、塑性变形和磨损。

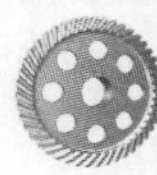

当 10 r/min<n<$n_{\lim}$时（$n_{\lim}$值为轴承手册中规定的极限转速），滚动体和套圈滚道在交变接触应力的作用下会发生表面接触疲劳点蚀，这是滚动轴承的主要失效形式。故其计算准则为工作表面不出现点蚀的接触疲劳强度计算或指在一定使用时间内工作表面不会出现点蚀破坏。

2. 滚动轴承的寿命计算

根据试验研究得出滚动轴承所承受的载荷 P 与寿命 L 的关系，经推导为

$$C \geqslant \frac{P}{f_{\mathrm{T}}}\left(\frac{60n[L_{\mathrm{h}}]}{10^{6}}\right)^{\frac{1}{\varepsilon}} \tag{18.1}$$

若以轴承的实际寿命表示，可得

$$L_{10\mathrm{h}} = \frac{10^{6}}{60n}\left(\frac{f_{\mathrm{T}}C}{P}\right)^{\varepsilon} \geqslant [L_{\mathrm{h}}] \tag{18.2}$$

式中 C 值为在寿命为 10^6转时轴承所能承受的最大载荷，又称基本额定动载荷，其单位为 N，对于向心轴承而言是指径向载荷，称为径向基本额定动载荷 C_{r}；对于推力轴承而言是指轴向载荷，称为轴向基本额定动载荷 C_{a}。各种类型、各种型号轴承的基本额定动载荷值可在轴承标准中查得，或查附表 4～附表 6；P 为当量动载荷，其单位为 N；n 为轴承的工作转速，单位为 r/min；$[L_{\mathrm{h}}]$为轴承的预期寿命，单位为 h，可根据机器的具体要求或参考表 18.7 确定；f_{T}为温度系数，工作温度小于 100 ℃时 $f_{\mathrm{T}}=1$，可不计；ε 为寿命指数，对于球轴承 $\varepsilon=3$，对于滚子轴承 $\varepsilon=10/3$。

表 18.7　轴承预期寿命$[L_{\mathrm{h}}]$的参考值

机器种类		预期寿命/h
不经常使用的仪器及设备		500
航空发动机		500～2 000
间断使用的机器	中断使用不致引起严重后果的手动机械、农业机械等	4 000～8 000
	中断使用会引起严重后果的机器设备，如升降机、输送机、吊车等	8 000～12 000
每天工作 8 h 的机器	利用率不高的齿轮传动、电动机等	12 000～20 000
	利用率较高的通风设备、机床等	20 000～30 000
连续工作 24 h 的机器	一般可靠性的空气压缩机、电动机、水泵等	50 000～60 000
	高可靠性的电站设备、给排水装置等	>100 000

18.4.3　滚动轴承的载荷计算

对于只承受纯径向载荷的向心轴承，其当量动载荷为

$$P = f_{\mathrm{P}} F_{\mathrm{r}} \tag{18.3}$$

对于只承受纯轴向载荷的推力轴承，其当量动载荷为

$$P = f_{\mathrm{P}} F_{\mathrm{a}} \tag{18.4}$$

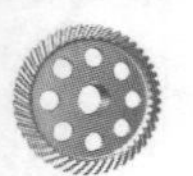

对于受到径向载荷 F_r 和轴向载荷 F_a 的复合作用的向心角接触轴承，其当量动载荷为

$$P=f_P(XF_r+YF_a) \tag{18.5}$$

式中：f_P 为载荷系数，是考虑机器工作时振动、冲击对轴承寿命影响的系数，可查表 18.8；F_r 为径向载荷；F_a 为轴向载荷；X、Y 分别为径向载荷系数和轴向载荷系数，可查表 18.9。

表 18.8　载荷系数 f_P

载荷性质	举例	f_P
无冲击或轻微冲击	电动机、汽轮机、通风机、水泵	1.0~1.2
中等冲击	机床、车辆、内燃机、冶金机械、起重机械、减速器	1.2~1.8
强大冲击	轧钢机、破碎机、钻探机、剪床	1.8~3.0

表 18.9　当量动载荷的 X，Y 系数

轴承类型		F_a/C_{0r}①	e③	单列轴承				双列轴承（或成对安装单列轴承）			
				$F_a/F_r\leqslant e$		$F_a/F_r>e$		$F_a/F_r\leqslant e$		$F_a/F_r>e$	
名称	类型代号			X	Y	X	Y	X	Y	X	Y
调心球轴承	1	—	$1.5\tan\alpha$②					1	$0.42\cot\alpha$②	0.65	$0.65\cot\alpha$②
调心滚子轴承	2	—	$1.5\tan\alpha$②					1	$0.45\cot\alpha$②	0.67	$0.67\cot\alpha$②
圆锥滚子轴承	3	—	$1.5\tan\alpha$②	1	0	0.4	$0.4\cot\alpha$②	1	$0.45\cot\alpha$②	0.67	$0.67\cot\alpha$②
深沟球轴承	6	0.014	0.19	1	0	0.56	2.30	1	0	0.56	2.3
		0.028	0.22				1.99				1.99
		0.056	0.26				1.71				1.71
		0.084	0.28				1.55				1.55
		0.11	0.30				1.45				1.45
		0.17	0.34				1.31				1.31
		0.28	0.38				1.15				1.15
		0.42	0.42				1.04				1.04
		0.56	0.44				1.00				1.00
角接触球轴承	7 $\alpha=15^\circ$	0.015	0.38	1	0	0.44	1.47	1	1.65	0.72	2.39
		0.029	0.40				1.40		1.57		2.28
		0.058	0.43				1.30		1.46		2.11
		0.087	0.46				1.23		1.38		2.00
		0.12	0.47				1.19		1.34		1.93
		0.17	0.50				1.12		1.26		1.82
		0.29	0.55				1.02		1.14		1.66
		0.44	0.56				1.00		1.12		1.63
		0.58	0.56				1.00		1.12		1.63
	7 $\alpha=25^\circ$	—	0.68	1	0	0.41	0.87	1	0.92	0.67	1.41

① C_{0r} 为径向基本额定静载荷，由产品目录查出。

② 具体数值按不同型号轴承由产品目录或有关手册查出。

③ e 为判别轴向载荷 F_a 对当量动载荷 P 影响程度的参数。

向心角接触轴承的载荷计算：

（1）向心角接触轴承的内部轴向力

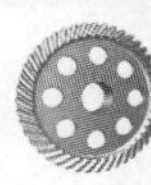

向心角接触轴承的结构特点是在滚动体和滚道接触处存在着接触角 α。在承受径向载荷 F_r时会产生内部轴向力。使得载荷作用线偏离轴承宽度的中点，而与轴心线交于 O 点，O 点称为载荷作用中心，即为轴承实际支点，如图 18.9 所示。当其受径向载荷 F_r时，作用在承载区内的滚动体上的法向力 F_i可分解为径向分力 F_{ri}和轴向分力 F_{ai}，各滚动体上所受的轴向分力之和即为轴承的内部轴向力 F_S，其值可按表 18.10 所列的近似式计算，而方向由外圈的宽边指向窄边，将产生使轴承内、外圈分离的趋势。

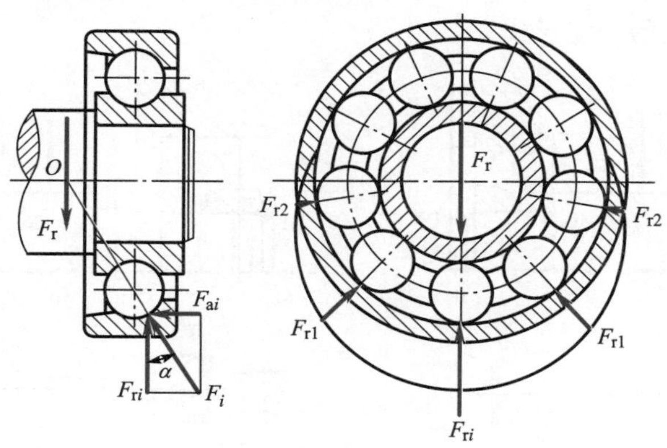

图 18.9 角接触球轴承中径向载荷所产生的轴向分力

表 18.10 向心角接触轴承的内部轴向力 F_S

轴承类型	圆锥滚子轴承	角接触球轴承(7 类)		
		$\alpha=15°$	$\alpha=25°$	$\alpha=40°$
F_S	$F_r/(2Y)$	eF_r	$0.68F_r$	$1.14F_r$

注：1. Y 为$\frac{F_a}{F_r}>e$ 时，圆锥滚子轴承的轴向系数。

2. 若接触角 α 与 Y 的关系式为 $Y=0.4\cot\alpha$，可查有关手册确定 α 的值。

（2）向心角接触轴承的轴向载荷计算

如图 18.10 所示为成对使用、对称安装的方式(图示为正装形式)。一对轴承承受径向反力 F_{r1}、F_{r2}，设 $F_{r1}>F_{r2}$，则 $F_{S1}>F_{S2}$，由径向力引起的总轴向力 $F_a=F_{S1}-F_{S2}$。此时如 F_A与 F_a相反，而$F_A>F_a$，则右端轴承不承受轴向载荷，$F_{a2}=F_{S2}$。为放松端。左端轴承承受轴向载荷$F_{a1}=F_A-F_{S2}$为压紧端。

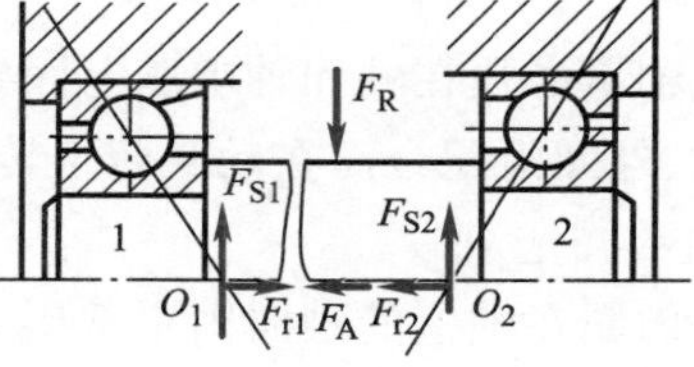

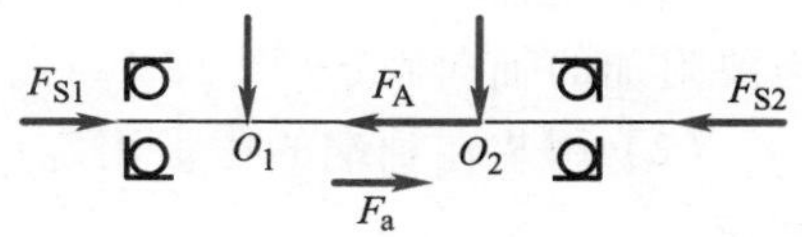

图 18.10 轴向载荷的分析

由此可得计算两支点轴向载荷的步骤如下：

① 根据轴承和安装方式，画出内部轴向力 F_{S1}和 F_{S2}的方向。

② 设内部轴向力 F_{S1}与外载荷 F_A同向，F_{S2}与 F_A反向。通过比较 F_A+F_{S1}与 F_{S2}的大小判断轴的移动趋势及轴承的压紧及放松端。

③ 压紧端的轴向载荷 F_a等于除去压紧端本身的内部轴向力外，所有轴向力的代数和，以向压紧方向为“+”。

④ 放松端的轴向载荷 F_a 等于放松端本身的内部轴向力 F_S。

（3）向心角接触轴承的安装形式

为了使向心角接触轴承能正常工作，通常采用两个轴承成对使用、对称安装的方式，如图 18.11 所示。这样可以消除或减少作用在轴承上内部轴向力。成对安装角接触轴承有两种安装方式。正装时外圈窄边相对轴的实际支点偏向两支点里侧；反装时外圈窄边相背，轴的实际支点偏向两支点外侧简化计算时可近似认为支点在轴承宽度的中点处。根据不同的工作情况，可采用不同的安装形式。

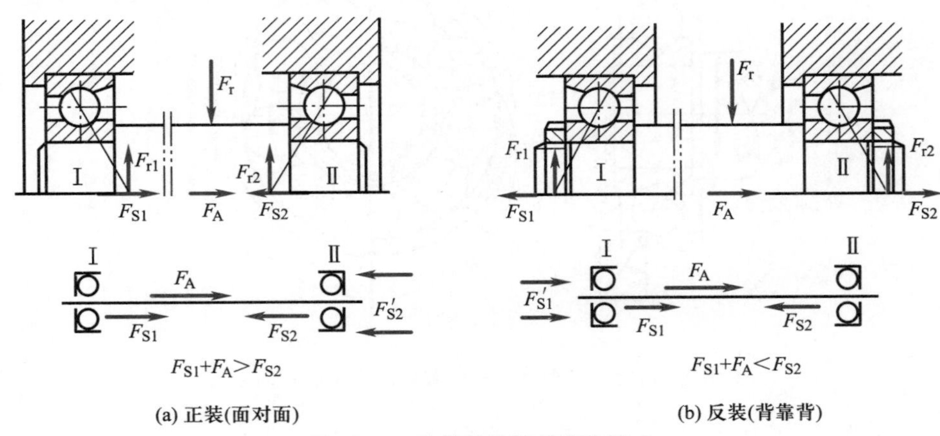

图 18.11　角接触轴承的安装形式

18.5　滚动轴承的组合设计

为保证滚动轴承的正常工作，除了要合理选择轴承的类型和型号（尺寸）外，还必须正确、合理地进行轴承的组合设计，即正确解决轴承的轴向位置固定、轴承与其他零件的配合、轴承的调整与装拆等问题。

18.5.1　轴承套圈的轴向固定

轴承必须在轴和轴承座上固定，这样，使轴承能承受轴向载荷。同时，也可以防止轴承的内、外圈沿配合面在动载荷下转动。

1. 内圈固定

内圈在轴上的轴向固定常用下列几种方法，如图 18.12 所示。

（1）用轴肩固定　若轴沿相反方向不能移动，而外圈在机座或轴承盖处抵住，则内圈不需要附加的轴向固定（图 18.12a）。

（2）用装在轴端的压板固定（图 18.12b）　这种方法用于轴径较大处，它能承受中等载荷。

（3）用螺母和带翅垫圈固定（图 18.12c）　这种方法用于大载荷、高转速处。有时也用螺母和开口销的结构。

为保证定位可靠，轴肩圆角半径必须小于轴承的倒角和圆角半径。

2. 外圈固定

外圈的轴向固定常用下列几种方法，如图 18.13 所示。

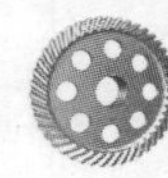

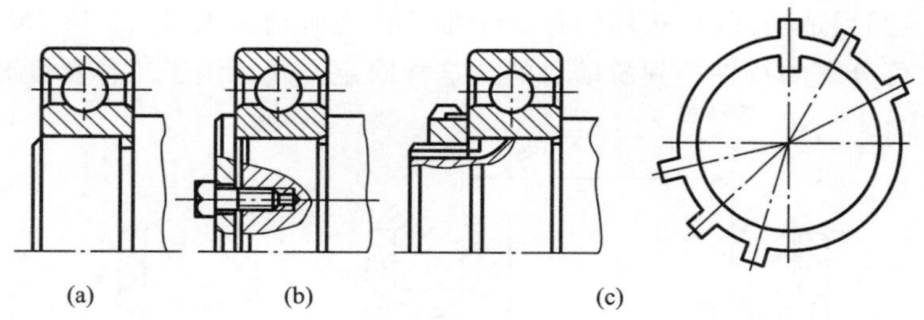

图 18.12　内圈轴向固定方法

(1) 用轴承座上的轴肩固定(图 18.13a)　这种方法用于防止单方向的移动,并能承受一定的轴向载荷。

(2) 用轴承盖端部压紧固定(图 18.13b)　这种方法和用轴肩固定的作用相同。

(3) 用轴承盖和轴肩联合使用来固定(图 18.13c)这种方法能防止双方向的轴向移动。

轴向固定可以是单向固定,也可以是双向固定。

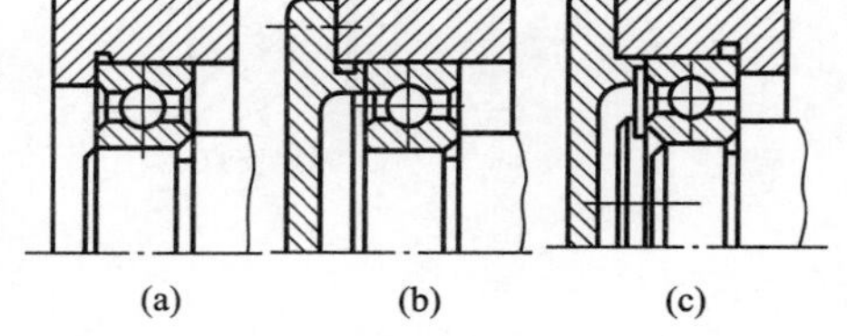

图 18.13　外圈轴向固定方法

18.5.2　轴承的轴向固定

安装轴承时,应该保证径向和轴向固定,并且要避免温度影响及安装不正确所产生的有害载荷。常用的轴向固定方式有以下两种:

1. 两端固定式

图 18.14 所示为全固式支承结构,轴的两个支点中每个支点都能限制轴的单向移动,两个支点合起来就限制了轴的双向移动。这种支承形式结构简单,适用于工作温度变化不大的短轴(跨距≤350 mm)。考虑到轴受热后会伸长,一般在轴承端盖与轴承外圈端面间留有补偿间隙a=0.2~0.4 mm。也可由轴承游隙来补偿,如图 18.14a 下半部所示。当采用角接触球轴承或圆锥滚子轴承时,轴的热伸长量只能由轴承的游隙补偿。间隙 a 和轴承游隙的大小可用垫片或图 18.14b 中所示的调整螺钉等来调节。

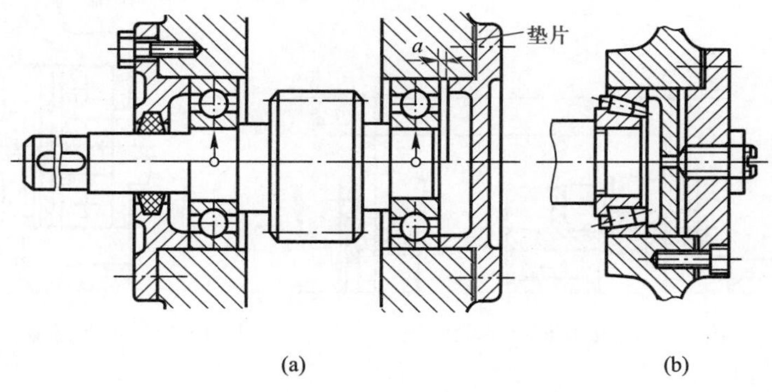

图 18.14　全固式支承结构

2. 一端固定及一端游动式

在图 18.15a 所示的支承结构中,一个支点为双向固定(图中左端),另一个支点则可做轴向游动(图中右端),这种支承结构称为游动支承。选用深沟球轴承作为游动支承时应在轴承外圈与端盖间留适当间隙；选用圆柱滚子轴承作为游动支承时（图 18.15b），依靠轴承本身具有内、外圈可分离的特性达到游动目的。这种固定方式适用于工作温度较高的长轴（跨距 $L>350$ mm）。

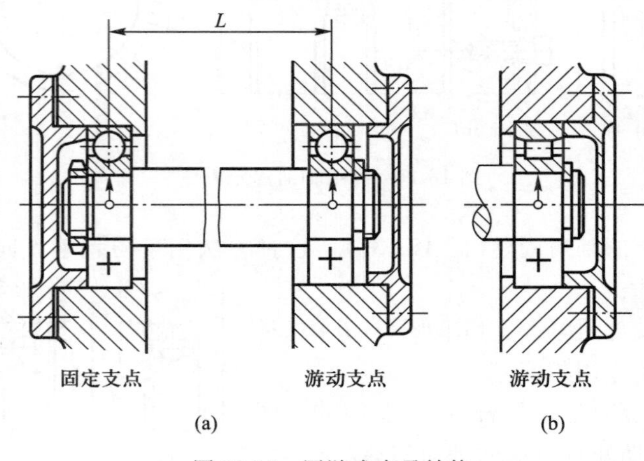

图 18.15　固游式支承结构

除以上两种轴向固定方式外，还有一种轴向固定方式为两端游动式，在本节中不作讨论。

18.5.3　轴承组合的调整

1. 轴承间隙的调整

为使轴正常工作，通常采用如下调整措施保证滚动轴承应有的轴向间隙。

（1）调整垫片　如图 18.16 所示，靠增减端盖与箱体结合面间垫片的厚度（δ_1、δ_2）进行调整。

（2）可调压盖　如图 18.17 所示，利用端盖上的螺钉控制轴承外圈可调压盖的位置来实现调整，调整后用螺母锁紧防松。可调压盖适于各种不同的端盖形式。

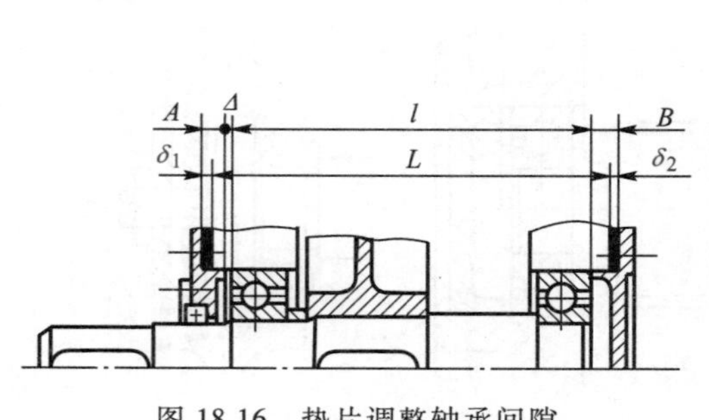

图 18.16　垫片调整轴承间隙

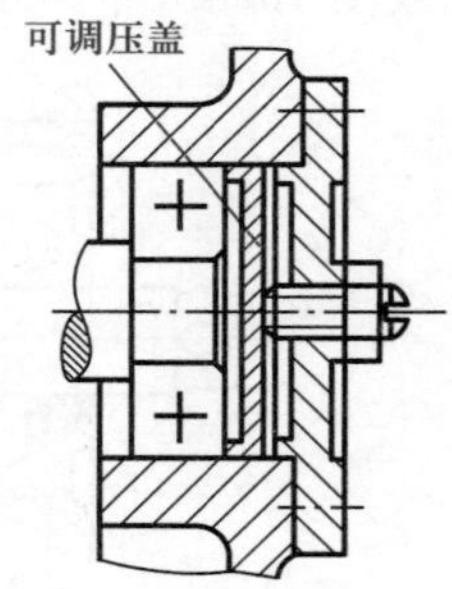

图 18.17　可调压盖调整轴承间隙

（3）调整环　如图 18.18 所示，在端盖与轴承间设置不同厚度的调整环来进行调整。这种调整方式适用于嵌入式端盖。

2. 轴组件位置的调整

某些场合要求轴上安装的零件必须有准确的轴向位置，例如，锥齿轮传动要求两锥齿轮的节锥顶点相重合、蜗杆传动要求蜗轮的中间平面要通过蜗杆的轴线等。这种情况下需要有轴向位置调整的措施。

图 18.19 所示为锥齿轮轴组件位置的调整方式，通过改变套杯与箱体间垫片 1 的厚度，使套杯做轴向移动，以调整锥齿轮的轴向位置。垫片 2 是用来调整轴承间隙。

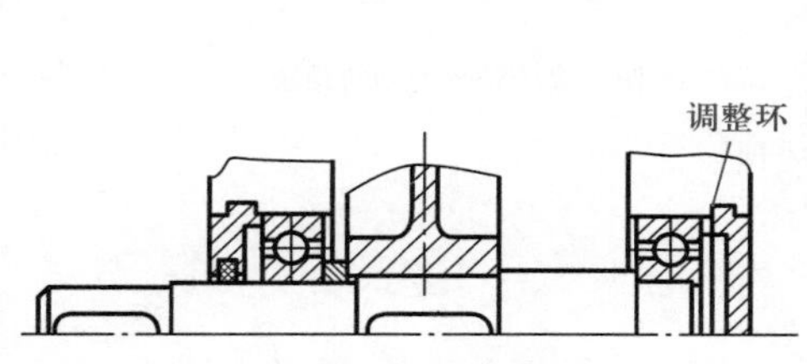

图 18.18　调整环调整轴向间隙

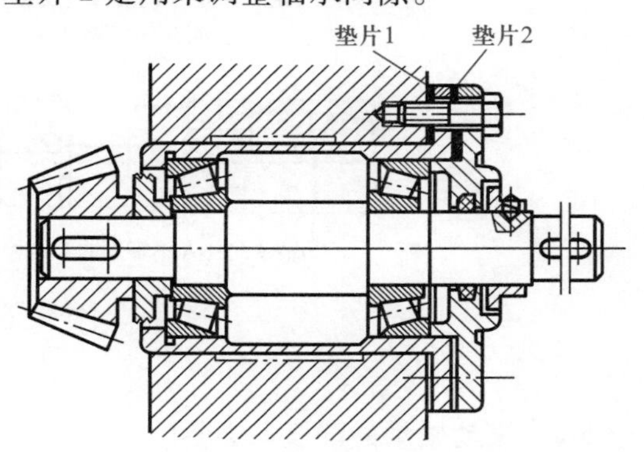

图 18.19　调整轴的位置和轴承内部间隙

18.5.4　轴承组合支承部分的刚度和同轴度

在支承结构中安装轴承处必须要有足够的刚度才能使滚动体正常滚动。因此轴承座孔壁应有足够的厚度，并用加强肋增强其刚性，如图 18.20 所示。

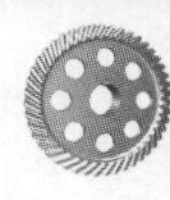

支承结构中同一根轴上的轴承座孔应尽可能同轴。为此应采用整体结构的外壳，并将安装轴承的两个座孔一次镗出。如果一根轴上装有不同尺寸的轴承，则可利用衬套使轴承座孔径相等，以便各座孔能一次镗出，如图 18.21 所示。

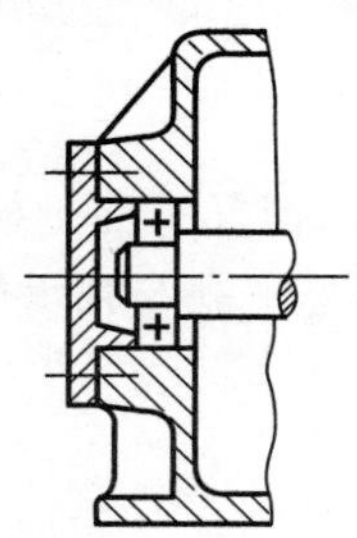

图 18.20　用加强肋增强轴承座孔的刚性

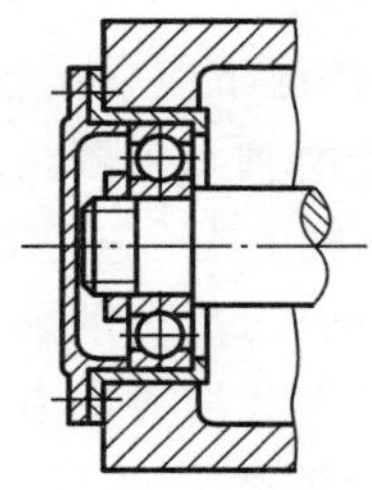

图 18.21　使用衬套的轴承座孔

向心角接触轴承安装方式不同时轴承组合的刚性也不同。一般机器中常用正装方式，以便于安装和调节。

18.5.5　轴承的预紧

轴承的预紧就是在安装轴承时使其受到一定的轴向力，以消除轴承的游隙并使滚动体和内、外圈接触处产生弹性预变形。预紧的目的在于提高轴承的刚度和回转精度。成对并列使用的圆锥滚子轴承、角接触球轴承，对回转精度和刚度有较高要求的轴组件通常都采用预紧方法。常用的预紧方法有磨窄套圈并加预紧力，在套圈间加垫片并加预紧力，在两轴承间加入不等厚的套筒控制预紧力等，如图 18.22 所示。

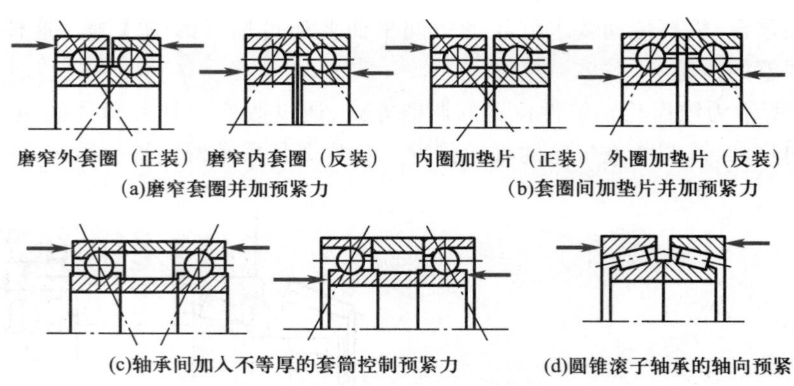

图 18.22 滚动轴承的预紧

18.5.6 滚动轴承的配合与装拆

合理选择滚动轴承的配合与装拆方法是影响轴组件的回转精度、轴承的使用寿命以及轴承维护难易的重要因素。

1. 滚动轴承的配合

滚动轴承是标准件，因此轴承内圈与轴的配合采用基孔制，轴承外圈与轴承座孔的配合采用基轴制。在设计时，应根据机器的工作条件、载荷的大小及性质、转速的高低、工作温度及内外圈中哪一个套圈转动等因素选择轴承的配合。可参考以下几个原则进行选择：

（1）当外载荷方向不变时，转动套圈应比固定套圈的配合紧一些。一般内圈随轴转动，外圈固定不转，故内圈常取具有过盈的过渡配合，如 r6、n6、m6、k6、j6；外圈常取较松的配合，如 G7、H7、J7、K7、M7 等。

（2）高速、重载情况下应采用较紧配合。

（3）作游动支承的轴承外圈与座孔间应采用间隙配合，但又不能过松而发生相对转动。

（4）轴承与空心轴的配合应选用较紧配合，剖分式轴承座座孔与轴承外圈的配合应较松。

（5）充分考虑温升对配合的影响。

滚动轴承配合的选择可查阅有关的设计手册。

2. 滚动轴承的安装与拆卸

滚动轴承是精密部件，因而装拆方法必须规范，否则会使轴承精度降低，损坏轴承和其他零部件。

滚动轴承的组合结构应有利于轴承的装拆。装拆时，要求滚动体不受力，装拆力要对称或均匀地作用在座圈端面上。

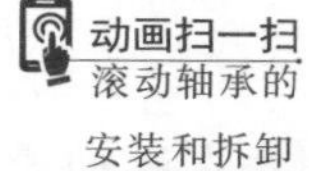

滚动轴承的安装和拆卸

（1）轴承的安装 ① 冷压法。常用专用压套压装轴承的内、外圈，如图 18.23所示。② 热套法。将轴承放入油池中加热至 80~100 ℃，然后套装在轴上。

（2）轴承的拆卸 应采用专用拆卸工具或压力机拆卸轴承，如图 18.24 所示。

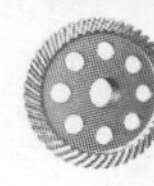

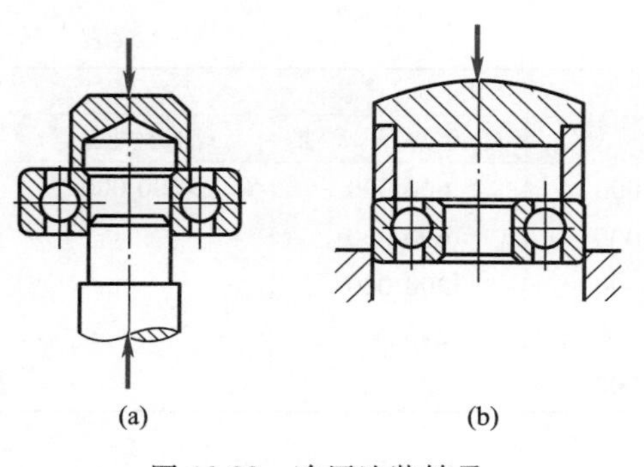

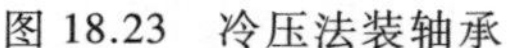
图 18.23　冷压法装轴承

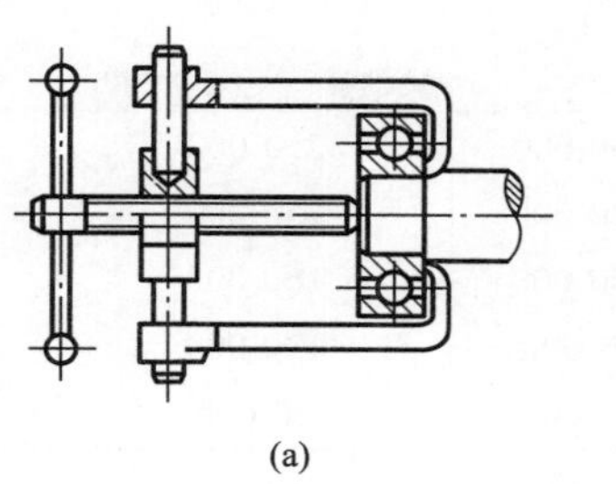

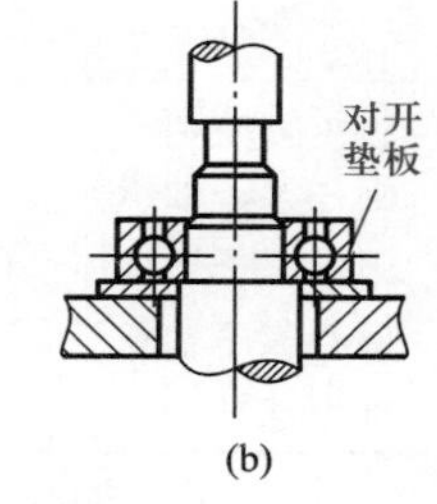

图 18.24　轴承内圈的拆卸

为了便于拆卸，轴上定位轴肩的高度应小于轴承内圈的高度。同理，轴承外圈在套筒内应留出足够的高度和必要的拆卸空间，或在壳体上制出能放置拆卸螺钉的螺纹孔，如图 18.25 所示。

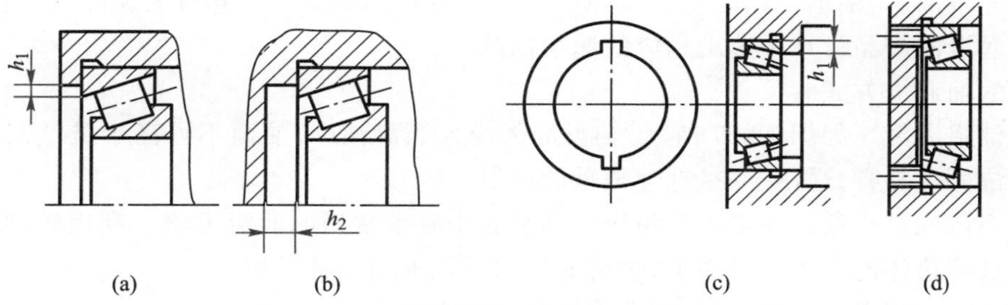

图 18.25　轴承外圈的拆卸

*18.5.7　滚动轴承的润滑与密封

根据滚动轴承的实际工作条件选择合适的润滑方式并设计可靠的密封结构，是保证滚动轴承正常工作的重要条件，对滚动轴承的使用寿命有着重要的影响。

1. 滚动轴承的润滑

滚动轴承润滑的主要目的是减少摩擦与磨损，同时起到冷却、吸振、防锈及降低噪声等作用。

滚动轴承常用的润滑剂有润滑油、润滑脂及固体润滑剂。润滑方式和润滑剂的选择，可根据表征滚动轴承转速大小的速度因素 dn 值来确定。表 18.11 列出了各种润滑方式下轴承的允许 dn 值。表 2.1、表 2.2 分别列出常用的润滑油、润滑脂的主要性能与用途。

表 18.11　各种润滑方式下轴承的允许 dn 值

轴承类型	脂润滑	油润滑			
		油浴、飞溅润滑	滴油润滑	压力循环、喷油	油雾润滑
深沟球轴承	160 000	250 000	400 000	600 000	>600 000
调心球轴承	160 000	250 000	400 000		

续表

轴承类型	脂润滑	油润滑			
		油浴、飞溅润滑	滴油润滑	压力循环、喷油	油雾润滑
角接触球轴承	160 000	250 000	400 000	600 000	>600 000
圆柱滚子轴承	120 000	250 000	400 000	600 000	
圆锥滚子轴承	100 000	160 000	230 000	300 000	
调心滚子轴承	80 000	120 000		250 000	
推力球轴承	40 000	60 000	120 000	150 000	

注:d—轴承内径,mm;n—转速,r/min。

最常用的滚动轴承润滑剂为润滑脂。脂润滑适用于 dn 值较小的场合,其特点是润滑脂不易流失、易于密封、油膜强度高、承载能力强,一次加脂后可以工作相当长的时间。装填润滑脂时一般不超过轴承内空隙的 1/3~1/2,以免因润滑脂过多而引起轴承发热,影响轴承的正常工作。

油润滑适用于高速、高温条件下工作的轴承。油润滑的优点是摩擦系数小、润滑可靠,且具有冷却散热和清洗的作用。缺点是对密封和供油的要求较高。

选用润滑油时,根据工作温度和 dn 值由图 18.26 选出润滑油应具有的黏度值,然后根据黏度值从润滑油产品目录中选出相应的润滑油牌号。

常用的油润滑方式有:

(1) 油浴润滑 如图 18.27 所示,轴承局部浸入润滑油中,油面不得高于最低滚动体中心。该方法简单易行,适用于中、低速轴承的润滑。

(2) 飞溅润滑 这是一般闭式齿轮传动装置中轴承常用的润滑方法。利用转动的齿轮把润滑油甩到箱体的四周内壁面上,然后通过沟槽把油引到轴承中。

除了上述油润滑方式外,还有喷油润滑与油雾润滑。

2. 滚动轴承的密封

为了保持良好的润滑效果及工作环境,防止润滑油泄出,阻止灰尘、杂物及水分的侵入,必须设计可靠的滚动轴承的密封结构。滚动轴承密封装置的选择与润滑的种类、工作环境和温度、密封表面的圆周速度等因素有关。

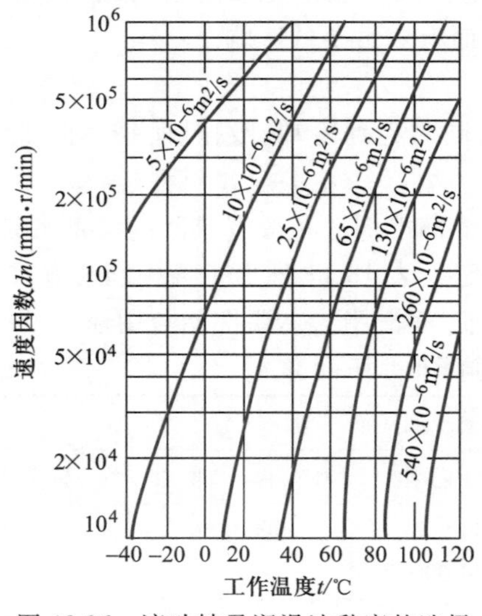

图 18.26 滚动轴承润滑油黏度的选择

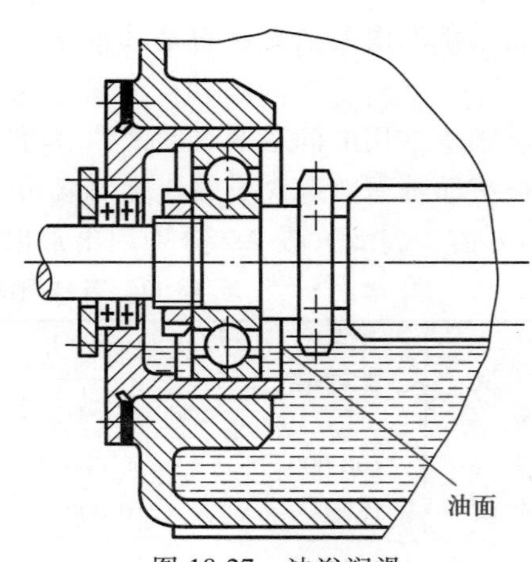

图 18.27 油浴润滑

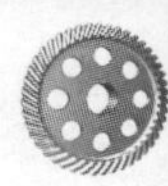

常用密封装置为：

（1）接触式的密封装置　靠毛毡圈（图 18.28a）或皮碗（图 18.28b）与轴的紧密接触来保证密封的，多用于低速及中速。

（2）非接触式的密封装置　这种装置又分为圈形间隙式装置（图 18.28c）和迷宫装置（图 18.28d），前者是靠轴和轴承盖间细小的圈形间隙来密封的，为了防止杂质的侵入，圈形间隙内应注满润滑脂；后者是由旋转的与固定的密封零件间的曲折的小隙缝组成，使用时，应该在隙缝内注满润滑脂。使用非接触式的密封装置，对轴的圆周速度可不受限制。实际上，特别是在重载的工作条件下，常将几种密封装置联合使用，如图 18.28e 所示为毛毡圈与迷宫装置联合使用的装置，这样可取得更可靠的密封作用。

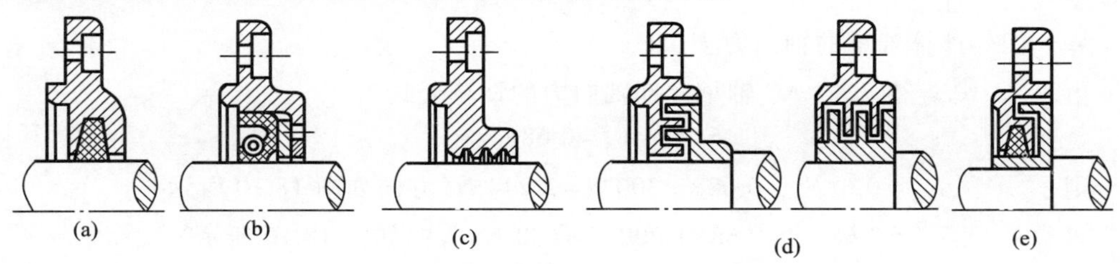

图 18.28　密封装置

18.6　滚动轴承的选择及实例分析

18.6.1　滚动轴承的选择

滚动轴承是一种高度标准化的部件，它的选择可分成两个步骤进行：

（1）按工作条件首先确定滚动轴承的类型；

（2）选择轴承的型号（尺寸）。

1. 轴承类型的选择

根据本章 18.3 节中所述，选择轴承的类型时必须考虑 5 个原则。应先选取几个轴承类型方案，然后进行全面的分析比较，最后才能确定究竟选用哪一类型的轴承最为合适。

2. 轴承型号的选择

在选定轴承的类型后，求出轴承的当量动载荷 P，代入式（18.1）求出基本额定动载荷 C，然后查有关的轴承手册确定轴承的型号。

轴承的工作转速不同则其失效形式也不同，因而寿命计算方法及选择轴承型号（尺寸）的原则也不同，本章只对下面几种情况予以讨论：

（1）对于一般运转的轴承（$10<n\leqslant n_{\lim}$），按寿命计算进行轴承型号的选择。

（2）当轴承的工作转速 n 在 1～10r/min 之间时，按 $n=10$ r/min 选择轴承型号。

3. 公差等级的选择

对于同型号的轴承，其精度越高价格也越高。因此，应根据工作需要选用合适的轴承公差等级，一般的机械传动中宜选用普通级（P0）精度的轴承。

18.6.2 实例分析

例 18.1 一工程机械的传动装置中，根据工作条件决定采用一对向心角接触球轴承，并初选轴承型号为 7211 AC。已知轴承所受载荷 $F_{r1}=3\ 300$ N，$F_{r2}=1\ 000$ N，轴向载荷 $F_A=900$ N，轴的转速 $n=1\ 750$ r/min，轴承在常温下工作，运转中受中等冲击，轴承预期寿命为10 000 h。试问所选轴承型号是否恰当？

分析 根据题意为正装形式，求出各轴承的内部轴向力，就可确定出轴承的轴向力 F_{a1}、F_{a2}，再求出 P，然后代入式(18.2)，求出 L，与题意中规定的寿命值相比，就能确定是否轴承型号选得合适。

解 (1) 计算轴承的轴向力 F_{a1}、F_{a2}

由表 18.10 查得 7211 AC 轴承内部轴向力的计算公式为

$$F_S=0.68F_r$$

则 $F_{S1}=0.68F_{r1}=0.68\times3\ 300\ \text{N}=2\ 244\ \text{N}$(方向如图 18.10 所示)

$F_{S2}=0.68F_{r2}=0.68\times1\ 000\ \text{N}=680\ \text{N}$(方向如图 18.10 所示)

因为 $F_{S2}+F_A=(680+900)\ \text{N}=1\ 580\ \text{N}<F_{S1}$，所以轴承 2 为压紧端，故有

$$F_{a1}=F_{S1}=2\ 244\ \text{N}$$

$$F_{a2}=F_{S1}-F_A=(2\ 244-900)\ \text{N}=1\ 344\ \text{N}$$

(2) 计算轴承的当量动载荷 P_1、P_2

由表 18.9 查得 7211 AC 轴承的 $e=0.68$，而

$$\frac{F_{a1}}{F_{r1}}=\frac{2\ 244}{3\ 300}=0.68=e$$

$$\frac{F_{a2}}{F_{r2}}=\frac{1\ 344}{1\ 000}=1.344>e$$

查表 18.9 可得 $X_1=1$，$Y_1=0$；$X_2=0.41$，$Y_2=0.87$。根据表 18.8 取 $f_p=1.4$，则轴承的当量动载荷为

$$P_1=f_p(X_1F_{r1}+Y_1F_{a1})=1.4(1\times3\ 300+0\times2\ 244)\ \text{N}=4\ 620\ \text{N}$$

$$P_2=f_p(X_2F_{r2}+Y_2F_{a2})=1.4(0.41\times1\ 000+0.87\times1\ 344)\ \text{N}=2\ 211\ \text{N}$$

(3) 计算轴承寿命 L_{10h}

因两个轴承的型号相同，所以其中当量动载荷大的轴承寿命短。因 $P_1>P_2$，所以只需计算轴承 I 的寿命。

查手册得 7211 AC 轴承的 $C_r=50\ 500$N。取 $\varepsilon=3$，$f_T=1$，则由式(18.2)得

$$L_{10h}=\frac{10^6}{60n}\left(\frac{f_TC}{P}\right)^{\varepsilon}=\frac{10^6}{60\times1\ 750}\times\left(\frac{1\times50\ 500}{4\ 620}\right)^3\ \text{h}=12\ 438\ \text{h}$$

轴承的寿命大于轴承的预期寿命，所以选轴承型号合适。

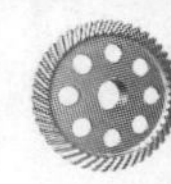

例 18.2　某机床主轴上安装一对向心角接触球轴承，如图 18.29 所示。为了提高主轴的旋转精度，轴承 A、B 应如何安装？在轴承安装时，如何使主轴的旋转精度得到提高，也即主轴前端的挠度减小？

图 18.29　轴承安装简图

已知条件：(1) 前、后轴承 A、B 的类型、型号、精度等级均相同。

(2) 主轴精度符合技术条件要求。

(3) 安装形式为正装。

分析　实践证明：为了提高主轴的旋转精度，轴承 A、B 决不能不加思考地任意安装。不同的安装位置，所得主轴前端的挠度也不同。经分析，应采用轴承内圈的定向装配来解决。

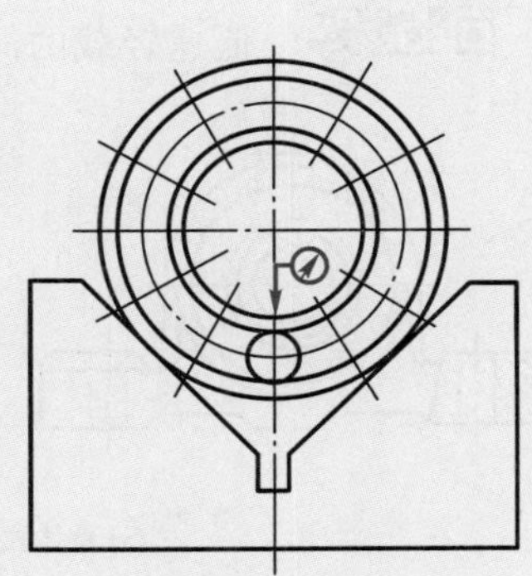

图 18.30　径向圆跳动量测量

解　轴承安装步骤如下所述：

(1) 如图 18.30 所示，测出轴承 A、B 的最大径向跳动量 δ_1 和 δ_2，并在内圈端面处作一标注。

(2) 安装时，应将二轴承的标注处于同一轴向平面内，而且在轴线同一侧，如图 18.31 所示。

(3) 安装轴承时有两种装法，如图 18.31 所示。

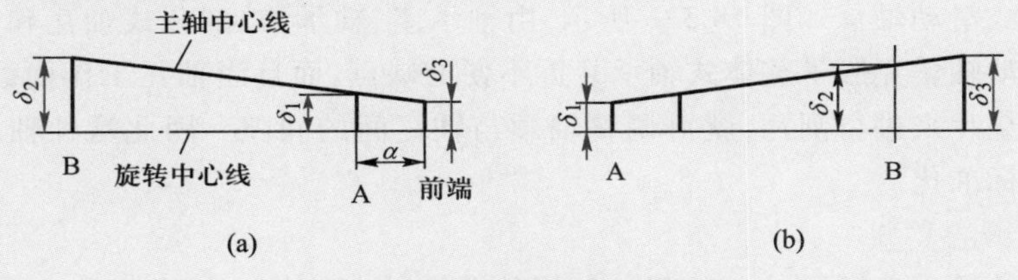

图 18.31　内圈定向装配

如按图 18.31a 安装，可得出主轴前端的挠度为 δ_3。

如按图 18.31b 安装，可得出主轴前端的挠度为 δ_3'。

(4) 从图中可知，$\delta_3<\delta_3'$。

结论：为了提高主轴的旋转精度，必须将轴承 A 安装在主轴前端，并应按步骤 2 进行，这样就可使得主轴前端挠度减小，提高主轴旋转精度，如图 18.31 所示。

18.7　滑动轴承简介

工作时轴承和轴颈的支承面间形成直接或间接滑动摩擦的轴承，称为滑动轴承。它是轴承的另一种类型，具有工作稳定、可靠和噪声低等优点。故在金属切削机床、汽轮机、航空发动机附件、铁路机车及车辆、雷达、卫星通信地面站等方面得到广泛的应用。

根据所承受载荷的方向，滑动轴承可分为径向轴承（承受径向载荷）、推力轴承（承受轴向载荷）两大类。

18.7.1 滑动轴承的典型结构

1. 径向滑动轴承的类型

常用径向滑动轴承可分为整体式和剖分式两类。

(1) 整体式径向滑动轴承　图 18.32a 所示，由轴承座和减摩材料制成的整体轴瓦等组成。顶部装有润滑油杯，内孔中压入带有油沟的轴套。

这种轴承结构简单且成本低，但装拆这种轴承时轴或轴承必须做轴向移动，而且轴承磨损后径向间隙无法调整。因此这种轴承多用在间歇工作、低速轻载的简单机械中，其结构尺寸已标准化。

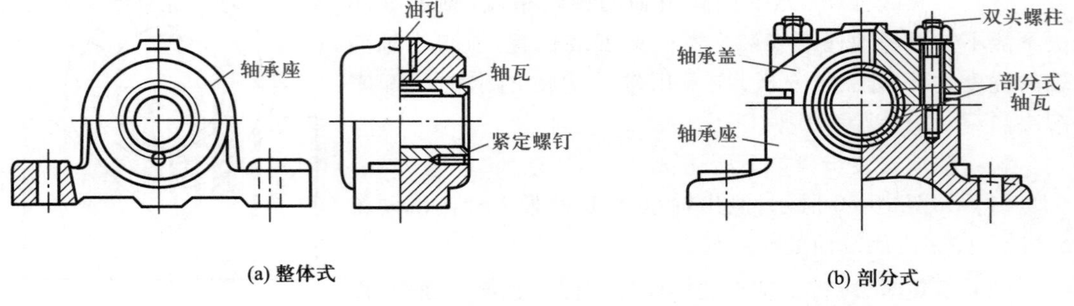

图 18.32　径向滑动轴承

(2) 剖分式滑动轴承　图 18.32b 所示，由轴承座、轴承盖、剖分式轴瓦和双头螺栓等组成。剖分式滑动轴承克服了整体式轴承装拆不便的缺点，而且当轴瓦工作面磨损后，适当减薄剖分面间的垫片来进行刮瓦，就可调整轴颈与轴瓦间的间隙。因此这种轴承得到了广泛应用并且已经标准化。

2. 推力滑动轴承的类型

推力滑动轴承用于承受轴向载荷。常用的非液体摩擦推力轴承又称为普通推力轴承，有立式和卧式两种，如图 18.33 和图 18.34 所示。推力滑动轴承和径向轴承联合使用时可以承受复合载荷。

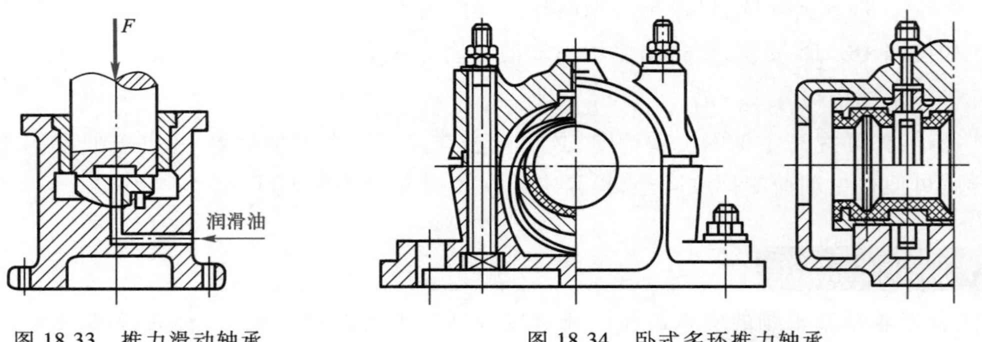

图 18.33　推力滑动轴承　　图 18.34　卧式多环推力轴承

18.7.2 轴瓦的结构

常用的轴瓦结构有整体式和剖分式两类。

整体式轴承采用整体式轴瓦，整体式轴瓦又称轴套，分为光滑轴套和带纵向油槽轴套两

种，如图 18.35 所示。

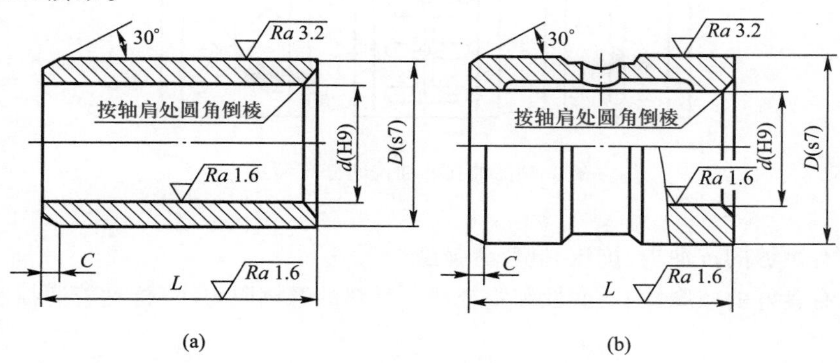

图 18.35　整体式轴瓦

剖分式轴承采用剖分式轴瓦。图 18.36a 所示为无轴承衬的剖分式轴瓦。若在轴瓦内表面浇注一层或两层轴承合金作为轴承衬，则称为双金属轴瓦或三金属轴瓦。图 18.36b 所示为内壁有轴承衬的双金属轴瓦。

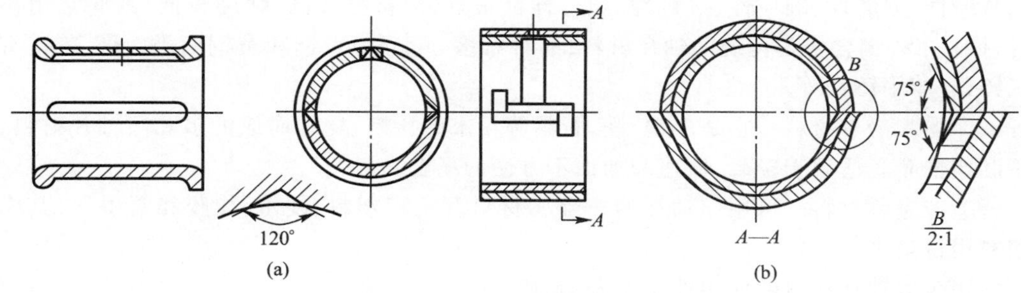

图 18.36　剖分式轴瓦

为了使轴承衬与轴瓦结合牢固，可在轴瓦基体内壁制出沟槽，使其与合金轴承衬结合更牢。沟槽形式如图 18.37 所示。

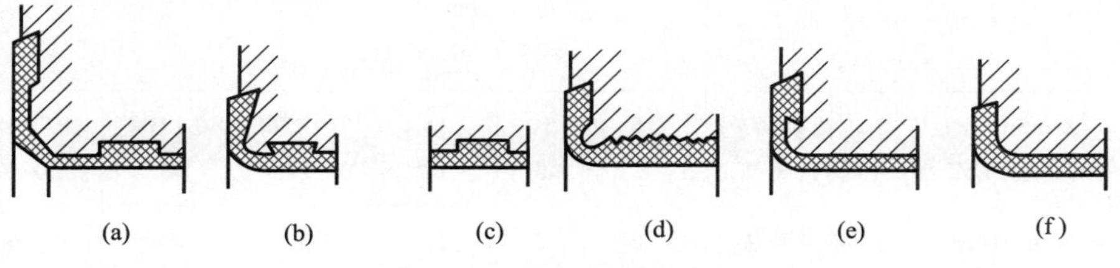

图 18.37　瓦背内壁沟槽形式

为了使润滑油能均匀流到整个工作表面上，轴瓦上要开出油沟和油孔，应开在非承载区，以保证承载区油膜的连续性。油孔和油沟的分布形式如图 18.38 所示。

18.7.3　滑动轴承材料

轴承材料指的是轴瓦和轴承衬所采用的材料。

根据轴瓦的失效形式及工作时轴瓦不损伤轴颈的原则，对轴承材料的性能有如下要求：

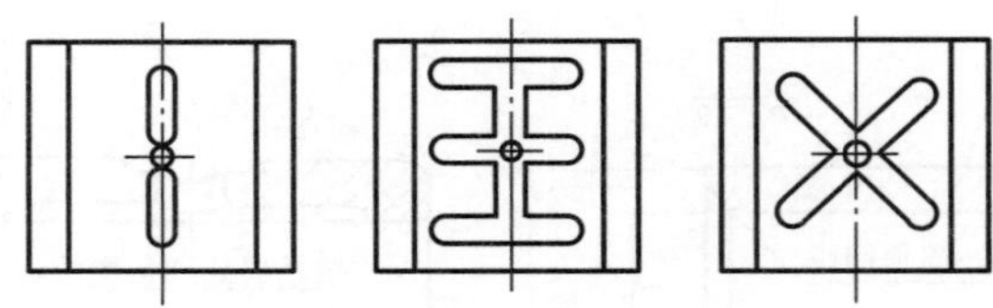

图 18.38 油孔和油沟的分布形式

(1) 具有足够的抗冲击、抗压、抗疲劳强度。

(2) 具有良好的减摩性、耐磨性和跑合性。材料的摩擦阻力小,抗粘着磨损和磨粒磨损的性能好。

(3) 具有良好的顺应性和嵌藏性,具有补偿对中误差和其他几何误差及容纳污物和尘粒的能力。

(4) 具有良好的工艺性、导热性和耐腐蚀性。

常用轴承材料有金属材料、粉末冶金材料和非金属材料三大类。

(1) 金属材料 ① 轴承合金(又称巴氏合金、白合金)是由锡、铅、锑、铜等组成的合金。它的减摩性、耐磨性、顺应性、嵌藏性、跑合性都很好,但价格较高、强度较低,因此常用作轴承衬材料。② 铜合金是传统的轴瓦材料,品种很多,可分为青铜和黄铜两类。③ 铸铁有普通灰铸铁、球墨铸铁等。

(2) 粉末冶金材料 它是由铜、铁、石墨等粉末经压制、烧结而成的多孔隙轴瓦材料,常用于制作轴套。适用于轻载、低速和加油不方便的场合。

(3) 非金属材料 可用作轴瓦的非金属材料有工程塑料、硬木、橡胶和石墨等,其中工程塑料用得最多。

常用金属轴瓦材料的使用性能见表 18.12。

表 18.12 常用金属轴瓦材料的使用性能

类别	材料		许用值			硬度/HBW		轴颈硬度或热处理要求/HBW	最高工作温度/℃
	代号	名称	$[p]/(N\cdot mm^{-2})$	$[v]/(m\cdot s^{-1})$	$[pv]/(N\cdot mm^{-2})\cdot(m\cdot s^{-1})$	金属模	砂模		
铸造青铜	ZCuSn10P1	铸锡磷青铜	15	10	15	90~120	80~100	300~400	280
	ZCuSn5Pb5Zn5	铸锡锌铅青铜	8	3	12	65~75	60	300~400	280
铸造黄铜	ZCuZn16Si4	铸硅黄铜	12	2	10	100	90	—	—
	ZCuZn38Mn2Pb2	铸锰黄铜	10	1	10	—	—	—	—
铅青铜	ZCuPb30		25	12	30	—	—	300	280
锡基轴承合金	ZSnSb8Cu4(平稳载荷时)		25	80	20	30		可在 150 以下	150
			20	80	20	30		可在 150 以下	150
	ZSnSb8Cu4(冲击载荷时)		25	—	20	28		可在 150 以下	150

续表

类别	材料		许用值			硬度/HBW		轴颈硬度或热处理要求/HBW	最高工作温度/℃
	代号	名称	$[p]/(N\cdot mm^{-2})$	$[v]/(m\cdot s^{-1})$	$[pv]/(N\cdot mm^{-2})\cdot(m\cdot s^{-1})$	金属模	砂模		
铅基轴承合金	ZPbSb16Sn16Cu2		12	12	10	30		可在 150 以下	150
	ZPbSb15Sn5Cu3Cd2		5	8	5	32		—	—
	ZPbSb15Sn10		20	15	15	29		—	—
灰铸铁	HT150		4	0.5	—	163~241		—	—
	HT200		2	1					
	HT250		2	1					

复习题

18.1　绘制下列滚动轴承的结构简图，并在图上表示出轴承的受力方向：6306，N306，7306ACJ，30306，51306。

18.2　滚动轴承失效的主要形式有哪些？计算准则是什么？

18.3　在进行滚动轴承组合设计时应考虑哪些问题？

18.4　试说明角接触轴承内部轴向力 F_S 产生的原因及其方向的判断方法。

18.5　为什么两端固定式轴向固定适用于工作温度不高的短轴，而一端固定、一端游动式则适用于工作温度高的长轴？

18.6　试通过查阅手册比较 6008，6208，6308，6408 轴承的内径 d、外径 D、宽度 B 和基本额定动载荷 C，并说明尺寸系列代号的意义。

18.7　一深沟球轴承受径向载荷 $F_r=7\ 500$ N，转速 $n=2\ 000$ r/min，预期寿命 $[L_h]=4\ 000$ h，中等冲击，温度小于 100 ℃。试计算轴承应有的径向额定动载荷 C_r 值。

18.8　一对 7210C 角接触球轴承分别受径向载荷 $F_{r1}=8\ 000$ N，$F_{r2}=5\ 200$ N，轴向外载荷 F_A 的方向如图所示。试求下列情况下各轴承的内部轴向力 F_S 和轴向载荷 F_a。(1) $F_A=2\ 200$ N；(2) $F_A=900$ N；(3) $F_A=1\ 120$ N。

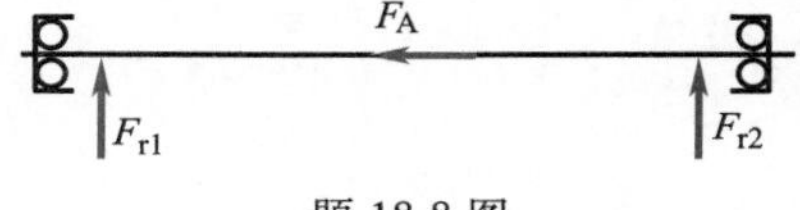

题 18.8 图

课堂讨论题

题目:试分析下图所示的 4 种轴承组合设计。

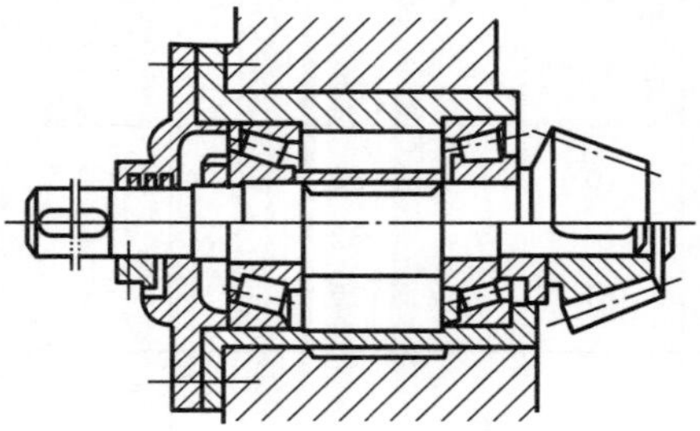

(a)

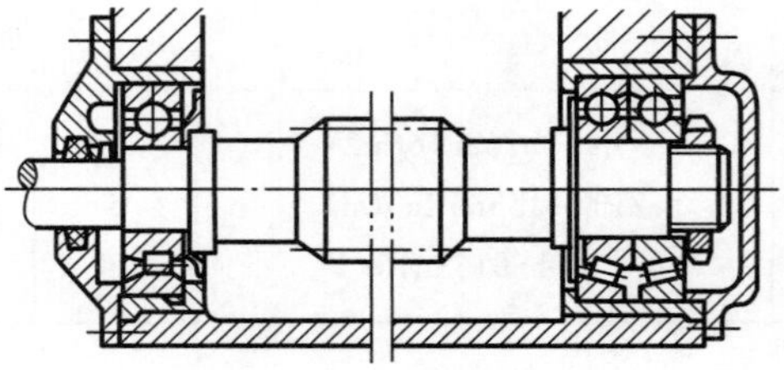

(b)

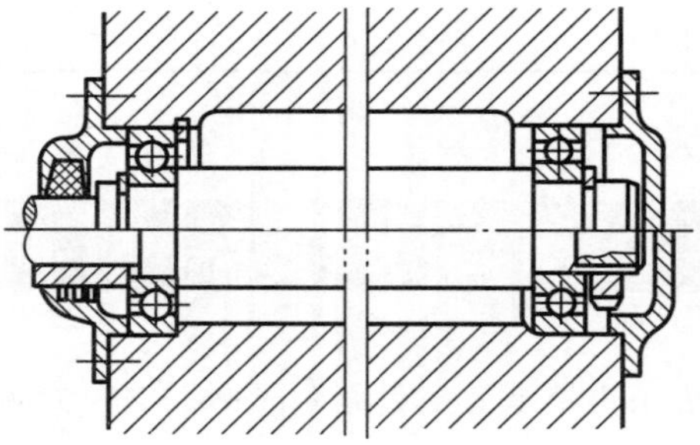

(c)

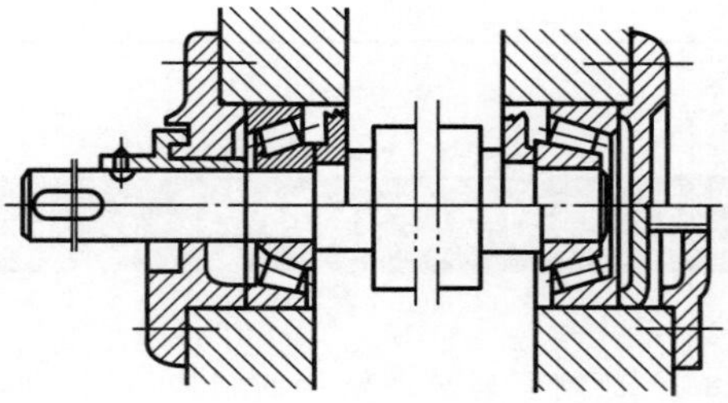

(d)

轴承组合设计

第 19 章

19

其他常用零部件

本章介绍了几种常用的联轴器、离合器及弹簧。 它们大多已标准化，设计时只要根据工作要求按设计手册正确选用其类型、型号和尺寸。 学习本章时应重点掌握各种类型的结构特点和应用场合，以及正确选用和类比设计的方法。

联轴器和离合器都是用来连接两轴，使两轴一起转动并传递转矩的装置。 所不同的是联轴器只能保持两轴的接合，而离合器却可在机器工作中随时完成两轴的接合和分离。

19.1 联轴器

联轴器通常用来连接轴与轴或轴与其他回转零件，并在其间传递运动和转矩。有时也可作为一种安全装置用来防止被连接机件承受过大载荷，起到过载保护的作用。用联轴器连接轴时只有在机器停止运转，经过拆卸后才能使两轴分离。

联轴器所连接的两轴，由于制造及安装误差、承载后的变形以及温度变化的影响，往往两个轴线存在着某种程度的相对位移及偏斜，如图 19.1 所示。因此，设计联轴器是要从结构上采取不同的措施，使联轴器具有补偿上述偏移量的性能，否则就会在轴、联轴器、轴承中引起附加载荷，导致工作情况的恶化。

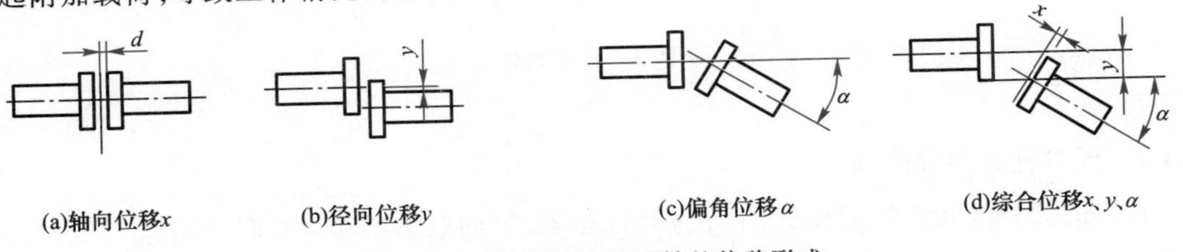

图 19.1 联轴器所连接两轴的偏移形式

19.1.1 刚性联轴器

常用的刚性联轴器有套筒联轴器和凸缘联轴器等。

1. 套筒联轴器

如图 19.2 所示，套筒联轴器是利用套筒及连接零件（键或销）将两轴连接起来。图 19.2a 中的螺钉用作轴向固定，图 19.2b 中的锥销当轴超载时会被剪断，可起到安全保护作用。

套筒联轴器结构简单、径向尺寸小、容易制造，但缺点是装拆时因需作轴向移动而使用不太方便。适用于载荷不大、工作平稳、两轴严格对中并要求联轴器径向尺寸小的场合。此种联轴器目前尚未标准化。

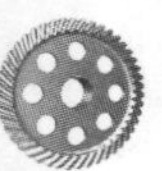

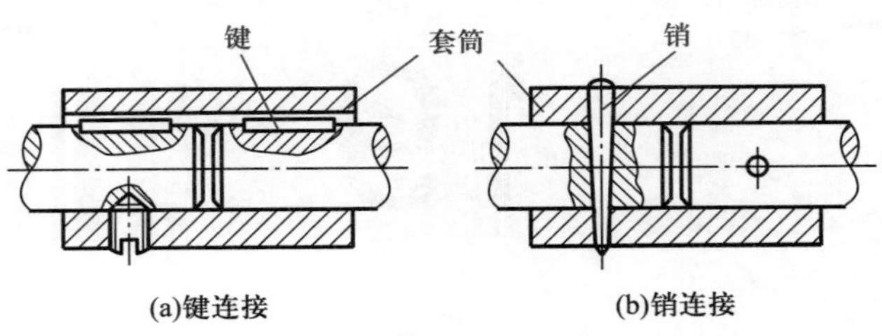

图 19.2　套筒联轴器

2. 凸缘联轴器

如图 19.3 所示,凸缘联轴器由两个带凸缘的半联轴器和一组螺栓组成。这种联轴器有两种对中方式:一种是通过分别具有凸槽和凹槽的两个半联轴器的相互嵌合来对中,半联轴器之间采用普通螺栓连接(图 19.3a);另一种是通过铰制孔用螺栓与孔的紧配合对中(图 19.3b)。当尺寸相同时后者传递的转矩较大,且装拆时轴不必作轴向移动。

凸缘联轴器的主要特点是结构简单、成本低、传递的转矩较大,但不能缓冲减振,要求两轴的同轴度要好。适用于刚性大、振动冲击小和低速大转矩的连接场合,是应用最广的一种刚性联轴器。这种联轴器已经标准化,详见 GB/T 5843—2003。

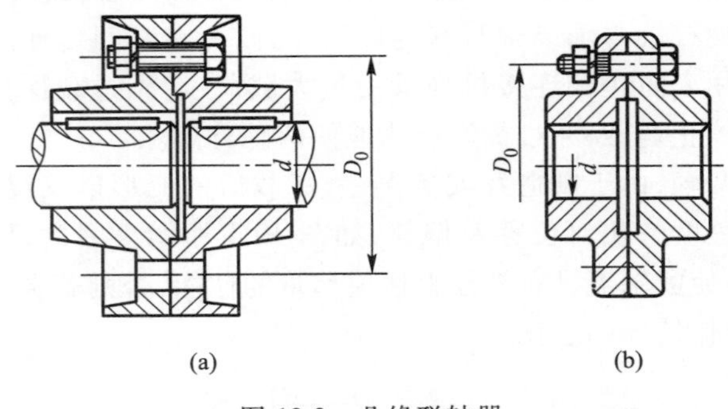

图 19.3　凸缘联轴器

19.1.2　无弹性元件联轴器

常用的无弹性元件联轴器有:十字滑块联轴器、万向联轴器和齿式联轴器等。

1. 十字滑块联轴器

如图 19.4 所示,由两个在端面上开有凹槽的半联轴器 1、3 和一个两端面均带有凸牙的中间盘 2 组成,中间盘两端面的凸牙位于互相垂直的两个直径方向上,并在安装时分别嵌入 1、3 的凹槽中,形成移动副。因为凸牙可在凹槽中滑动,故可补偿安装及运转时两轴间的相对位移和偏斜。

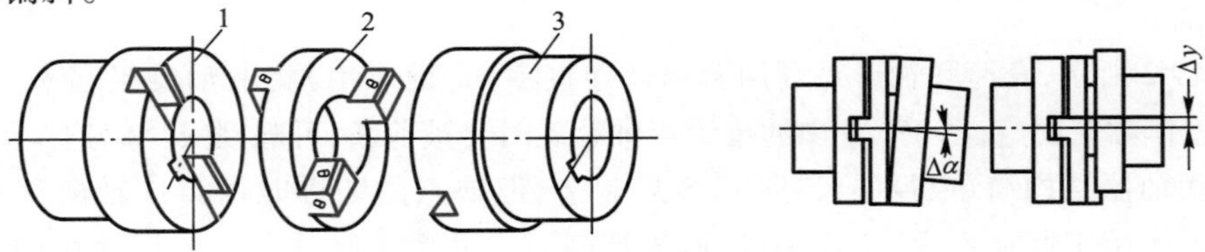

图 19.4　十字滑块联轴器

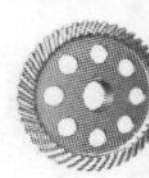

十字滑块联轴器的主要特点是有结构简单，制造方便，可适应两轴间的综合偏移。但由于十字滑块作偏心转动，工作时会产生较大的离心力，故适用于低速、无冲击的场合，需定期进行润滑。

为了减少磨损、提高寿命和效率，在凸牙和凹槽间应定期施加润滑剂。

2. 万向联轴器

如图 19.5 所示，万向联轴器是由分别装在两轴端的叉形接头 1、2 以及与叉头相连的十字形中间连接 3 组成。这种联轴器允许两轴间有较大的夹角 α（最大可达 35°～45°），且机器工作时，即使夹角发生改变仍可正常转动，但 α 过大会使传动效率显著降低。为了增加其灵活性，可在铰链处配置滚针轴承。

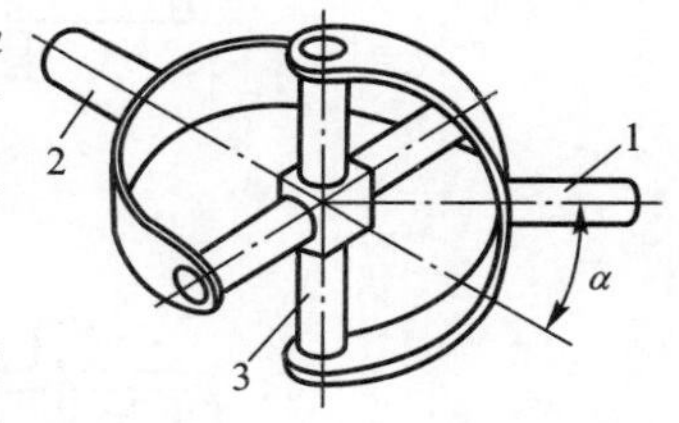

图 19.5　万向联轴器

这种联轴器的缺点是当主动轴角速度 ω_1 为常数时从动轴的角速度 ω_2 并不是常数，而是在一定范围内变化，这在传动中会引起附加动载荷，对使用不利。由于单个的万向联轴器存在着上述缺点，所以在机器中很少单独使用，一般常采用十字轴式万向联轴器，即两个万向联轴器串接而成，如图 19.6 所示。

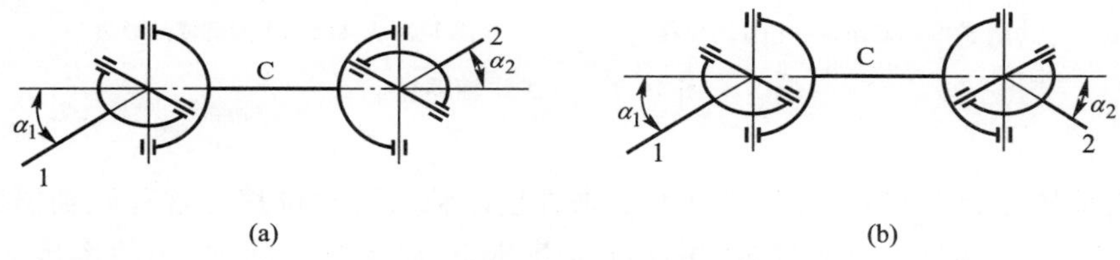

图 19.6　十字轴式万向联轴器

3. 齿式联轴器

齿式联轴器是无弹性元件联轴器中应用较广泛的一种，它是利用内外齿啮合来实现两半联轴器的连接。如图 19.7 所示，它由两个内齿圈 2、3 和两个外齿轮轴套 1、4 组成。安装时两内齿圈用螺栓连接，两外齿轮轴套通过过盈配合（或键）与轴连接，并通过内、外齿轮的啮合传递转矩。

这种联轴器结构紧凑、承载能力大、适用速度范围广，但制造困难，适用于重载高速的水平轴连接。为使联轴器具有良好的补偿两轴综合位移的能力，特将外齿齿顶制成球面，齿顶与齿侧均留有较大的间隙，还可将外齿轮轮齿做成鼓形齿（图 19.7c）。齿式联轴器允许偏角位移在 30′以下，若采用鼓形齿可达 3°，最大径向位移 $\Delta y \leqslant 6.3$ mm。这种联轴器已经标准化，详见JB/T 8854.3—2001。

19.1.3　弹性联轴器

弹性联轴器因装有弹性元件，不但可以靠弹性元件的变形来补偿两轴间的相对位移，而且具有缓冲、吸振的能力。弹性联轴器广泛应用于经常正反转、启动频繁的场合。常用的弹性联轴器有：弹性套柱销联轴器、弹性柱销联轴器等。

1. 弹性套柱销联轴器

如图 19.8 所示，弹性套柱销联轴器的构造与凸缘联轴器相似，只是用带有弹性套的柱

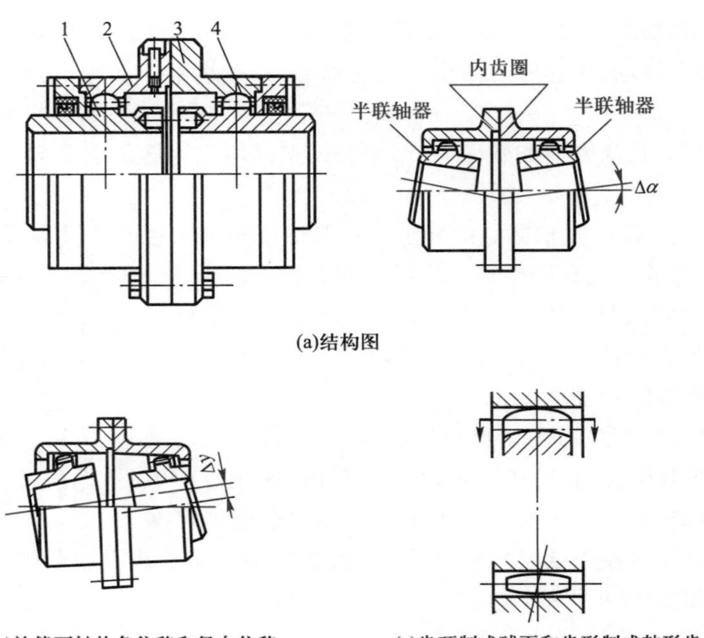

(a)结构图

(b)补偿两轴的角位移和径向位移　　(c)齿顶制成球面和齿形制成鼓形齿

图 19.7　齿式联轴器

销代替了连接螺栓，利用弹性套的弹性变形来补偿两轴的相对位移。这种联轴器重量轻、结构简单，但弹性套易磨损、寿命较短，用于冲击载荷小、启动频繁的中、小功率传动中。弹性套柱销联轴器已标准化，详见 GB/T 4323—2002。

2. 弹性柱销联轴器

如图 19.9 所示，这种联轴器与弹性套柱销联轴器很相似，用弹性柱销 2（通常用尼龙制成）作为中间连接件，将两半联轴器 1 连接在一起。为了防止柱销由凸缘孔中滑出，在两端配置有挡板 3。安装时，要留有轴向间隙 S。

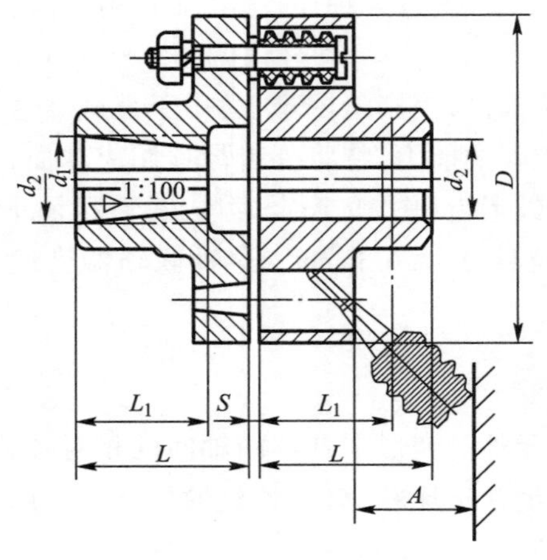

图 19.8　弹性套柱销联轴器

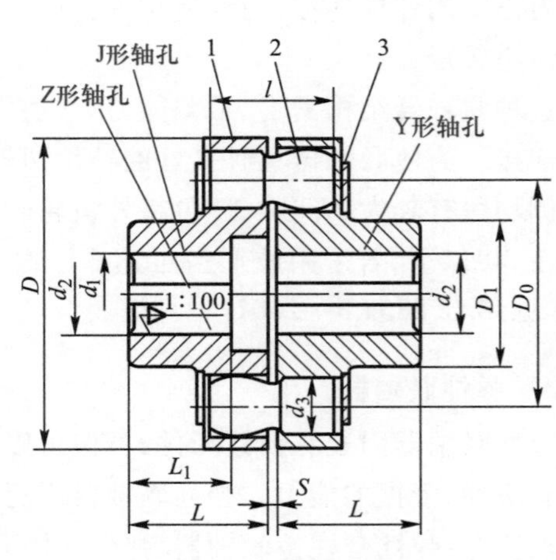

图 19.9　弹性柱销联轴器

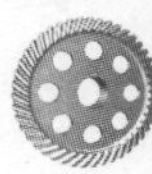

这种联轴器传递转矩的能力更大、结构更简单、耐用性好，用于轴向窜动较大、正反转或启动频繁的场合。这种联轴器也已标准化，详见 GB/T 5014—2003。

弹性套柱销联轴器和弹性柱销联轴器的径向偏移和角位移的许用范围不大，故安装时，需注意两轴对中，否则会使柱销或弹性套迅速磨损。

19.1.4　联轴器的选择设计与实例分析

常用的联轴器已标准化和系列化，有的已有专业工厂生产。因此，一般情况下只需根据使用条件、使用目的和使用环境及有关标准与产品样品进行选用。

1. 联轴器的选择设计

联轴器的选择设计包括联轴器类型的选择和型号、尺寸选择两个方面。有时还需对个别的关键零件作必要的检验。

（1）类型的选择　选择类型的原则是使用要求应与所选联轴器的特性一致。例如：两轴能精确对中，轴的刚性较好，可选刚性固定式的凸缘联轴器，否则选具有补偿能力的刚性可移式联轴器；两轴轴线要求有一定夹角的，可选十字式万向联轴器；转速较高、要求消除冲击和吸收振动的，选弹性联轴器。由于类型选择涉及因素较多，一般要参考以往使用联轴器的经验，进行选择。

（2）型号、尺寸的选择　选择类型后，根据计算转矩、轴径、转速，由手册或标准中选择联轴器的型号、尺寸。

选择时联轴器的计算转矩可按下式计算：

$$T_c = KT \tag{19.1}$$

式中：T 为名义转矩，N·m；T_c 为计算转矩，N·m；K 为工作情况系数，由表 19.1 查取。

在选择联轴器型号时，应同时满足下列两式：

$$T_c \leqslant T_m \tag{19.2}$$

$$n \leqslant [n] \tag{19.3}$$

式中：T_m、$[n]$ 分别为联轴器的额定转矩，(N·m) 和许用转速 (r/min)。此二值在相关手册中可查出。

表 19.1　联轴器和离合器的工作情况系数 K

原动机	工作机	K
电动机	皮带运输机，鼓风机，连续运转的金属切削机床	1.25～1.5
	链式运输机，刮板运输机，螺旋运输机，离心泵，木工机床	1.5～2.0
	往复运动的金属切削机床	1.5～2.5
	往复式泵，往复式压缩机，球磨机，破碎机，冲剪机	2.0～3.0
	锤，起重机，升降机，轧钢机	3.0～4.0
汽轮机	发电机，离心泵，鼓风机	1.2～1.5
往复式发动机	发电机	1.5～2.0
	离心泵	3～4
	往复式工作机（如压缩机，泵）	4～5

注：1. 刚性联轴器选用较大的 K 值，弹性联轴器选用较小 K 值。

2. 牙嵌式离合器 K=2～3；摩擦离合器 K=1.2～1.5。

3. 从动件的转动惯量小、载荷平稳时，K 取较小值。

联轴器的轴孔型号、直径、长度和键槽型式，应与所连接两轴的相关参数协调一致。

2. 实例分析

例　电动机经减速器驱动水泥搅拌机工作。已知电动机的功率 $P=11$ kW，转速 $n=970$ r/min，电动机轴的直径和减速器输入轴的直径均为 42 mm，试选择电动机与减速器之间的联轴器。

分析　首先应根据工作条件和使用要求确定联轴器的类型，然后再根据联轴器所传递的转矩、转速和被连接轴的直径确定其结构尺寸。对于已经标准化或虽未标准化但有资料和手册可查的联轴器，可按标准或手册中所列数据选定联轴器的型号和尺寸。若使用场合较为特殊，无适当的标准联轴器可供选用时，可按照实际需要自行设计。另外，选择联轴器时有些场合还需对个别的关键零件作必要的验算。

解　(1) 选择类型

为了缓和冲击和减轻振动，选用弹性套柱销联轴器。

(2) 求计算转矩

$$T=9\ 550\frac{P}{n}=9\ 550\times\frac{11}{970}\ \text{N}\cdot\text{m}=108\ \text{N}\cdot\text{m}$$

由表 19.1 查得，工作情况系数 $K=1.9$，故计算转矩

$$T_{\text{C}}=KT=1.9\times108\ \text{N}\cdot\text{m}=205\ \text{N}\cdot\text{m}$$

(3) 确定型号

由标准中选取弹性套柱销联轴器 LT6。它的公称转矩(即许用转矩)为 250N · m，半联轴器材料为钢时，许用转速为 3 800 r/min，允许的轴孔直径在 32~42 mm 之间。故所选联轴器合适。

19.2　离合器

用离合器连接的两轴可在机器运转过程中随时进行接合或分离。

对于已标准化的离合器，其选择步骤和计算方法与联轴器相同。对于非标准化或不按标准制造的离合器，可先按工作情况选择类型，再进行具体的设计计算，具体的计算方法及计算内容可查阅有关资料。

1. 牙嵌式离合器

如图 19.10 所示，牙嵌式离合器由两个端面带牙的半离合器 1、2 组成。半离合器 1 用平键与轴连接，而半离合器 2 可以沿导向平键 3 在另一根轴上移动。利用操纵杆移动滑环 4 可使两个半离合器分离或接合。为避免滑环的过量磨损，可动的半离合器应装在从动轴上。为便于两轴对中，在半离合器 1 中装有对中环 5 用来使两轴对中，从动轴端则可在对中环中自由转动。

牙嵌式离合器的常用牙型有矩形、三角形、梯形和锯齿形等，如图 19.10b 所示。矩形齿接合、分离困难，牙的强度低，磨损后无法补偿，仅用于静止状态的手动接合；三角形齿接合和分离容易，但齿强度弱，多用于传递小转矩；梯形齿牙根强度高，接合容易，且能自动补偿牙的磨损和间隙，因此应用较广；锯齿形牙根强度高，可传递较大转矩，但只能单向工作，反转时由于有较大的轴向分力，会迫使离合器自动分离。各牙应精确等分，以使载荷均布。

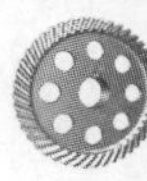

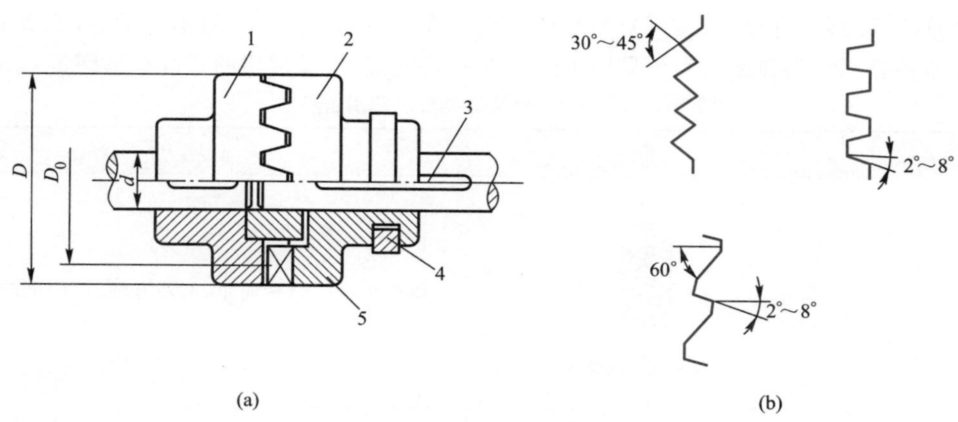

图 19.10　牙嵌式离合器

牙嵌式离合器结构简单，外廓尺寸小，能传递较大的转矩，故应用较多。但牙嵌式离合器只宜在两轴静止或转速差很小时接合或分离，否则牙齿可能会因撞击而折断。

2. 摩擦离合器

摩擦离合器利用接触面间的摩擦力传递转矩。摩擦离合器可分为单片式和多片式。本节仅介绍单片式摩擦离合器。

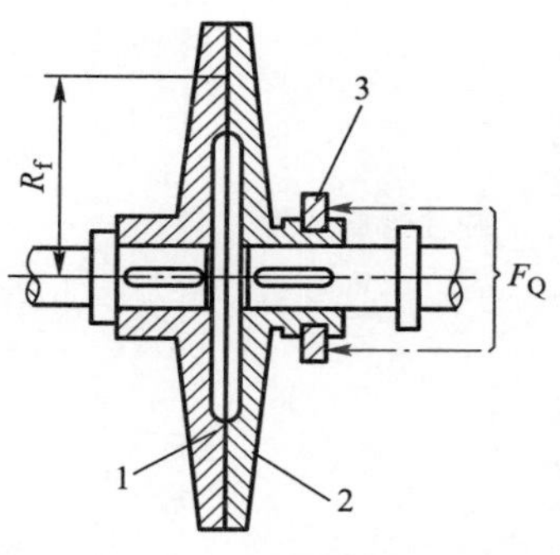

图 19.11　单片式摩擦离合器

如图 19.11 所示为单片式摩擦离合器，是利用两圆盘 1、2 压紧或松开，使摩擦力产生或消失，以实现两轴的连接或分离。其中圆盘 1 紧配在主动轴上，圆盘 2 可以沿导键在从动轴上移动，移动滑环 3 可使两圆盘接合或分离。单片式摩擦离合器结构简单，但径向尺寸大而且只能传递不大的转矩，多用于转矩在 2 000 N · m 以下的轻型机械上。

与牙嵌式离合器相比，摩擦式离合器的优点为：① 在任何转速下都可接合、分离；② 过载时摩擦面打滑，能保护其他零件，不致损坏；③ 接合平稳、冲击和振动小。缺点为接合过程中，相对滑动引起发热与磨损，损耗能量。

19.3　弹簧

19.3.1　弹簧的功用及类型

弹簧是一种弹性元件。由于它具有刚性小、弹性大，在载荷作用下容易产生变形等特性，被广泛应用于各种机器、仪表及日常用品中。

使用场合的不同，弹簧在机器中所起的作用也不同，其功用主要有：

(1) 缓冲和吸振　如汽车的减振弹簧和各种缓冲器中的弹簧等。

(2) 存储能量　如钟表弹簧等。

(3) 测量载荷　如弹簧秤、测力器中的弹簧等。

(4) 控制运动　如内燃机中的阀门弹簧，离合器中的控制弹簧等。

弹簧的类型很多。按照承受载荷的性质，弹簧主要分为拉伸弹簧、压缩弹簧、扭转弹簧和弯曲弹簧等四种。按形状又可分为圆柱螺旋弹簧、圆锥螺旋弹簧、碟形弹簧、环行弹簧、盘簧和板弹簧等。常用弹簧的类型见表 19.2。在一般机械中,最常用的是圆柱形螺旋弹簧。

表 19.2 弹簧的类型及应用

名称	简图	说明
圆柱螺旋弹簧	圆截面压缩弹簧	承受压力。结构简单,制造方便,应用最广
	矩形截面压缩弹簧	承受压力。当空间尺寸相同时,矩形截面弹簧比圆形截面弹簧吸收能量大,刚度更接近于常数
	圆截面拉伸弹簧	承受拉力
	圆截面扭转弹簧	承受转矩。主要用于压缩和蓄力以及传动系统中的弹性环节
圆锥螺旋弹簧	圆截面压缩弹簧	承受压力。弹簧圈从大端开始接触后特性线为非线性的。可防止共振,稳定性好,结构紧凑。多用于承受较大载荷和减振
碟形弹簧	对置式	承受压力。缓冲、吸振能力强。采用不同的组合,可以得到不同的特性线,用于要求缓冲和减振能力强的重型机械。卸载时需先克服各接触面间的摩擦力,然后恢复到原形,故卸载线和加载线不重合

续表

名称	简图	说明
环形弹簧		承受压力。圆锥面间具有较大的摩擦力，因而具有很高的减振能力，常用于重型设备的缓冲装置
盘　簧	非接触型	承受转矩。圈数多，变形角大，储存能量大。多用作压紧弹簧和仪器、钟表中的储能弹簧
板弹簧	多板弹簧	承受弯矩。主要用于汽车、拖拉机和铁路车辆的车厢悬挂装置中，起缓冲和减振作用

19.3.2　圆柱形螺旋弹簧的结构和几何尺寸

1. 弹簧的结构

图 19.12 所示为螺旋压缩弹簧和拉伸弹簧。压簧在自由状态下各圈间留有间隙 δ，经最大工作载荷的作用压缩后各圈间还应有一定的余留间隙 δ_1（$\delta_1=0.1\ d>0.2$ mm）。为使载荷沿弹簧轴线传递，弹簧的两端各有 3/4～5/4 圈与邻圈并紧，称为死圈。死圈端部须磨平，如图 19.13 所示。拉簧在自由状态下各圈应并紧，端部制有挂钩，利于安装及加载，常用的端部结构如图19.14所示。

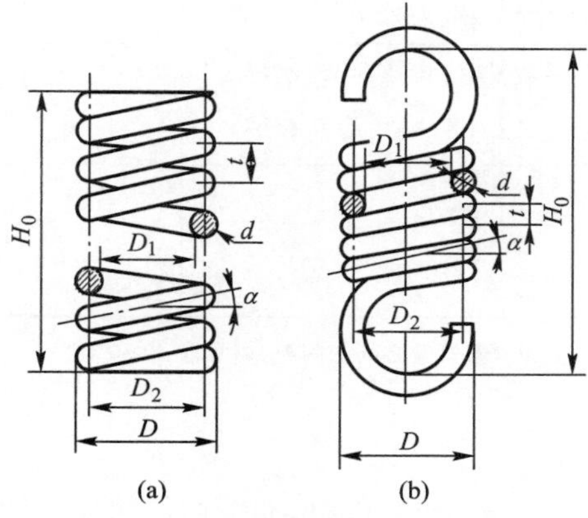

图 19.12　圆柱形螺旋弹簧的几何参数和尺寸

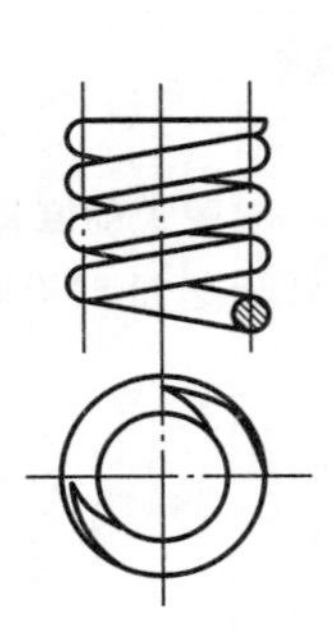

图 19.13 螺旋压簧的端部结构

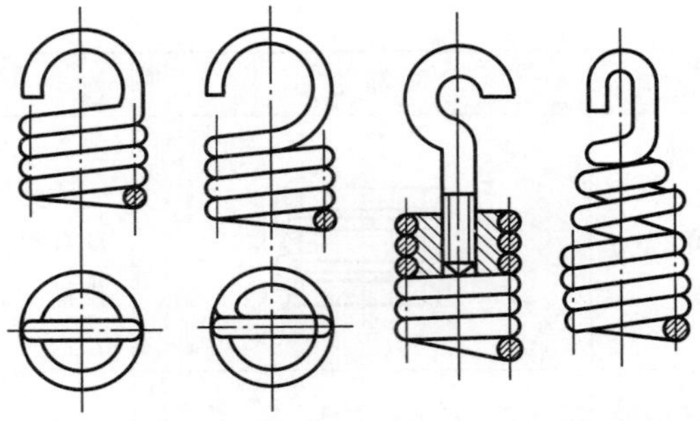

(a) 半圆钩环 (b) 圆钩环 (c) 可调式 (d) 锥形闭合端

图 19.14 螺旋拉簧的端部结构

2. 弹簧的几何尺寸

圆柱形螺旋弹簧的主要参数和几何尺寸(图 19.12)有：弹簧直径 d、弹簧外径 D、内径 D_1 和中径 D_2、节距 t、螺旋升角 α、弹簧工作圈数 n 和弹簧自由高度 H_0等。螺旋弹簧各参数间的关系列于表 19.3 中。

表 19.3 螺旋弹簧基本几何参数的关系式

参数名称	压缩弹簧	拉伸弹簧
簧丝直径 d	由强度计算确定	
中径 D_2	$D_2=Cd$，C 为弹簧指数(旋绕比)	
外径 D	$D=D_2+d=(C+1)d$	
内径 D_1	$D_1=D_2-d=(C-1)d$	
螺旋角 α	$\alpha=\arctan\dfrac{t}{\pi D_2}\approx 6°\sim 9°$	
节距 t	$t=d+\dfrac{\lambda_{max}}{n}+\delta'\approx\left(\dfrac{1}{3}\sim\dfrac{1}{2}\right)D_2$	$t=d$
有效工作圈数 n	用于计算弹簧总变形量的簧圈数量	
弹簧总圈数 n_1	$n_1=n+n_2$(n_2为死圈)	$n_1=n$
弹簧自由高度 H_0	$H_0=nt+(n_2-0.5)d$(两端并紧、磨平) $H_0=nt+(n_2+1)d$(两端并紧不磨平)	$H_0=nd$+挂钩轴向长度
簧丝展开长度	$L=\dfrac{\pi D_2 n_1}{\cos\alpha}$	$L=\dfrac{\pi D_2 n_1}{\cos\alpha}$ +挂钩展开长度

注：δ'为弹簧在最大工作载荷下，相邻两圈簧丝之间的间隙，通常取 $\delta'\geqslant 0.1d$。

19.3.3 弹簧的材料与制造

弹簧材料应具有高的弹性极限、疲劳极限、冲击韧性和良好的热处理性能。在选择弹簧材料时，应考虑到弹簧的使用条件、功用及其重要程度。所谓使用条件是指载荷性质、大小及其循环特性，工作温度和周围介质情况等。常用的弹簧材料有优质碳素弹簧钢、合金钢、不锈钢和铜合金等。优质碳素钢价格较廉、供应方便，但不宜承受冲击载荷，多用于制造小

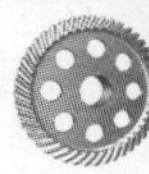

尺寸的弹簧。承受冲击载荷或变载荷的弹簧宜采用合金钢如锰钢、硅锰钢或铬钒钢等，但其价格较贵，其中锰钢价格稍低，而铬钒钢的性能最佳。工作在潮湿、酸性或其他腐蚀性介质中的弹簧宜采用不锈钢或铜合金制造。

弹簧的卷绕方法有冷卷法和热卷法。弹簧直径在 8~10 mm 以下时，弹簧用经过热处理的优质碳素弹簧钢丝（如 65Mn 、60Si2Mn 等）经冷卷成型制造，然后经低温回火处理以消除内应力。制造直径较大的强力弹簧时常用热卷法，热卷后须经淬火、回火处理。

为了提高承载能力，可对弹簧进行强压处理（在极限载荷作用下，保持 6~48 h）。强压处理后的弹簧不允许再进行热处理，不宜用于高温（150~450 ℃）、变载荷及有腐蚀介质的环境中，否则会使弹簧过早发生破坏。受变载荷的弹簧，可采用喷丸处理提高其疲劳寿命。

复习题

19.1　常用的联轴器有哪些类型？各有什么优缺点？在选用联轴器的类型时应考虑哪些因素？

19.2　万向联轴器为什么常成对使用？在成对使用时应如何布置才能保证从动轴的角速度和主动轴的角速度随时相等？

19.3　电动机与离心泵之间用联轴器相连。已知电动机功率 $P=30$kW，转速 $n=1\ 470$ r/min，电动机外伸端的直径为 48 mm，水泵轴直径为 42 mm。试选择联轴器类型与型号。

19.4　摩擦式离合器与牙嵌式离合器的工作原理有何不同？各有何优缺点？

19.5　弹簧有哪些种类？各有何特点？列举你所知道的应用实例。

附　　表

附表 1　直径与螺距、粗牙普通螺纹基本尺寸

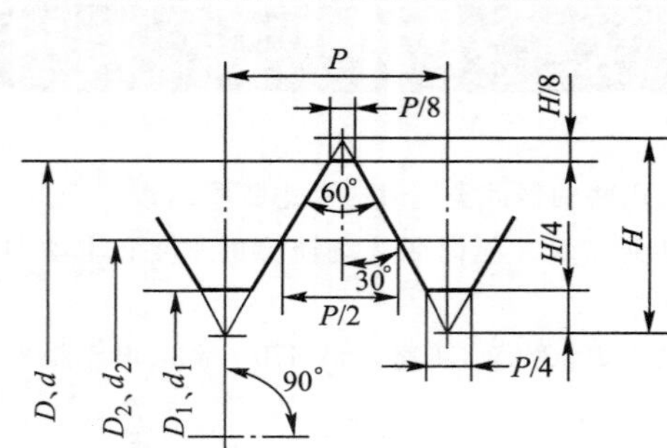

$H=0.866P$

$d_2=d-0.6495P$

$d_1=d-1.0825P$

D、d——内、外螺纹大径

D_2、d_2——内、外螺纹中径

D_1、d_1——内、外螺纹小径

P——螺距

标记示例：M24（粗牙普通螺纹，直径 24 mm，螺距 3 mm）；

M24×1.5（细牙普通螺纹，直径 24 mm，螺距 1.5 mm）

mm

公称直径（大径）D、d	粗牙			细牙
	螺距 P	中径 D_2、d_2	小径 D_1、d_1	螺距 P
3	0.5	2.675	2.459	0.35
4	0.7	3.545	3.242	0.35
5	0.8	4.480	4.134	0.5
6	1	5.350	4.918	0.5
8	1.25	7.188	6.647	0.5
10	1.5	9.026	8.376	1.25，1，0.75
12	1.75	10.863	10.106	1.5，1.25，1，0.5
（14）	2	12.701	11.835	1.5，1
16	2	14.701	13.835	
（18）	2.5	16.376	15.294	2，1.5，1
20	2.5	18.376	17.294	
（22）	2.5	20.376	19.294	
24	3	22.052	20.752	
（27）	3	25.052	23.752	
30	3.5	27.727	26.211	

注：括号内的公称直径为第二系列。

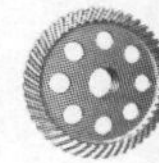

附表 2　细牙普通螺纹基本尺寸

mm

螺距 P	中径 D_2、d_2	小径 D_1、d_1	螺距 P	中径 D_2、d_2	小径 D_1、d_1	螺距 P	中径 D_2、d_2	小径 D_1、d_1
0.35	$d-1+0.773$	$d-1+0.621$	1	$d-1+0.350$	$d-2+0.918$	2	$d-2+0.701$	$d-3+0.835$
0.5	$d-1+0.675$	$d-1+0.459$	1.25	$d-1+0.188$	$d-2+0.647$	3	$d-2+0.052$	$d-4+0.752$
0.75	$d-1+0.513$	$d-1+0.188$	1.5	$d-1+0.026$	$d-2+0.376$			

附表 3　梯形螺纹的基本尺寸

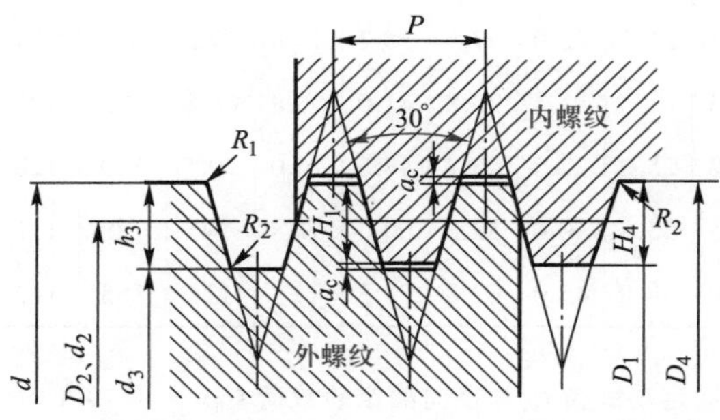

标记示例：

Tr48×8（梯形螺纹，直径 48 mm，螺距 8 mm）

mm

螺距 P	螺纹牙高 $h_3=H_4$	牙顶间隙 a_c	公称直径 d		中径 D_2、d_2	内螺纹小径 D_1
			第 1 系列	第 2 系列		
4	2.25	0.25	16、20	18	$d-2$	$d-4$
5	2.75	0.25	24、28	22、26	$d-2.5$	$d-5$
6	3.5	0.5	32、36	30、34	$d-3$	$d-6$
8	4.5	0.5	48、52	46、50	$d-4$	$d-8$
10	5.5	0.5	40、70、80	38、42、65	$d-5$	$d-10$
12	6.5	0.5	90、100	85、95	$d-6$	$d-12$

附表 4　常用向心轴承的径向基本额定动载荷 C_r 和径向额定静载荷 C_{0r}

kN

轴承内径/mm	深沟球轴承（60000 型）								圆柱滚子轴承（N0000 型、NF000 型）							
	(1)0		(0)2		(0)3		(0)4		10		(0)2		(0)3		(0)4	
	C_r	C_{0r}	C_r	C_{0r}	C_r	C_{0r}	C_r	C_{0r}	C_r	C_{0r}	C_r	C_{0r}	C_r	C_{0r}	C_r	C_{0r}
10	4.58	1.98	5.10	2.38	7.65	3.48										
12	5.10	2.38	6.82	3.05	9.72	5.08										
15	5.58	2.85	7.65	3.72	11.5	5.42					7.98	5.5				
17	6.00	3.25	9.58	4.78	13.5	6.58	22.5	10.8			9.12	7.0				
20	9.38	5.02	12.8	6.65	15.8	7.88	31.0	15.2	10.5	8.0	12.5	11.0	18.0	15.0		
25	10.0	5.85	14.0	7.88	22.2	11.5	38.2	19.2	11.0	10.2	14.2	12.8	25.2	22.5		

续表

轴承内径/mm	深沟球轴承(60000 型)								圆柱滚子轴承(N0000 型 NF000 型)							
	(1)0		(0)2		(0)3		(0)4		10		(0)2		(0)3		(0)4	
	C_r	C_{0r}	C_r	C_{0r}	C_r	C_{0r}	C_r	C_{0r}	C_r	C_{0r}	C_r	C_{0r}	C_r	C_{0r}	C_r	C_{0r}
30	13.2	8.30	19.5	11.5	27.0	15.2	47.5	24.5			19.5	18.2	33.5	31.5	57.2	53.0
35	16.2	10.5	25.5	15.2	33.2	19.2	56.8	29.5			28.5	28.0	41.0	39.2	70.8	68.2
40	17.0	11.8	29.5	18.0	40.8	24.0	65.6	37.5	21.2	22.0	37.5	38.2	48.8	47.5	90.5	89.8
45	21.0	14.8	31.5	20.5	52.8	31.8	77.5	45.5			39.8	41.0	66.8	66.8	102	100
50	22.0	16.2	35.0	23.2	61.8	38.0	92.2	55.2	25.0	27.5	43.2	48.5	76.0	79.5	120	120
55	30.2	21.8	43.2	29.2	71.5	44.8	100	62.5	35.8	40.0	52.8	60.2	97.8	105	128	132
60	31.5	24.2	47.8	32.8	81.8	51.8	108	70.0	38.5	45.0	62.8	73.5	118	128	155	162

附表 5 常用角接触球轴承的径向基本额定动载荷 C_r 和径向额定静载荷 C_{0r} kN

轴承内径/mm	70000C 型($\alpha=15°$)				70000AC 型($\alpha=25°$)				70000B 型($\alpha=40°$)			
	(1)0		(0)2		(1)0		(0)2		(0)2		(0)3	
	C_r	C_{0r}	C_r	C_{0r}	C_r	C_{0r}	C_r	C_{0r}	C_r	C_{0r}	C_r	C_{0r}
10	4.92	2.25	5.82	2.95	4.75	2.12	5.58	2.82				
12	5.42	2.65	7.35	3.52	5.20	2.55	7.10	3.35				
15	6.25	3.42	8.68	4.62	5.95	3.25	8.35	4.40				
17	6.60	3.85	10.8	5.95	6.30	3.68	10.5	5.65				
20	10.5	6.08	14.5	8.22	10.0	5.78	14.0	7.82	14.0	7.85		
25	11.5	7.45	16.5	10.5	11.2	7.08	15.8	9.88	15.8	9.45	26.2	15.2
30	15.2	10.2	23.0	15.0	14.5	9.85	22.0	14.2	20.5	13.8	31.0	19.2
35	19.5	14.2	30.5	20.0	18.5	13.5	29.0	19.2	27.0	18.8	38.2	24.5
40	20.0	15.2	36.8	25.8	19.0	14.5	35.2	24.5	32.5	23.5	46.2	30.5
45	25.8	20.5	38.5	28.5	25.8	19.5	36.8	27.2	36.0	26.2	59.5	39.8
50	26.5	22.0	42.8	32.0	25.2	21.0	40.8	30.5	37.5	29.0	68.2	48.0
55	37.2	30.5	52.8	40.5	35.2	29.2	50.5	38.5	46.2	36.0	78.8	56.5
60	38.2	32.8	61.0	48.5	36.2	31.5	58.2	46.2	56.0	44.5	90.0	66.3

注：* 尺寸系列代号括号中的数字通常省略。

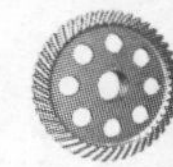

附表 6　常用圆锥滚子轴承的径向基本额定动载荷 C_r 和径向额定静载荷 C_{0r}　　kN

轴承代号	轴承内径/mm	C_r	C_{0r}	α	轴承代号	轴承内径/mm	C_r	C_{0r}	α
30203	17	20.8	21.8	12°57′10″	30303	17	28.2	27.2	10°45′29″
30204	20	28.2	30.5	12°57′10″	30304	20	33.0	33.2	11°18′36″
30205	25	32.2	37.0	14°02′10″	30305	25	46.8	48.0	11°18′36″
30206	30	43.2	50.5	14°02′10″	30306	30	59.0	63.0	11°51′35″
30207	35	54.2	63.5	14°02′10″	30307	35	75.2	82.5	11°51′35″
30208	40	63.0	74.0	14°02′10″	30308	40	90.8	108	12°57′10″
30209	45	67.8	83.5	15°06′34″	30309	45	108	130	12°57′10″
30210	50	73.2	92.0	15°38′32″	30310	50	130	158	12°57′10″
30211	55	90.8	115	15°06′34″	30311	55	152	188	12°57′10″
30212	60	102	130	15°06′34″	30312	60	170	210	12°57′10″

参考文献

[1] 陈立德,罗卫平.机械设计基础.4版.北京:高等教育出版社，2013.

[2] 杨可桢,程光蕴,李仲生等.机械设计基础.6版.北京:高等教育出版社，2013.

[3] 濮良贵,纪名刚.机械设计.8版.北京:高等教育出版社，2006.

[4] 陈位宫.工程力学.3版.北京:高等教育出版社，2016.

[5] 王志平.机械创新设计.北京:高等教育出版社，2013.

[6] 程畅.典型零部件的设计与选用.北京:高等教育出版社，2010.

[7] 李正峰.机械设计基础.2版.北京:化学工业出版社，2015.

[8] 陈立德.机器设计.上海:上海交通大学出版社，2002.

[9] 徐锦康.机械设计.北京:高等教育出版社，2004.

[10] 吴宗泽.机械零件设计手册.北京:机械工业出版社，2004.

[11] 王中发.机械设计.北京:北京理工大学出版社，2007.

[12] 黄华梁,彭文生.机械设计基础.4版.北京:高等教育出版社，2007.

[13] 郭仁生.机械设计基础.4版.北京:清华大学出版社，2014.

郑重声明